- passgenaue Erklärvideos für Schülerinnen und Schüler
- Aufgaben: üben, anwenden und vernetzen lassen

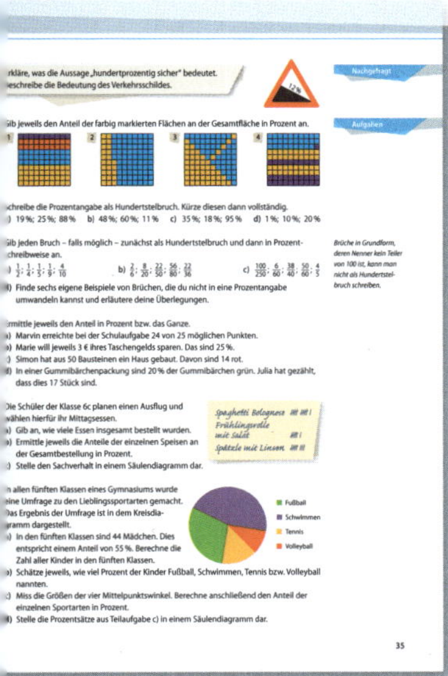

Entdecken

- Erkunden und entdecken lassen
- alternative Einstiege gestalten

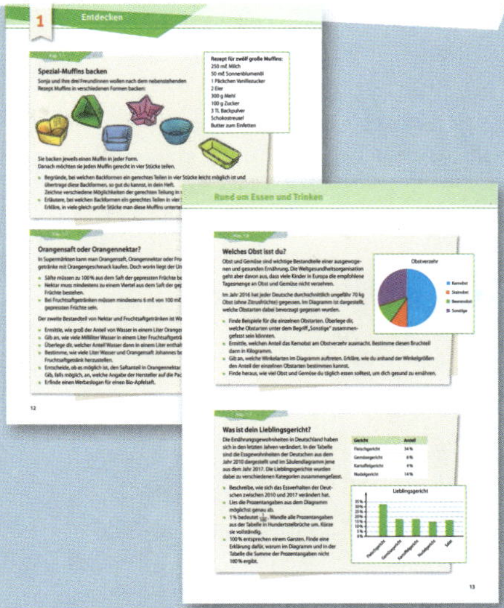

Alles im Blick

- Grundwissen des Kapitels im Überblick

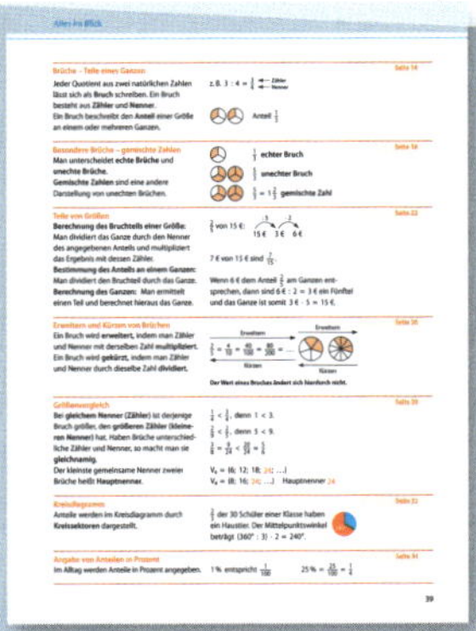

Am Ziel!

- Kompetenzzuwachs erlebbar machen und sichern
- Lösungen im Anhang

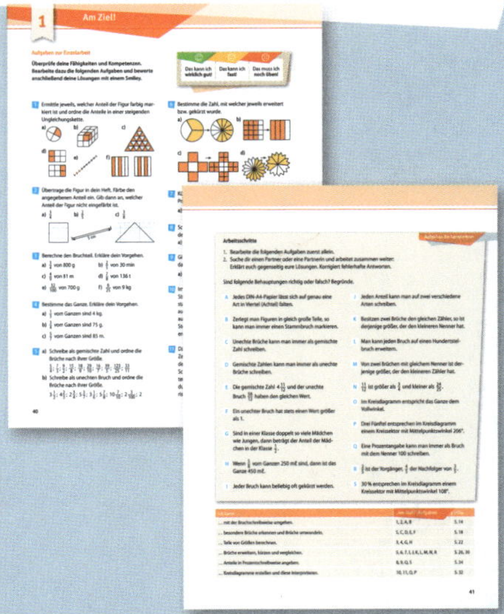

Der Anhang enthält u. a. das Grundwissen früherer Jahrgangsstufen und eine Übersicht über allgemeine mathematische Kompetenzen.

mathe.delta 6

Mathematik für das Gymnasium

Bayern

C.C.Buchner

mathe.delta
Bayern
Herausgegeben von Franz Eisentraut und Petra Leeb

mathe.delta 6 – Bayern
Bearbeitet von Dieter Bergmann, Anne Brendel, Franz Eisentraut, Stefan Ernst,
Stephan Kessler, Verena Lauffer, Petra Leeb und Martina Schmidt-Kessel

Zu diesem Lehrwerk sind erhältlich:
- **Arbeitsheft 6** Bestell-Nr. 61056
- **Lösungsband 6** Bestell-Nr. 61066
- Digitales Lehrermaterial **click & teach 6** (610661)

Weitere Materialien finden Sie unter www.ccbuchner.de.

Dieser Titel ist auch als digitale Ausgabe **click & study** unter www.ccbuchner.de erhältlich.

Die Mediencodes enthalten zusätzliche Unterrichtsmaterialien, die der Verlag in eigener Verantwortung zur Verfügung stellt.
Um diese Materialien zu verwenden, wird im Suchfeld auf www.ccbuchner.de/medien der jeweils angegebene Mediencode eingegeben.

2. Auflage, 2. Druck 2018
Alle Drucke dieser Auflage sind, weil untereinander unverändert, nebeneinander benutzbar.

Dieses Werk folgt der reformierten Rechtschreibung und Zeichensetzung. Ausnahmen bilden Texte, bei denen künstlerische, philologische oder lizenzrechtliche Gründe einer Änderung entgegenstehen.

An keiner Stelle im Schülerbuch dürfen Eintragungen vorgenommen werden.

Layout und Satz: tiff.any GmbH, Berlin
Illustrationen: Jacqueline Urban, Berlin
Umschlag: HOCHVIER GmbH & Co. KG, Bamberg
Druck und Bindung: creo Druck & Medienservice GmbH, Bamberg

www.ccbuchner.de

ISBN 978-3-661-**61046**-7

1 Bruchteile und Bruchzahlen

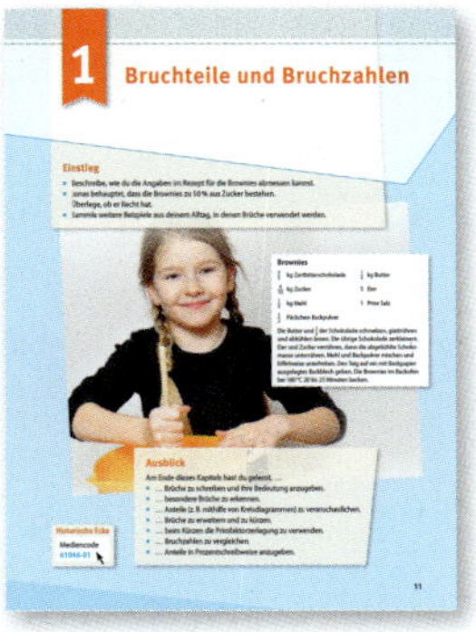

2 Dezimalbrüche

3 Rechnen mit nichtnegativen Bruchzahlen und Dezimalbrüchen

4 Flächeninhalte

5 Körper und ihr Volumen

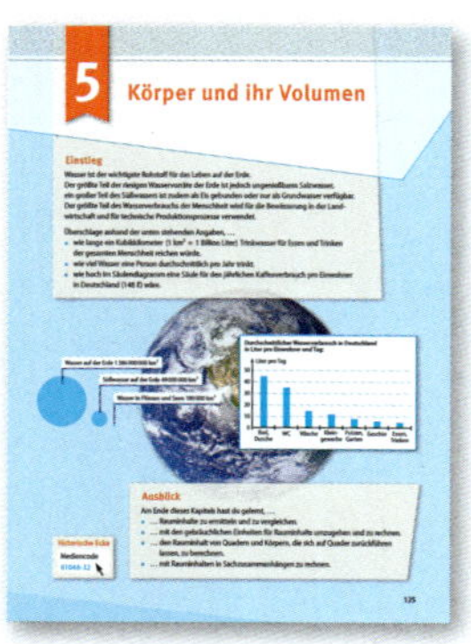

6 Rechnen mit rationalen Zahlen

7 Prozentrechnung, Daten und Diagramme

mathe.delta ermöglicht einen kompetenzorientierten Mathematikunterricht. Die klare Strukturierung des Buchs sowie Seitenkategorien mit differenzierten und motivierenden Lernangeboten unterstützen dabei die konsequente Umsetzung des LehrplanPLUS. Jedes Kapitel ist in mehrere Untereinheiten gegliedert und enthält eine Reihe verschiedener, aber in jedem Kapitel immer gleicher Seitentypen. Die folgenden Ausführungen erläutern die didaktischen Intentionen der einzelnen Strukturelemente und unterstützen Sie als Lehrkraft bei Ihrem Unterricht mit mathe.delta.

Startklar! und Auftaktseite

- **Startklar!** ist ein Eingangstest zur Wiederholung und Aktivierung des für das jeweilige Kapitel benötigten Vorwissens. Die erforderlichen Kompetenzen sind tabellarisch aufgeführt.
- Die Lösungen der Aufgaben im Anhang ermöglichen den Schülerinnen und Schülern eine selbstständige Überprüfung ihrer Fähigkeiten.
- Anhand der Kompetenzen-Tabelle können die Schülerinnen und Schüler bei Bedarf das vorausgesetzte Grundwissen der Jahrgangsstufen 4 und 5 im Anhang nachschlagen.
- Die **Auftaktseite** bietet zum **Einstieg** einfache Impulsfragen zur kognitiven Aktivierung in einem für die Schülerinnen und Schüler lebensnahen und motivierenden Kontext.
- Der **Ausblick** fasst die wichtigsten neu in diesem Kapitel erworbenen oder weiterentwickelten Kompetenzen für Schülerinnen und Schüler verständlich zusammen.

Entdecken-Doppelseite

- Die **Entdecken**-Doppelseite stellt motivierende, schüleraktivierende Einstiege in die einzelnen Unterkapitel bereit, die fakultativ genutzt werden können. Dieses Angebot ermöglicht der Lehrkraft auch eine Niveau- oder Interessendifferenzierung bei den Zugängen zu neuen Inhalten.
- Die Lernumgebungen sind so gewählt, dass sie der Lehrkraft große methodisch-didaktische Freiheiten belassen.

Unterkapitel

- Jedes Unterkapitel beginnt mit einem motivierenden **Einstiegsbeispiel** mit Arbeitsaufträgen („**Entdecken**"). Diese Einstiegsbeispiele bieten den Schülerinnen und Schülern einen selbstständig-entdeckenden Zugang zu den Inhalten des Unterkapitels.
- An das Einstiegsbeispiel schließt sich die Gliederungseinheit **Verstehen** an. Sie besteht aus einer kurzen **Hinführung**, den verbindlichen **Lerninhalten** sowie zugehörigen **Musterbeispielen**.
- Die **Lerninhalte** selbst sind kompakt und für Schülerinnen und Schüler gut verständlich und leicht auffindbar im Merkkasten dargestellt. Diese Inhalte werden ihrer allgemeinen Gültigkeit entsprechend absichtlich ohne Bezug zum Einstiegsbeispiel formuliert.
- Die unmittelbar anschließenden **Beispiele** greifen konsequent alle mathematischen Kompetenzen auf und unterstützen das Verständnis durch ausführlich dargestellte Musterlösungen.

- Vor dem Üben und Anwenden des Gelernten in den Aufgaben regt die Gliederungseinheit **Nachgefragt** zur Reflexion über die neuen Lerninhalte und zum Weiterdenken an. Die Kompetenzen Argumentieren, Begründen und Kommunizieren werden dabei in besonderem Maße gefördert und Verständnislücken geschlossen.
- Jedes Unterkapitel enthält ein reichhaltiges Angebot an kompetenzorientierten **Aufgaben**. Die Aufgaben sind nach Schwierigkeitsgrad aufsteigend geordnet und die Aufgabennummern entsprechend farblich gekennzeichnet (grün: üben; blau: anwenden; rot: vernetzen).
- Der Umfang des Aufgabenangebots eröffnet der Lehrkraft die Möglichkeit einer gezielten Auswahl nach eigenem Ermessen.
- Aufgaben, die sich besonders gut für Partner- oder Gruppenarbeit eignen, sind mit dem Symbol  gekennzeichnet. Dennoch belassen auch diese Aufgabenstellungen der Lehrkraft die Möglichkeit, frei über die methodischen Vorgehensweisen zu entscheiden und auch solche Aufgaben z. B. als Hausaufgaben zu stellen.
- Aufgaben, die sich auch für die Bearbeitung mit einem Computerprogramm (z. B. Tabellenkalkulation oder Dynamische Geometriesoftware) eignen, sind mit dem Symbol  gekennzeichnet.
- Methoden und Werkzeuge sowie interessante vertiefende Anwendungs- und Alltagsbezüge werden an jeweils passender Stelle in eigenen Kästen (z. B. „Methode“, „Alltag“, „Geographie“) behandelt.

Trainingsrunde

- Die **Trainingsrunde** vertieft die im jeweiligen Kapitel gelernten Inhalte.
- Der erste Teil, die **Trainingsrunde differenziert**, stellt paralleldifferenzierte Aufgaben zum jeweiligen Kapitel bereit: in der linken Spalte entsprechend Anforderungsbereich I, in der rechten Spalte Anforderungsbereich II. Dies ermöglicht es den Schülerinnen und Schülern, ihren individuellen Kenntnissen entsprechend auf unterschiedlichen Niveaustufen zu üben.
- Die anschließende **Trainingsrunde kreuz und quer** bietet dann vermischte Aufgaben zum Kapitel auf allen drei Niveaustufen.

Alles im Blick

- Die Seite **Alles im Blick** am Ende jedes Kapitels fasst das Grundwissen des Kapitels mit einschlägigen kurzen Beispielen kompakt zusammen. Diese Seiten eignen sich zum Nachschlagen der wichtigsten Lerninhalte des Kapitels.

Am Ziel!

- Das Ende eines Kapitels bildet der doppelseitige Abschlusstest **Am Ziel!**. Er besteht aus **Aufgaben zur Einzelarbeit** und **Aufgaben für Lernpartner**.
- Die Aufgaben für Lernpartner eignen sich in besonderem Maße zur Förderung der Kompetenzen Argumentieren, Begründen und Kommunizieren.
- Die Lösungen der Aufgaben im Anhang ermöglichen den Schülerinnen und Schülern eine selbstständige Überprüfung ihrer Ergebnisse.
- Anhand der Hilfen in der Kompetenzen-Tabelle können die Schülerinnen und Schüler bei Bedarf im Kapitel gezielt nachschlagen.

1 Startklar!

Aufgabe	Ich kann schon …	Grundwissen
1, 2, 3, 4	… mit der Menge der natürlichen Zahlen umgehen.	S. 204
5, 6, 7, 8, 9, 10	… mit ganzen Zahlen rechnen.	S. 204–206
11, 12	… Figuren im Koordinatensystem darstellen.	S. 207
12, 13, 14	… mit Winkeln und Kreisen umgehen.	S. 208
15, 16, 17, 18	… mit Größen und ihren Einheiten rechnen.	S. 209
19, 20, 21, 22	… Flächeninhalt und Umfang von Rechtecken und weiteren Figuren berechnen.	S. 210
23, 24, 25	… Körper erkennen und Oberflächeninhalte von Quadern berechnen.	S. 210

1 Gib an, welche Ziffern in der natürlichen Zahl 3 189 206 547 gestrichen werden müssen, damit

a) eine möglichst kleine sechsstellige natürliche Zahl entsteht.

b) eine möglichst große fünfstellige natürliche Zahl entsteht.

c) Berechne die Summe der beiden Zahlen aus a) und b).

2 **a)** Schreibe die Zahl 64 als Produkt aus drei natürlichen Zahlen. Gib zwei Möglichkeiten an.

b) Schreibe die Zahl 42 als Produkt von Primfaktoren.

3 Gib die Primfaktorzerlegungen der Zahlen 140 und 525 an und erkläre dein Vorgehen.

4 Bestimme die ersten vier Elemente der Vielfachenmengen. Gib das kleinste gemeinsame Element der Mengen an.

a) V_3 und V_5 **b)** V_4 und V_6 **c)** V_{12} und V_{18} **d)** V_7 und V_{28}

5 Finde jeweils heraus, welche Zahl gesucht ist, und notiere deine Überlegungen stichpunktartig.

a) Die gesuchte Zahl ist um 4 größer als ihre Gegenzahl.

b) Die gesuchte Zahl ist um 105 kleiner als das Sechsfache ihrer Gegenzahl.

6 Entscheide jeweils, ob richtig gerechnet wurde. Korrigiere falsche Ergebnisse.

a) $(-15) - (-15) \stackrel{?}{=} 0$ **b)** $(-5) + (+2) \stackrel{?}{=} -3$ **c)** $17 \cdot 17 \stackrel{?}{=} 324$ **d)** $-35 - 4 \stackrel{?}{=} -31$

e) $(-65) : (-13) \stackrel{?}{=} 5$ **f)** $5^3 \stackrel{?}{=} 15$ **g)** $6 \cdot 6 \stackrel{?}{=} 2^2 \cdot 3^2$ **h)** $-2^4 \stackrel{?}{=} 16$

7 Der Wert des Produkts $4 \cdot 13 \cdot 7 \cdot 11$ ist 4004. Gib ohne weitere Rechnung die Werte der Produkte an und erläutere deine Überlegungen.

a) $(-4) \cdot 7 \cdot (-13) \cdot (-11)$ **b)** $(-11) \cdot (-14) \cdot (-4) \cdot (-13)$ **c)** $(-13) \cdot 0 \cdot (-11) \cdot 4$

8 Entscheide, ob die Aussagen wahr oder falsch sind und begründe deine Antwort.

a) Der Wert eines Produkts verdoppelt sich immer, wenn man beide Faktoren verdoppelt.

b) Bei Potenzen können Basis und Exponent immer vertauscht werden, ohne dass sich der Wert der Potenz ändert.

c) Der Wert eines Quotienten halbiert sich immer, wenn man den Wert des Divisors verdoppelt.

d) Der Wert der Summe aus zwei dreistelligen ganzen Zahlen kann auch einstellig sein.

e) Der Wert der Differenz zweier negativer Zahlen ist stets kleiner als der Minuend.

9 Sophie geht mit ihren Eltern in ein Restaurant essen. Auf der Speisekarte des Restaurants kann man aus drei Vorspeisen, vier Hauptgerichten und zwei Nachspeisen wählen. Berechne, wie viele verschiedene Menüs (Vorspeise, Hauptgericht, Nachspeise) Sophie zusammenstellen könnte. Erstelle ein passendes Baumdiagramm.

10 Gib jeweils die Art des Terms an und …

a) berechne den Wert des Terms $[1024 : (-128) - 2^3] + 432 : (-27)$.

b) beschreibe den Term $(100 + 101 + 102) : 3 - (999 + 998 + 997) : 3$ in Worten.

c) runde zunächst alle Zahlen des Terms $[(33\,670 + 19\,000) : 229] \cdot (993 - 1181)$ auf Zehner und berechne dann den Wert des Terms. Gib Situationen an, in denen Runden sinnvoll ist.

d) gib den Term $[(808 - 1256) : 56 + 1008] : 125$ als Rechenbaum an.

11 Gib nur durch Überlegen (ohne Zeichnung) bei jedem der sieben Punkte B (8 | 5), E (−6 | 0), A (9 | −2), T (−1 | 1), R (0 | 18), I (3 | −7) und X (−6 | −2) an, in welchem Quadranten bzw. auf welcher Koordinatenachse er liegt.

12 Trage die Punkte K (2 | −2), U (3 | 0), N (6 | 1), I (3 | 2), B (2 | 4), E (1 | 2), R (−2 | 1) und T (1 | 0) in ein Koordinatensystem (Längeneinheit 1 cm) ein und verbinde sie zum Achteck KUNIBERT.

a) Zeichne die Symmetrieachsen des Achtecks KUNIBERT in deine Zeichnung ein.

b) Markiere alle spitzen Innenwinkel des Achtecks KUNIBERT rot sowie alle überstumpfen Innenwinkel blau und miss jeweils ihre Größe.

c) Zeichne die Strecke $\overline{EU}$ sowie die Gerade TI ein.
Stelle eine Vermutung über die Lage der Strecke $\overline{EU}$ zur Geraden TI an.

d) Zeichne einen Kreis k mit Mittelpunkt M (2 | 1), der durch den Punkt N verläuft.
Gib an, welcher Punkt des Achtecks noch auf dem Kreis k liegt.

e) Zeichne mithilfe deines Geodreiecks die Parallele p zur Geraden RB durch den Punkt K.
Gib an, welcher Punkt des Achtecks noch auf der Parallelen p liegt.

f) Zeichne das Viereck KNBR ein. Gib an, welche besondere Form das Viereck KNBR besitzt.

13 Finde jeweils Art und Größe des Winkels heraus, den der Minutenzeiger einer Uhr während der angegebenen Zeit überstreicht.

a) 30 min b) 20 min c) 45 min d) 12 min e) 15 min

14 Für zwei Punkte P und Q gilt $|\overline{PQ}| = 10$ cm. Entscheide ohne Zeichnung, ob sich der Kreis k_1 um P mit dem Radius $r_1 = 3$ cm und der Kreis k_2 um Q mit dem Durchmesser $d_2 = 10$ cm schneiden. Begründe deine Antwort und finde eine allgemeine Regel, die angibt, wann sich zwei Kreise schneiden.

15 Wandle die Größen jeweils in die in eckigen Klammern stehende Einheit um.

a) 35 ct [€] b) 1,05 m [cm] c) 0,503 t [kg] d) 165 min [h] e) 26 ha [m²]

16 Herr Zwerger vererbt seinen vier Kindern ein quadratisches Grundstück (siehe Abbildung rechts). Das orange getönte Quadrat ist Baugrund, der einen Wert von 240 € pro Quadratmeter besitzt. Der Baugrund wird verkauft und jedes Kind erhält gleich viel Geld.

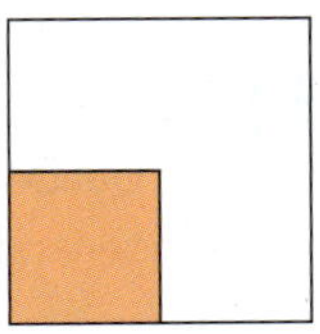

Maßstab 1 : 5000

a) Berechne, wie viel Geld jeder Erbe erhält.

b) Der Rest des Grundstücks wird unter den vier Geschwistern gerecht verteilt. Jeder Teil soll dabei auch die gleiche Form haben. Übertrage das Grundstück im Maßstab 1 : 2500 in dein Heft und zeichne eine mögliche Aufteilung des L-förmigen Restgrundstücks ein.

17 Ein Bauunternehmer besitzt mehrere Lkw mit einem zulässigen Gesamtgewicht von jeweils 7,5 t. Von einem Lager sollen 132 Kisten mit einem Gewicht von je 200 kg zu einer Baustelle befördert werden. Finde heraus, wie viele Lastwagen der Bauunternehmer für diese Fahrt mindestens bereitstellen muss, wenn ein leerer Lkw 3,1 t wiegt und kein Lkw zweimal fahren soll.

18 Wandle jede der folgenden Größen in die in eckigen Klammern stehende Einheit um.

a) $43\ m^2$ [dm^2] **b)** $2379\ dm^2$ [m^2] **c)** $52{,}82\ km^2$ [a] **d)** 1,047 m [cm]

e) 4,2 ha [km^2] **f)** $0{,}06582\ cm^2$ [m^2] **g)** 9,02 km [m] **h)** $83\,071\ mm^2$ [dm^2]

19 **a)** Ein Rechteck hat die Breite $b = 5$ m und den Umfang $U = 24$ m. Berechne den Flächeninhalt des Rechtecks. Wähle nun einen geeigneten Maßstab und zeichne das Rechteck in dein Heft.

b) Berechne den Umfang eines Quadrats mit dem Flächeninhalt $169\ dm^2$.

20 Ermittle bei jeder der vier getönten Figuren den Flächeninhalt.

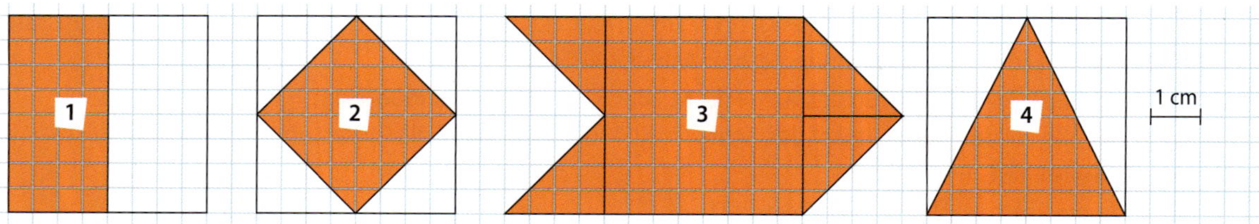

21 Clara findet einen Plan des Grundstücks ihrer Eltern. Es fehlt die Längenangabe für die Seite x. Alle Längenangaben im Plan sind in Zentimetern angegeben. Das Grundstück hat im Plan einen Gesamtumfang von 26 cm. Berechne die Länge der Seite x und erkläre deine Strategie.

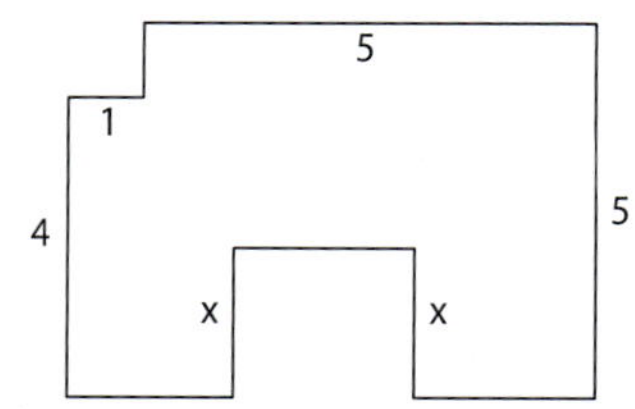

22 Lucas will mit seinem Vater eine Wand seines Zimmers streichen. Die Wand ist 5,8 m lang und 2,40 m hoch. In der Wand befinden sich zwei Fenster, die jeweils 100 cm breit und 80 cm hoch sind. Die Farbe kostet 8,50 € pro Eimer und ein Eimer reicht für $5\ m^2$. Berechne, ob 25 € genügen, um ausreichend Farbe zu kaufen.

23 Gib jeweils einen Grundkörper an, der genau durch jede der beiden Öffnungen der Schablone passt.

a) 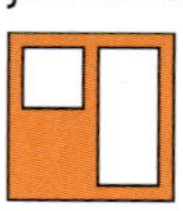

b) 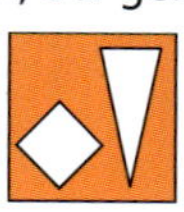

c) 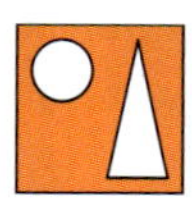

d) 

24 Ein Quader hat die Länge 1,2 dm, die Breite 7 cm und die Höhe 5 cm. Zeichne das Netz des Quaders im Maßstab 1:2 in dein Heft und berechne den Oberflächeninhalt des Quaders.

25 Berechne den Oberflächeninhalt der abgebildeten, aus Quadern bestehenden Körper **1** und **2** (alle Längenangaben in cm).

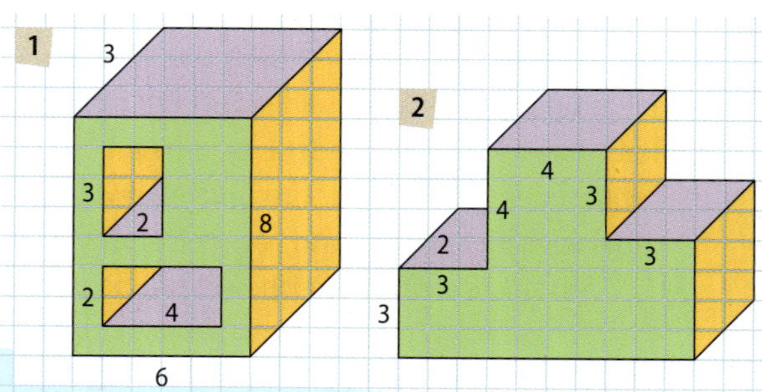

1 Bruchteile und Bruchzahlen

Einstieg

- Beschreibe, wie du die Angaben im Rezept für die Brownies abmessen kannst.
- Jonas behauptet, dass die Brownies zu 50 % aus Zucker bestehen.
  Überlege, ob er Recht hat.
- Sammle weitere Beispiele aus deinem Alltag, in denen Brüche verwendet werden.

Brownies

$\frac{3}{5}$ kg Zartbitterschokolade
$\frac{4}{10}$ kg Zucker
$\frac{1}{4}$ kg Mehl
$\frac{1}{2}$ Päckchen Backpulver
$\frac{1}{4}$ kg Butter
5 Eier
1 Prise Salz

Die Butter und $\frac{2}{3}$ der Schokolade schmelzen, glattrühren und abkühlen lassen. Die übrige Schokolade zerkleinern. Eier und Zucker verrühren, dann die abgekühlte Schokomasse unterrühren. Mehl und Backpulver mischen und löffelweise unterheben. Den Teig auf ein mit Backpapier ausgelegtes Backblech geben. Die Brownies im Backofen bei 180 °C 20 bis 25 Minuten backen.

Ausblick

Am Ende dieses Kapitels hast du gelernt, …

- … Brüche zu schreiben und ihre Bedeutung anzugeben.
- … besondere Brüche zu erkennen.
- … Anteile (z. B. mithilfe von Kreisdiagrammen) zu veranschaulichen.
- … Brüche zu erweitern und zu kürzen.
- … beim Kürzen die Primfaktorzerlegung zu verwenden.
- … Bruchzahlen zu vergleichen.
- … Anteile in Prozentschreibweise anzugeben.

Historische Ecke

Mediencode
61046-01

Kap. 1.1

Spezial-Muffins backen

Sonja und ihre drei Freundinnen wollen nach dem nebenstehenden Rezept Muffins in verschiedenen Formen backen:

Rezept für zwölf große Muffins:
250 mℓ Milch
50 mℓ Sonnenblumenöl
1 Päckchen Vanillezucker
2 Eier
300 g Mehl
100 g Zucker
3 TL Backpulver
Schokostreusel
Butter zum Einfetten

Sie backen jeweils einen Muffin in jeder Form.
Danach möchten sie jeden Muffin gerecht in vier Stücke teilen.

- Begründe, bei welchen Backformen ein gerechtes Teilen in vier Stücke leicht möglich ist und übertrage diese Backformen, so gut du kannst, in dein Heft.
  Zeichne verschiedene Möglichkeiten der gerechten Teilung in vier Stücke farbig ein.
- Erläutere, bei welchen Backformen ein gerechtes Teilen in vier Stücke schwer möglich ist.
  Erkläre, in viele gleich große Stücke man diese Muffins unterteilen könnte.

Kap. 1.3

Orangensaft oder Orangennektar?

In Supermärkten kann man Orangensaft, Orangennektar oder Fruchtsaftgetränke mit Orangengeschmack kaufen. Doch worin liegt der Unterschied?

- Säfte müssen zu 100 % aus dem Saft der gepressten Früchte bestehen.
- Nektar muss mindestens zu einem Viertel aus dem Saft der gepressten Früchte bestehen.
- Bei Fruchtsaftgetränken müssen mindestens 6 mℓ von 100 mℓ Saft der gepressten Früchte sein.

Der zweite Bestandteil von Nektar und Fruchtsaftgetränken ist Wasser.

- Ermittle, wie groß der Anteil von Wasser in einem Liter Orangennektar maximal ist.
- Gib an, wie viele Milliliter Wasser in einem Liter Fruchtsaftgetränk höchstens enthalten sind.
- Überlege dir, welcher Anteil Wasser dann in einem Liter enthalten ist.
- Bestimme, wie viele Liter Wasser und Orangensaft Johannes benötigt, um zehn Liter Orangen-Fruchtsaftgetränk herzustellen.
- Entscheide, ob es möglich ist, den Saftanteil in Orangennektar auch in Prozent anzugeben.
  Gib, falls möglich, an, welche Angabe der Hersteller auf die Packung schreiben müsste.
- Erfinde einen Werbeslogan für einen Bio-Apfelsaft.

Kap. 1.6

Welches Obst isst du?

Obst und Gemüse sind wichtige Bestandteile einer ausgewogenen und gesunden Ernährung. Die Weltgesundheitsorganisation geht aber davon aus, dass viele Kinder in Europa die empfohlene Tagesmenge an Obst und Gemüse nicht verzehren.

Im Jahr 2016 hat jeder Deutsche durchschnittlich ungefähr 70 kg Obst (ohne Zitrusfrüchte) gegessen. Im Diagramm ist dargestellt, welche Obstarten dabei bevorzugt gegessen wurden.

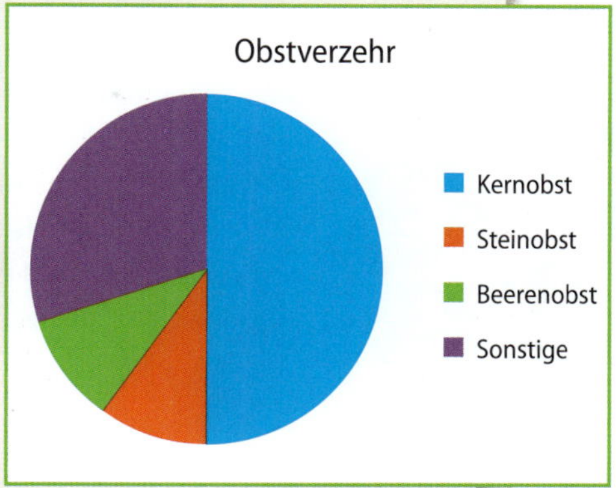

- Finde Beispiele für die einzelnen Obstarten. Überlege dir, welche Obstarten unter dem Begriff „Sonstige" zusammengefasst sein könnten.
- Ermittle, welchen Anteil das Kernobst am Obstverzehr ausmacht. Bestimme diesen Bruchteil dann in Kilogramm.
- Gib an, welche Winkelarten im Diagramm auftreten. Erkläre, wie du anhand der Winkelgrößen den Anteil der einzelnen Obstarten bestimmen kannst.
- Finde heraus, wie viel Obst und Gemüse du täglich essen solltest, um dich gesund zu ernähren.

Kap. 1.7

Was ist dein Lieblingsgericht?

Die Ernährungsgewohnheiten in Deutschland haben sich in den letzten Jahren verändert. In der Tabelle sind die Essgewohnheiten der Deutschen aus dem Jahr 2010 dargestellt und im Säulendiagramm jene aus dem Jahr 2017. Die Lieblingsgerichte wurden dabei zu verschiedenen Kategorien zusammengefasst.

Gericht	Anteil
Fleischgericht	34 %
Gemüsegericht	6 %
Kartoffelgericht	4 %
Nudelgericht	14 %

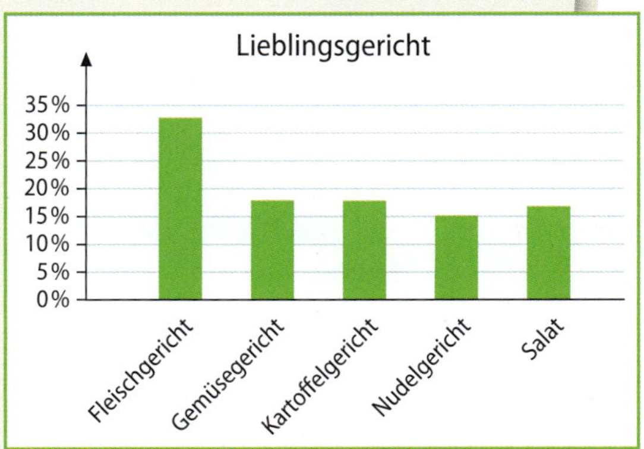

- Beschreibe, wie sich das Essverhalten der Deutschen zwischen 2010 und 2017 verändert hat.
- Lies die Prozentangaben aus dem Diagramm möglichst genau ab.
- 1 % bedeutet $\frac{1}{100}$. Wandle alle Prozentangaben aus der Tabelle in Hundertstelbrüche um. Kürze sie vollständig.
- 100 % entsprechen einem Ganzen. Finde eine Erklärung dafür, warum im Diagramm und in der Tabelle die Summe der Prozentangaben nicht 100 % ergibt.

Entdecken

Emma, Joana, Leon und Max sind an Halloween von Haus zu Haus gegangen und haben dabei drei Tafeln Schokolade bekommen. Diese wollen sie nun „gerecht" untereinander teilen.

Vollmilch Nuss Joghurt

- Gib verschiedene Möglichkeiten an, wie man die drei Tafeln Schokolade „gerecht" auf die vier Kinder aufteilen kann. Stelle diese Möglichkeiten zeichnerisch dar.
- Begründe, warum man für die Division 3 : 4 die Menge der ganzen Zahlen erweitern muss. Gib weitere solche Beispiele an.

Verstehen

Im Alltag zerlegt man ein Ganzes oder mehrere Ganze oft in **gleich große Teile**.
Die dazugehörigen Rechnungen sind Divisionen, z. B. 1 : 2, 1 : 3, 3 : 4. Ist der Dividend kleiner als der Divisor, so ist der Wert der Division keine natürliche Zahl.

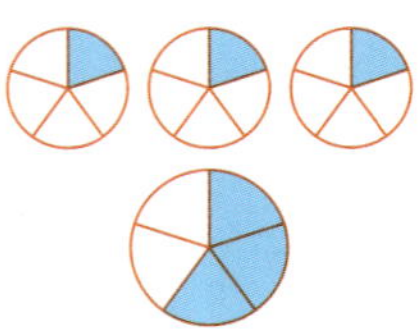

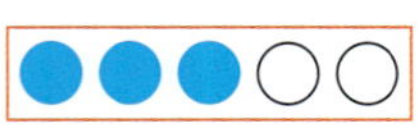

- Jeder Quotient aus zwei natürlichen Zahlen lässt sich als **Bruch** schreiben, z. B. $1 : 3 = \frac{1}{3}$ oder $3 : 5 = \frac{3}{5}$.
- In der Bruchschreibweise $\frac{3}{5}$ heißt die Zahl 5 Nenner des Bruchs. Der Nenner gibt an, **auf** wie viele gleich große Teile **auf**geteilt wurde. Die Zahl 3 heißt Zähler des Bruchs. Der Zähler gibt an, wie viele solcher Teile zusammengefasst werden. Zwischen Zähler und Nenner steht ein Bruchstrich.
- Der Zähler eines Bruches kann null sein, der Nenner jedoch nicht, da die Division durch null nicht erklärt ist.
- Brüche mit dem Zähler 1 heißen **Stammbrüche**, z. B. $\frac{1}{2}, \frac{1}{3}, \frac{1}{4}$ usw.
- Mit einem Bruch kann man den **Anteil** einer Größe an einem oder mehreren Ganzen angeben. So z. B. ist $\frac{3}{5}$ der Anteil an blauen Punkten, wenn 3 von 5 Punkten blau sind.
- Der **Bruchteil** an blauen Punkten beträgt 3 Punkte. Bruchteile haben immer die gleiche Einheit wie das Ganze.

Erklärvideo
Mediencode
61046-02

Beispiel

Gib jeweils an, welcher Quotient veranschaulicht ist. Schreibe diesen als Anteil und gib den zugehörigen Bruchteil an.

a) 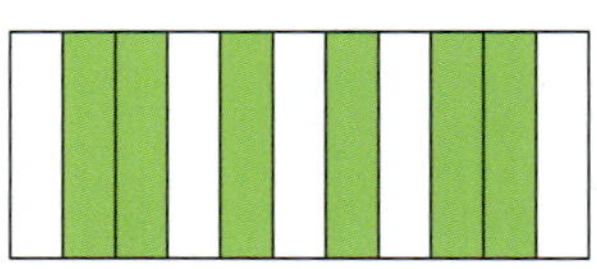

b) 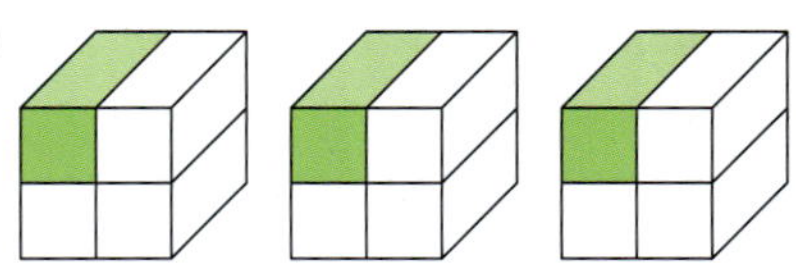

c) 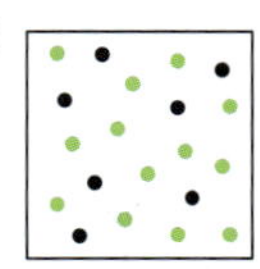

Lösung:

	a)	b)	c)
Quotient	6 : 11	3 : 12	13 : 20
Anteil	$\frac{6}{11}$	$\frac{3}{12}$	$\frac{13}{20}$
Bruchteil	6 grüne Streifen (von 11)	3 kleine Quader (von 12)	13 Punkte (von 20)

- Gib an, wie viele Stammbrüche es gibt und welcher den größten Wert hat.
- Begründe, ob die Brüche $\frac{0}{3}$ und $\frac{3}{0}$ existieren und welchen Wert sie ggf. haben.

Nachgefragt

Aufgaben

Achte immer darauf, dass die Teile gleich groß sind.

1 Übertrage die L-Figur viermal in dein Heft. Zerlege sie dann dort in

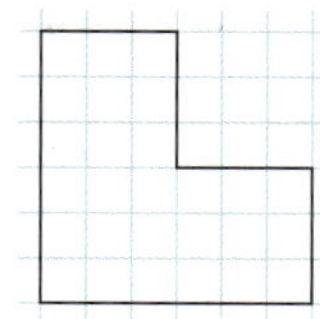

a) zwei deckungsgleiche Teile und markiere eine Hälfte farbig.
b) drei deckungsgleiche Teile und markiere ein Drittel farbig.
c) vier deckungsgleiche Teile und markiere ein Viertel farbig.
d) sechs deckungsgleiche Teile und markiere drei Sechstel farbig.

2 Gib jeweils an, welcher Anteil in der Abbildung farbig markiert wurde.

a) 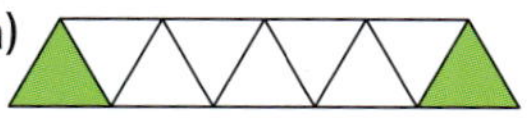
b) 
c) 
d) 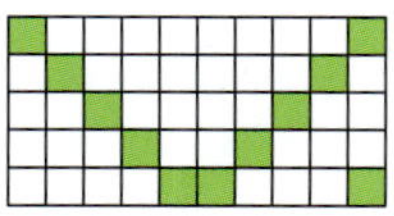
e) 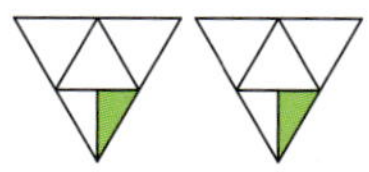
f) 

3 Zeichne jeweils einen Stab der angegebenen Länge (Breite 0,5 cm) in dein Heft und markiere dann dort den Bruchteil farbig.

a) Auf einem Stab der Länge 5 cm ist eine Hälfte farbig markiert.
b) Auf einem Stab der Länge 6 cm sind zwei Drittel farbig markiert.
c) Auf einem Stab der Länge 4 cm sind drei Achtel farbig markiert.
d) Auf einem Stab der Länge 14 cm sind vier Siebtel farbig markiert.

4 a) Schreibe den Wert jedes Quotienten als Bruch und ordne ihm dann eine der zur Auswahl stehenden Abbildungen zu.

1 Der Dividend ist fünf und der Divisor ist acht.
2 Felix hat sieben von dreiundzwanzig Teilen eines Ganzen markiert.
3 Emma sagt: „Ich habe acht von elf Teilen nicht markiert."

I 
II 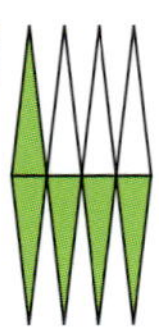
III 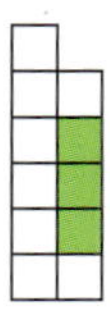
IV 
V 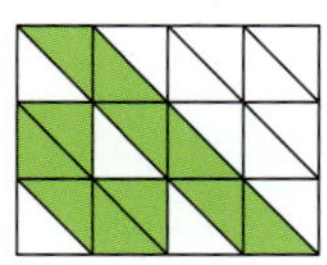

b) Gib für die übrigen beiden Abbildungen den Quotienten in Bruchschreibweise an.

5 Bei den folgenden Figuren ist jeweils nur ein Bruchteil abgebildet.

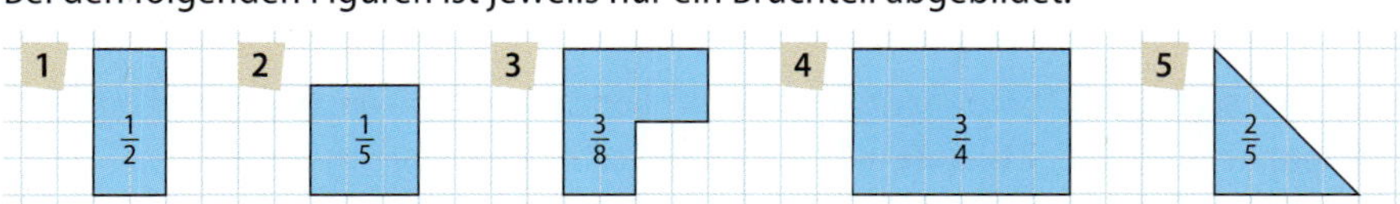

a) Begründe für jede Figur, welcher Anteil fehlt, um die Figur zu vervollständigen.
b) Übertrage die Figuren in dein Heft und vervollständige sie.
c) Zeichne bei allen achsensymmetrischen Figuren aus Teilaufgabe b) die Symmetrieachsen ein.

6 Gib jeweils an, wie viel zu einem Ganzen fehlt.

a) $\frac{2}{3}$; $\frac{5}{7}$; $\frac{1}{8}$; $\frac{7}{10}$; $\frac{3}{11}$; $\frac{6}{13}$; $\frac{1}{6}$; $\frac{3}{5}$; $\frac{11}{12}$; $\frac{1}{9}$ b) $\frac{5}{8}$; $\frac{3}{4}$; $\frac{5}{5}$; $\frac{7}{12}$; $\frac{13}{14}$; $\frac{9}{11}$; $\frac{1}{2}$; $\frac{7}{9}$; $\frac{11}{50}$; $\frac{3}{100}$

7 a) Zeichne einen Kreis in ein Koordinatensystem (Einheit 1 cm), der als Mittelpunkt den Ursprung und die Radiuslänge 4 cm besitzt. Trage dann die Gerade OA mit A (−2 | 2) ein.

b) Markiere im IV. Quadranten $\frac{1}{8}$ der Kreisfläche farbig. Erkläre dein Vorgehen.

8 Übertrage die Abbildungen in dein Heft. Vervollständige sie dort zu einem Ganzen und gib an, welcher Anteil auf ein Ganzes gefehlt hat.

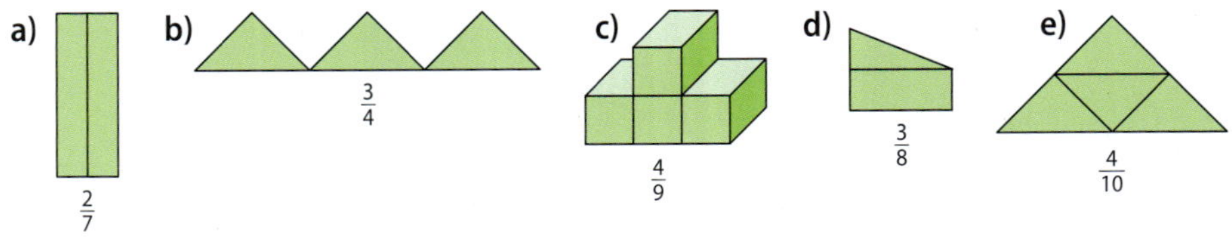

9 Übertrage jede der vier Figuren in dein Heft und kennzeichne dann den angegebenen Anteil farbig. Erkläre deine Strategie.

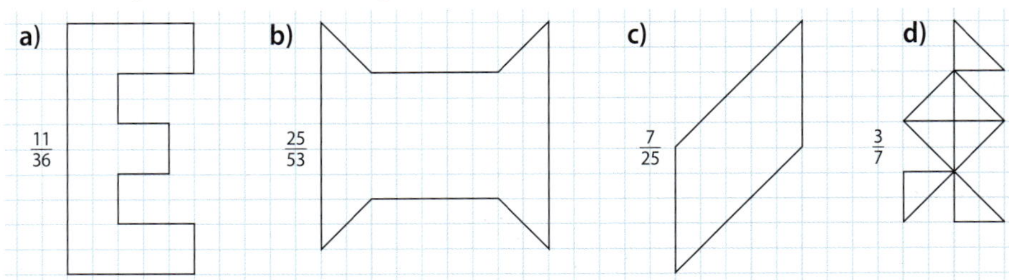

10 Übertrage die abgebildete Figur dreimal in dein Heft und ergänze sie dann dort jeweils so, dass der Anteil $\frac{1}{2}$ farbig dargestellt wird. Dabei soll die entstehende Figur

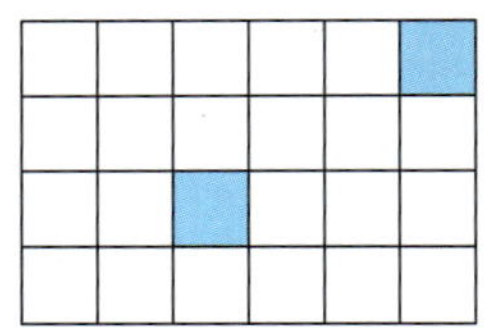

a) achsensymmetrisch mit genau einer Symmetrieachse sein.
b) achsensymmetrisch mit genau zwei Symmetrieachsen sein.
c) nicht achsensymmetrisch sein.

11 Übertrage jeweils die Angabe in dein Heft und ersetze dann dort den Platzhalter □ durch die zutreffende natürliche Zahl.

a) $\frac{1}{4}$ h = □ min $\frac{1}{6}$ h = □ min $\frac{5}{6}$ h = □ min $\frac{7}{12}$ h = □ min

b) $\frac{5}{6}$ d = □ h $\frac{2}{3}$ d = □ h $\frac{11}{12}$ d = □ h $\frac{7}{12}$ d = □ h

c) $\frac{1}{60}$ min = □ s $\frac{1}{30}$ min = □ s $\frac{13}{60}$ min = □ s $\frac{5}{12}$ min = □ s

12 Jeder der sechs vom Minutenzeiger einer Uhr überstrichenen Winkel veranschaulicht eine Zeitspanne. Gib die Zeitspanne in Minuten und als Anteil einer Stunde an.

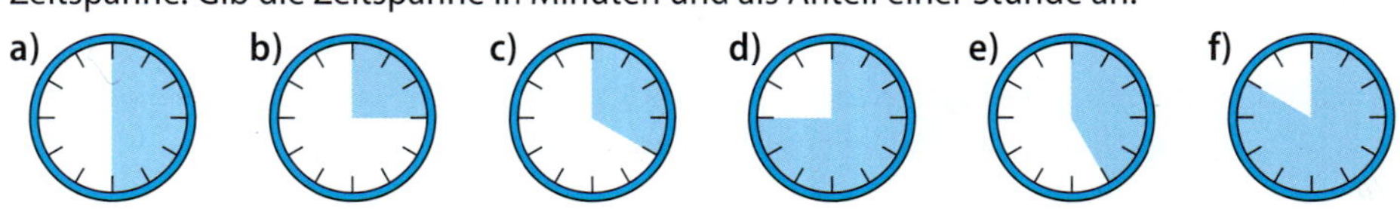

13 Gib an, welche roten Figuren man als Anteile der blauen Figuren schreiben kann.

Beispiele: Figur B ist ein Viertel $\left(\frac{1}{4}\right)$ von Figur 7.

Figur C ist ein Halbes $\left(\frac{1}{2}\right)$ von Figur 5.

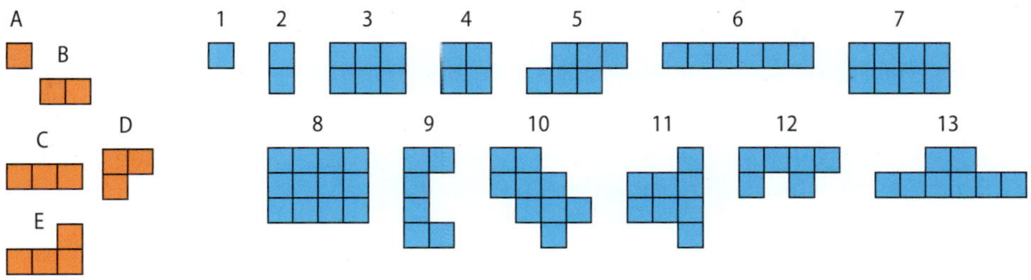

Tipp: Die roten Figuren dürfen auch gedreht und gespiegelt werden.

14 Übertrage die Tabelle in dein Heft und ergänze sie dann dort.

	a)	b)	c)	d)	e)	f)
Quotient	7 ℓ : 8	3 m² : 5	3 kg : 4	33 m : 100	37 a : 10	2 t : 25
Quotientenwert	$\frac{7}{8}$ ℓ	m²	kg	m	a	t
	875 mℓ	dm²	g	cm	m²	kg

15 Beschreibe, wie du mithilfe der abgebildeten Flaggen die Anteile $\frac{1}{2}$; $\frac{1}{3}$; $\frac{1}{4}$; $\frac{1}{6}$; $\frac{2}{3}$; $\frac{2}{4}$; $\frac{2}{6}$; $\frac{3}{4}$; $\frac{3}{6}$; $\frac{4}{6}$ und $\frac{5}{6}$ darstellen kannst.

16 Lisa hat Sarah eine verschlüsselte Nachricht geschrieben:

$\frac{7}{6}$; $\frac{2}{3}$; $\frac{11}{6}$; 0; $\frac{2}{3}$; $\frac{5}{3}$; $\frac{2}{3}$; $\frac{1}{3}$; 0; $\frac{1}{2}$; $\frac{1}{2}$; $\frac{11}{6}$; 0; $\frac{7}{6}$; $\frac{1}{2}$; $\frac{5}{6}$; $\frac{25}{12}$; $\frac{2}{3}$; $\frac{1}{12}$; $\frac{17}{12}$.

„Entziffere" sie mithilfe des Schlüssels:

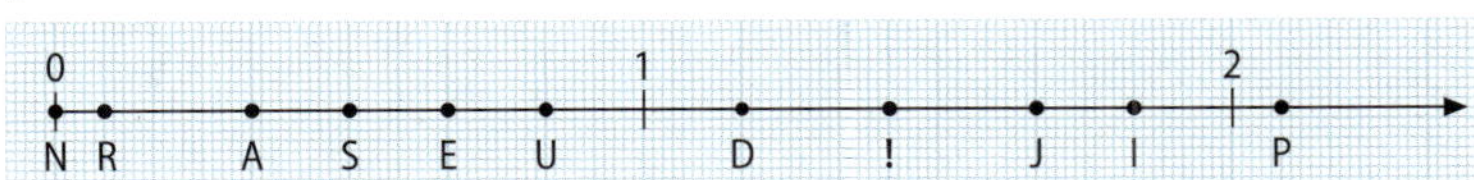

17 Zeichne ein Koordinatensystem (Einheit 1 cm) und trage die acht Punkte W(−4|−2), A(4|−2), N(4|4), D(−4|4), L(−1|1), U(2|1), K(2|3) und E(−1|3) sowie die beiden Rechtecke WAND und LUKE ein.

a) Gib an, welche der von dir gezeichneten Strecken zur Strecke $\overline{DW}$ parallel sind.

b) Ermittle den Flächeninhalt der roten Figur und gib an, welchen Anteil er am Flächeninhalt des Rechtecks WAND ausmacht.

c) Zeichne die Strecke $\overline{EU}$ ein, ermittle den Flächeninhalt der blauen Figur und finde heraus, welchen Anteil er am Flächeninhalt des Rechtecks WAND ausmacht.

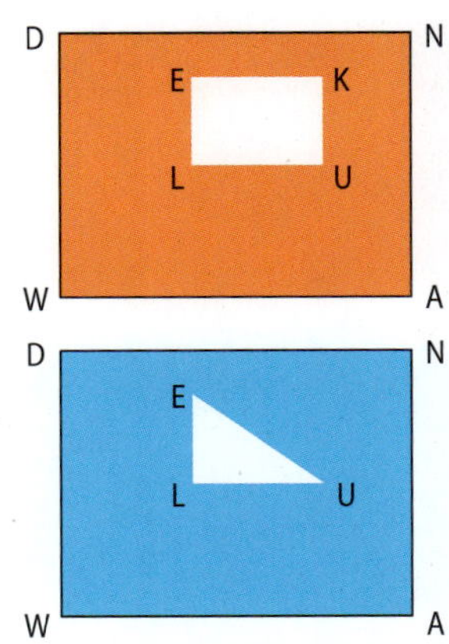

18 Eine Schranke besteht aus jeweils 25 cm langen, abwechselnd rot und weiß lackierten Abschnitten (siehe Abbildung). Am „freien" Ende ist die Schranke rot.

a) Bestimme, welcher Anteil der Abschnitte bei einer 4,25 m langen Schranke rot ist.

b) Bestimme, welcher Anteil der Abschnitt bei einer 6,50 m langen Schranke weiß ist.

Entdecken

Nach Paulas Geburtstagsfeier sind von den vier ursprünglich gleich großen Kuchen die abgebildeten Stücke übrig geblieben.

- Gib an, welcher Anteil der Kuchen jeweils gegessen wurde.
- Ermittle, wie viele Viertelkuchen insgesamt übrig geblieben sind.

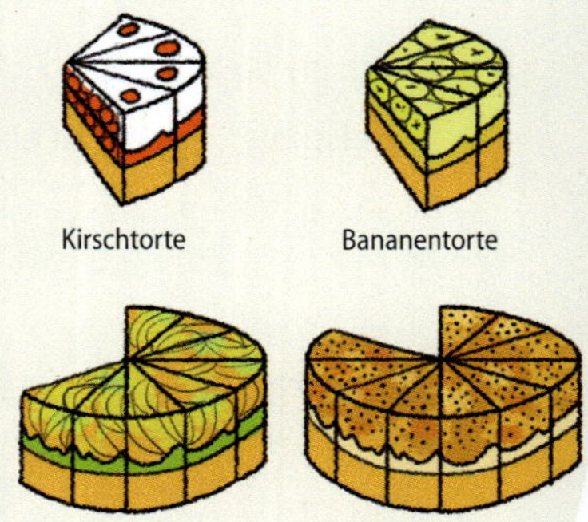

Die übrig gebliebenen Kuchenstücke sollen auf runden Kuchenplatten zusammengestellt werden.

- Gib an, wie viele Kuchenstücke auf eine Kuchenplatte passen.
- Begründe, wie viele Kuchenplatten benötigt werden.

Verstehen

Im Alltag begegnen uns häufig Brüche, nicht nur bei Kuchenstücken, sondern z. B. auch bei Viertelstunden oder einem halben Meter. Manche Brüche besitzen besondere Eigenschaften.

- Brüche, deren **Zähler kleiner** als ihr **Nenner** ist, nennt man **echte Brüche**, z. B. $\frac{1}{3}$; $\frac{3}{4}$; $\frac{4}{7}$; $\frac{7}{10}$; $\frac{99}{100}$.
- Brüche, deren **Zähler mindestens so groß** wie ihr **Nenner** ist, nennt man **unechte Brüche**, z. B. $\frac{3}{2}$; $\frac{9}{5}$; $\frac{20}{10}$; $\frac{42}{13}$; $\frac{301}{104}$.
- Brüche, deren **Zähler 0** oder ein **Vielfaches** ihres **Nenners** ist, nennt man **Scheinbrüche**, z. B. $\frac{0}{1}$ (= 0); $\frac{2}{2}$ (= 1); $\frac{12}{4}$ (= 3).
- Alle unechten Brüche, die keine Scheinbrüche sind, kann man auch als **gemischte Zahlen** schreiben, z. B. $\frac{3}{2} = 1\frac{1}{2}$; $\frac{9}{4} = 2\frac{1}{4}$; $\frac{41}{13} = 3\frac{2}{13}$; $\frac{401}{100} = 4\frac{1}{100}$.
  Jede gemischte Zahl besteht also aus einer natürlichen Zahl und einem echten Bruch.

Gemischte Zahlen geben an, wie viele Ganze in dem Bruch enthalten sind und wie groß der restliche Anteil ist.

Erklärvideo
Mediencode 61046-03

Beispiele

I. Erkläre, welche der sieben Brüche $\frac{2}{7}$; $\frac{12}{3}$; $\frac{6}{5}$; $\frac{12}{7}$; $\frac{25}{8}$; $\frac{41}{6}$ und $\frac{3}{10}$ echte bzw. unechte Brüche sind. Gib die unechten Brüche auch als gemischte bzw. als ganze Zahl an.

Lösung:

Echte Brüche sind $\frac{2}{7}$ und $\frac{3}{10}$, da jeweils der Zähler kleiner als der Nenner ist.
Unechte Brüche sind $\frac{12}{3} = 4$; $\frac{6}{5} = 1\frac{1}{5}$; $\frac{12}{7} = 1\frac{5}{7}$; $\frac{25}{8} = 3\frac{1}{8}$ und $\frac{41}{6} = 6\frac{5}{6}$.

II. Schreibe die natürlichen Zahlen 6 und 5 jeweils auf zwei verschiedene Arten als Scheinbruch und veranschauliche diese durch Zeichnungen.

Lösungsbeispiele:

$6 = \frac{12}{2} = \frac{24}{4}$

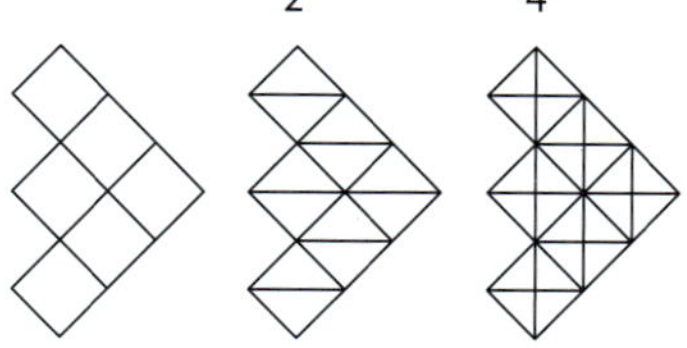

$5 = \frac{10}{2} = \frac{45}{9}$

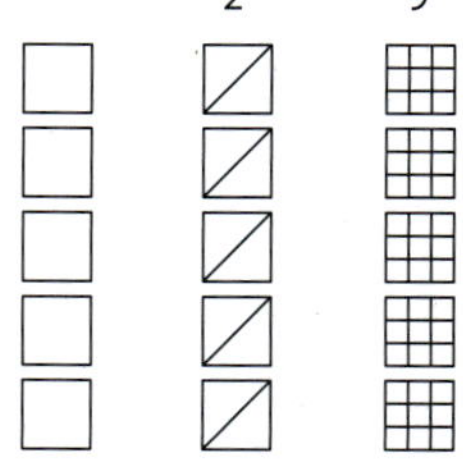

Nachgefragt

- Entscheide, ob ein echter oder ein unechter Bruch den größeren Wert hat. Begründe deine Entscheidung.
- Begründe, ob man alle unechten Brüche als gemischte Zahl schreiben kann.

Aufgaben

1 Gib jeweils einen Bruch an, der durch die Zeichnung dargestellt sein kann. Schreibe dann jeden Scheinbruch als natürliche Zahl und jeden unechten Bruch als gemischte Zahl.

a) 

b) 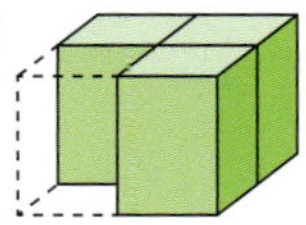

c) 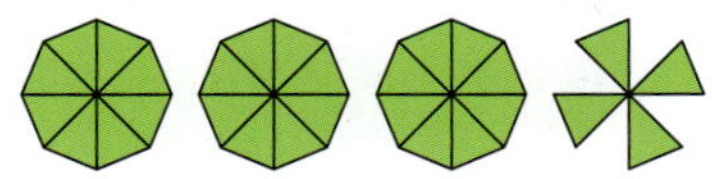

d) 

e) 

f) 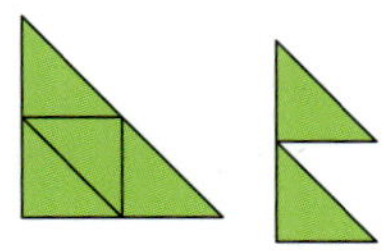

2 Zerschneide drei DIN-A4-Blätter Papier in jeweils acht gleich große Teile. Lege mit den Teilen dann die folgenden Brüche und gib zutreffende Bezeichnungen der Brüche an.

a) $\frac{3}{8}$ b) $\frac{17}{8}$ c) $\frac{16}{8}$ d) $\frac{24}{8}$ e) $\frac{8}{4}$

3 Übertrage die Tabellen in dein Heft und kreuze alles Zutreffende an.

Bruch	echter Bruch	Stammbruch	Scheinbruch	unechter Bruch
$\frac{1}{20}$	x	x		
$\frac{35}{7}$				
$\frac{65}{13}$				
$\frac{24}{5}$				

Bruch	echter Bruch	Stammbruch	Scheinbruch	unechter Bruch
$\frac{7}{15}$				
$\frac{37}{5}$				
$\frac{1}{999}$				
$\frac{4}{17}$				

4 Übertrage jeweils die Angabe in dein Heft und ersetze dann den Platzhalter $\square$ so, dass eine wahre Aussage entsteht.

a) $2 = \frac{\square}{4}$ $2 = \frac{\square}{10}$ $2 = \frac{\square}{100}$ $5 = \frac{\square}{3}$ $5 = \frac{\square}{5}$ $5 = \frac{\square}{12}$ $8 = \frac{\square}{1}$

b) $4 = \frac{\square}{3}$ $6 = \frac{\square}{3}$ $9 = \frac{\square}{3}$ $12 = \frac{\square}{3}$ $4 = \frac{\square}{6}$ $6 = \frac{\square}{6}$ $9 = \frac{\square}{6}$

5 Gib die Scheinbrüche als natürliche Zahlen an. Erkläre dein Vorgehen.

a) $\frac{15}{3}$ $\frac{28}{4}$ $\frac{42}{6}$ $\frac{39}{13}$ $\frac{56}{14}$ $\frac{81}{9}$ $\frac{121}{121}$ $\frac{91}{7}$ $\frac{36}{12}$ $\frac{45}{9}$

b) $\frac{144}{12}$ $\frac{225}{15}$ $\frac{400}{20}$ $\frac{289}{17}$ $\frac{625}{25}$ $\frac{100}{10}$ $\frac{196}{14}$ $\frac{121}{11}$ $\frac{512}{64}$ $\frac{512}{256}$

c) Markus behauptet: „Bei einem Scheinbruch ist der Nenner ein Vielfaches des Zählers." Widerlege seine Aussage mit einem Gegenbeispiel und korrigiere sie.

6 Verwandle die unechten Brüche in gemischte Zahlen. Erkläre dein Vorgehen.

a) $\frac{7}{3}$ $\frac{11}{6}$ $\frac{23}{10}$ $\frac{9}{5}$ $\frac{7}{4}$ $\frac{5}{2}$ $\frac{13}{9}$ $\frac{107}{50}$ $\frac{61}{30}$ $\frac{15}{7}$

b) $\frac{21}{10}$ $\frac{21}{8}$ $\frac{21}{2}$ $\frac{21}{5}$ $\frac{21}{13}$ $\frac{45}{7}$ $\frac{45}{2}$ $\frac{45}{11}$ $\frac{45}{8}$ $\frac{45}{4}$

7 Wandle die gemischten Zahlen in unechte Brüche um und erkläre deine Strategie.

a) $2\frac{1}{2}$ $3\frac{1}{3}$ $4\frac{1}{4}$ $5\frac{1}{5}$ $6\frac{1}{6}$ $7\frac{1}{7}$ $8\frac{1}{8}$ $9\frac{1}{9}$ $10\frac{1}{10}$

b) $1\frac{1}{2}$ $7\frac{3}{4}$ $9\frac{1}{5}$ $11\frac{3}{7}$ $100\frac{1}{8}$ $2\frac{1}{6}$ $7\frac{1}{9}$ $10\frac{7}{10}$ $8\frac{1}{11}$

8 Gib jeweils an, welche drei Felder den gleichen Bruchwert darstellen.

	A	B	C	D	E	F
I	$1\frac{1}{2}$	$\frac{2}{15}$	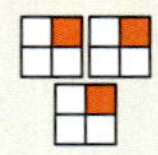	$\frac{5}{3}$	$\frac{3}{2}$	$\frac{5}{5}$
II		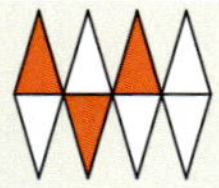		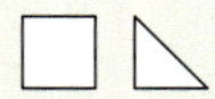	$\frac{3}{8}$	$1\frac{2}{3}$
III	$\frac{60}{60}$	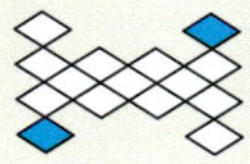	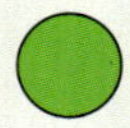	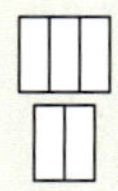		$\frac{3}{4}$

9 Finde jeweils heraus, welcher Bruch gesucht ist, und veranschauliche ihn in einer Zeichnung.

a) Ich bin ein Stammbruch; mein Nenner ist die kleinste Primzahl.

b) Mein Zähler und mein Nenner ergeben addiert den Summenwert 11, und mein Zähler ist um 3 kleiner als mein Nenner.

c) Ich bin der größte Stammbruch mit einem zweistelligen Nenner.

d) Mein Nenner ist 4; mein Zähler ist dreimal so groß wie mein Nenner.

e) Mein Zähler ist das kleinste Vielfache von 4 mit dem Quersummenwert 3, und mein Nenner ist um 2 größer als mein Zähler.

f) Ich bin eine gemischte Zahl zwischen 3 und 4. Wenn du mich als unechten Bruch schreibst, benötigst du dazu nur einstellige Primzahlen.

10 Gib jeweils an, wie viel zur nächstgrößeren natürlichen Zahl fehlt.

a) $1\frac{1}{2}$ $\frac{2}{3}$ $2\frac{5}{6}$ $4\frac{1}{4}$ $9\frac{11}{12}$ $99\frac{1}{10}$ $3\frac{1}{3}$ $6\frac{7}{9}$ $\frac{7}{8}$ $13\frac{1}{2}$

b) $\frac{15}{16}$ $\frac{17}{16}$ $\frac{21}{4}$ $\frac{35}{3}$ $\frac{59}{12}$ $\frac{27}{13}$ $\frac{88}{10}$ $\frac{13}{4}$ $\frac{101}{100}$ $\frac{28}{7}$

11 Zeichne in dein Heft auf 5-mm-Karopapier

a) ein Rechteck mit einem Flächeninhalt von $1\frac{1}{2}\,cm^2$.

Tipp: Unechte Brüche können helfen, die Aufgabe zu lösen.

b) ein Rechteck mit einem Flächeninhalt von $1\frac{1}{4}\,dm^2$.

c) ein Quadrat mit einem Flächeninhalt von $2\frac{1}{4}\,cm^2$.

12 Veranschauliche jeweils die folgenden Anteile.

1 Das Ganze ist ein Rechteck (Länge 3 cm, Breite 2 cm).

a) $3\frac{1}{2}$ **b)** $\frac{2}{3}$ **c)** 2 **d)** $\frac{1}{6}$

2 Das Ganze ist ein Kreis mit Radiuslänge 3 cm.

a) $\frac{5}{6}$ **b)** $2\frac{1}{2}$ **c)** 3 **d)** $\frac{7}{8}$

13 Georg, Lara, Lucas und Selina spielen „Mensch ärgere dich nicht“ und notieren während des Spiels die geworfenen Augenzahlen in einer Tabelle.

Zahl	G	La	Lu	S
1	𝍸 I	IIII	𝍸 I	II
2	III	𝍸	𝍸 II	II
3	𝍸 I	II	I	𝍸 I
4	IIII	𝍸		𝍸
5	II	III	III	III
6	IIII	𝍸 I	𝍸 III	𝍸 I

a) Stelle die Summenwerte der Augenzahlen der vier Kinder in einem Säulendiagramm dar.

b) Jedes Kind hat die von ihm geworfenen Augenzahlen veranschaulicht.

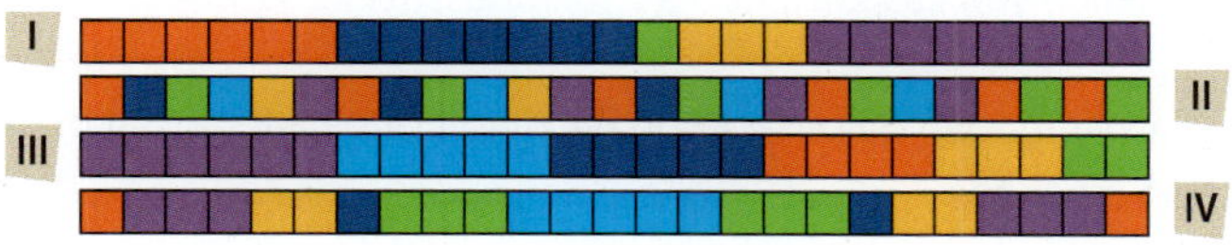

Ordne die vier Darstellungen den vier Kindern zu. Erkläre, wie jedes der Kinder bei seiner Darstellung vorgegangen sein könnte.

c) Gib an, wie groß jeweils der Anteil der geraden Zahlen an den geworfenen Augenzahlen bei den einzelnen Kindern ist. Ordne die Anteile der Größe nach.

14 Zeichne die Skala eines Messbechers in dein Heft und ergänze dann dort jeweils die Angaben.

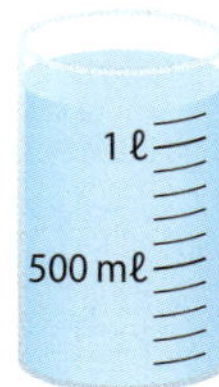

a) 100 mℓ b) $\frac{1}{2}$ ℓ c) $\frac{4}{4}$ ℓ d) 250 mℓ e) $\frac{1}{4}$ ℓ

f) 1250 mℓ g) 750 mℓ h) $1\frac{1}{4}$ ℓ i) $\frac{2}{5}$ ℓ j) $\frac{3}{4}$ ℓ

15 Ben und Clara gehen einkaufen. Dabei haben sie die Wahl zwischen Groß- und Kleinpackungen.

a) Entscheide jeweils, welches die günstigere Variante ist. Berechne dann den Gesamtpreis des günstigsten Einkaufs.
Hinweis: Ein halbes Kilogramm bezeichnet man auch als Pfund.

b) Berechne die Ersparnis gegenüber der teuersten Variante.

Einkaufszettel:
3 Dosen Hundefutter
4 ½ kg Nudeln
10 Pfund Kartoffeln
¾ kg Erdnüsse

Angebot

1 Dose Hundefutter	0,49 €
6 Dosen Hundefutter	2,59 €
500 g Nudeln	0,98 €
Familienpackung 2,5 kg Nudeln	3,99 €
1 kg lose Kartoffeln	0,99 €
2,5 kg Kartoffeln im Netz	2,49 €
1 kg lose Erdnüsse	3,48 €
500 g Erdnüsse verpackt	1,49 €

Kunst

Brüche in der Kunst

In der in Mathematik und in der Kunst kommen oft Muster vor.

- Finde heraus, welche Stammbrüche in der Grafik rechts abgebildet sind.
- Beschreibe, wie man an diesem Bild erklären kann, dass ein Ganzes und zwei Halbe den gleichen Wert besitzen.
- Entscheide anhand der Grafik, ob ein Drittel oder ein Viertel größer ist.
- Ermittle, welcher Anteil im untersten Quadrat grün gefärbt ist.

Der Schweizer Künstler Max Bill verwendet für seine Bilder mathematische Konstruktionen. Er ist ein Vertreter der „konkreten Kunst“. Eine seiner Grafiken heißt „Farbfeld“ (siehe Abbildung rechts).

- Gib an, welche Bruchzahlen in „Farbfeld“ farbig dargestellt werden.

Entdecken

Hannahs großer Bruder Caspar trainiert für den Stadtlauf. Er will einen Halbmarathon (etwa 21 km) laufen. Gerade bekommt Hannah eine Sprachnachricht von ihm:
„Ich bin heute zwei Drittel der Strecke in 50 min gelaufen. ☺ Kannst du ausrechnen, wie lange ich für den Halbmarathon brauche, wenn ich die ganze Strecke so schnell laufe?"

- Erkläre, wie Hannah die Länge von Caspars heutiger Trainingsstrecke rechnerisch bestimmen kann.
- Berechne die Zeit, die Caspar für den Halbmarathon bei dieser Geschwindigkeit brauchen würde, und erkläre dein Vorgehen.

Verstehen

Im Alltag bestimmen wir häufig den Bruchteil einer Größe. Man berechnet z. B. $\frac{3}{4}$ von 500 mℓ = 375 mℓ. Der Bruchteil einer Größe (375 mℓ) und die Größe selbst (500 mℓ) haben die gleiche Einheit (mℓ). Der Anteil $\left(\frac{3}{4}\right)$ hat keine Einheit.

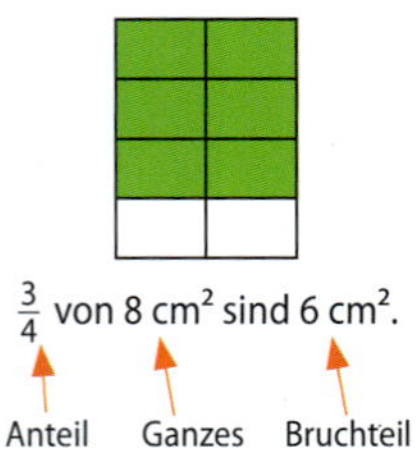

- **Berechnung des Bruchteils einer Größe**
  Man dividiert die ganze Größe durch den Nenner des vorgegebenen Anteils und multipliziert das Ergebnis dann mit dem Zähler des vorgegebenen Anteils, z. B.:
  $\frac{7}{10}$ von 50 €: (50 € : 10) · 7 = 5 € · 7 = 35 €
  Zum Anteil $\frac{3}{10}$ gehört also der Bruchteil 15 €, wenn 50 € das Ganze sind.
- **Berechnung des Anteils**
  Man dividiert den Bruchteil durch die ganze Größe, z. B.:
  Wenn das Ganze 55 kg und der Bruchteil 24 kg sind, dann ist der Anteil
  24 kg : 55 kg = $\frac{24}{55}$.
- **Berechnung des Ganzen**
  Man dividiert den Bruchteil durch den Zähler des vorgegebenen Anteils und multipliziert das Ergebnis dann mit dem Nenner des vorgegebenen Anteils, z. B.:
  Wenn der Bruchteil 45 km zum Anteil $\frac{3}{4}$ gehört, dann ist das Ganze
  (45 km : 3) · 4 = 15 km · 4 = 60 km.

Erklärvideos
Mediencode
61046-04
61046-05

Beispiele

I. Berechne $\frac{3}{4}$ von 6 cm und veranschauliche das Ergebnis graphisch.

Lösung: 1. Schritt: $\frac{1}{4}$ von 6 cm: 6 cm : 4 = 60 mm : 4 = 15 mm

2. Schritt: $\frac{3}{4}$ von 6 cm: 3 · 15 mm = 45 mm = 4,5 cm

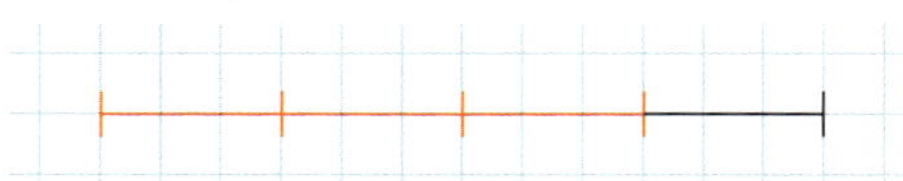

II. Alina möchte sich eine Soundbox kaufen. Sie hat schon 85 € gespart; das sind $\frac{5}{8}$ des Kaufpreises. Erläutere, wie man den Kaufpreis berechnen kann.

Lösung: Fünf Achtel des Kaufpreises sind 85 €; deshalb beträgt ein Achtel 85 € : 5 = 17 € und der ganze Kaufpreis (also acht Achtel) ist 17 € · 8 = 136 €.

- Entscheide, welcher Bruchteil größer ist: $\frac{3}{4}$ von 24 € oder $\frac{3}{10}$ von 60 €.
- Anna behauptet, dass $\frac{2}{3}$ ein größerer Anteil am Ganzen ist als $\frac{4}{6}$. Widerlege ihre Überlegungen mithilfe einer Skizze.

Nachgefragt

Aufgaben

1 Berechne die Bruchteile möglichst im Kopf.

a) $\frac{2}{3}$ von 18 € b) $\frac{5}{6}$ von 216 m c) $\frac{1}{8}$ von 8 km d) $\frac{5}{9}$ von 45 ℓ

e) $\frac{3}{11}$ von 242 ha f) $\frac{1}{7}$ von 98 t g) $\frac{3}{4}$ von 60 min h) $\frac{7}{10}$ von 60 m^2

i) $\frac{5}{8}$ von 64 m j) $\frac{11}{12}$ von 1 d k) $\frac{2}{9}$ von 3 d l) $\frac{3}{4}$ von 20 a

m) $\frac{0}{9}$ von 100 € n) $\frac{2}{9}$ von 54 € o) $\frac{2}{3}$ von 99 a p) $\frac{1}{30}$ von 360°

Lösungen zu 1 (mögliche Maßzahlen):
0; 1; 12; 14; 15; 16; 22; 25; 40; 42; 45; 66; 180

2 Gib jeweils den Wert des Platzhalters ▢ an. Berechne möglichst im Kopf.

a) $\frac{1}{3}$ von ▢ ist 15 kg. b) $\frac{2}{3}$ von ▢ sind 26 km. c) $\frac{1}{4}$ von ▢ ist 25 ℓ.

d) $\frac{9}{11}$ von ▢ sind 81 t. e) $\frac{4}{13}$ von ▢ sind 8 cm. f) $\frac{2}{9}$ von ▢ sind 100 €.

g) $\frac{3}{4}$ von ▢ sind 24 Kirschen. h) $\frac{1}{6}$ von ▢ ist 45 min. i) $\frac{1}{2}$ von ▢ ist 2 a.

3 In die Klasse 6c gehen 28 Kinder; davon sind 16 Mädchen. Berechne jeweils die Anzahl(en).

a) $\frac{3}{8}$ der Mädchen dieser Klasse gehen zum Reiten.

b) $\frac{3}{4}$ der Jungen dieser Klasse spielen Fußball.

c) Drei Viertel der Mädchen und die Hälfte der Jungen dieser Klasse gehen in den Schulchor.

d) $\frac{7}{8}$ der Mädchen und $\frac{10}{12}$ der Jungen dieser Klasse haben ein Handy.

e) $\frac{28}{28}$ der Kinder dieser Klasse freuen sich auf die nächsten Ferien.

4 Paul und Jonas wechseln sich beim Tragen des Rucksacks auf einer Wanderung ab. Paul trägt den Rucksack sechs Zehntel des Weges, Jonas zwei Fünftel. Am Ende der Wanderung behauptet Paul: „Ich habe den Rucksack viel weiter getragen."
Veranschauliche den Sachverhalt und entscheide, ob Paul Recht hat.

Jana: „Ich veranschauliche mir das mit einer Skizze."

5 a) In einem Obstgarten stehen 240 Obstbäume; $\frac{3}{4}$ davon sind Apfelbäume, der Rest Birnbäume. Gib den Anteil der Birnbäume an und berechne, wie viele Apfelbäume in diesem Garten stehen.

b) Für eine Zirkusvorstellung wurden $\frac{5}{6}$ aller 600 Karten verkauft. Berechne, wie viele Karten nicht verkauft wurden.

c) Jana möchte von ihrem Taschengeld (12 € pro Monat) ein Jahr lang $\frac{2}{5}$ sparen. Berechne, wie viel Geld sie dann in diesem Jahr sparen würde.

d) Maximilian hat 25-mal mit einem Spielwürfel gewürfelt. Bei drei Fünfteln seiner Würfe war die Augenzahl eine ungerade Zahl. Gib an, wie oft er höchstens die Augenzahl 6 geworfen hat.

6 a) Moritz kann sich 12 der neuen Englischwörter gut merken. Das sind drei Fünftel dieser Wörter. Gib die Anzahl der neu zu lernenden Englischwörter an.

b) $\frac{3}{14}$ der Kinder aus Johannas Klasse konnten nicht ins Schullandheim mitfahren. Das sind 6 Kinder. Berechne die Anzahl der Kinder in der Klasse.

c) Elif sprang im Training bei sechs ihrer Weitsprünge mindestens 3,90 m weit. Dies waren drei Viertel ihrer Weitsprünge. Bestimme die Anzahl der Weitsprünge, bei denen Elif an diesem Tag 3,90 m nicht erreicht hat.

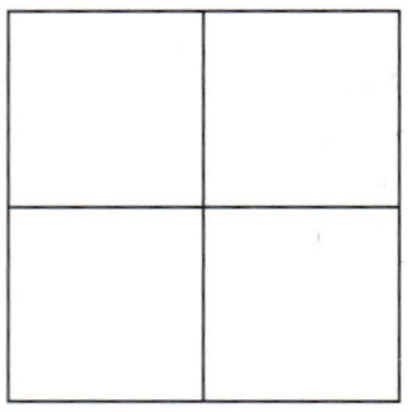

7 David malt von vier gleich großen Quadraten zwei rot und die anderen beiden blau aus.

a) Zeichne alle Möglichkeiten, die David beim Ausmalen der vier Quadrate hat, ins Heft.

b) Gib an, welcher Anteil aller Zeichnungen aus a) nicht achsensymmetrisch ist.

c) Finde heraus, welcher Anteil aller möglichen Zeichnungen aus a) genau eine Symmetrieachse besitzt.

d) Gib an, welcher Anteil aller möglichen Zeichnungen aus a) genau zwei Symmetrieachsen besitzt.

8 a) Merle behauptet, dass sie von einer Rolle Schleifenband den Anteil $\frac{9}{8}$ abgeschnitten hat. Sumi entgegnet, dass dies nicht sein kann. Entscheide und begründe, wer von beiden Recht hat.

b) Die Tante von Lars gibt seinem großen Bruder 60 €, die er gerecht mit seinen vier Geschwistern teilen soll. Lars beschwert sich später, dass sein Bruder unfair geteilt hat, da er nur 12 € bekommen hat. Entscheide und begründe, ob Lars Recht hat.

c) Elena und Luna sammeln beide 1-€-Münzen. Von den 23 länderspezifischen Rückseiten fehlen Elena noch 9, und Luna besitzt bereits $\frac{14}{23}$. Entscheide und begründe, ob beide Mädchen zusammen alle verschiedenen Rückseiten gesammelt haben.

9 Erkläre, wie oft du ein DIN-A4-Blatt mindestens falten musst, um 16 gleich große Teile zu erhalten.

10 a) Wenn Charlotte in ihr leeres Aquarium 18 ℓ Wasser schüttet, ist es zu drei Vierteln gefüllt. Gib an, wie viel Liter Wasser ins Aquarium passen.

b) Nicos Aquarium ist zu zwei Dritteln gefüllt, wenn Nico in das leere Aquarium 24 Liter Wasser schüttet. Berechne, wie viel Liter mehr Wasser in sein Aquarium als in das von Charlotte (vgl. a)) passen.

c) Im Tank des Autos von Marcos Mutter sind 15 ℓ Benzin. Wenn sie 21 ℓ nachtankt, ist ihr Tank zu $\frac{9}{10}$ gefüllt. Bestimme, wie viel Liter Benzin in den Tank passen.

d) Beim Training ist Antonia bereits 15 Runden gelaufen. Sie sagt: „Jetzt fehlt mir nur noch ein Sechstel." Gib an, wie viele Laufrunden sich Antonia vorgenommen hat.

11 Ben, Lara, Linus und Emilia haben sich je ein verbilligtes T-Shirt gekauft, das regulär 24 € gekostet hat. Gib an, wie viel jedes der Kinder bezahlt hat.

a) Ben: *„Mein T-Shirt war um die Hälfte billiger als vorher."*

b) Lara: *„Der Preis meines T-Shirts war auf die Hälfte herabgesetzt."*

c) Linus: *„Der Preis meines T-Shirts war um ein Drittel herabgesetzt."*

d) Emilia: *„Der Preis meines T-Shirts war auf ein Drittel herabgesetzt."*

Erkläre die Formulierungen *„Um die Hälfte (um ein Drittel) …"* und *„Auf die Hälfte (auf ein Drittel) …"*.

12 Der Flächeninhalt des getönten Dreiecks beträgt 4,5 cm². Berechne den Flächeninhalt des Dreiecks TRI.

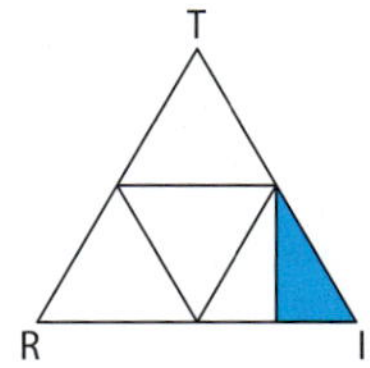

13 Anja macht mit ihren Eltern in den Sommerferien eine viertägige Radtour. Am ersten Tag legen sie 30 km zurück. Das ist ein Fünftel der Gesamtstrecke.

a) Gib die Gesamtlänge der Radtour an.

b) An den übrigen drei Tagen legt die Familie jeweils gleich viele Kilometer zurück. Berechne, wie viele Kilometer die Familie jeden Tag fährt. Gib an, welcher Anteil an der Gesamtstrecke das ist.

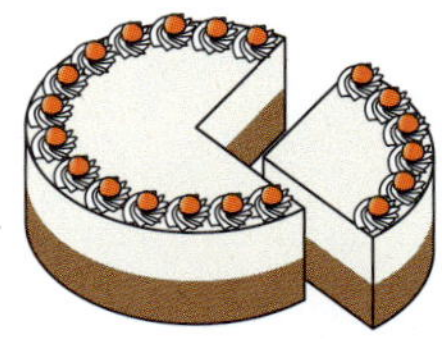

14 Pascal schneidet aus einer Torte ein Stück heraus, das $\frac{3}{10}$ der ganzen Torte ausmacht. Berechne die Größe des Mittelpunktswinkels des Tortenrests. Bestimme auch die Art dieses Winkels.

15 Eine „Burg" ist aus roten und blauen Bausteinen gebaut. In der Vorderansicht (vgl. Zeichnung) sieht man $\frac{2}{5}$ der roten und $\frac{3}{7}$ der blauen Steine nicht.

a) Bestimme die Anzahl der Steine, aus denen die „Burg" besteht.

b) Gib den Anteil aller roten und aller blauen Bausteine an.

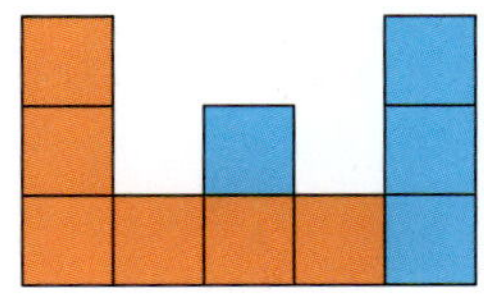

Knobelei

Kreuzzahlrätsel

Ein Kreuzzahlrätsel löst man ähnlich wie ein Kreuzworträtsel: Man trägt in jedes Kästchen anstelle eines Buchstabens eine Zahl ein.

- Übertrage das Kreuzzahlrätsel in dein Heft und löse es dann dort. Trage in jedes Kästchen eine Ziffer ein.

Waagrecht:

1 $\frac{3}{7}$ von 343 € sind □ €.

4 $\frac{7}{18}$ von 324 kg sind □ kg.

7 $\frac{2}{3}$ von 111 m sind □ m.

8 72 h = □ d

9 $\frac{5}{12}$ von □ s sind 10 s.

10 Ungerade Zahl

11 $\frac{5}{9}$ von 477 t sind □ t.

13 $\frac{7}{11}$ von 121 m sind □ m.

14 $\frac{1}{8}$ von 1,52 a ist □ m².

16 $\frac{2}{9}$ von 999 kg sind □ kg.

18 Kleinste natürliche Zahl

19 $\frac{1}{4}$ von □ t ist 11 t.

20 Quadratzahl

21 Primzahl

22 $\frac{2}{3}$ von □ m sind 308 m.

23 $\frac{1}{9}$ von □ ℓ ist 74 ℓ.

1	2	3	☺	4	5	6
7		☺	8	☺	9	
10	☺	11		12	☺	
☺	13		☺	14		☺
15	☺	16	17		☺	18
19		☺	20	☺	21	
22			☺	23		

Senkrecht:

1 $\frac{1}{3}$ von 519 km ist □ km.

2 $\frac{1}{11}$ von □ mℓ ist 4 mℓ.

3 Primzahl

4 Quadratzahl

5 $\frac{2}{11}$ von 121 kg sind □ kg.

6 $\frac{4}{5}$ von 805 m sind □ m.

8 $\frac{6}{7}$ von 42 ct sind □ ct.

11 4 h 32 min = □ min

12 $\frac{1}{6}$ von 3072 ist □.

13 1 Woche = □ d

15 $\frac{2}{3}$ von □ m sind 96 m.

17 Primzahl

18 $\frac{5}{17}$ von □ s sind 40 s.

21 $\frac{2}{3}$ von 39 d sind □ d.

23 $\frac{1}{10}$ h = □ min

Entdecken

Simon: *„In meiner Packung haben nur 3 Schokoküsse einen Überzug aus dunkler Schokolade, bei dir sind es 4."*

Jakob: *„In beiden Packungen ist der Anteil der Schokoküsse mit dunklem Überzug gleich groß."*

Simons Schokoküsse

Jakobs Schokoküsse

- Entscheide, ob Jakobs Aussage richtig ist.
- Gib an, wie viele Schokoküsse mit dunklem Überzug in einer Packung mit 18 Schokoküssen sind, wenn ihr Anteil $\frac{1}{3}$ $\left(\frac{2}{8}; \frac{5}{18}\right)$ ist.

Verstehen

Wenn man z. B. ein Drittel in vier gleich große Teile teilt, stellt man fest, dass die beiden Brüche $\frac{1}{3}$ und $\frac{4}{12}$ **wertgleich** sind, weil man weder etwas dazugegeben noch weggenommen hat.

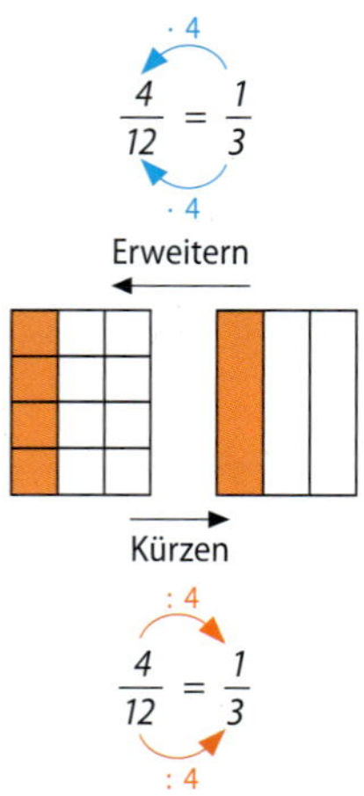

*Zahlen heißen **teilerfremd**, wenn sie keinen gemeinsamen Teiler außer 1 besitzen.*

Erweitern eines Bruchs

Ein Bruch wird mit einer natürlichen Zahl e **erweitert**, indem man seinen Zähler **und** Nenner jeweils gleichzeitig mit dieser Zahl multipliziert.

$$\frac{z}{n} = \frac{e \cdot z}{e \cdot n}$$

Kürzen eines Bruchs

Ein Bruch wird mit einer natürlichen Zahl k **gekürzt**, indem man seinen Zähler **und** Nenner jeweils gleichzeitig durch diese Zahl dividiert.

$$\frac{z : k}{n : k} = \frac{z}{n}$$

Die **Primfaktorzerlegungen** des Zählers und des Nenners helfen, die gemeinsamen Faktoren zu finden, mit denen man den Bruch kürzen kann.

Erweitern und Kürzen eines Bruchs ändert seinen Wert **nicht.**

Sind Zähler und Nenner eines Bruchs **teilerfremd**, so sagt man „der Bruch ist **vollständig gekürzt**." Der Bruch liegt dann in seiner **Grundform** vor.

Beispiele

I. Begründe durch Erweitern und Kürzen, dass $\frac{6}{9} = \frac{12}{18}$ gilt. Gib die Grundform des Bruchs an.

Lösung:

Erweitern: $\frac{6}{9} = \frac{6 \cdot 2}{9 \cdot 2} = \frac{12}{18}$ Kürzen: $\frac{12}{18} = \frac{12 : 2}{18 : 2} = \frac{6}{9} = \frac{6 : 3}{9 : 3} = \frac{2}{3}$ (Grundform)

II. Die Abbildungen veranschaulichen das Erweitern und Kürzen eines Bruchs. Erkläre mithilfe der Abbildungen das Erweitern und Kürzen.

a) 

b) 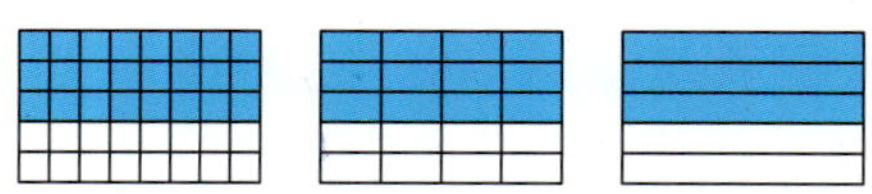

Lösung:

a) $\frac{2}{3} = \frac{2 \cdot 2}{2 \cdot 3} = \frac{4}{6}$

Erweiterungsfaktor 2

Die Unterteilung wird beim Erweitern verfeinert.

b) $\frac{24}{40} = \frac{2 \cdot 2 \cdot 2 \cdot 3}{2 \cdot 2 \cdot 2 \cdot 5} = \frac{3}{5}$

Die Unterteilung wird beim Kürzen vergröbert.

Erklärvideos

Mediencode
61046-06
61046-07

Nutze beim Kürzen die Primfaktorzerlegung.

Nachgefragt

- Begründe, dass Stammbrüche stets in der Grundform vorliegen.
- Begründe, warum das Erweitern und Kürzen mit 1 wenig sinnvoll ist.

Aufgaben

1 Erweitere im Kopf.

a) $\frac{4}{5}$ mit 3; 5; 8 b) $\frac{12}{9}$ mit 4; 5; 7 c) $\frac{7}{11}$ mit 8; 9; 12

2 Kürze im Kopf.

a) mit 3: $\frac{3}{9}$; $\frac{15}{12}$; $\frac{39}{72}$; $\frac{99}{111}$ b) mit 5: $\frac{10}{15}$; $\frac{25}{40}$; $\frac{45}{65}$; $\frac{110}{120}$ c) mit 8: $\frac{16}{48}$; $\frac{24}{72}$; $\frac{40}{96}$; $\frac{112}{120}$

d) mit 12: $\frac{12}{48}$; $\frac{36}{24}$; $\frac{108}{144}$ e) mit 15: $\frac{45}{60}$; $\frac{75}{120}$; $\frac{135}{225}$ f) mit 25: $\frac{75}{100}$; $\frac{275}{350}$; $\frac{925}{1275}$

Lösungen zu 2:

$\frac{1}{4}$; $\frac{9}{12}$; $\frac{2}{6}$; $\frac{1}{3}$; $\frac{5}{12}$; $\frac{13}{24}$; $\frac{9}{15}$;
$\frac{5}{8}$; $\frac{5}{8}$; $\frac{2}{3}$; $\frac{9}{13}$; $\frac{37}{51}$; $\frac{3}{4}$; $\frac{3}{4}$;
$\frac{3}{9}$; $\frac{11}{14}$; $\frac{33}{37}$; $\frac{22}{24}$; $\frac{14}{15}$; $\frac{11}{4}$; $\frac{11}{2}$

3 Übertrage jeweils die Zeichnung in dein Heft. Veranschauliche dann dort das Erweitern

a) mit 4:

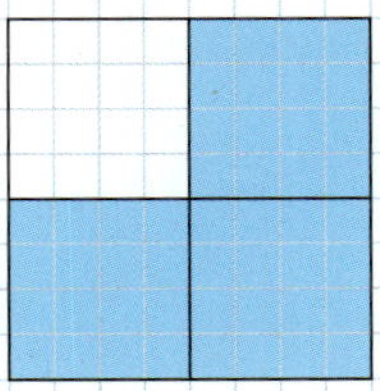

b) mit 2:

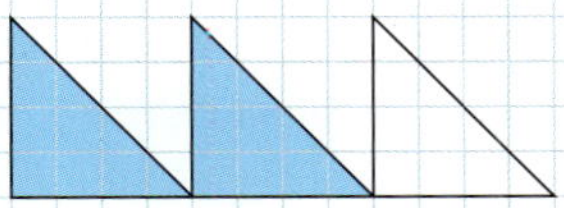

c) mit 5:

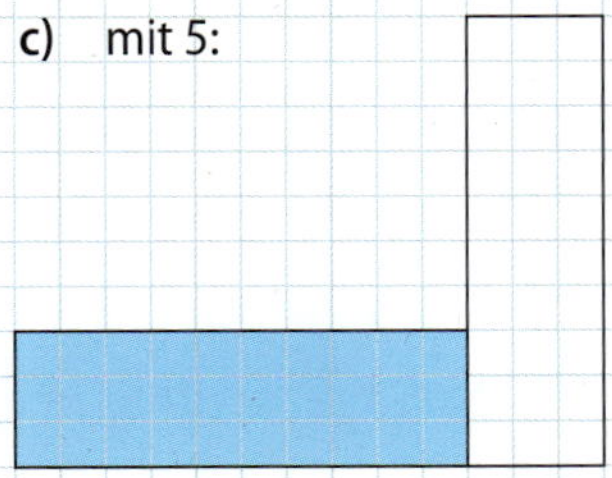

4 Übertrage jeweils die Zeichnung in dein Heft. Veranschauliche dann dort in einer zweiten Zeichnung das Kürzen

a) mit 4:

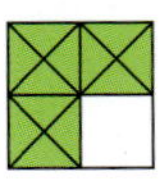

b) mit 2:

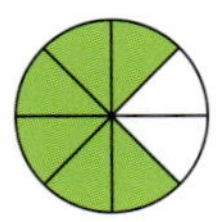

c) mit 5:

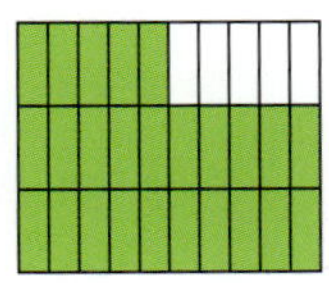

5 Erweitere jeweils
- die echten Brüche mit 3,
- die unechten Brüche, die keine Scheinbrüche sind, mit 4,
- die Scheinbrüche mit 5.

a) $\frac{2}{3}$; $\frac{5}{6}$; $\frac{7}{6}$ b) $\frac{8}{8}$; $\frac{1}{9}$; $\frac{7}{10}$ c) $\frac{5}{5}$; $\frac{4}{3}$; $\frac{1}{100}$ d) $\frac{2}{11}$; $\frac{11}{2}$; $\frac{22}{11}$ e) $\frac{0}{5}$; $\frac{5}{2}$; $\frac{2}{4}$

f) $\frac{9}{3}$; $\frac{8}{17}$; $\frac{100}{50}$ g) $\frac{1}{8}$; $\frac{2}{9}$; $\frac{3}{10}$ h) $\frac{9}{2}$; $\frac{90}{2}$; $\frac{90}{100}$ i) $\frac{7}{3}$; $\frac{3}{7}$; $\frac{7}{7}$ j) $\frac{1}{6}$; $\frac{11}{6}$; $\frac{60}{6}$

6 Kürze – falls möglich –
- die echten Brüche mit 2,
- die unechten Brüche, die keine Scheinbrüche sind, mit 3.

Verwandle die Scheinbrüche in natürliche Zahlen.

a) $\frac{12}{24}$; $\frac{18}{12}$; $\frac{48}{12}$ b) $\frac{6}{3}$; $\frac{6}{18}$; $\frac{30}{36}$ c) $\frac{30}{12}$; $\frac{42}{30}$; $\frac{60}{72}$ d) $\frac{6}{2}$; $\frac{27}{9}$; $\frac{54}{24}$ e) $\frac{174}{180}$; $\frac{150}{30}$; $\frac{300}{30}$

7 Zeichne einen geeigneten Zahlenstrahl in dein Heft und markiere die Brüche. Begründe, warum manche Brüche denselben Punkt auf dem Zahlenstrahl markieren.

a) $\frac{1}{2}$; $\frac{1}{3}$; $\frac{2}{3}$; $\frac{1}{4}$; $\frac{2}{6}$; $\frac{4}{6}$; $\frac{2}{12}$; $\frac{3}{12}$ b) $\frac{8}{10}$; $1\frac{5}{10}$; $\frac{10}{10}$; $\frac{4}{5}$; $\frac{5}{5}$; 1; $\frac{3}{2}$; $\frac{2}{2}$

8 Übertrage jeweils die Angabe in dein Heft. Ersetze dann dort jeden Platzhalter durch eine natürliche Zahl, sodass eine wahre Aussage entsteht. Beschreibe dein Vorgehen.

a) $\frac{144}{384} = \frac{\square}{192} = \frac{\square}{96} = \frac{\square}{48} = \frac{\square}{24} = \frac{\square}{8}$

b) $\frac{45}{225} = \frac{9}{\square} = \frac{3}{\square} = \frac{1}{\square}$

c) $\frac{135}{225} = \frac{\square}{75} = \frac{15}{\square} = \frac{\square}{5}$

d) $\frac{192}{360} = \frac{96}{\square} = \frac{\square}{90} = \frac{24}{\square} = \frac{\square}{15}$

e) $\frac{625}{1000} = \frac{125}{\square} = \frac{\square}{40} = \frac{5}{\square}$

f) $\frac{324}{810} = \frac{162}{\square} = \frac{\square}{135} = \frac{6}{\square} = \frac{\square}{5}$

9 Kontrolliere die Rechnungen. Erkläre bei falschen Aussagen, welcher Fehler gemacht wurde und berichtige die Aussage.

a) $\frac{2}{6} = \frac{5}{18}$ b) $\frac{25}{19} = \frac{200}{228}$ c) $\frac{17}{21} = \frac{34}{23}$ d) $\frac{9}{7} = \frac{81}{7}$

e) $\frac{12}{50} = \frac{144}{600}$ f) $\frac{2}{5} = \frac{50}{500}$ g) $\frac{18}{22} = \frac{36}{44}$ h) $\frac{18}{32} = \frac{54}{96}$

10 Übertrage jeweils die Angabe in dein Heft. Setze dann für den Platzhalter $\square$ eine natürliche Zahl ein, sodass eine wahre Aussage entsteht.

a) $\frac{5}{8} = \frac{\square}{32}$ b) $\frac{16}{48} = \frac{1}{\square}$ c) $\frac{125}{275} = \frac{\square}{11}$ d) $\frac{\square}{14} = \frac{60}{56}$ e) $\frac{4}{\square} = \frac{1}{2}$

f) $\frac{\square}{22} = 1\frac{4}{11}$ g) $\frac{7}{\square} = \frac{49}{98}$ h) $\frac{37}{111} = \frac{\square}{333}$ i) $\frac{26}{39} = \frac{2}{\square}$ j) $\frac{7}{7} = \frac{\square}{5}$

11 Miriam und Halil haben den Bruch $\frac{90}{330}$ vollständig gekürzt. Erkläre, wie sie dabei vorgegangen sind und begründe, welche Strategie du gewählt hättest.

Miriam: $\frac{90}{330} = \frac{45}{165} = \frac{15}{55} = \frac{3}{11}$

Halil:
$90 = 2 \cdot 3 \cdot 3 \cdot 5$
$330 = 2 \cdot 3 \cdot 5 \cdot 11$
$\frac{90}{330} = \frac{3}{11}$

12 Kürze jeden der Brüche vollständig. Gehe dabei schrittweise vor und gib die Zahl an, mit der du gekürzt hast.

Beispiel: $\frac{60}{105} = \frac{60:5}{105:5} = \frac{12}{21} = \frac{12:3}{21:3} = \frac{4}{7}$; es wurde mit 5 und mit 3 gekürzt.

a) $\frac{50}{100}; \frac{2}{14}; \frac{15}{75}; \frac{36}{6}; \frac{72}{80}$ b) $\frac{60}{48}; \frac{24}{40}; \frac{27}{81}; \frac{39}{169}; \frac{600}{900}$ c) $\frac{56}{70}; \frac{126}{140}; \frac{64}{124}; \frac{150}{125}; \frac{160}{256}$

Lösungen zu 13:
$\frac{5}{8}; \frac{2}{3}; \frac{1}{3}; \frac{1}{2}; \frac{3}{14}; \frac{3}{8}; \frac{3}{7}; \frac{1}{11}; \frac{1}{37}; \frac{1}{7}; \frac{2}{5}; \frac{1}{9}; \frac{1}{13}; \frac{13}{15}; \frac{7}{45}$

13 Kürze auf Grundform. Notiere dir zunächst die Primfaktorzerlegung der Zähler und Nenner.

a) $\frac{4}{12}; \frac{3}{6}; \frac{5}{15}; \frac{3}{9}$ b) $\frac{7}{21}; \frac{15}{45}; \frac{15}{35}; \frac{5}{35}$ c) $\frac{11}{121}; \frac{13}{169}; \frac{65}{75}; \frac{6}{9}$

d) $\frac{512}{1024}; \frac{42}{196}; \frac{25}{225}$ e) $\frac{3}{111}; \frac{37}{111}; \frac{27}{72}$ f) $\frac{60}{96}; \frac{35}{225}; \frac{32}{80}$

14 Wandle – falls möglich – jeden der Brüche so um, dass der Nenner eine (möglichst kleine) Zehnerstufenzahl wird.

a) $\frac{1}{2}; \frac{3}{4}; \frac{6}{20}; \frac{7}{25}; \frac{9}{50}; \frac{2}{3}; \frac{9}{8}$ b) $\frac{2}{5}; \frac{1}{15}; \frac{3}{500}; \frac{3}{125}; \frac{7}{500}; \frac{3}{8}; \frac{1}{4}$

c) $\frac{1}{50}; \frac{2}{250}; \frac{9}{40}; \frac{3}{7}; \frac{1}{8}; \frac{11}{25}$ d) $\frac{3}{6}; \frac{12}{60}; \frac{45}{75}; \frac{50}{75}; \frac{42}{56}; \frac{11}{110}; \frac{1590}{3000}$

15 Erweitere die Brüche so, dass sie den kleinstmöglichen gemeinsamen Nenner besitzen.

a) $\frac{1}{2}$ und $\frac{2}{3}$ b) $\frac{3}{5}$ und $\frac{5}{8}$ c) $\frac{1}{4}$ und $\frac{3}{5}$ d) $\frac{2}{3}$ und $\frac{1}{7}$ e) $\frac{5}{8}$ und $\frac{1}{15}$

f) $\frac{1}{4}$ und $\frac{3}{8}$ g) $\frac{5}{6}$ und $\frac{5}{12}$ h) $\frac{7}{15}$ und $\frac{1}{30}$ i) $\frac{3}{8}$ und $\frac{5}{24}$ j) $\frac{2}{5}$ und $\frac{1}{20}$

k) $\frac{1}{4}$ und $\frac{1}{6}$ l) $\frac{3}{14}$ und $\frac{3}{4}$ m) $\frac{5}{4}$ und $\frac{1}{18}$ n) $\frac{7}{12}$ und $\frac{5}{18}$ o) $\frac{2}{15}$ und $\frac{3}{10}$

Erinnere dich:
$V_2 = \{2; 4; 6; \ldots\}$
$V_3 = \{3; 6; 9; \ldots\}$

16 a) Gib an, wie viele Felder des abgebildeten Glücksrads rot gefärbt werden müssen, wenn $\frac{7}{12}$ aller Felder rot sein sollen.
b) Gib an, wie viele Felder des Glücksrads gefärbt werden müssen, damit $\frac{1}{3}$ aller Felder rot und $\frac{1}{4}$ aller Felder blau sind.

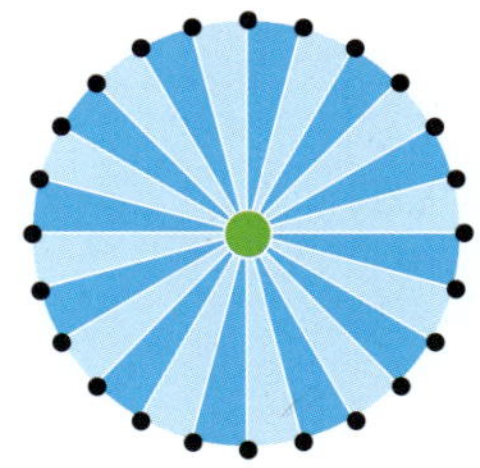

17 Kürze jeweils in mehreren Schritten auf die Grundform des Bruchs bzw. gib den ganzzahligen Wert an. Überlege zunächst genau und gehe möglichst geschickt vor.

a) $\frac{2 \cdot 15}{4 \cdot 25}$ b) $\frac{125 \cdot 36}{50 \cdot 48}$ c) $\frac{3 \cdot 16}{8 \cdot 9}$ d) $\frac{2 \cdot 121 \cdot 5}{33 \cdot 4 \cdot 15}$ e) $\frac{10!}{9!}$

f) $\frac{100!}{98!}$ g) $\frac{2 \cdot 2 \cdot 2 \cdot 2 \cdot 2}{2 \cdot 2 \cdot 2}$ h) $\frac{3^3 \cdot 2^2}{2^3 \cdot 3^2}$ i) $\frac{2^5}{2^4}$ j) $\frac{2^5 \cdot 5^3}{32 \cdot 250}$

k) $\frac{15 \cdot 39 \cdot 69}{26 \cdot 45 \cdot 92}$ l) $\frac{72 \cdot 55 \cdot 28}{108 \cdot 33 \cdot 63}$ m) $\frac{27 \cdot 128 \cdot 225}{216 \cdot 30 \cdot 144}$ n) $\frac{130 \cdot 315 \cdot 104}{297 \cdot 320 \cdot 169}$

$10! = 1 \cdot 2 \cdot 3 \cdot \ldots \cdot 10$
$2^3 = 2 \cdot 2 \cdot 2$

18 Auf einem Jahrmarkt gibt es verschiedene Stände, die Lose verkaufen.

A	B	C	D
Jedes 5. Los gewinnt.	Auf 10 Lose 3 Gewinne	100 Lose – 22 Gewinne	Auf 3 Nieten kommt 1 Gewinn.

Entscheide, an welchem Stand du Lose kaufen würdest. Begründe deine Antwort.

19 Entscheide, ob die Aussage richtig oder falsch ist. Begründe deine Antwort.
a) Martina: „Ich darf einen Bruch niemals mit null erweitern oder kürzen."
b) Paul: „Ich kann jeden erweiterten Bruch mindestens einmal kürzen."
c) Stefan: „Mit der kleinsten natürlichen Zahl zu kürzen oder zu erweitern, macht keinen Sinn."

Spiel

Bruchmemory (2 Spieler)

Herstellung des Spielmaterials

- Ihr benötigt vier Blatt dickes Papier (DIN A4). Jedes Blatt zerschneidet ihr in acht gleich große Teile, so dass ihr 32 Memorykarten erhaltet, die ihr zu 16 Kartenpaaren zusammenlegt.
- Auf eine Karte eines Kartenpaares schreibt ihr jeweils einen Bruch oder visualisiert ihn durch eine Figur. Auf die andere Karte notiert oder zeichnet ihr einen dazugehörigen erweiterten oder gekürzten Bruch.

Spielregeln: die bekannten Memory-Regeln

Beispiele für Kartenpaare

Entdecken

Thorsten und Svenja haben auf dem Pausenhof Körbe geworfen.

- Finde heraus, wer von beiden die bessere Trefferquote besitzt.
- Formuliere Strategien, die dir beim Vergleichen von Bruchzahlen helfen können.

Verstehen

Beim Vergleich zweier Brüche ist ihre Darstellung als Bruchzahlen auf der Zahlengerade hilfreich. Es ist immer diejenige Zahl **größer**, die weiter **rechts** auf der Zahlengeraden liegt.

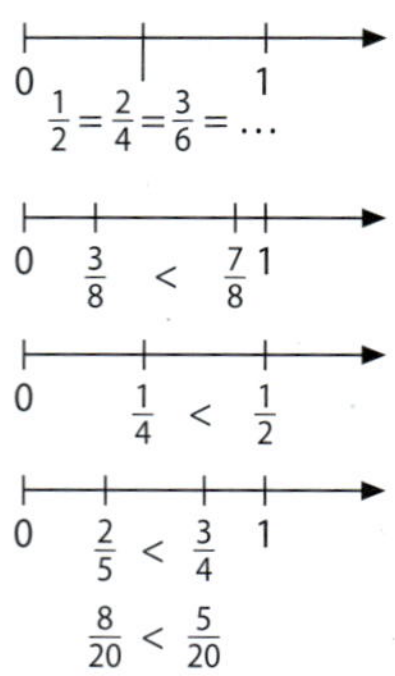

Wie jede ganze Zahl kann auch jeder Bruch als Bruchzahl auf der Zahlengeraden veranschaulicht werden. Eine Bruchzahl stellt dabei unendlich viele wertgleiche Brüche dar.

- Von zwei Brüchen **mit gleichem Nenner** ist derjenige Bruch größer, der den größeren Zähler besitzt.
- Von zwei Brüchen **mit gleichem Zähler** ist derjenige Bruch größer, der den kleineren Nenner besitzt.
- Haben die beiden Brüche sowohl verschiedene Nenner als auch verschiedene Zähler, dann kann man sie durch Erweitern oder Kürzen auf den gleichen Nenner bringen. Die Brüche heißen dann **gleichnamig**.
- Der kleinste gemeinsame Nenner zweier Brüche heißt **Hauptnenner**.

Erklärvideos

Mediencode
61046-08
61046-09

Beispiele

I. Setze jeweils anstelle des Platzhalters ▢ eines der Zeichen <, > oder = ein, sodass eine wahre Aussage entsteht. Begründe deine Entscheidung.

a) $\frac{2}{5}$ ▢ $\frac{2}{7}$ b) $\frac{4}{6}$ ▢ $\frac{6}{9}$ c) $\frac{5}{6}$ ▢ $\frac{3}{4}$

Lösung:

a) $\frac{2}{5} > \frac{2}{7}$ Die beiden Brüche besitzen den gleichen Zähler 2; $\frac{2}{5}$ hat den kleineren Nenner und ist somit die größere Zahl.

b) $\frac{4}{6} = \frac{6}{9}$ Man kann beide Brüche auf den gleichen Nenner 3 kürzen und stellt fest, dass sie wertgleich sind: $\frac{4}{6} = \frac{2}{3}$ und $\frac{6}{9} = \frac{2}{3}$.

c) $\frac{5}{6} > \frac{3}{4}$ Man bestimmt den Hauptnenner beider Brüche und erweitert diese dann.

$\frac{5}{6} = \frac{5 \cdot 2}{6 \cdot 2} = \frac{10}{12} > \frac{9}{12} = \frac{3 \cdot 3}{4 \cdot 3} = \frac{3}{4}$

Beide Brüche haben dann den gleichen Nenner. Der Bruch, der den größeren Zähler besitzt, ist größer.

Hauptnenner mit der Primfaktorzerlegung:
$4 = 2 \cdot 2$
$6 = 2 \cdot 3$
Hauptnenner:
$2 \cdot 2 \cdot 3 = 12$

II. Gib ohne Kürzen und Erweitern an, welcher der beiden Brüche $\frac{646}{789}$ und $\frac{523}{489}$ größer ist. Begründe deine Entscheidung.

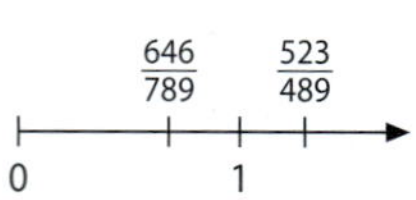

Lösung: $\frac{646}{789}$ ist ein echter Bruch und $\frac{523}{489}$ ist ein unechter Bruch, somit gilt $\frac{646}{789} < 1 < \frac{523}{489}$.

- Nadine behauptet, dass es mehr als 10 Bruchzahlen gibt, die auf der Zahlengeraden durch den gleichen Punkt dargestellt werden können. Begründe, dass sie Recht hat.
- Erkläre ohne Kürzen und Erweitern, welcher der Brüche $\frac{3}{4}$ und $\frac{5}{6}$ der größere ist.

Nachgefragt

Sophie: Welcher Bruch liegt näher an 1?

Aufgaben

1 Übertrage die Angabe in dein Heft. Setze jeweils anstelle des Platzhalters ■ eines der Zeichen <, > oder = ein, sodass eine wahre Aussage entsteht.

a) $\frac{2}{5}$ ■ $\frac{4}{5}$; $\frac{7}{8}$ ■ $\frac{6}{8}$; $\frac{11}{2}$ ■ $\frac{3}{2}$; $\frac{2}{3}$ ■ $\frac{1}{3}$; $\frac{7}{9}$ ■ $\frac{8}{9}$; $\frac{4}{8}$ ■ $\frac{2}{4}$; $\frac{4}{5}$ ■ $\frac{9}{10}$; $2\frac{1}{6}$ ■ $2\frac{1}{2}$; $\frac{12}{6}$ ■ 2

b) $\frac{1}{4}$ ■ $\frac{1}{2}$; $\frac{2}{3}$ ■ $\frac{2}{5}$; $\frac{5}{8}$ ■ $\frac{5}{6}$; $\frac{7}{10}$ ■ $\frac{7}{25}$; $\frac{3}{4}$ ■ $\frac{6}{20}$; $\frac{5}{8}$ ■ $\frac{10}{4}$; $\frac{4}{5}$ ■ 1; $\frac{4}{6}$ ■ $\frac{8}{12}$; $1\frac{4}{5}$ ■ $1\frac{2}{7}$

2 Finde für die auf der Zahlengeraden markierten Punkte jeweils zwei gleichwertige Brüche. Erkläre, wie du dabei geschickt vorgehen kannst.

3 Zeichne einen Ausschnitt des Zahlenstrahls von 0 bis 2. Kennzeichne die folgenden Brüche. Ordne sie in einer aufsteigenden Ungleichungskette.

a) $\frac{1}{2}$; $\frac{6}{5}$; $1\frac{1}{2}$; $\frac{7}{10}$; $\frac{1}{5}$; $\frac{15}{10}$; $\frac{5}{5}$

b) $\frac{3}{8}$; $\frac{7}{4}$; $\frac{1}{2}$; $\frac{3}{4}$; $\frac{3}{2}$; $\frac{6}{8}$; $\frac{4}{2}$

Lena: „Ich überlege mir immer erst, wie ich die Anteile gut darstellen kann."

4 Nenne jeweils drei gleichnamige (ungleichnamige) Brüche, die zwischen den angegebenen Brüchen liegen.

a) $\frac{3}{4}$; $\frac{10}{4}$ b) $\frac{6}{10}$; $\frac{11}{10}$ c) $\frac{5}{16}$; $\frac{13}{16}$ d) $\frac{15}{12}$; $\frac{22}{12}$ e) $\frac{47}{7}$; $\frac{54}{7}$ f) $\frac{15}{20}$; $\frac{12}{16}$ g) $\frac{33}{72}$; $\frac{21}{24}$

5 Entscheide, ob die Ungleichungsketten richtig oder falsch sind. Begründe deine Entscheidung anhand einer Zeichnung.

a) $\frac{1}{2}$? $\frac{3}{4}$? $\frac{7}{8}$ b) $\frac{2}{3}$? $\frac{1}{2}$? $\frac{5}{6}$ c) $\frac{4}{9}$? $\frac{5}{6}$? $\frac{13}{18}$ d) $\frac{6}{10}$? $\frac{3}{2}$? $\frac{7}{5}$

Thomas: „Mit Kästchen kann man Anteile gut veranschaulichen."

$\frac{1}{4}$ 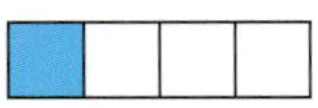

6 Überlege dir jeweils, welche Zeitspanne länger ist. Nutze das Ziffernblatt einer Uhr.

a) $\frac{3}{4}$ h oder $\frac{10}{12}$ h? b) $\frac{2}{3}$ h oder $\frac{3}{5}$ h? c) $\frac{4}{10}$ h oder $\frac{1}{2}$ h? d) $\frac{33}{60}$ h oder $\frac{7}{12}$ h?

7 Widerlege mithilfe einer Skizze Yanniks Meinung, dass $\frac{2}{5}$ der Vorgänger und $\frac{4}{5}$ der Nachfolger von $\frac{3}{5}$ sei.

8 Vergleiche die Etiketten der beiden Joghurts nach Fett-, Zucker- und Eiweißanteil. Entscheide, welcher Joghurt gesünder ist. Begründe deine Entscheidung.

Sahnejoghurt	125 g enthalten
Fett	25 g
Kohlenhydrate	50 g
davon Zucker	30 g
Eiweiß	5 g

Fruchtjoghurt	100 g enthalten
Fett	16 g
Kohlenhydrate	45 g
davon Zucker	20 g
Eiweiß	4 g

Entdecken

Stefan hat in einer Zeitung eine Umfrage gelesen. 100 Kinder zwischen 6 und 14 Jahren wurden gefragt, was sie mit einer Million Euro machen würden. Jeder durfte eine Antwort geben. Das Ergebnis wurde mithilfe einer Grafik veranschaulicht.

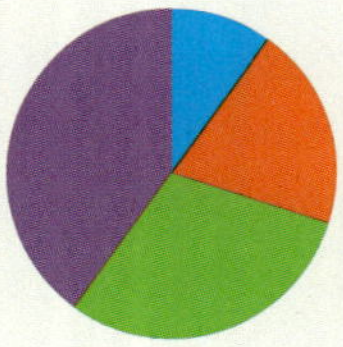

- Beschreibe, wie Stefan herausfinden kann, wie viele Kinder Geld spenden würden.
- Finde heraus, welcher Anteil der Kinder sich ein Haustier kaufen würde.

Verstehen

Mithilfe von Tabellen und Diagrammen kann man Daten zusammenfassen und veranschaulichen. Das Bilddiagramm und das Säulendiagramm kennst du bereits.

Erklärvideos
Mediencode
61046-10
61046-11

Für die Veranschaulichung von Anteilen verwendet man häufig **Kreisdiagramme.** Die Anteile werden durch einen **Kreissektor** (Kreisausschnitt) dargestellt.

Der zum Kreissektor gehörende **Mittelpunktswinkel** ergibt sich als Bruchteil des Vollwinkels 360°.

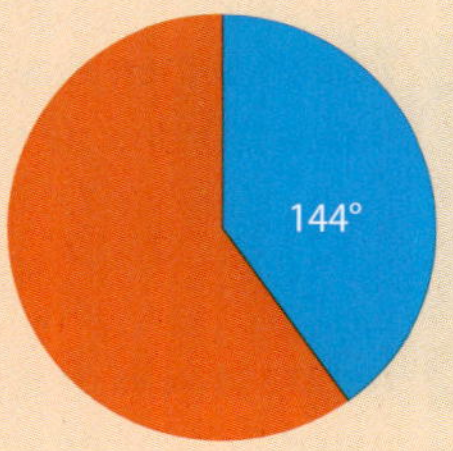

Beispiel: Von den 100 Schülern der Jahrgangsstufe 6 kommen 40 mit dem Fahrrad zur Schule. Das ist ein Anteil von $\frac{40}{100} = \frac{2}{5}$. Der Anteil $\frac{2}{5}$ von 360° ergibt einen Mittelpunktswinkel von $(360° : 5) \cdot 2 = 144°$ als Bruchteil des Vollwinkels.

Beispiel

In der Klasse 6c haben im 1. Quartal (Vierteljahr) 6 Kinder Geburtstag. Dies entspricht einem Anteil von einem Viertel der ganzen Klasse. Im 2. und 4. Quartal liegen gleich viele Geburtstage und im 3. Quartal sind es zwei Geburtstagskinder mehr als im 1. Quartal.
Ermittle die Klassenstärke der Klasse 6c. Stelle die Verteilung der Geburtstage in einem Kreisdiagramm dar und erläutere dein Vorgehen schrittweise.

Lösung:

6 Kinder entsprechen $\frac{1}{4}$ der Klasse, d. h. die Klassenstärke beträgt $6 \cdot 4 = 24$ Kinder.
Zum Anteil $\frac{1}{4}$ gehört der Mittelpunktswinkel $360° : 4 = 90°$.

Im 3. Quartal haben $6 + 2 = 8$ Kinder Geburtstag.
Zum Anteil $\frac{8}{24} = \frac{1}{3}$ gehört der Mittelpunktswinkel $360° : 3 = 120°$.

2. und 4. Quartal: Zusammen sind es noch $24 - (8 + 6) = 10$ Schüler, somit haben in jedem Quartal 5 Kinder Geburtstag.
Zum Anteil $\frac{5}{24}$ gehört der Mittelpunktswinkel $(360° : 24) \cdot 5 = 75°$.

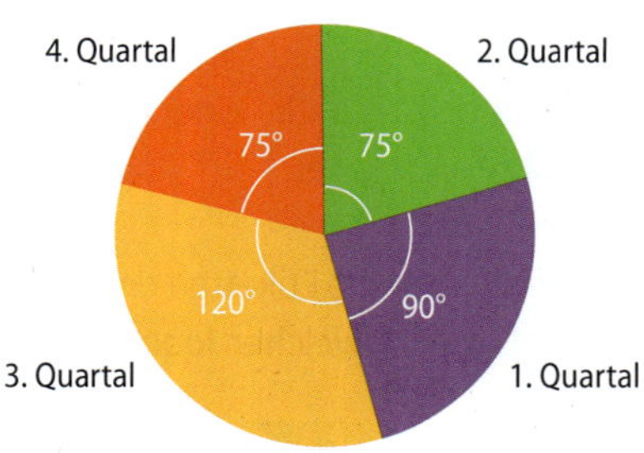

- Mia behauptet, dass ein Mittelpunktswinkel von 60° dem Anteil $\frac{1}{5}$ vom Vollkreis entspricht. Widerlege Mias Aussage.
- Ermittle den Mittelpunktswinkel, der dem Anteil $\frac{4}{16}$ von 360° entspricht.

1 Beim Kreisdiagramm gehört zu jedem Bruchteil ein Mittelpunktswinkel. Übertrage die Tabelle in dein Heft und ergänze sie dann dort.

Anteil als Bruch	$\frac{1}{1}$	$\frac{1}{2}$			$\frac{1}{5}$		$\frac{3}{20}$		$\frac{7}{10}$
Größe des Mittelpunktswinkels	360°			270°		216°		288°	
Art des Mittelpunktswinkels	Vollwinkel		rechter Winkel						

2 Jedes der vier Kreisdiagramme gibt den (ungefähren) Fettanteil eines Lebensmittels an. Gib jeweils diesen Anteil an und bestimme den zugehörigen Mittelpunktswinkel.

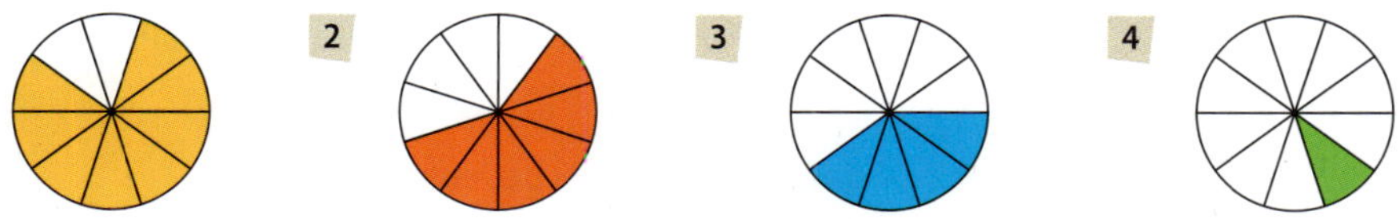

1 Butter — 2 Haselnüsse — 3 ungarische Salami — 4 Putenwurst

3 Lena und Felix haben alle Schülerinnen und Schüler der 6. Jahrgangsstufe nach der Einteilung eines „normalen" Schultags befragt. Die (gerundeten) Ergebnisse haben sie in einer Tabelle und in einem Kreisdiagramm dargestellt. Übertrage die Tabelle in dein Heft und ergänze sie dort.

	Schlafen	**Schule und Schulweg**	**Hausaufgaben**	**Essen und Waschen**	**Freizeit**
Zeitdauer	9 h	6 h	2 h	2 h	5 h
Größe des Mittelpunktswinkels			30°		
Farbe im Kreisdiagramm (vgl. Abbildung)					

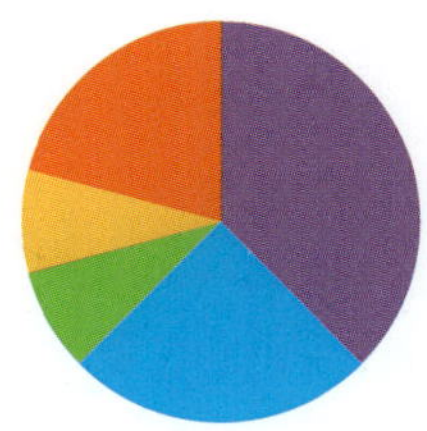

4 Stelle die folgenden Aussagen jeweils mithilfe eines Kreisdiagramms dar.

a) Jedes vierte Kind kommt ohne Frühstück zur Schule.
b) Zwei Fünftel aller Kinder der Klasse 6a haben keine Geschwister.
c) 21 von 28 Kindern der Klasse 6d haben ein Handy mit in der Schule.

Erklärvideo
Mediencode
61046-08

5 Eine Umfrage ergab, dass Eltern im Monat durchschnittlich 800 € für ihr Kind (12–18 Jahre) ausgeben (siehe Tabelle).

a) Erstelle ein Kreisdiagramm. Runde dafür zuerst geeignet.
b) Stelle die Ergebnisse auch in einem Säulendiagramm dar.
c) Überlege dir, welche Vor- bzw. Nachteile beide Diagrammarten besitzen.

Essen, Wohnen, Kleidung	475 €
Freizeit, Unterhaltung	123 €
Verkehr und Nachrichtenübermittlung	83 €
Gaststättenbesuche	43 €
Sonstiges	76 €

Entdecken

Wie gerne gehst du in die Schule? Eine Umfrage lieferte folgendes Ergebnis:

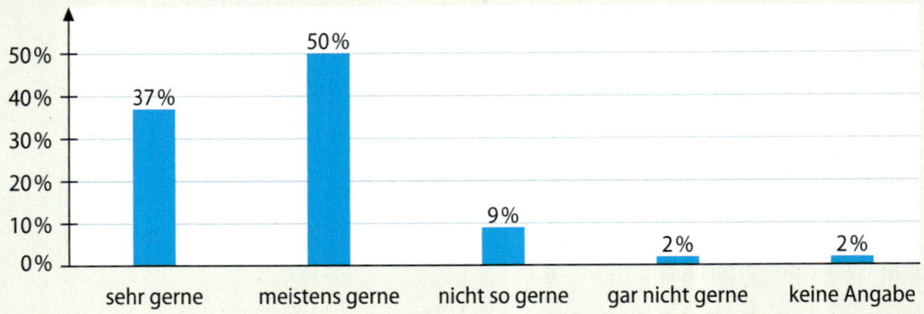

- Die Ergebnisse der Umfrage sind in Prozentschreibweise angegeben. Finde heraus, was diese Angabe bedeutet. Wandle die Prozentzahlen in echte Brüche um.
- Sammle Alltagssituationen, in denen auch die Prozentschreibweise verwendet wird.

Verstehen

Anteile lassen sich leichter vergleichen, wenn sie einen gemeinsamen Nenner, z. B. 100, haben.

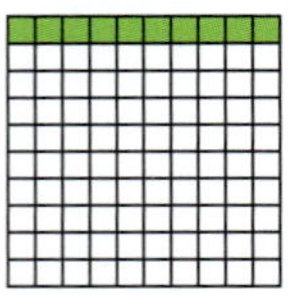
10 %

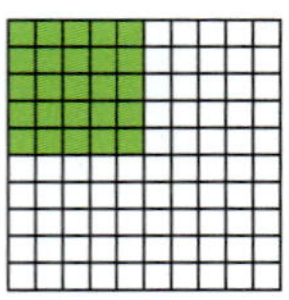
25 %

Im Alltag ist es üblich, Anteile als Bruch mit dem Nenner 100, man sagt in **Prozent**, anzugeben.

1 % bedeutet $\frac{1}{100}$, 14 % bedeutet $\frac{14}{100}$ und 100 % bedeutet $\frac{100}{100} = 1$.

Der Nenner 100 wird also durch das Prozentzeichen % angedeutet.
Häufige Prozentangaben sind

$10\,\% = \frac{10}{100} = \frac{1}{10}$ $\quad 25\,\% = \frac{25}{100} = \frac{1}{4}$ $\quad 50\,\% = \frac{50}{100} = \frac{1}{2}$ $\quad 75\,\% = \frac{75}{100} = \frac{3}{4}$

Brüche in Grundform, deren Nenner kein Teiler von 100 ist, kann man nicht als Hundertstelbruch schreiben und somit auch nicht in eine ganzzahlige Prozentangabe umwandeln.

Erklärvideo
Mediencode
61046-12

Beispiele

I. Gib die Anteile $\frac{5}{100}$; $\frac{8}{50}$; $\frac{1}{10}$ in Prozent an und begründe, warum dies für $\frac{1}{3}$ nicht möglich ist.

Lösung: $\frac{5}{100} = 5\,\%$; $\frac{8}{50} = \frac{16}{100} = 16\,\%$; $\frac{1}{10} = \frac{10}{100} = 10\,\%$; $\frac{1}{3}$: Eine Erweiterung auf den Nenner 100 ist nicht möglich, da 3 kein Teiler von 100 ist.

II. Gib die Prozentangaben 7 %; 75 % bzw. 99 % als vollständig gekürzte Brüche an.

Lösung: $7\,\% = \frac{7}{100}$; $60\,\% = \frac{60}{100} = \frac{3}{5}$ (mit 20 gekürzt); $99\,\% = \frac{99}{100}$

Toni: „Das erinnert mich an die Berechnung von Bruchteilen einer Größe."

III. Berechne 16 % von 20 €. Erkläre dein Vorgehen schrittweise.

Lösung: 1 % von 20 € bedeutet 20 € : 100 = 20 ct,

16 % von 20 € sind dann 16 · 20 ct = 320 ct, also 3,20 €.

IV. Bei der Klassensprecherwahl haben 17 von 25 Kindern Lisa gewählt. Ermittle, wie viel Prozent der Stimmen Lisa erhalten hat.
Tipp: Man versucht, den Bruch auf den Nenner 100 zu erweitern.

Lösung: Lisas Stimmenanteil beträgt $\frac{17}{25} = \frac{17 \cdot 4}{25 \cdot 4} = \frac{68}{100} = 68\,\%$.

Lisa erhielt also 68 % der Stimmen.

- Erkläre, was die Aussage „hundertprozentig sicher" bedeutet.
- Beschreibe die Bedeutung des Verkehrsschildes.

Nachgefragt

Aufgaben

1 Gib jeweils den Anteil der farbig markierten Flächen an der Gesamtfläche in Prozent an.

1 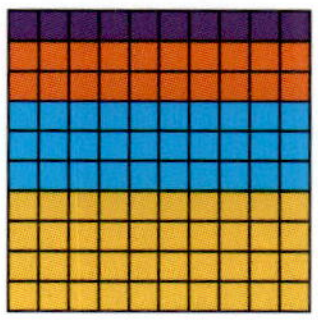 2 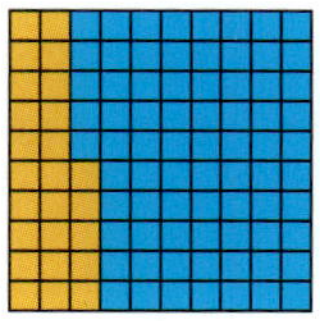 3 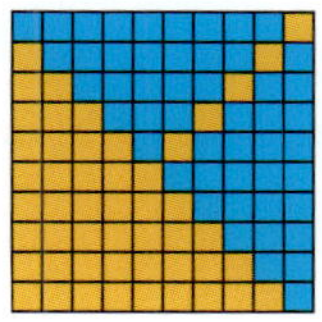 4 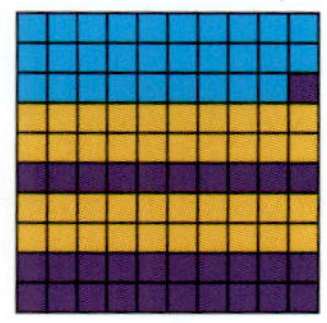

2 Schreibe die Prozentangabe als Hundertstelbruch. Kürze diesen dann vollständig.

a) 19 %; 25 %; 88 % **b)** 48 %; 60 %; 11 % **c)** 35 %; 18 %; 95 % **d)** 1 %; 10 %; 20 %

3 Gib jeden Bruch – falls möglich – zunächst als Hundertstelbruch und dann in Prozentschreibweise an.

Brüche in Grundform, deren Nenner kein Teiler von 100 ist, kann man nicht als Hundertstelbruch schreiben.

a) $\frac{1}{2}$; $\frac{1}{4}$; $\frac{1}{5}$; $\frac{1}{9}$; $\frac{4}{10}$ **b)** $\frac{2}{6}$; $\frac{3}{20}$; $\frac{22}{50}$; $\frac{56}{80}$; $\frac{22}{36}$ **c)** $\frac{100}{250}$; $\frac{6}{60}$; $\frac{38}{40}$; $\frac{50}{60}$; $\frac{4}{5}$

d) Finde sechs eigene Beispiele von Brüchen, die du nicht in eine Prozentangabe umwandeln kannst und erläutere deine Überlegungen.

4 Ermittle jeweils den Anteil in Prozent bzw. das Ganze.

a) Marvin erreichte bei der Schulaufgabe 24 von 25 möglichen Punkten.

b) Marie will jeweils 3 € ihres Taschengelds sparen. Das sind 25 %.

c) Simon hat aus 50 Bausteinen ein Haus gebaut. Davon sind 14 rot.

d) In einer Gummibärchenpackung sind 20 % der Gummibärchen grün. Julia hat gezählt, dass dies 17 Stück sind.

5 Die Schüler der Klasse 6c planen einen Ausflug und wählen hierfür ihr Mittagsessen.

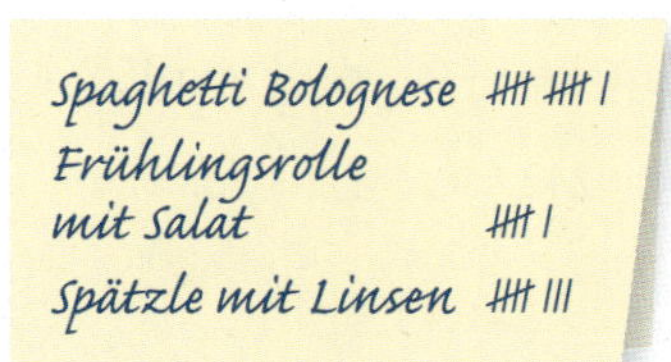

a) Gib an, wie viele Essen insgesamt bestellt wurden.

b) Ermittle jeweils die Anteile der einzelnen Speisen an der Gesamtbestellung in Prozent.

c) Stelle den Sachverhalt in einem Säulendiagramm dar.

6 In allen fünften Klassen eines Gymnasiums wurde eine Umfrage zu den Lieblingssportarten gemacht. Das Ergebnis der Umfrage ist in dem Kreisdiagramm dargestellt.

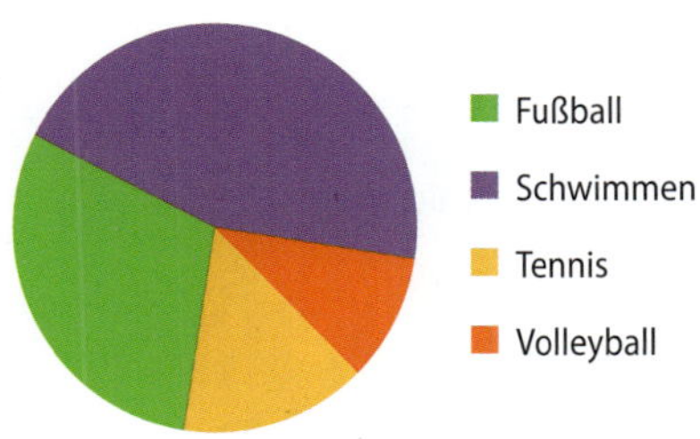

a) In den fünften Klassen sind 44 Mädchen. Dies entspricht einem Anteil von 55 %. Berechne die Zahl aller Kinder in den fünften Klassen.

b) Schätze jeweils, wie viel Prozent der Kinder Fußball, Schwimmen, Tennis bzw. Volleyball nannten.

c) Miss die Größen der vier Mittelpunktswinkel. Berechne anschließend den Anteil der einzelnen Sportarten in Prozent.

d) Stelle die Prozentsätze aus Teilaufgabe c) in einem Säulendiagramm dar.

1 Trainingsrunde

Zu 1.1

1 Ermittle, welcher Anteil jeweils farbig veranschaulicht wurde.

a) b) c)

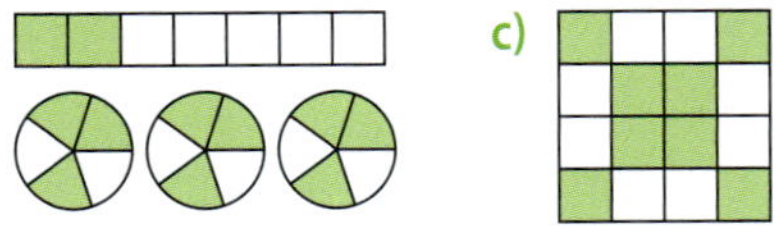

a) b) c)

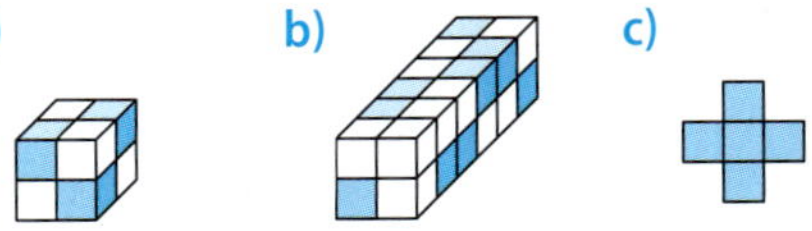

2 Die Figuren stellen jeweils nur Bruchteile eines Ganzen dar. Übertrage jeweils die Figur in dein Heft. Ergänze sie dann zu einem Ganzen.

a) b)

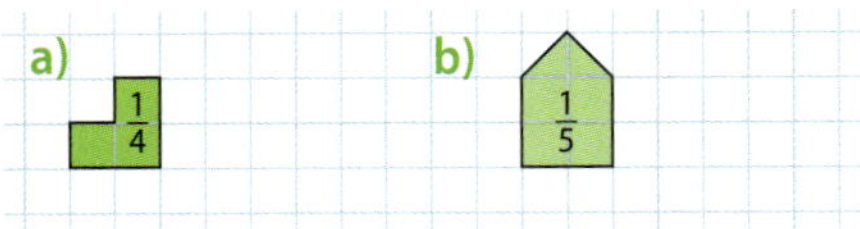

a) b)

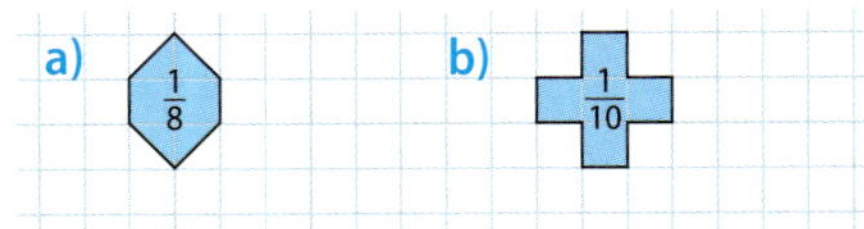

Zu 1.2

3 Notiere die dargestellten Anteile als unechte Brüche und gemischte Zahlen.

a) b)

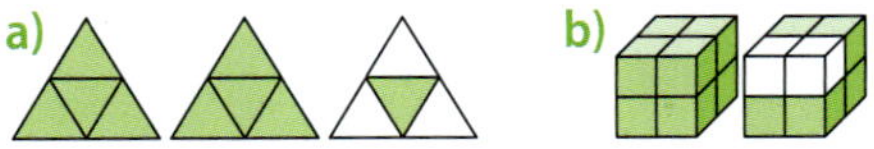

a) b)

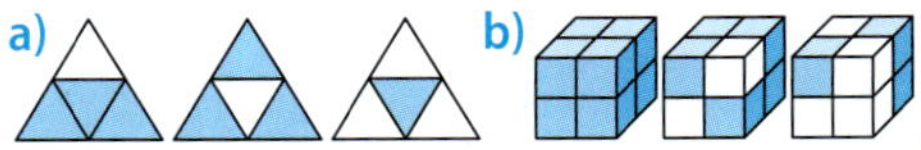

4 Schreibe als …

a) gemischte Zahl: $\frac{7}{3}$; $\frac{11}{6}$; $\frac{23}{10}$; $\frac{9}{5}$; $\frac{7}{4}$; $\frac{35}{9}$

b) unechten Bruch: $2\frac{1}{2}$; $3\frac{1}{3}$; $11\frac{3}{7}$; $9\frac{1}{5}$

a) gemischte Zahl: $\frac{21}{8}$; $\frac{45}{7}$; $\frac{343}{49}$; $\frac{59}{12}$; $\frac{84}{13}$

b) unechten Bruch: $2\frac{1}{6}$; $7\frac{1}{9}$; $10\frac{7}{10}$; $9\frac{11}{12}$

Zu 1.3

5 Bestimme die gesuchte Anzahl.

a) $\frac{2}{3}$ von 18 €
b) $\frac{5}{6}$ von 216 m
c) $\frac{1}{8}$ von 8 km
d) $\frac{5}{9}$ von 45 ℓ
e) $\frac{3}{11}$ von 242 ha
f) $\frac{1}{7}$ von 98 t

a) $\frac{1}{3}$ von ___ ist 15 kg.
b) $\frac{2}{3}$ von ___ sind 26 km.
c) $\frac{1}{4}$ von ___ ist 25 ℓ.
d) Erkläre den Unterschied zwischen Anteil und Bruchteil.

6 In die Klasse 6c gehen 27 Kinder. Davon sind 15 Jungen. Berechne jeweils die gesuchte Anzahl.

a) $\frac{3}{4}$ der Mädchen spielen ein Instrument.
b) $\frac{2}{5}$ der Jungen kommen mit dem Fahrrad zur Schule.

a) Ein Viertel der Mädchen und zwei Drittel der Jungen sind in einem Sportverein.
b) Drei Fünftel der Jungen und die Hälfte der Mädchen haben ein Haustier.

Zu 1.4

7 Kürze den Bruch jeweils …

… mit der angegeben Zahl.

a) mit 2: $\frac{14}{20}$; $\frac{16}{6}$
b) mit 5: $\frac{155}{30}$; $\frac{75}{145}$

… vollständig. Gib zunächst die Primfaktorzerlegung von Zähler und Nenner an.

a) $\frac{8}{24}$; $\frac{24}{32}$; $\frac{40}{24}$; $\frac{80}{144}$
b) $\frac{169}{91}$; $\frac{60}{144}$; $\frac{90}{324}$

8 Erweitere die Brüche jeweils so, dass sie den gleichen (möglichst kleinen) Nenner besitzen („Hauptnenner“).

a) $\frac{1}{5}$ und $\frac{1}{4}$ b) $\frac{3}{7}$ und $\frac{2}{3}$
c) $\frac{5}{12}$ und $\frac{5}{8}$ d) $\frac{7}{6}$ und $\frac{1}{14}$

a) $\frac{9}{8}$ und $\frac{17}{10}$ b) $\frac{4}{12}$ und $\frac{2}{15}$
c) $\frac{3}{4}$ und $\frac{5}{6}$ und $\frac{7}{12}$ d) $\frac{4}{5}$ und $\frac{4}{10}$ und $\frac{2}{15}$

9 Entscheide jeweils, welcher der beiden Brüche größer ist und begründe deine Entscheidung. Zu 1.5

a) $\frac{2}{5}$ und $\frac{1}{3}$ b) $\frac{3}{10}$ und $\frac{4}{20}$
c) $\frac{9}{15}$ und $\frac{3}{4}$ d) $\frac{6}{14}$ und $\frac{3}{21}$

a) $\frac{12}{15}$ und $\frac{8}{12}$ b) $\frac{4}{6}$ und $\frac{27}{36}$
c) $\frac{27}{63}$ und $\frac{12}{44}$ d) $\frac{72}{64}$ und $1\frac{24}{96}$

10 Gib jeweils drei Brüche an, die durch die Markierungen A, B und C dargestellt sind.

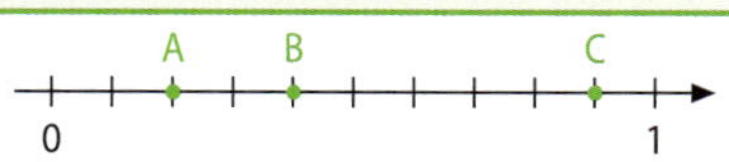

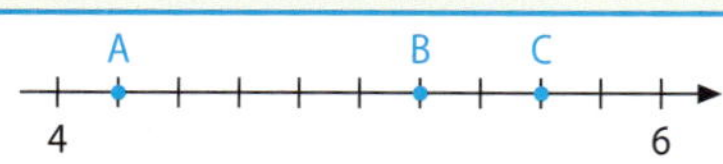

11 Nadine und Susi haben in ihrer Klasse eine Umfrage zur Lieblingsfarbe gemacht. Die 24 Kinder der Klasse haben wie folgt geantwortet: 8 Kinder haben die Lieblingsfarbe Blau, sechs jeweils die Farbe Rot bzw. Grün und vier die Farbe Gelb. Zu 1.6

a) Gib jeweils den Anteil der Farben an.
b) Ermittle die Primfaktorzerlegung der Zähler und Nenner und kürze vollständig.
c) Stelle die Ergebnisse der Umfrage in einem Kreisdiagramm dar.

a) Gib jeweils den Anteil der Farben in Grundform an.
b) Stelle die Ergebnisse der Umfrage in einem Kreisdiagramm dar.
c) Stelle die Ergebnisse der Umfrage in einem Säulendiagramm dar.

12 Ermittle, wie viel Prozent der Fläche gefärbt wurden. Beschreibe dein Vorgehen. Zu 1.7

a) 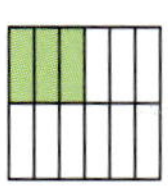   b) 

a) 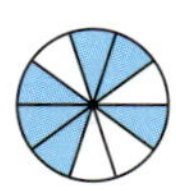   b) 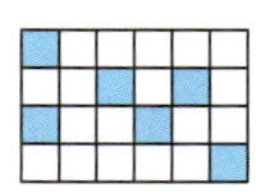

13

Ordne die Brüche den Prozentangaben zu.

$\frac{1}{5}$	$\frac{40}{50}$	$\frac{0}{100}$	$\frac{6}{8}$	$\frac{30}{200}$	$\frac{10}{500}$	$\frac{3}{6}$
0 %	50 %	80 %	20 %	15 %	2 %	75 %

a) Gib die Brüche in Prozentschreibweise an.
$\frac{1}{2}$; $\frac{1}{4}$; $\frac{1}{5}$; $\frac{4}{10}$; $\frac{1}{20}$; $\frac{1}{25}$; $\frac{22}{50}$; $\frac{7}{10}$
b) Finde fünf Brüche, die du nicht in Prozentschreibweise umwandeln kannst. Begründe deine Antwort.

14 Gib jeweils den Anteil in Prozent an.

a) In einem Test wurden aus einer Packung 7 von 20 Glühlampen entnommen.
b) In einer Tüte mit 15 Gummibärchen sind 6 rot.

a) Sven erzielt in der Englischschulaufgabe 22 von 40 Punkten.
b) In einer Packung mit 150 Nägeln sind 12 Nägel krumm.

15 Gib jeweils an, welcher Anteil farbig dargestellt ist. Ordne alle Anteile nach ihrer Größe in einer steigenden Ungleichungskette.

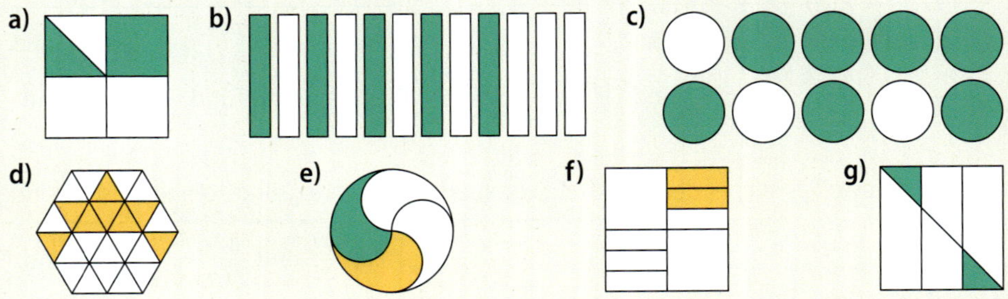

16 Gib an, wie viele Monate …

a) … der vierte Teil eines Jahres sind. b) … der sechste Teil von zwei Jahren sind.

Lösungen zu 17: 18 %; 40 %; 30 %; 50 %; 32 %; 75 %; 90 %; 55 %; 100 %

17 Gib den Bruch jeweils in Prozent an. Versuche, möglichst viele Lösungen im Kopf zu finden.

a) $\frac{3}{10}$ b) $\frac{1}{2}$ c) $\frac{16}{40}$ d) $\frac{9}{50}$ e) $\frac{11}{20}$ f) $\frac{3}{4}$ g) 1 h) $\frac{8}{25}$ i) $\frac{27}{30}$

18 Sophie stellt aus einer Tasse (125 mℓ) Himbeersirup und drei Tassen Mineralwasser Himbeerlimonade her. Dann trinkt sie davon ein Glas (150 mℓ). Begründe, warum sich die prozentualen Anteile von Sirup und Mineralwasser an der Limonade durch das Trinken nicht verändert haben.

19 Elias sagt: „In dieser Spielzeit hat unsere Mannschaft bei 80 % ihrer Fußballspiele gewonnen oder unentschieden gespielt. Verloren haben wir nur zwei Spiele." Finde heraus, wie häufig die Mannschaft in dieser Spielzeit bisher gespielt hat.

20 Zu einer Party sind bereits alle 24 eingeladenen Mädchen, aber erst 10 Jungen gekommen. Gib an, wie viele Jungen noch fehlen, wenn ein Drittel der Gäste Jungen sind.

21 In einem Basketballspiel hat Jevon mit etwa 44 % seiner Würfe getroffen, Nico war bei 9 Versuchen 4-mal erfolgreich. Begründe, warum man nicht entscheiden kann, wer das bessere Spiel gemacht hat.

23 % = $\frac{23}{100}$ ist nicht kürzbar.

22 Gib an, wie viele ganzzahlige Prozentzahlen zwischen 1 % und 100 % es gibt, deren Bruchdarstellung sich nicht kürzen lässt.

23 In einer Rezeptur für ein Medikament steht, dass Lindenblütensaft, Wasser und Glucose im Massen-Verhältnis 1 : 50 : 4 gemischt werden sollen. Es sollen 1 kg 100 g dieses Medikaments hergestellt werden. Bestimme die Massen der dafür benötigten Zutaten.

24 Auch wenn der Tiger am weitesten springen kann, ist er dennoch nicht der beste Springer.

a) Untersuche das Verhältnis von Sprungweite zur Körperlänge.

b) Recherchiere das Sprungvermögen von drei weiteren Tierarten und vom Menschen und vergleiche mit den Ergebnissen rechts.

Tier	Sprungweite	Körperlänge
Floh	2 m	2 mm
Heuschrecke	2 m	8 cm
Tiger	2 m	2,50 m

Brüche – Teile eines Ganzen

Seite 14

Jeder Quotient aus zwei natürlichen Zahlen lässt sich als **Bruch** schreiben. Ein Bruch besteht aus **Zähler** und **Nenner**.
Ein Bruch beschreibt den **Anteil** einer Größe an einem oder mehreren Ganzen.

z. B. $3 : 4 = \frac{3}{4}$ ← Zähler ← Nenner

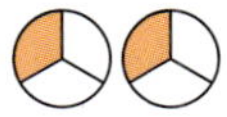

Anteil $\frac{1}{3}$

Besondere Brüche – gemischte Zahlen

Seite 18

Man unterscheidet **echte Brüche** und **unechte Brüche.**
Gemischte Zahlen sind eine andere Darstellung von unechten Brüchen.

$\frac{1}{3}$ **echter Bruch**

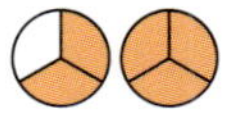

$\frac{5}{3}$ **unechter Bruch**

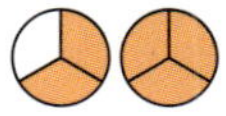

$\frac{5}{3} = 1\frac{2}{3}$ **gemischte Zahl**

Teile von Größen

Seite 22

Berechnung des Bruchteils einer Größe: Man dividiert das Ganze durch den Nenner des angegebenen Anteils und multipliziert das Ergebnis mit dessen Zähler.
Bestimmung des Anteils an einem Ganzen: Man dividiert den Bruchteil durch das Ganze.
Berechnung des Ganzen: Man ermittelt einen Teil und berechnet hieraus das Ganze.

$\frac{2}{5}$ von 15 €: 15 € $\xrightarrow{:5}$ 3 € $\xrightarrow{\cdot 2}$ 6 €

7 € von 15 € sind $\frac{7}{15}$.

Wenn 6 € dem Anteil $\frac{2}{5}$ am Ganzen entsprechen, dann sind 6 € : 2 = 3 € ein Fünftel und das Ganze ist somit 3 € · 5 = 15 €.

Erweitern und Kürzen von Brüchen

Seite 26

Ein Bruch wird **erweitert,** indem man Zähler und Nenner mit derselben Zahl **multipliziert.**
Ein Bruch wird **gekürzt,** indem man Zähler und Nenner durch dieselbe Zahl **dividiert.**

Erweitern →

$\frac{2}{5} = \frac{4}{10} = \frac{40}{100} = \frac{80}{200} = \ldots$

← Kürzen

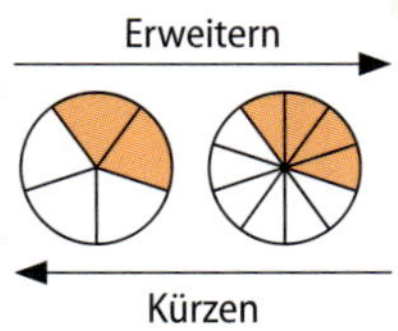

Der Wert eines Bruches ändert sich hierdurch nicht.

Größenvergleich

Seite 30

Bei **gleichem Nenner (Zähler)** ist derjenige Bruch größer, den **größeren Zähler (kleineren Nenner)** hat. Haben Brüche unterschiedliche Zähler und Nenner, so macht man sie **gleichnamig.**
Der kleinste gemeinsame Nenner zweier Brüche heißt **Hauptnenner.**

$\frac{1}{4} < \frac{3}{4}$, denn $1 < 3$.

$\frac{2}{9} < \frac{2}{5}$, denn $5 < 9$.

$\frac{3}{8} = \frac{9}{24} < \frac{20}{24} = \frac{5}{6}$

$V_6 = \{6; 12; 18; 24; \ldots\}$

$V_8 = \{8; 16; 24; \ldots\}$ Hauptnenner 24

Kreisdiagramm

Seite 32

Anteile werden im Kreisdiagramm durch **Kreissektoren** dargestellt.

$\frac{2}{3}$ der 30 Schüler einer Klasse haben ein Haustier. Der Mittelpunktswinkel beträgt (360° : 3) · 2 = 240°.

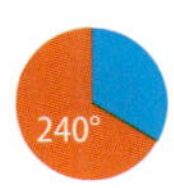

Angabe von Anteilen in Prozent

Seite 34

Im Alltag werden Anteile in Prozent angegeben.

1 % entspricht $\frac{1}{100}$ 25 % $= \frac{25}{100} = \frac{1}{4}$

Aufgaben zur Einzelarbeit

Überprüfe deine Fähigkeiten und Kompetenzen. Bearbeite dazu die folgenden Aufgaben und bewerte anschließend deine Lösungen mit einem Smiley.

1 Ermittle jeweils, welcher Anteil der Figur farbig markiert ist und ordne die Anteile in einer steigenden Ungleichungskette.

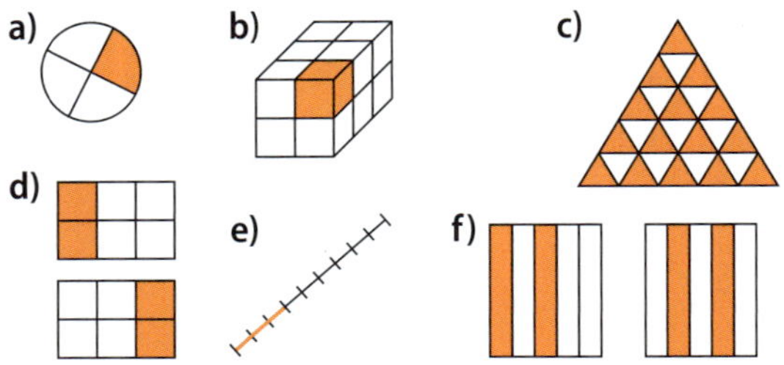

2 Übertrage die Figur in dein Heft. Färbe den angegebenen Anteil ein. Gib dann an, welcher Anteil der Figur nicht eingefärbt ist.

a) $\frac{3}{4}$ b) $\frac{2}{5}$ c) $\frac{3}{8}$

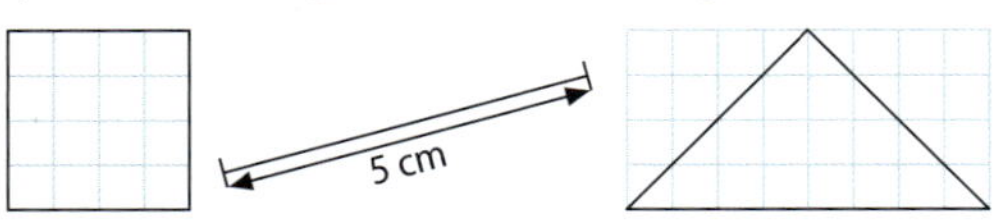

3 Berechne den Bruchteil. Erkläre dein Vorgehen.

a) $\frac{3}{4}$ von 800 g b) $\frac{2}{5}$ von 30 min

c) $\frac{4}{9}$ von 81 m d) $\frac{7}{8}$ von 136 t

e) $\frac{32}{100}$ von 700 g f) $\frac{6}{25}$ von 9 kg

4 Bestimme das Ganze. Erkläre dein Vorgehen.

a) $\frac{1}{3}$ vom Ganzen sind 4 kg.

b) $\frac{3}{4}$ vom Ganzen sind 75 g.

c) $\frac{5}{7}$ vom Ganzen sind 85 m.

5 a) Schreibe als gemischte Zahl und ordne die Brüche nach ihrer Größe.

$\frac{5}{4}; \frac{7}{3}; \frac{9}{2}; \frac{15}{8}; \frac{18}{9}; \frac{29}{10}; \frac{16}{7}; \frac{39}{5}; \frac{123}{25}; \frac{33}{11}$

b) Schreibe als unechten Bruch und ordne die Brüche nach ihrer Größe.

$3\frac{1}{2}; 4\frac{2}{3}; 2\frac{3}{4}; 5\frac{3}{7}; 3\frac{1}{6}; 5\frac{7}{8}; 10\frac{7}{10}; 2\frac{3}{100}; 2$

6 Bestimme die Zahl, mit welcher jeweils erweitert bzw. gekürzt wurde.

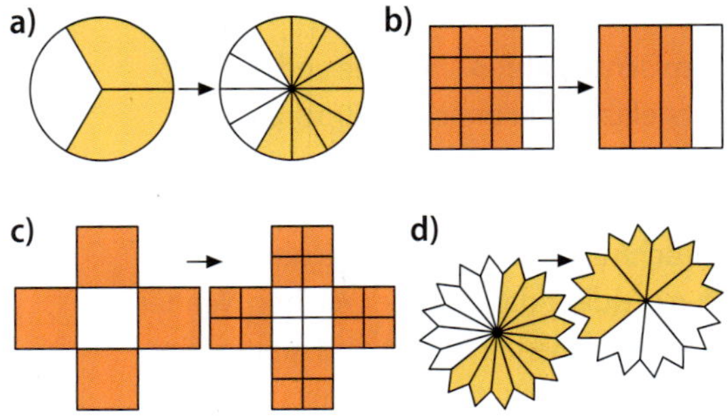

7 Kürze so weit wie möglich. Gib dabei zunächst die Primfaktorzerlegungen von Zähler und Nenner an.

a) $\frac{10}{14}$ b) $\frac{25}{35}$ c) $\frac{40}{88}$ d) $\frac{100}{120}$ e) $\frac{24}{36}$ f) $\frac{45}{90}$

8 Schreibe jede der Prozentangaben zunächst als Hundertstelbruch und kürze diesen dann vollständig.

a) 15 %; 35 %; 40 % b) 8 %; 32 %; 60 %; 78 %

9 Gib die Brüche jeweils als Hundertstelbruch an und dann in Prozentschreibweise.

a) $\frac{1}{2}; \frac{3}{5}; \frac{9}{10}; \frac{3}{4}$ b) $\frac{3}{10}; \frac{14}{40}; \frac{18}{600}; \frac{140}{700}$

10 Im Jahr 2016 wurden etwa 27 Prozent des gesamten Stroms durch erneuerbare Energien erzeugt. Davon stammt etwa ein Drittel aus Windkraft, zwei Neuntel aus Photovoltaik, $\frac{1}{9}$ aus Wasserkraft und der Rest aus Biomasse.
Stelle die Ergebnisse der Stromerzeugung durch erneuerbare Energien in einem Kreisdiagramm dar.

11 Das Diagramm zeigt, wie viel Zeit Sabrina täglich mit verschiedenen Tätigkeiten verbringt. Schätze die Anteile der Tätigkeiten in Prozent. Beschreibe, wie du die Prozentangaben rechnerisch bestimmen kannst.

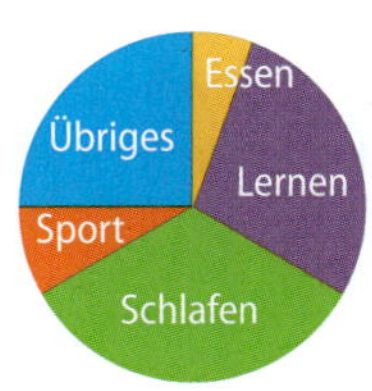

Arbeitsschritte

Aufgaben für Lernpartner

1. Bearbeite die folgenden Aufgaben zuerst allein.
2. Suche dir einen Partner oder eine Partnerin und arbeitet zusammen weiter: Erklärt euch gegenseitig eure Lösungen. Korrigiert fehlerhafte Antworten.

Sind folgende Behauptungen richtig oder falsch? Begründe.

A Jedes DIN-A4-Papier lässt sich auf genau eine Art in Viertel (Achtel) falten.

B Zerlegt man Figuren in gleich große Teile, so kann man immer einen Stammbruch markieren.

C Unechte Brüche kann man immer als gemischte Zahl schreiben.

D Gemischte Zahlen kann man immer als unechte Brüche schreiben.

E Die gemischte Zahl $4\frac{11}{12}$ und der unechte Bruch $\frac{58}{12}$ haben den gleichen Wert.

F Ein unechter Bruch hat stets einen Wert größer als 1.

G Sind in einer Klasse doppelt so viele Mädchen wie Jungen, dann beträgt der Anteil der Mädchen in der Klasse $\frac{1}{2}$.

H Wenn $\frac{5}{8}$ vom Ganzen 250 mℓ sind, dann ist das Ganze 450 mℓ.

I Jeder Bruch kann beliebig oft gekürzt werden.

J Jeden Anteil kann man auf zwei verschiedene Arten schreiben.

K Besitzen zwei Brüche den gleichen Zähler, so ist derjenige größer, der den kleineren Nenner hat.

L Man kann jeden Bruch auf einen Hundertstelbruch erweitern.

M Von zwei Brüchen mit gleichem Nenner ist derjenige größer, der den kleineren Zähler hat.

N $\frac{11}{12}$ ist größer als $\frac{3}{4}$ und kleiner als $\frac{24}{25}$.

O Im Kreisdiagramm entspricht das Ganze dem Vollwinkel.

P Drei Fünftel entsprechen im Kreisdiagramm einem Kreissektor mit Mittelpunktswinkel 206°.

Q Eine Prozentangabe kann man immer als Bruch mit dem Nenner 100 schreiben.

R $\frac{2}{5}$ ist der Vorgänger, $\frac{4}{5}$ der Nachfolger von $\frac{3}{5}$.

S 30 % entsprechen im Kreisdiagramm einem Kreissektor mit Mittelpunktswinkel 108°.

Ich kann …	„Am Ziel!"-Aufgaben	Hilfe
… mit der Bruchschreibweise umgehen.	1, 2, A, B	S. 14
… besondere Brüche erkennen und Brüche umwandeln.	5, C, D, E, F	S. 18
… Teile von Größen berechnen.	3, 4, G, H	S. 22
… Brüche erweitern, kürzen und vergleichen.	5, 6, 7, I, J, K, L, M, N, R	S. 26, 30
… Anteile in Prozentschreibweise angeben.	8, 9, Q, S	S. 34
… Kreisdiagramme erstellen und diese interpretieren.	10, 11, O, P	S. 32

2 Startklar!

Aufgabe	Ich kann schon …	Grundwissen
1	… Anteile von Figuren bestimmen.	S. 39
2, 3	… Brüche erweitern und kürzen.	S. 39
4, 5	… Anteile in Prozentschreibweise darstellen.	S. 39
6, 7	… mit Größen und ihren Einheiten rechnen.	S. 39, 209

1 Gib jeweils an, welcher Bruchteil gefärbt und welcher nicht gefärbt ist.

a) 
b) 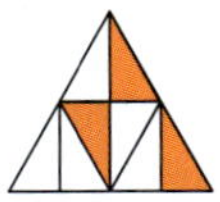
c) 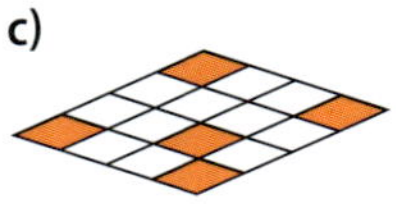
d) 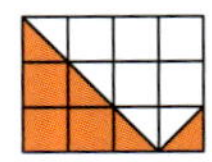
e) 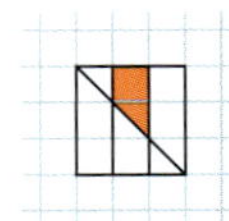

2 Gegeben sind die acht Brüche $\frac{3}{4}$; $\frac{1}{11}$; $\frac{2}{5}$; $\frac{15}{5}$; $\frac{21}{7}$; $\frac{46}{9}$; $\frac{13}{10}$ und $\frac{1}{4}$.

a) Verwandle jeden Scheinbruch unter ihnen in eine natürliche Zahl.
b) Gib jeden unechten Bruch, der kein Scheinbruch ist, als gemischte Zahl an.
c) Erweitere jeden Stammbruch mit 6.
d) Gib bei jedem echten Bruch unter ihnen an, wie viel zu einem Ganzen fehlt.

3 Erkläre jeweils, mit welcher natürlichen Zahl erweitert bzw. gekürzt wurde.

a) 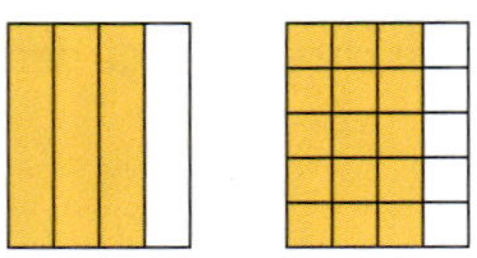
b) 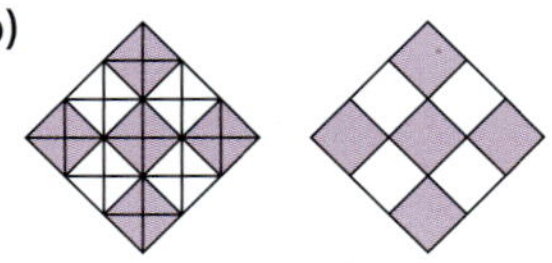
c) $\frac{5}{8} = \frac{30}{48}$
d) $\frac{144}{216} = \frac{36}{54} = \frac{2}{3}$
e) $\frac{13}{16} = \frac{208}{256}$
f) $\frac{225}{270} = \frac{5}{6}$

4 Die Landmasse der Erde verteilt sich auf fünf Kontinente und die Antarktis.

Landmasse	Afrika	Asien	Amerika	Australien	Europa	Antarktis
Anteil in %	20 %	30 %	26 %	7 %	7 %	10 %

a) Ordne die Landmassen nach ihrer Größe. Beginne mit der kleinsten.
b) Wandle die Prozentangaben zunächst in Hundertstelbrüche um. Kürze dann so weit wie möglich.

5 Bei der letzten Mathematikschulaufgabe hat Lena 32 von 40 möglichen Punkten erreicht. Ihre ältere Schwester Klara hat 40 von 50 Punkten erzielt.

a) Entscheide, wer besser abgeschnitten hat und begründe deine Antwort.
b) Ermittle, wie viel Prozent aller möglichen Punkte Lena und Klara jeweils erreicht haben.

6 Wandle die Größen in die angegebene Einheit um.

a) 4,698 km in m **b)** 40 ha 30 a in m² **c)** 500 g in kg **d)** $3\frac{3}{4}$ h in min **e)** 20 345 kg in t

7 Die Klasse 6a ermittelt, wie groß jeder ist. Maße, die sich wiederholt haben, wurden nur einmal notiert. Ordne die Jungen und Mädchen nach ihrer Größe. Beginne immer mit der kleinsten Zahl.

Jungen	Mädchen
1,51 m; 1,32 m; 1,42 m; 1,46 m; 1,37 m; 1,35 m	1,43 m; 1,25 m; 1,38 m; 1,61 m; 1,54 m; 1,44 m

2 Dezimalbrüche

Einstieg

- Beschreibe, welche Angaben der Ausdruck der elektronischen Waage enthält.
- Überprüfe, ob der ermittelte Preis für die Äpfel richtig ist.
- Nenne weitere Beispiele aus dem Alltag, bei denen Zahlen in Kommaschreibweise angegeben werden.

Ausblick

Am Ende dieses Kapitels hast du gelernt, …

- … Dezimalbrüche zu verstehen und zu interpretieren.
- … einen Bruch in einen Dezimalbruch umzuwandeln und umgekehrt.
- … Arten von Dezimalbrüchen zu unterscheiden.
- … Dezimalbrüche zu runden und der Größe nach zu ordnen.

Historische Ecke

Mediencode 61046-13

Kap. 2.1

Rekordjagd beim 100-m-Sprint

Andreas hat für den Sportunterricht ein Referat über die Sprintrekorde in der Leichtathletik erstellt. Im Internet hat er jeweils die letzten drei Weltrekordhalter über 100 m herausgesucht und in einer Tabelle zusammengestellt.

Männer	Frauen
1. Usain Bolt 9,58 s (2009)	1. Florence Griffith-Joyner 10,49 s (1988)
2. Asafa Powell 9,74 s (2007)	2. Evelyn Ashford 10,76 s (1984)
3. Maurice Greene 9,79 s (1999)	3. Marlies Göhr 10,81 s (1983)

- Die Frauen sind langsamer gelaufen als die Männer. Versuche, die Unterschiede zwischen den Zeiten der Männer und der Frauen zu erklären.
- Erkläre, welche Bedeutung die Ziffern vor bzw. nach dem Komma besitzen.
- Benenne die drei nächstkleineren Zeiteinheiten nach der Sekunde.
- Überlege dir, was man bei der Umrechnung von Zeiteinheiten im Vergleich zur Umrechnung anderer Größen besonders beachten muss.
- Begründe, warum man die Ergebnisse nicht auf Zehntel runden sollte.

Kap. 2.2

Was ist dein Lieblingssport?

Bei unserer fußballbegeisterten Nation denkt man sicher, dass Fußball Platz eins bei den Lieblingssportarten belegt. Doch bei den zehn Lieblingssportarten, die aktiv betrieben werden, taucht Fußball erst an siebter Stelle auf. Stattdessen finden sich viele Individualsportarten ganz vorne.

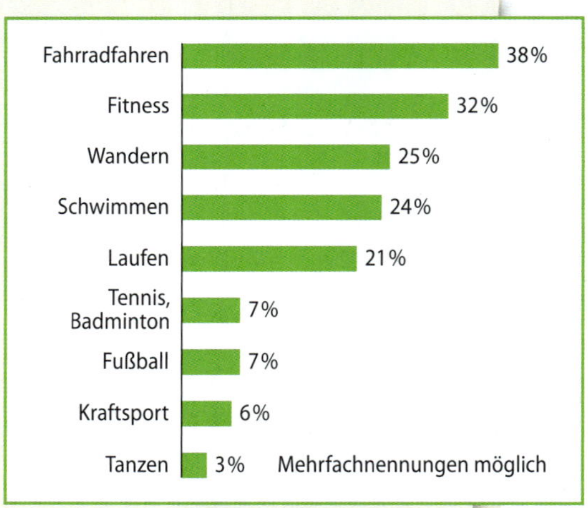

- Beschreibe die Ergebnisse der Umfrage.
- Erkläre, weshalb die Summe der Prozentzahlen über 100 % liegt.
- Wandle alle Prozentangaben in Hundertstelbrüche um. Kürze die Brüche so weit wie möglich.

Stefan fährt jeden Tag mit dem Fahrrad zur Schule. Für die 3,75 km benötigt er eine Viertelstunde.

- Gib an, wie viele Minuten einer halben Stunde entsprechen.
- Wandle die Wegstrecke in die nächstkleinere Einheit um.
- Stefan behauptet, er braucht zur Schule 0,25 h. Entscheide, ob er Recht hat, und begründe deine Entscheidung.
- Finde heraus, ob du alle Prozentangaben des Diagramms auch in Dezimalschreibweise angeben kannst.

Kap. 2.2

Eine der ältesten Sportarten

Das Kegelspiel ist eine der ältesten Sportarten. Als Urform gelten Zielwurfspiele der Germanen, bei denen mit Steinen auf Knochen geworfen wurde. Aus dem Kegeln ist auch das Bowling hervorgegangen.

Die neun Kegel werden in der Form eines Quadrats, das auf der Spitze steht, aufgestellt. Sarah ist mit ihren Geschwistern Simon und Anja beim Kegeln. Sie zählen in jeder Runde die beim ersten Wurf umgefallenen Kegel. Nach den ersten vier Durchgängen haben sie die in der Tabelle dargestellte Anzahl an Kegeln umgeworfen.

	1	2	3	4
Sarah	5	4	7	2
Simon	4	6	3	9
Anja	8	4	7	5

- Gib an, wer beim Kegeln am besten abschneidet.
- Bestimme den Anteil der Kegel, den Sarah in den vier Durchgängen insgesamt umgeworfen hat. Gib den Anteil in Bruch-, Dezimal- und Prozentschreibweise an.
- Ermittle den Bruchteil der Kegel, die Anja in den vier Durchgängen insgesamt umgeworfen hat. Kürze den Bruch so weit wie möglich.
- Beschreibe, die Schwierigkeiten, die sich ergeben, wenn du versuchst, Anjas Anteil in einen Dezimalbruch umzuwandeln.

Kap. 2.3

Immer noch ein bisschen schneller

Bei Formel-1-Rennen werden die Zeiten sehr genau gemessen. Durch eine spezielle Technik gelingt es, auch kleine Zeitunterschiede angeben zu können. Dabei fahren die Autos so schnell, dass sie in einer Tausendstelsekunde noch fast 10 cm zurücklegen.
In der Tabelle sind die Zeiten eines Rennens dargestellt, das in Ungarn stattfand.

Session	Fahrer	Fahrzeug	Zeit
1. Training	Lewis Hamilton	Mercedes	1 min 25,141 s
2. Training	Lewis Hamilton	Mercedes	1 min 23,949 s
3. Training	Lewis Hamilton	Mercedes	1 min 22,997 s
Qualifying	Lewis Hamilton	Mercedes	1 min 22,020 s
Schnellste Rennrunde	Daniel Ricciardo	Red Bull	1 min 24,821 s

- Erkläre, auf welche Genauigkeit die Zeiten bei Formel-1-Rennen gemessen werden.
- Ordne die Zeiten von der langsamsten bis zur schnellsten. Erkläre dein Vorgehen.
- Gib den Sekundenanteil (also die nach „1 min" stehende Angabe unter „Zeit") der Zeit aus dem Qualifying in Bruchschreibweise an. Finde eine Erklärung dafür, dass die schnellste Rennrunde langsamer ist als manche Trainingszeiten.

Entdecken

Weitsprung ist seit 1896 eine olympische Disziplin. 1901 lag der Weltrekord bei 7,61 Metern. Neunzig Jahre später sprang der Amerikaner Mike Powell 8,95 m weit.
Der beinamputierte deutsche Weitspringer Markus Rehm verbesserte 2014 den Weltrekord im Bereich des Behindertensports auf 8,24 m.

- Finde heraus, wie viele Zentimeter Mike Powell weiter als Markus Rehm gesprungen ist.
- Erkläre den Wert der Ziffern nach dem Komma.
- Recherchiere, ob es neue Weltrekorde im Weitsprung gibt.

Verstehen

Im Alltag begegnen dir oft „Kommazahlen" (Dezimalzahlen). Sie sind eine andere Darstellung von Bruchzahlen. Du weißt z. B., dass 7,5 kg und $7\frac{1}{2}$ kg das Gleiche bedeuten.

$\frac{6}{10} = 0{,}6$

Die Stellentafel wird „nach rechts" erweitert.

Dezi ≙ Zehntel
Zenti ≙ Hundertstel
Milli ≙ Tausendstel

Zahlen nach dem Komma spricht man ziffernweise.

$0{,}38 = \frac{38}{100}$

0; 1; 2; 3; 4: abrunden
5; 6; 7; 8; 9: aufrunden

Brüche, deren Nenner Zehnerstufenzahlen sind, können besonders einfach als **Dezimalbrüche** geschrieben werden. Die **Dezimalschreibweise** ist also eine andere Schreibweise für Brüche mit den Nennern 10; 100; 1000; …

Dezimalbrüche lassen sich mithilfe einer erweiterten **Stellenwerttafel** darstellen.

Vor dem Komma (**links** vom Komma) stehen die **Einer**, **Zehner**, **Hunderter**, …; **nach** dem Komma (**rechts** vom Komma) stehen die **Zehntel**, **Hundertstel**, **Tausendstel**, …
Die Ziffern nach dem Komma heißen **Dezimalen**.

Bruch	H	Z	E	z	h	t	Dezimalbruch	gelesen
	100	10	1	$\frac{1}{10}$	$\frac{1}{100}$	$\frac{1}{1000}$		
$\frac{4}{10}$			0,	4			0,4	null Komma vier
$\frac{2}{100}$			0,	0	2		0,02	null Komma null zwei
$\frac{5132}{100}$		5	1,	3	2		51,32	einundfünfzig Komma drei zwei

Umgekehrt wird bei der Umwandlung eines **Dezimalbruchs in einen Bruch** der Dezimalteil zum Zähler. Der Nenner des Bruchs ist diejenige Stufenzahl, die genauso viele Nullen besitzt, wie der Dezimalteil Stellen hat.

Dezimalbrüche rundet man anhand der Nachkommastellen (Dezimalen) nach denselben Regeln wie natürliche Zahlen.

Erklärvideo
Mediencode
61046-14

Beispiele

I. **a)** Schreibe als Dezimalbruch: $\frac{32}{100}$; $\frac{5245}{1000}$ und $\frac{8}{100}$.
b) Schreibe als Bruch und kürze, falls möglich: 0,12; 0,00059 und 2,05.

Lösung:

a) $\frac{32}{100} = 0{,}32$ $\quad \frac{5245}{1000} = 5\frac{245}{1000} = 5{,}245$ $\quad \frac{8}{100} = 0{,}08$

b) $0{,}12 = \frac{12}{100} = \frac{3}{25}$ $\quad 0{,}0059 = \frac{59}{10\,000}$ $\quad 2{,}05 = 2\frac{5}{100} = \frac{205}{100} = \frac{41}{20} = 2\frac{1}{20}$

II. Runde 0,1346 auf Hundertstel (zwei Dezimalen) und Tausendstel (drei Dezimalen).

Lösung:

auf Hundertstel: 0,13**4**6 ≈ 0,13; auf die Rundungsstelle folgt eine 4 (abrunden).
auf Tausendstel: 0,134**6** ≈ 0,135; auf die Rundungsstelle folgt eine 6 (aufrunden).

- Gib an, welche Zahl sich in der Schreibweise 7 E 8 z 9 t „versteckt“.
- Anna behauptet: „0,5 und 0,50 sind gleichwertig.“ Entscheide, ob Anna Recht hat und begründe deine Entscheidung.

Nachgefragt

Aufgaben

1 Zeichne eine Stellenwerttafel und trage die folgenden Zahlen ein:
$\frac{6}{10}$; $\frac{12}{10}$; $\frac{3}{1000}$; $\frac{12}{100}$; $\frac{466}{10}$; $\frac{2008}{100}$; $\frac{20075}{1000}$; $5\frac{41}{100}$; $24\frac{5}{1000}$.

2 Schreibe als Dezimalbruch.
a) neunundzwanzig Hundertstel
b) sieben Tausendstel
c) dreitausendsieben Hundertstel
d) dreizehn Tausendstel

3 Schreibe die Brüche als Dezimalbrüche und runde jeweils auf Zehntel.
a) $\frac{6}{10}$; $2\frac{12}{100}$; $4\frac{73}{100}$; $\frac{120}{1000}$; $\frac{66}{10}$
b) $9\frac{5}{100}$; $\frac{28}{100}$; $\frac{345}{1000}$; $\frac{491}{10}$; $6\frac{96}{100}$
c) $\frac{55}{10}$; $20\frac{33}{1000}$; $\frac{645}{10}$; $\frac{400}{100}$; $\frac{888}{100}$
d) $\frac{6}{1000}$; $\frac{14}{1000}$; $\frac{4098}{10000}$; $\frac{1200}{10}$; $68\frac{6}{100}$

4 Ordne jedem Dezimalbruch den zugehörigen Bruch zu. Erkläre dein Vorgehen.

A 0,02	B 0,00002	1 $\frac{2}{10000000}$	2 $\frac{2}{1000}$
C 2	D 0,0002	3 $\frac{2}{100}$	4 $\frac{2}{1}$
E 0,2	F 0,0000002	5 $\frac{2}{100000}$	6 $\frac{2}{10000}$
G 0,002	H 0,000002	7 $\frac{2}{1000000}$	8 $\frac{2}{10}$

Erklärvideo
Mediencode
61046-15

5 **a)** Gib 6 %; 9 %; 98 %; 14 %; 25 %; 150 %; 87 % und 17 % als Bruch und Dezimalbruch an. Kürze den Bruch jeweils vollständig.
b) Gib die Dezimalbrüche 0,28; 0,35; 0,01; 1,00; 0,49; 0,75; 0,10; 0,2; 1,03 und 0,99 in Prozentschreibweise und als gekürzten Bruch an.

6 Eine Packung Mehl mit dem Aufdruck „1000 g“ enthält nicht exakt 1000 g Mehl. Eine auf Zehntelgramm genaue Waage überprüft 10 Mehlpackungen. Weicht die Masse des Inhalts um mehr als 2 % von 1000 g ab, wird die Packung ausgesondert. Gib an, wie viel Prozent der folgenden Packungen ausgesondert werden.

Packung	1	2	3	4	5	6	7	8	9	10
Masse in g	1020,1	1010,3	999,9	997,9	1014,7	979,8	1000,0	1030,6	998,6	1011,8

7 Wandle jeweils in die angegebene Einheit um.
a) 7,125 ℓ in mℓ.
b) 5,6 m in mm.
c) 0,005 g in mg.
d) 0,52 kg in g.
e) 0,02 a in m^2.
f) 2,5 min in s.
g) 0,7 dm^2 in cm^2.
h) 1,25 km^2 in ha.

8 Gib mindestens fünf Brüche in Grundform an, die du nicht so erweitern kannst, dass ihr neuer Nenner eine Zehnerstufenzahl ist. Notiere dir die besondere Eigenschaft der Nenner.

Entdecken

Liebe Sophie,

irgendwie komme ich bei meiner Matheaufgabe 7 : 9 zu keinem Endergebnis. Kannst du mir helfen?

LG Jan

$7 : 9 = 0{,}77\ldots$
70
-63
70
-63
7
$\vdots$

- Erkläre, welche Schwierigkeit bei Jans Rechnung auftritt und was du daraus für die Anzahl der Nachkommastellen folgern kannst.
- Finde weitere Brüche, die diese Eigenschaften besitzen.

Verstehen

Brüche, deren Nenner Zehnerstufenzahlen sind, lassen sich leicht in Dezimalbrüche umwandeln und umgekehrt. Bei den anderen Brüchen ist das etwas schwieriger.

Erklärvideo
Mediencode
61046-16

Jeder Bruch kann in einen Dezimalbruch umgewandelt werden, indem man den Zähler durch den Nenner dividiert. Dabei können zwei Fälle auftreten:

- Die Division bricht ab. Es entsteht ein **endlicher Dezimalbruch.**
- Die Division bricht nicht ab. Dabei wiederholen sich gleiche Reste immer wieder. Es entsteht ein **periodischer Dezimalbruch**, der unendlich viele Nachkommastellen hat. Die sich wiederholende Folge von Ziffern heißt **Periode.**

Beispiel: $\frac{1}{3} = 1 : 3 = 0{,}333\ldots = 0{,}\overline{3}$ (lies „ein Drittel ist gleich null Komma Periode drei")

Ob ein vollständig gekürzter Bruch in einen endlichen oder in einen periodischen Dezimalbruch umgewandelt werden kann, erkennt man am Nenner. Enthält die **Primfaktorzerlegung des Nenners** nach dem vollständigen Kürzen nur die Primfaktoren 2 oder 5, so ist der Dezimalbruch endlich, weil er auf eine Zehnerstufenzahl erweitert werden kann.

Beispiel: $\frac{38}{80} = \frac{19}{40} = \frac{19}{2^3 \cdot 5} = \frac{19 \cdot 5^2}{2^3 \cdot 5^3} = \frac{19 \cdot 25}{8 \cdot 125} = \frac{475}{1000} = 0{,}457$

$\frac{1}{9} = 1:9 = 0{,}111\ldots = 0{,}\overline{1}$
$\frac{2}{9} = 2:9 = 0{,}222\ldots = 0{,}\overline{2}$
$\frac{3}{9} = 0{,}\overline{3}$ $\quad \frac{4}{9} = 0{,}\overline{4}$
$\frac{5}{9} = 0{,}\overline{5}$ $\quad \frac{6}{9} = 0{,}\overline{6}$
$\frac{7}{9} = 0{,}\overline{7}$ $\quad \frac{8}{9} = 0{,}\overline{8}$

Beispiele

I. Gib bei jedem der fünf vollständig gekürzten Brüche $\frac{3}{4}$; $\frac{5}{6}$; $\frac{17}{50}$; $\frac{8}{35}$ und $\frac{3}{20}$ die Zerlegung des Nenners in Primfaktoren an. Entscheide und begründe dann, welche Brüche du nicht in Dezimalschreibweise angeben kannst.

Lösung:

Bruch in Grundform	$\frac{3}{4}$	$\frac{5}{6}$	$\frac{17}{50}$	$\frac{8}{35}$	$\frac{3}{20}$
Nenner	4	6	50	35	2
Primfaktorzerlegung des Nenners	$2 \cdot 2$	$2 \cdot 3$	$2 \cdot 5 \cdot 5$	$5 \cdot 7$	$2 \cdot 2 \cdot 5$
Ist jeder der Primfaktoren Teiler einer Zehnerstufenzahl?	ja	nein, 3 nicht	ja	nein, 7 nicht	ja
Ist es dir möglich, den Bruch in Dezimalschreibweise anzugeben?	ja: $\frac{3}{4} = \frac{75}{100}$ $= 0{,}75$	nein	ja: $\frac{17}{50} = \frac{34}{100}$ $= 0{,}34$	nein	ja: $\frac{3}{20} = \frac{15}{100}$ $= 0{,}15$

Lucas merkt sich:
$0{,}5 = \frac{1}{2}$
$0{,}25 = \frac{1}{4}$
$0{,}75 = \frac{3}{4}$

II. Wandle den Bruch $\frac{17}{8}$ in einen Dezimalbruch um. Erkläre, wie du dabei vorgehst.

Lösung: $\frac{17}{8} = 17 : 8$

```
 17,000 : 8 = 2,125
-16
  10
 - 8
   20
  -16
    40
   -40
     0
```

Man schreibt den Bruch als Quotienten und dividiert dann schriftlich.
Beim Anhängen von Nullen im Dividenden muss man im Ergebnis ein Komma setzen. Man geht damit von Einern zu Zehnteln über.
Da die Division ohne Rest endet, erhält man einen endlichen Dezimalbruch.

$\frac{17}{8} = 17 : 8 = 2{,}125$

Mithilfe der Primfaktorzerlegung des Nenners:

$\frac{17}{8} = \frac{17}{2^3} = \frac{17 \cdot 5^3}{2^3 \cdot 5^3} = \frac{2125}{1000} = 2{,}125$

III. Wandle den Bruch $\frac{5}{9}$ in einen Dezimalbruch um. Erkläre, wie du dabei vorgehst.

Lösung: $\frac{5}{9} = 5 : 9$

```
5,000 : 9 = 0,555...
-0
 50
-45
  50
 -45
   50
  -45
    5
    ⋮
```

Man schreibt den Bruch als Quotienten und dividiert dann schriftlich.

Da der Dividend kleiner als der Divisor ist, muss man im Ergebnis die Null als Einerziffer setzen und dann das Komma für den Übergang zu den Zehnteln.

Da sich bei der Division der Rest 5 immer wiederholt, erhält man einen (unendlich langen) periodischen Dezimalbruch.

$\frac{5}{9} = 5 : 9 = 0{,}555\ldots = 0{,}\overline{5}$

Der Bruch $\frac{5}{9}$ ist in Grundform, der Nenner enthält den Faktor 3.

Der Bruch kann also nicht auf eine Zehnerstufenzahl im Nenner erweitert werden.

IV. Entscheide und begründe, für welche einstelligen Zähler der Bruch $\frac{\square}{15}$ jeweils als endlicher Dezimalbruch darstellbar ist.

Lösung:

Es sind die Zähler 3, 6 und 9, da sich dann der Faktor 3 der Primfaktorzerlegung des Nenners $15 = 3 \cdot 5$ kürzen lässt. Den nach dem Kürzen verbleibenden Nenner 5 kann man mit dem Faktor 2 auf die Stufenzahl 10 erweitern.

V. Erkläre die Schreibweise $0{,}7\overline{142}$ und gib an, welche Ziffer an der 20. Nachkommastelle steht.

Lösung:

Der Dezimalbruch $0{,}7\overline{142} = 0{,}7142142\ldots$ hat die Periodenlänge 3. Die Periode beginnt ab der Hundertstelstelle. An der 20. Nachkommastelle steht die Ziffer 1.

Nachgefragt

- Gib an, welche Primzahlen Teiler des Nenners des Bruchs $\frac{1}{12}$ sind.
- Widerlege: Ein Bruch, dessen Nenner den Faktor 7 enthält, kann in einen Dezimalbruch mit zwei Dezimalen umgewandelt werden.

Aufgaben

Lösungen zu 1:
0,75; 0,25; 0,35; 0,55; 0,5; 0,6; 0,532; 0,375; 0,28; 0,148; 2,5; 0,8; 0,555; 1,88; 0,2; 0,4; 0,24; 1,5; 2,8

1 Gib jeden der Brüche zunächst als „Zehnerbruch" und dann in Dezimalschreibweise an. Rechne die Teilaufgaben a) und b) im Kopf.

a) $\frac{4}{5}$; $\frac{3}{2}$; $\frac{1}{2}$ b) $\frac{8}{20}$; $\frac{24}{100}$; $\frac{14}{5}$ c) $\frac{3}{4}$; $\frac{7}{25}$; $\frac{11}{20}$ d) $\frac{7}{35}$; $\frac{45}{90}$; $\frac{9}{15}$
e) $\frac{24}{64}$; $\frac{45}{180}$; $\frac{28}{80}$ f) $\frac{74}{500}$; $\frac{133}{250}$; $\frac{94}{50}$ g) $\frac{111}{200}$; $\frac{48}{60}$; $\frac{75}{30}$ h) $\frac{21}{75}$; $\frac{9}{18}$; $\frac{13}{65}$

2 Gib die zehn gemischten Zahlen $1\frac{1}{5}$; $4\frac{1}{4}$; $5\frac{39}{75}$; $1\frac{3}{4}$; $5\frac{4}{5}$; $23\frac{1}{2}$; $11\frac{7}{15}$; $2\frac{1}{100}$; $9\frac{99}{1000}$ und $7\frac{7}{10}$ in Dezimalschreibweise an.

3 Begründe bei jedem der zehn Brüche ohne Rechnung, ob der zugehörige Dezimalbruch endlich oder periodisch ist.

a) $\frac{1}{8}$ b) $\frac{1}{17}$ c) $\frac{2}{100}$ d) $\frac{1}{150}$ e) $\frac{1}{10}$ f) $\frac{5}{55}$ g) $\frac{9}{20}$ h) $\frac{8}{56}$ i) $\frac{1}{75}$ j) $\frac{6}{240}$

4 Ordne wertgleiche Brüche und Dezimalbrüche einander zu. Gib die zugehörige Prozentschreibweise an.

$\frac{6}{20}$	$\frac{1}{2}$	$\frac{7}{8}$	$\frac{1}{50}$
$\frac{3}{4}$	$\frac{1}{4}$	0,2	$\frac{1}{8}$
0,9	$\frac{2}{5}$	$\frac{3}{5}$	

0,3	0,4	0,75	$\frac{9}{10}$
$\frac{20}{100}$	0,5	0,25	0,125
0,6	0,02	0,875	

5 a) Finde die fünf kleinsten natürlichen Zahlen $\square$, für die sich bei der Umwandlung des Bruchs $\frac{6}{\square}$ ein periodischer Dezimalbruch ergibt.
b) Finde die drei größten zweistelligen natürlichen Zahlen $\square$, für die sich bei der Umwandlung des Bruches $\frac{6}{\square}$ ein endlicher Dezimalbruch ergibt. Erkläre deine Überlegungen.

Lösungen zu 6:
$60\frac{303}{500}$; $50\frac{1}{2}$; $17\frac{3}{4}$; $12\frac{17}{20}$; $6\frac{3}{50}$; $30\frac{3}{10}$; $5\frac{1}{20}$; $4\frac{12}{25}$; $2\frac{1}{25}$; $2\frac{1}{25}$; $2\frac{7}{1000}$; $1\frac{237}{1000}$; $\frac{3}{5}$; $\frac{1}{2}$; $\frac{3}{20}$; $\frac{2}{25}$; $\frac{2}{25}$; $\frac{1}{20}$; $\frac{1}{50}$; $\frac{11}{2500}$

6 Wandle den Dezimalbruch in Prozent- und Bruchschreibweise um. Kürze den Bruch vollständig.

a)	b)	c)	d)	e)
0,6	0,05	6,06	2,04	0,50
0,08	0,0044	4,48	12,85	5,05
0,020	2,040	60,606	17,75	50,50
0,080	30,30	1,237	2,007	0,150

7 Gib die Zeitspannen mithilfe von Dezimalbrüchen in Stunden an.

a) $2\frac{1}{2}$ h b) 45 min c) 5 h 6 min d) 12 min e) 1 h 24 min

8 $\frac{4}{8}$ $\frac{16}{12}$ $\frac{4}{5}$ $\frac{15}{20}$ $\frac{21}{35}$ $\frac{21}{49}$ $\frac{9}{81}$ $\frac{37}{148}$ $\frac{7}{42}$ $\frac{12}{27}$ $\frac{42}{105}$ $\frac{104}{416}$

a) Gib für jeden Bruch auf den Kärtchen die Grundform an.
b) Wandle die Brüche in Dezimalbrüche um und begründe jeweils vorher, ob du einen endlichen oder einen periodischen Bruch erwartest.
c) Ermittle, wie viel Prozent der Brüche in periodische Dezimalbrüche umgewandelt werden können.

9 Übertrage den rechts abgebildeten Dominostein in dein Heft. Suche dann unter den übrigen acht Dominosteinen einen passenden heraus und ergänze damit deine Zeichnung. Fahre so lange fort, wie du weitere Dominosteine anlegen kannst.

$\frac{3}{4}$	0,15

0,02 | $\frac{7}{100}$	0,75 | $\frac{1}{3}$	0.014 | $\frac{1}{6}$	$\frac{7}{500}$ | 0,04
0,5 | $\frac{3}{4}$	$\frac{3}{20}$ | $\frac{1}{50}$	$\frac{3}{9}$ | $\frac{1}{25}$	$\frac{13}{26}$ | 0,07

10 Alina möchte wissen, wie viele Nachkommastellen ein endlicher Dezimalbruch maximal besitzen kann. Im Internet findet sie dazu folgenden Hinweis: „Die Anzahl der Fünfen oder Zweien der Primfaktorzerlegung des Nenners entspricht der Anzahl der Nachkommastellen des Dezimalbruchs."

a) Gib die Primfaktorzerlegung jedes Nenners an und wandle jeden Bruch in einen Dezimalbruch um.

$\frac{1}{10}$ $\frac{4}{25}$ $\frac{7}{20}$ $\frac{13}{50}$ $\frac{23}{40}$ $\frac{111}{250}$

b) Formuliere mithilfe des Tipps und der Beispiele aus Teilaufgabe a) eine Regel für die maximale Anzahl der Nachkommastellen eines endlichen Dezimalbruchs.

11 In der 6. Jahrgangsstufe konnten die Schülerinnen und Schüler zwischen drei verschiedenen Sportarten wählen. Die beiden Strichlisten und das Säulendiagramm zeigen, wie sich die Kinder entschieden haben.

Klasse 6b	Jungen	Mädchen
Fußball	卌 III	
Tischtennis	卌	IIII
Volleyball	III	卌

Klasse 6c	Jungen	Mädchen
Fußball	III	I
Tischtennis	II	卌 II
Volleyball	I	卌 I

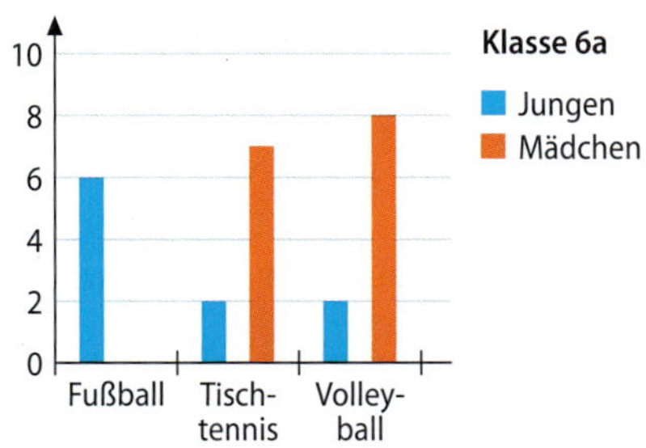

Klasse 6b	Jungen	Mädchen
Fußball	$\frac{8}{25} = 0{,}32$	$\frac{0}{25} = 0{,}0$
Tischtennis	$\frac{5}{25} = 0{,}2$	$\frac{4}{25} = 0{,}16$
Volleyball	$\frac{3}{25} = 0{,}12$	$\frac{5}{25} = 0{,}2$

Jonas' Tabelle

a) Zeichne zur Strichliste der 6c ein Säulendiagramm in dein Heft.

b) Jonas hat für die Klasse 6b die Anteile in einer Tabelle dargestellt. Fertige eine solche Tabelle auch für die Klassen 6a und 6c an.

c) Finde heraus, wie viel Prozent der Jungen sich in der Klasse 6b für Fußball entschieden haben und wie viele Mädchen in der 6b für Tischtennis.

d) Begründe oder widerlege, dass Tischtennis die beliebteste Sportart in der Jahrgangsstufe 6 ist.

$0,\overline{21} = 0,212121\ldots$
$2,\overline{567} = 2,567567\ldots$

12 Gib bei jedem Dezimalbruch an, welche Ziffer an der fünften (15.) Stelle steht.

a) $0,\overline{2}$ **b)** $0,\overline{43}$ **c)** $0,71\overline{25}$ **d)** $0,\overline{32741}$ **e)** $4,\overline{395}$

13 Wandle jeden Bruch in einen Dezimalbruch um.

a) $\frac{4}{9}$; $\frac{4}{12}$; $\frac{21}{40}$; $\frac{1}{4}$; $\frac{17}{40}$; $\frac{10}{26}$ **b)** $\frac{3}{9}$; $\frac{4}{10}$; $\frac{11}{18}$; $\frac{9}{11}$; $\frac{11}{15}$; $\frac{7}{36}$ **c)** $\frac{25}{9}$; $\frac{7}{24}$; $\frac{21}{84}$; $\frac{7}{32}$; $\frac{21}{90}$; $\frac{5}{7}$

14 Bestimme den Anteil jeweils als vollständig gekürzten Bruch, als Dezimalbruch und in Prozentschreibweise.

a) Heute haben vier von zwanzig Kindern beim Training gefehlt.
b) Chiara sagt: „Ich habe 100-mal gewürfelt und dabei sechzehnmal einen Sechser geworfen."
c) Von drei Kuchen zu je zwölf Stücken sind insgesamt neun Stücke gegessen worden.
d) David ist bei fünf Weitsprüngen viermal weiter als 4,10 m gesprungen.
e) Bei der letzten Mathematikschulaufgabe haben 15 von 25 Kindern eine bessere Note als 4 erhalten.
f) Das Wort REGENBOGEN enthält vier Vokale.

15 Die 21 abgebildeten Kärtchen kannst du sinnvoll in drei Gruppen zu je sieben Kärtchen sortieren. Gib diese Sortierung an.

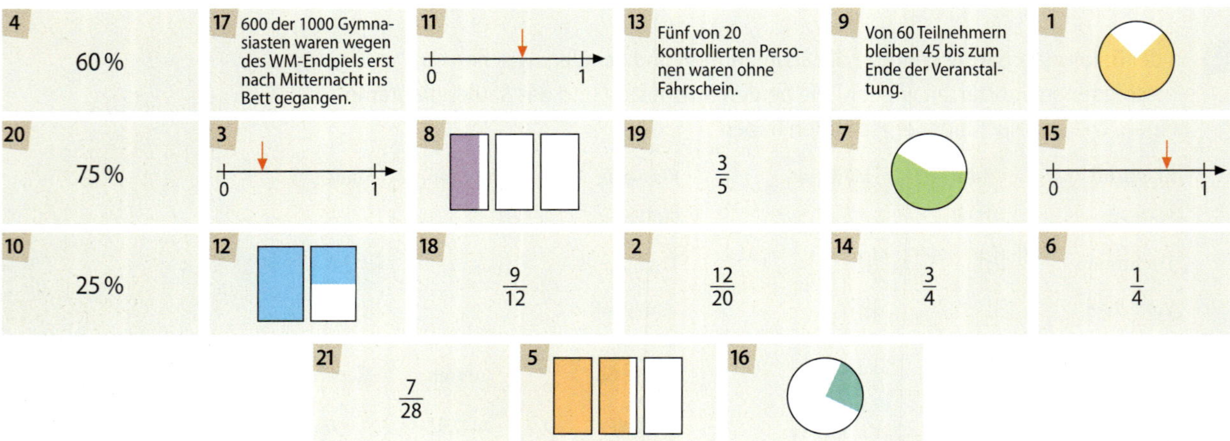

16 Vergleiche die beiden Angebote. Begründe, in welcher Metzgerei du einkaufen würdest.

Metzgerei Rind	
$\frac{1}{2}$ kg Hackfleisch	1,40 €
2 kg Gulasch	9,60 €
0,25 kg Aufschnitt	1,15 €

Metzgerei Bulle	
100 g Hackfleisch	0,29 €
0,5 kg Gulasch	2,30 €
$\frac{1}{10}$ kg Aufschnitt	0,45 €

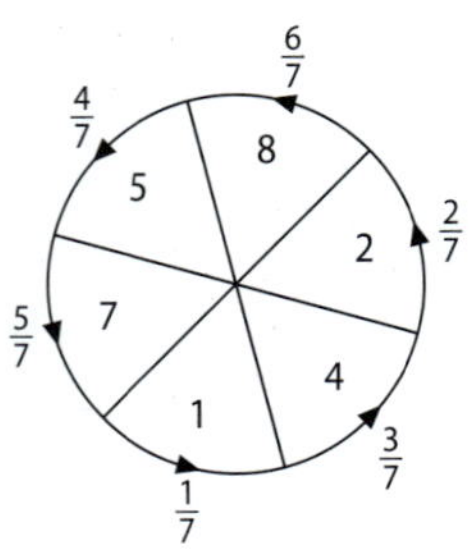

17 Ein Bruch mit dem Nenner 7 wird in einen Dezimalbruch umgewandelt. Dieser ist periodisch und seine Periode besteht aus sechs unterschiedlichen Ziffern. Gib an, wie dieser Bruch lauten könnte.
Wandle alle echten Brüche mit dem Nenner 7 in Dezimalbrüche um. Beschreibe, wie die Abbildung dir dabei helfen kann.

18 Vier Dezimalbrüche sind sowohl im Kreisdiagramm durch Kreissektoren als auch durch farbige Felder dargestellt. Übertrage die Tabelle in dein Heft und ergänze sie dann dort.

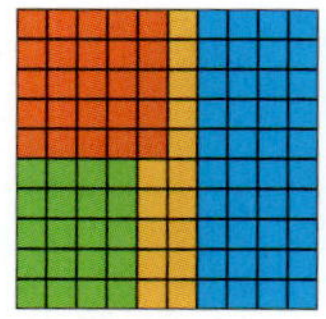

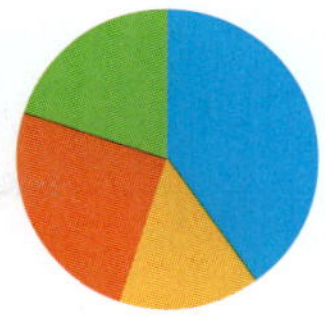

Farbe	Rot	Grün	Gelb	Blau
Anteil				
Dezimalbruch				
Prozentangabe				
Mittelpunktswinkel				
Sektor				

19 Wandle die periodischen Dezimalbrüche in einen Bruch bzw. in eine gemischte Zahl um. Kürze das Ergebnis, falls möglich. Die nebenstehende Übersicht gibt dir hilfreiche Tipps.

Beispiel: $0{,}\overline{6} = \frac{6}{9} = \frac{2}{3}$

a) $0{,}\overline{6}$; $0{,}\overline{4}$; $0{,}\overline{7}$; $0{,}\overline{16}$; $0{,}\overline{65}$

b) $0{,}\overline{06}$; $0{,}\overline{04}$; $0{,}\overline{009}$; $0{,}\overline{156}$

c) $0{,}\overline{61}$; $2{,}\overline{024}$; $6{,}\overline{069}$; $7{,}\overline{556}$

d) $0{,}\overline{37}$; $2{,}\overline{124}$; $6{,}\overline{69}$; $7{,}\overline{513}$

Merke dir folgende Zusammenhänge:

$\frac{1}{3} = 0{,}\overline{3}$ $\frac{1}{9} = 0{,}\overline{1}$

$\frac{1}{6} = 0{,}1\overline{6}$ $\frac{1}{99} = 0{,}\overline{01}$

$\frac{1}{11} = 0{,}\overline{09}$ $\frac{1}{999} = 0{,}\overline{001}$

Knobeln

Achilles und die Schildkröte

Vom griechischen Philosophen und Mathematiker Zenon von Elea (etwa 495 v. Chr. bis 430 v. Chr.) wird die Geschichte von Achilles und der Schildkröte berichtet:
Eine Schildkröte will den Wettkampf mit Achilles, einem der schnellsten Läufer aller Zeiten, aufnehmen. Zunächst bittet die Schildkröte Achilles, ihr einen Vorsprung von 1 Stadion (= 600 griech. Fuß ≈ 190 m) zu gewähren. Dies tut Achilles, da er glaubt, dass er ihn sehr schnell aufholen werde. Die Schildkröte aber entgegnet Achilles: „Wenn du meinen Vorsprung eingeholt hast und an die Stelle gekommen bist, von der aus ich gestartet bin, bin ich schon ein Stück weitergewandert. Wenn du dann dieses Stück durchlaufen hast, bin ich schon wieder ein Stück weiter. Das geht weiter so bis ins Unendliche. Du wirst mich also nie einholen, Achilles."

- Diskutiere mit deiner Nachbarin oder mit deinem Nachbarn, ob die Schildkröte Recht hat.
- Spielt diese Geschichte auf dem Sportplatz mit vereinfachten Zahlen nach: Achilles läuft pro Sekunde 10 m, die Schildkröte 1 m; der Vorsprung der Schildkröte beträgt zunächst 100 m. Übertrage die Tabelle in dein Heft und ergänze sie dort.

Zeitpunkt	Zeitspanne seit dem vorherigen Zeitpunkt	Weg des Achilles in dieser Zeitspanne	Weg der Schildkröte in dieser Zeitspanne	Vorsprung der Schildkröte zu diesem Zeitpunkt	Gesamtzeit vom Start bis zu diesem Zeitpunkt
0 s	–	–	–	100 m	10 s
10 s	10 s	100 m	10 m	10 m	
11 s	1 s				
11,1 s	$\frac{1}{10}$ s = 0,1 s				
11,11 s	$\frac{1}{100}$ s = 0,01 s				

Entdecken

Geheimbotschaft für Sarah: 8,9; 16,2; 4,7; 7,6; 10,5; 11; 15,5; 8,1; 6,1; $8\frac{9}{10}$; $5\frac{7}{10}$; 13; $10\frac{1}{2}$

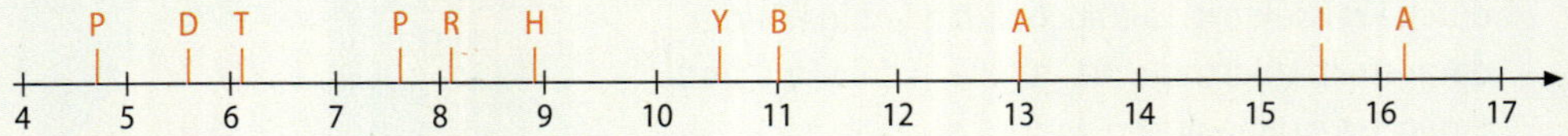

- Übersetze die Geheimbotschaft für Sarah.
- Finde Brüche und Dezimalbrüche der Geheimbotschaft, die den gleichen Wert besitzen.
- Entscheide, wie viele Darstellungen ein Punkt auf der Zahlengeraden haben kann.

Verstehen

Jedem Dezimalbruch und jedem Bruch lässt sich genau ein Punkt auf der Zahlengeraden zuordnen. Wählt man allerdings einen Punkt auf der Zahlengeraden, so findet man unendlich viele Brüche und Dezimalbrüche, die durch diesen Punkt repräsentiert werden.

$0{,}3 = \frac{3}{10} = \frac{30}{100} = 0{,}3$

0	$\frac{1}{10}$	$\frac{2}{10}$	$\frac{3}{10}$	$\frac{4}{10}$	$\frac{5}{10}$	$\frac{6}{10}$	$\frac{7}{10}$	$\frac{8}{10}$
0	0,1 0,10 0,100 …	0,2 0,20 0,200 …	0,3 0,30 0,300 …	0,4 0,40 0,400 …	0,5 0,50 0,500 …	0,6 0,60 0,600 …	0,7 0,70 0,700 …	0,8 0,80 0,800 …

Je **weiter rechts** ein Dezimalbruch auf der Zahlengeraden liegt, desto **größer** ist er:
$0{,}1 < 0{,}3 < 0{,}5$.

Beim **Größenvergleich** von Dezimalbrüchen geht man stellenweise vor. Entscheidend ist die erste Stelle, an der verschiedene Ziffern stehen:
$3{,}5 > 2{,}7$ $3{,}25 < 3{,}31$ $3{,}246 > 3{,}243$.

$0{,}40 = 0{,}400 = 0{,}4$

$\frac{40}{100} = \frac{400}{1000} = \frac{4}{10}$

Der Wert eines Dezimalbruchs bleibt gleich, wenn man rechts vom Komma **Endnullen** anhängt oder weglässt. Dies entspricht dem Erweitern bzw. Kürzen mit einer Zehnerstufenzahl.

Beispiele

I. Ordne die Dezimalbrüche 0,7; 0,070; 0,07; 0,700; 0,770; 0,707; 0,7000 der Größe nach. Beginne mit der größten Zahl. Beachte: Manche Zahlen sind gleich groß.
Lösung: $0{,}770 > 0{,}707 > 0{,}7 = 0{,}700 = 0{,}70000 > 0{,}07 = 0{,}070$

II. Trage die Zahlen $2\frac{1}{4}$; 1,54; 3,3; $3\frac{48}{100}$; 1,8; 4,46; $2\frac{7}{10}$; 3,94; $4\frac{1}{5}$; und 2,06 auf einem geeigneten Abschnitt einer Zahlengeraden ein.

Lösung:

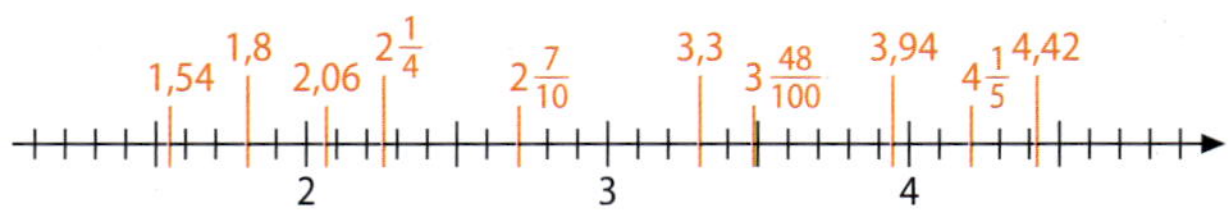

III. Bei gerundeten Dezimalbrüchen dürfen Endnullen nicht einfach weggelassen werden. Begründe dies am Beispiel der auf eine Dezimale gerundeten Zahl 12,5.
Lösung: 12,5 kann beim Runden z. B. aus 12,45 oder 12,51 oder 12,54 entstanden sein. Weiß man also, dass 12,5 auf eine Dezimale gerundet wurde, dann kann man nicht sicher folgern, dass die gerundete Zahl 12,5 aus der nicht gerundeten Zahl 12,50 entstanden ist.

- Begründe, welche der beiden Zahlen 0,9 und 0,10 die größere ist.
- Leonie behauptet: „0,05 und 0,5 haben den gleichen Wert, da man Nullen nach dem Komma immer weglassen darf." Korrigiere ihre Aussage.

Nachgefragt

Aufgaben

1 Ordne die Zahlen nach ihrer Größe.

a) Beginne mit der kleinsten Zahl.

M 4,101	H $4\frac{1}{1000}$
A $4\frac{11}{100}$	K 4,125
R 4,121	E 4,011
U 4,10	T 4,13

b) Beginne mit der größten Zahl.

A 1,318	L 1,310	H $1\frac{323}{1000}$
O 1,330	R 1,333	B 1,322
L $1\frac{311}{1000}$	S 1,340	N 1,301
T 1,339	E $1\frac{307}{1000}$	

2 Gib jeweils die Dezimalbrüche mit zwei Dezimalen an, die auf der Zahlengeraden rot markiert sind.

a) 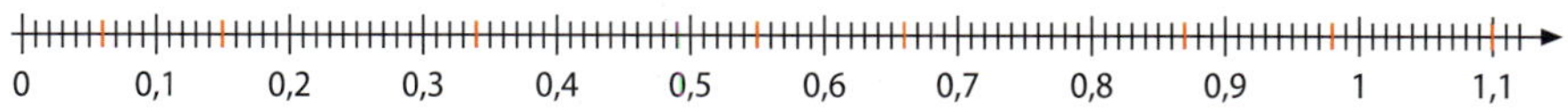

b) 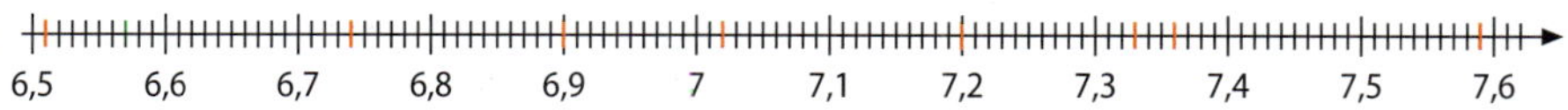

3 Übertrage jeweils die Angabe in dein Heft und setze dann dort für den Platzhalter □ eines der Zeichen <, > bzw. = ein, sodass eine wahre Aussage entsteht.

a) $0{,}33$ □ $0{,}\overline{3}$ b) $\frac{1}{99}$ □ $0{,}0\overline{1}$ c) $0{,}\overline{161}$ □ $0{,}\overline{16}$ d) $0{,}345$ □ $0{,}\overline{34}$

4 Gib alle Ziffern an, die du für den Platzhalter □ einsetzen kannst, so dass eine wahre Aussage entsteht. Gib, falls möglich, mehrere Lösungsmöglichkeiten an.

a) 6,75□ < 6,758 b) 0,2□3 > 0,219 c) 125,□66 < 125,666 d) 78,1□□ > 78,135

5 Notiere alle Zahlen in der Dezimalschreibweise und ordne sie ihrer Größe nach in einer steigenden Ungleichungskette.

a) $4\frac{4}{100}$; 4,06; $4\frac{60}{100}$; $4\frac{12}{100}$; $4\frac{6}{100}$ b) $\frac{6}{1000}$; 0,06; 0,066; $\frac{66}{1000}$; $\frac{606}{10\,000}$

6 Streiche von den folgenden Zahlen 1 (2,3,4) Dezimale(n) so weg, dass die entstehende Zahl möglichst groß (klein) wird. Erkläre dein Vorgehen.

a) 1,638562901 b) 2,99170034 c) 35,0001296 d) 0,0917391

7 Gib jeweils die Menge aller Dezimalbrüche …

a) mit einer Dezimalen an, die auf Einer gerundet 1 ergeben.

b) mit zwei Dezimalen an, die auf eine Dezimale gerundet 1,0 ergeben.

8 Entscheide, ob Simon oder Sarah länger getaucht ist. Begründe deine Antwort und erkläre mögliche Schwierigkeiten, wenn man bei Zeitangaben die Kommaschreibweise verwendet.

Simon: „Ich war 1 min 49 s unter Wasser." **Sarah:** „Ich bin 1,5 min getaucht."

2 Trainingsrunde

Zu 2.1

1 Übertrage jeweils die Zahl in dein Heft. Setze dann das Komma so, dass die fett gedruckte Ziffer an der angegebenen Stelle steht.

a) 4**5**09 (Zehntel)
b) 23**4**7 (Hundertstel)
c) 4**5**09 (Einer)

a) 782**0** (Tausendstel)
b) 23**4**7 (Zehntel)
c) 782**0** (Hundertstel)

2 Schreibe als Dezimalbruch und runde das Ergebnis auf eine Dezimale.

a) $\frac{3}{10}$ b) $\frac{23}{100}$ c) $\frac{47}{10}$ d) $\frac{17\,000}{100\,000}$

a) $\frac{53}{10}$ b) $\frac{2}{50}$ c) $\frac{4000}{25\,000}$ d) $\frac{14}{25}$

3 Zeichne eine Stellenwerttafel in dein Heft und trage die Zahlen ein. Gib sie auch in Bruchschreibweise an.

a) zwei Komma drei vier
b) null Komma null null eins
c) siebenhundert Komma zwei null
d) vierundzwanzig Komma eins null drei

a) zwei Komma drei null vier
b) null Komma vier null vier
c) siebenundachtzig Komma drei acht
d) achthundertvier Komma vier sieben

4 Wandle die folgenden Zahlen in Dezimalschreibweise um.

1 % $\frac{3}{4}$ 11 % $\frac{3}{20}$ $\frac{21}{100}$ 98 %

5 % $\frac{12}{5}$ 23 % $2\frac{45}{90}$ $\frac{66}{200}$ 194 %

5 Gib den eingefärbten Anteil jeweils als Bruch, Dezimalbruch und in Prozentschreibweise an.

a) 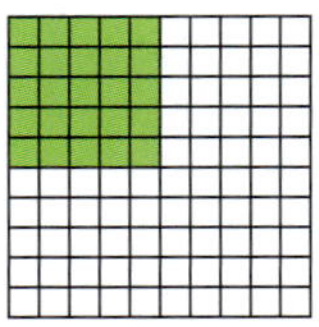
b) 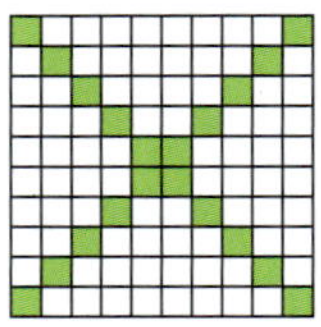

a) 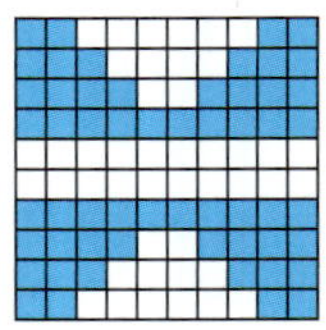
b) 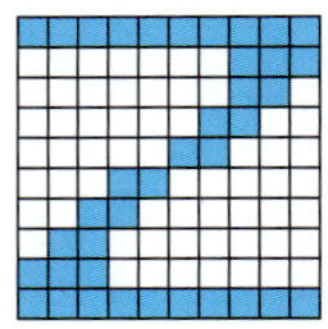

Zu 2.2

6 Bestimme den Anteil jeweils als vollständig gekürzten Bruch, in Dezimal- und in Prozentschreibweise.

a) In einer Packung mit 25 Gummibärchen sind acht rote.
b) Acht von 32 Kindern spielen Fußball.
c) Max hat nur vier von zwanzig Englischwörtern nicht gewusst.

a) In einer Packung mit 35 Gummibärchen sind 14 rote.
b) 2016 hatten 21 von 75 deutschen Autos die Farbe schwarz.
c) 2017 besaßen ungefähr 27 von 60 Deutschen ein Smartphone.

7 Notiere die Ziffer, die bei den Dezimalbrüchen an der 20. Stelle nach dem Komma steht.

a) $0{,}\overline{5}$ b) $0{,}\overline{01}$ c) $4{,}\overline{253}$

a) $0{,}6\overline{81}$ b) $1{,}\overline{142857}$ c) $8{,}35\overline{7}$

8 Begründe bei jedem der Brüche ohne weitere Rechnung, ob der zugehörige Dezimalbruch endlich oder periodisch ist. Erkläre deine Überlegungen.

a) $\frac{4}{7}$ b) $\frac{3}{16}$ c) $\frac{13}{26}$ d) $\frac{11}{8}$ e) $\frac{17}{85}$

a) $\frac{13}{65}$ b) $\frac{120}{720}$ c) $\frac{36}{25}$ d) $\frac{77}{121}$ e) $\frac{120}{135}$

9 Übertrage die Angabe in dein Heft. Setze dann für den Platzhalter ▪ <,> bzw. = ein, sodass eine wahre Aussage entsteht. **Zu 2.3**

a) $0{,}44$ ▪ $0{,}\overline{4}$ b) $0{,}\overline{161}$ ▪ $0{,}\overline{16}$
c) $0{,}781$ ▪ $0{,}\overline{78}$ d) $\frac{1}{9}$ ▪ $0{,}\overline{1}$

a) $0{,}167$ ▪ $0{,}\overline{16}$ b) $\frac{1}{99}$ ▪ $0{,}\overline{01}$
c) $0{,}1\overline{6}$ ▪ $0{,}\overline{16}$ d) $\frac{3}{7}$ ▪ $0{,}42857$

10 Gib an, zwischen welchen benachbarten ganzen Zahlen die folgenden Dezimalbrüche liegen.

a) 1,55 b) 0,09 c) 12,6 d) 10,07

a) 15,31 b) 0,043 c) 4,4 d) 0,25

11 Übertrage den Abschnitt der Zahlengeraden in dein Heft. Schreibe dann dort die zutreffenden Zahlen auf die Schildchen. Erkläre deine Strategie.

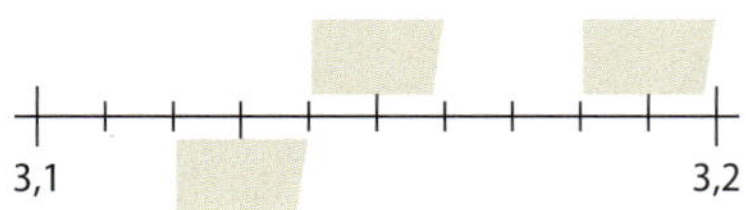

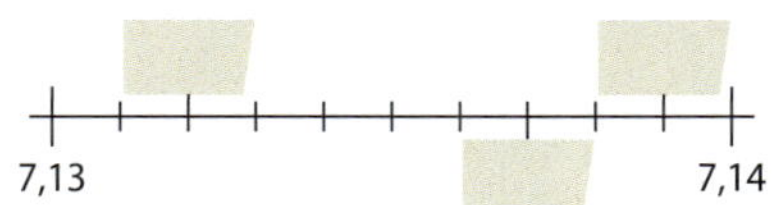

12 Ordne die Dezimalbrüche der Größe nach. Beginne mit dem größten.

a) 5,2; 5,12; 5,21; 5,02
b) 2,34; 2,034; 2,43; 2,134
c) 1,12; 1,112; 1,122; 1,120; 1,020

a) 1,432; 1,423; 1,420; 1,402; 1,430
b) $0{,}067$; $0{,}0670$; $0{,}\overline{067}$; $0{,}0\overline{67}$
c) 2,11; 2,01; 0,21; 0,021

13 Lies jeweils die mit Pfeilen und Buchstaben markierten Größen ab. Gib zu jeder abgelesenen Größe ein passendes Beispiel an.

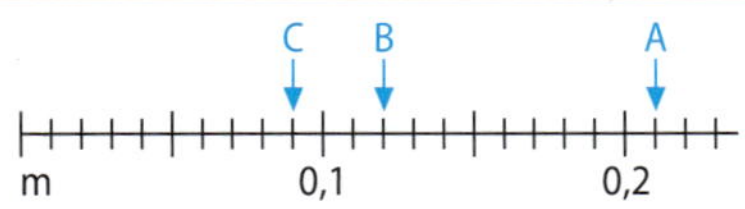

14

a) Trage die Zahlen auf einer Zahlengeraden ein (Einheit 4 cm):
$\frac{3}{4}$; 0,25; 1,5; 1,25
b) Gib fünf verschiedene endliche Dezimalbrüche an, die zwischen 0,75 und 1 liegen.
c) Nenne fünf verschiedene Brüche, die zwischen $\frac{3}{4}$ und 1 liegen.

a) Trage die Zahlen auf einer Zahlengeraden ein (Einheit 4 cm):
$\frac{6}{8}$; 2,25; $1\frac{5}{8}$; $1\frac{1}{2}$
b) Gib fünf verschiedene endliche Dezimalbrüche an, die zwischen $0{,}\overline{7}$ und 0,75 liegen.
c) Nenne fünf verschiedene Brüche, die zwischen $\frac{6}{8}$ und $\frac{7}{8}$ liegen.

15 Gib einen periodischen Dezimalbruch an, der …

zwischen $\frac{3}{8}$ und $\frac{5}{8}$ liegt.

zwischen $\frac{3}{11}$ und $\frac{4}{11}$ liegt und auf eine Dezimale gerundet 0,4 ergibt.

16 Das Säulendiagramm veranschaulicht, welche Verkehrsmittel die Kinder der Klasse 6d auf dem Schulweg benutzen:

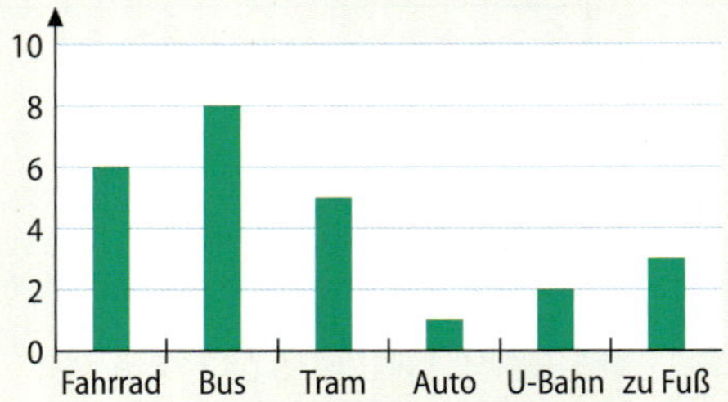

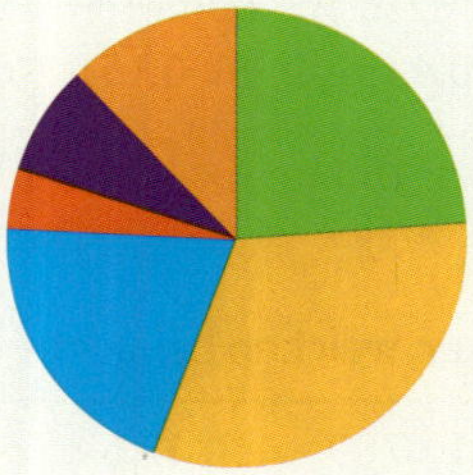

a) Übertrage die Tabelle in dein Heft und ergänze sie dann dort.

Verkehrsmittel	Fahrrad	Bus	Tram	Auto	U-Bahn	Zu Fuß
Anzahl	6					
Anteil	$\frac{6}{25}$					
in Dezimal-schreibweise	0,24					
in Prozent-schreibweise	24 %					

b) Das Kreisdiagramm zeigt die Anteile der einzelnen Verkehrsmittel. Die Mittelpunktswinkel betragen (auf Grad gerundet) 14°; 29°; 43°; 72°; 86° bzw. 115°. Ordne Verkehrsmittel und Mittelpunktswinkel einander richtig zu.

17 Ordne jedem Bruch den zugehörigen Dezimalbruch zu. Dabei bleiben einige Karten übrig. Notiere für diese die zugehörige Dezimal- bzw. Bruchdarstellung.

$\frac{2}{5}$	$\frac{6}{4}$	$\frac{6}{8}$	$\frac{6}{10}$	$\frac{11}{8}$	0,6	0,7	0,4	0,75	1,5
$\frac{4}{5}$	$\frac{7}{10}$	$\frac{7}{20}$	$\frac{11}{10}$	$\frac{26}{20}$	1,375	0,35	1,1	1,3	1,25

18 Tobi und Carmen unterhalten sich im Supermarkt. Entscheide und begründe, wer Recht hat.

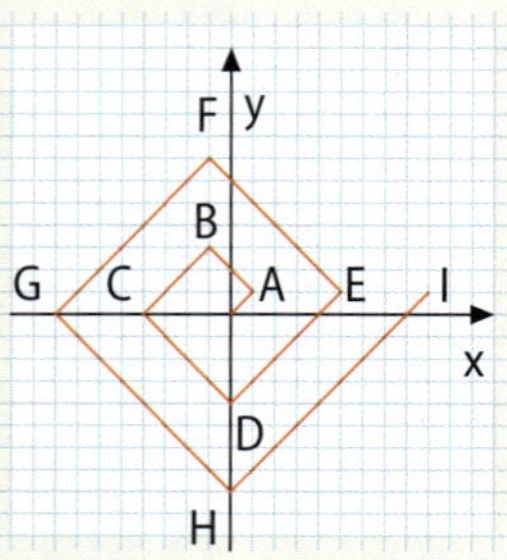

19 **a)** Zeichne die abgebildete „Schlange" farbig in dein Heft. Setze sie dort fort und gib die Koordinaten der Punkte $A\left(\frac{1}{2}\middle|\frac{1}{2}\right)$, B, …, J und K in Dezimalschreibweise an.

b) Spiegle dann deine „Schlange" an der y-Achse. Verwende hierzu eine zweite Farbe. Gib die Koordinaten der Spiegelpunkte A*, B*, …, J* und K* an.

20 Erstelle eine Mindmap zum Thema „Dezimalbrüche", die die passenden Begriffe und Beispiele dazu enthält. Verwende dafür ein DIN-A4-Blatt im Querformat und unterschiedliche Farben.

Dezimalbrüche

Seite 46

Bei der **Dezimalschreibweise** trennt das Komma die Ganzen von den Teilen des Ganzen. Die Ziffern nach dem Komma heißen **Dezimalen**.

Zahl	Z	E	z	h	t	gelesen:
2,7		2 ,	7			zwei Komma sieben
0,005		0 ,	0	0	5	null Komma null null fünf

Dezimalbrüche runden

Seite 46

Dezimalbrüche **rundet** man anhand der Nachkommastellen nach denselben Regeln wie natürliche Zahlen.

Bei 0, 1, 2, 3, 4 wird **abgerundet:**
$3{,}45\underline{2} \approx 3{,}45$ (auf Hundertstel)
Bei 5, 6, 7, 8, 9, wird **aufgerundet:**
$3{,}4\underline{5}2 \approx 3{,}5$ (auf Zehntel)

Umwandeln von endlichen Dezimalbrüchen in Brüche und umgekehrt

Seite 48

Wandelt man einen Dezimalbruch in einen Bruch um, so bildet der Dezimalteil den Zähler. Der Nenner ist diejenige Stufenzahl, die genauso viele Nullen besitzt, wie der Dezimalbruch Nachkommastellen hat.
Umgekehrt kann jeder Bruch, dessen Nenner eine Zehnerstufenzahl ist oder zu einer Zehnerstufenzahl erweitert bzw. gekürzt werden kann, als endlicher Dezimalbruch dargestellt werden. In diesem Fall hat die **Primfaktorzerlegung des Nenners** also nur die Primfaktoren 2 oder 5.

$0{,}45 = \frac{45}{100}$

Der Dezimalteil hat zwei Stellen nach dem Komma, d. h. der Nenner lautet 100.

$\frac{9}{10} = 0{,}9$ oder $\frac{37}{100} = 0{,}37$

oder $\frac{123}{1000} = 0{,}123$

$\frac{3}{25} = \frac{3}{5^2} = \frac{3 \cdot 2^2}{5^2 \cdot 2^2} = \frac{12}{100} = 0{,}12$

Umwandeln von Brüchen und Dezimalbrüchen

Seite 48

Jeder Bruch kann in einen Dezimalbruch umgewandelt werden. Man dividiert dazu den Zähler durch den Nenner. Bricht die Division ab, so entsteht ein **endlicher** Dezimalbruch.
Ein **periodischer** Dezimalbruch entsteht, wenn sich die Dezimalen nach einem Muster wiederholen. Dieses heißt **Periode**.

$\frac{13}{8} = 13 : 8 = 1{,}625$ (endlicher Dezimalbruch)

$\frac{7}{3} = 7 : 3 = 2{,}333\ldots = 2{,}\overline{3}$ (periodischer Dezimalbruch)

$\frac{1}{6} = 1 : 6 = 0{,}1666\ldots = 0{,}1\overline{6}$

Zahlengerade und Größenvergleich

Seite 54

Je **weiter rechts** eine Zahl auf der Zahlengeraden liegt, desto **größer** ist sie.

Beim **Größenvergleich** von Dezimalbrüchen geht man stellenweise vor. Entscheidend ist die erste sich unterscheidende Stelle.

Endnullen rechts vom Komma kann man bei Dezimalbrüchen weglassen. Der Wert des Dezimalbruchs bleibt gleich.

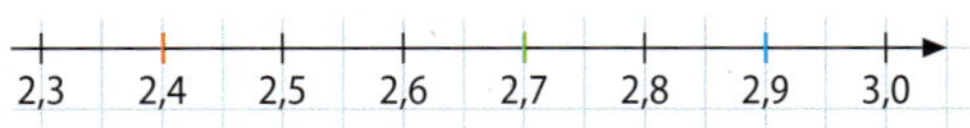

$2{,}4 < 2{,}7 < 2{,}9$

1,3[4]9
1,3[5]7 also: $1{,}349 < 1{,}357$

$0{,}56 = \frac{56}{100} = \frac{56 \cdot 10}{100 \cdot 10} = \frac{560}{1000} = 0{,}560$

2 Am Ziel!

Aufgaben zur Einzelarbeit

Überprüfe deine Fähigkeiten und Kompetenzen. Bearbeite dazu die folgenden Aufgaben und bewerte anschließend deine Lösungen mit einem Smiley.

☺	😐	☹
Das kann ich **wirklich gut!**	Das kann ich **fast!**	Das muss ich **noch üben!**

1 Schreibe jeweils die beiden Dezimalbrüche in dein Heft. Gib an, welcher von ihnen der größere ist. Erkläre dein Vorgehen.

a)

Z	E	z	h
4	5	0	6
5	4	9	8

b)

E	z	h	t
0	0	3	7
0	1	3	1

c)

z	h	t	tz
1	0	0	3
0	9	9	9

d)

H	Z	E	z	h
2	6	9	1	
2	6	8	9	7

2 a) Kürze jeden der fünf Brüche $\frac{56}{700}$; $\frac{50}{600}$; $\frac{9}{150}$; $\frac{37}{148}$ und $\frac{4}{500}$ vollständig.
b) Zerlege jeden der Grundformnenner in Primfaktoren.
c) Begründe, welche Brüche du als endliche Dezimalbrüche darstellen kannst.

3 Schreibe die fünf Zahlen $\frac{3}{25}$; $\frac{7}{5}$; $\frac{24}{32}$; $\frac{6}{40}$ und $\frac{343}{350}$ zunächst als Hundertstelbruch, dann als Dezimalbruch und in Prozentschreibweise.

4 Gib die Größen jeweils in der gegebenen Einheit an.
a) 3,582 km in m b) 4,3 m in dm
c) 0,04 kg in g d) 4,5 d in h
e) 2,4 ha in a f) 2,07 t in kg

5 Runde die Dezimalbrüche jeweils auf eine Dezimale (auf zwei Dezimalen):
2,381; 3,678; 2,904; 138,4509; 10,002; 97,614; 66,281; 13,999.

6 Schreibe als Bruch und kürze, falls möglich.

a)	b)	c)
0,01	0,200	$1,\overline{1}$
0,2	0,125	$1,\overline{6}$
0,5	0,375	2,5
0,05	$0,\overline{3}$	1,375

7 Finde wertgleiche Zahlenpaare:
$\frac{36}{5}$; 7,0; $\frac{1}{20}$; $\frac{24}{200}$; $\frac{2}{5}$; $\frac{2}{25}$; $\frac{28}{4}$; 0,05; 0,12; $\frac{9}{25}$; 8 %; 0,36; 40 %; 7,2.

8 Svenja und Leonie waren die beiden schnellsten in ihrer Klasse beim 800-m-Lauf. Svenja benötigte 3 min 45 s und Leonie 3,4 min. Gib an, wer von beiden schneller war, und begründe deine Antwort.

9 Wandle den Bruch in einen Dezimalbruch um. Gib an, ob die Darstellung endlich oder periodisch ist.
a) $\frac{5}{6}$ b) $\frac{7}{9}$ c) $\frac{13}{65}$ d) $\frac{9}{8}$ e) $\frac{22}{45}$

10 Nenne fünf Dezimalbrüche, die zwischen 0,9898 und 0,9899 liegen.

11 Widerlege: Jeder Punkt der Zahlengeraden repräsentiert genau einen Bruch.

12 Übertrage die Angabe in dein Heft und ersetze dort den Platzhalter □ durch <, > oder =.
a) 0,0456 □ 0,0399 b) 0,92 □ 0,29
c) 0,444 □ $0,\overline{4}$ d) 0,459 □ 0,549
e) 1,101 □ $1,\overline{011}$ f) 2,2020 □ 2,02020

13 Ordne die Dezimalbrüche der Größe nach. Beginne mit dem kleinsten.

B	$0,\overline{43}$	E	$0,4\overline{29}$	K	0,404
H	0,43	H	0,45	R	$0,4\overline{3}$
C	$0,\overline{4}$	U	0,44	R	0,4375

14 Übertrage die Zahlengerade in dein Heft. Ergänze sie dann dort.

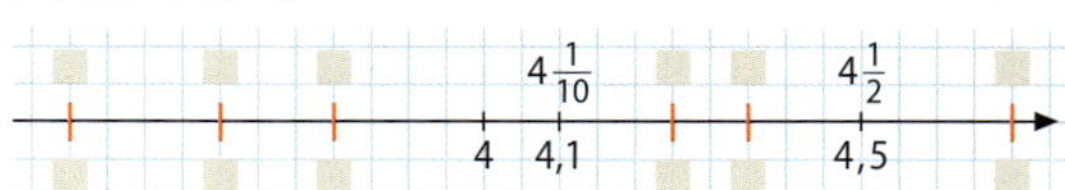

Aufgaben für Lernpartner

Arbeitsschritte

1. Bearbeite die folgenden Aufgaben zuerst allein.
2. Suche dir einen Partner oder eine Partnerin und arbeitet zusammen weiter: Erklärt euch gegenseitig eure Lösungen. Korrigiert fehlerhafte Antworten.

Sind folgende Behauptungen richtig oder falsch? Begründe.

A Natürliche Zahlen lassen sich weder in Bruch- noch in Dezimalschreibweise darstellen.

B Bei Dezimalbrüchen stehen links vom Komma die Einer und rechts vom Komma die Eintel.

C Brüche, deren Nenner Zehnerstufenzahlen sind, kann man als endliche Dezimalbrüche darstellen.

D Bei gerundeten Dezimalbrüchen darf man Endnullen nicht weglassen.

E Ein Bruch mit dem Nenner 12 hat nie eine endliche Dezimaldarstellung.

F Es gilt $\frac{48}{40} = 1{,}2 = 120\,\%$.

G Jeden Dezimalbruch kann man in Prozentschreibweise angeben.

H 0,05 kann in einen Bruch mit Nenner 40 umgewandelt werden.

I In 50 g Vollkornknäckebrot sind 13 g Ballaststoffe enthalten. Das entspricht einem Anteil von 0,13.

J Im Kreisdiagramm entspricht ein Winkel von 126° einem Anteil von 0,35.

K Jeder Bruch in Grundform mit dem Nenner 3 ergibt einen periodischen Dezimalbruch.

L Jeder Bruch, dessen Nenner durch 2 teilbar ist, lässt sich als endlicher Dezimalbruch darstellen.

M Der periodische Dezimalbruch $0{,}\overline{4}$ kann in den Bruch $\frac{4}{9}$ umgewandelt werden.

N Der Bruch $\frac{5}{6}$ hat eine periodische Dezimaldarstellung.

O Von zwei Dezimalbrüchen ist derjenige größer, der mehr Nachkommastellen hat.

P Um festzustellen, welcher von zwei Dezimalbrüchen größer ist, vergleicht man zunächst die Ziffern vor dem Komma. Anschließend vergleicht man die Dezimalen von links nach rechts.

Q 70 ist größer als 7. Deshalb ist auch 0,70 größer als 0,7.

R Dezimalbrüche sind umso größer, je weiter links man sie auf der Zahlengeraden anträgt.

S Zwischen den Dezimalbrüchen 0,4 und 0,5 liegt nur der Dezimalbruch 0,45.

T Es gibt einen kleinsten Dezimalbruch.

Ich kann …	„Am Ziel!"-Aufgaben	Hilfe
… mit der Dezimalschreibweise umgehen und Dezimalbrüche runden.	1, 2, 3, 4, 5, A, B, D	S. 46
… endliche Dezimalbrüche in Brüche umwandeln und umgekehrt.	6, 7, 8, 9, 10, C, E, F, G, H, I, J	S. 48
… periodische und endliche Dezimalbrüche unterscheiden.	7, 10, K, L, M, N	S. 48
… Dezimalbrüche der Größe nach ordnen und an der Zahlengeraden darstellen.	10, 11, 12, 13, 14, O, P, Q, R, S, T	S. 54

Startklar!

Aufgabe	Ich kann schon …	Grundwissen
1	… mit natürlichen Zahlen rechnen.	S. 204–206
2, 3	… Anteile in Form von Brüchen und Prozenten angeben.	S. 39
4	… Brüche erweitern und kürzen.	S. 39
5	… Brüche und Dezimalbrüche vergleichen.	S. 39, 59
6	… endliche und periodische Dezimalbrüche in Brüche umwandeln und umgekehrt.	S. 59

1 **a)** Berechne den Wert des Terms im Kopf.

1 $60 \cdot 4$ **2** $60 \cdot 40$ **3** $60 : 4$ **4** $(60 + 4) : 4 - 4$ **5** $4 - 60 : 3$

b) Berechne den Termwert. Berücksichtige Rechenvorteile.

1 $16 + 96 + 34$ **2** $152 - 238 + 248$ **3** $101 \cdot 34$ **4** $15 \cdot 27 + 35 \cdot 27$

2 Beurteile jeweils, mit welcher Farbe der größte (kleinste) Anteil der Fläche gefärbt wurde. Gib den größten Anteil jeweils auch in Prozent an.

a)
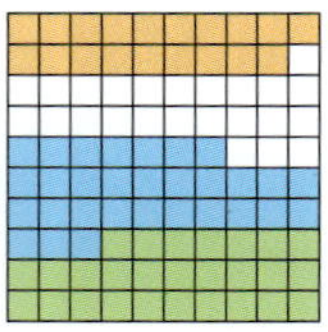

b)
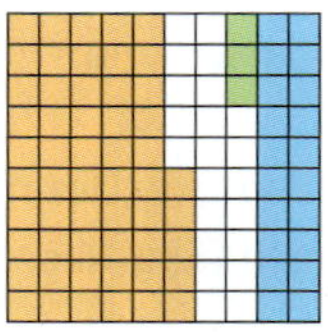

c)
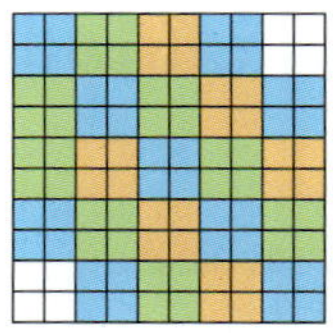

d)
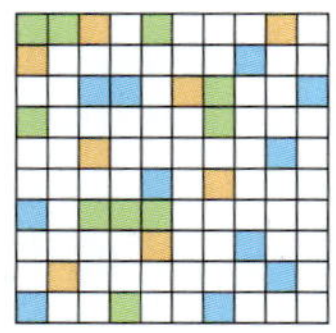

3 Wandle die Größen in die in Klammern angegebene Einheit um.

a) $\frac{1}{3}$ von 750 mg [g] **b)** 30 % von 1 m² [dm²] **c)** $\frac{2}{5}$ von 3 € [ct]

d) $\frac{5}{7}$ von 9,1 kg [g] **e)** 17 % von 1 dm [cm] **f)** 75 % von 2 h [min]

4 **a)** Ergänze stets die fehlende Zahl, so dass eine wahre Aussage entsteht. Erkläre dein Vorgehen.

1 $\frac{5}{8} = \frac{\square}{64}$ **2** $\frac{3}{7} = \frac{\square}{63}$ **3** $1\frac{3}{5} = \frac{\square}{30}$ **4** $2\frac{7}{9} = \frac{100}{\square}$

b) Zerlege jeweils den Nenner in Primfaktoren und gib an, mit welcher Zahl der Bruch gekürzt wurde. Ergänze dann die fehlende Zahl, so dass eine wahre Aussage entsteht.

1 $\frac{108}{60} = \frac{\square}{5}$ **2** $\frac{102}{153} = \frac{\square}{3}$ **3** $\frac{51}{105} = \frac{17}{\square}$ **4** $\frac{132}{462} = \frac{2}{\square}$

5 Ordne die Größen beginnend mit der kleinsten. Benutze das Zeichen <.

0,35 km; $3\frac{1}{3}$ m; 3300 mm; 3,05 m; 32,5 dm; $\frac{3}{1000}$ km; $300\frac{1}{2}$ cm

6 **a)** Gib bei jedem der folgenden Dezimalbrüche an, ob es sich um einen endlichen oder periodischen Dezimalbruch handelt. Wandle die endlichen Dezimalbrüche in Brüche bzw. gemischte Zahlen um.

1 6,25 **2** $6,\overline{25}$ **3** 0,3 **4** $1,0\overline{3}$ **5** 2,1212

b) Wandle die Brüche in Dezimalbrüche um.

1 $\frac{3}{4}$ **2** $\frac{4}{25}$ **3** $\frac{2}{3}$ **4** $\frac{1}{6}$ **5** $\frac{7}{200}$

6 $\frac{2}{5}$ **7** $\frac{9}{30}$ **8** $\frac{3}{8}$ **9** $\frac{7}{10}$ **10** $\frac{1}{9}$

3 Rechnen mit nichtnegativen Bruchzahlen und Dezimalbrüchen

Einstieg

- Bestimme die Stimmenanteile der Parteien bei der Europawahl 2009.
- Es gibt etwa 62 Millionen Wahlberechtigte. Berechne, wie viele Wählerstimmen die einzelnen Parteien 2014 tatsächlich bekommen haben. Beachte die Wahlbeteiligung.
- Deutschland hat 96 Sitze im Europaparlament. Mache einen Vorschlag für die Verteilung der Sitze auf die einzelnen Parteien.

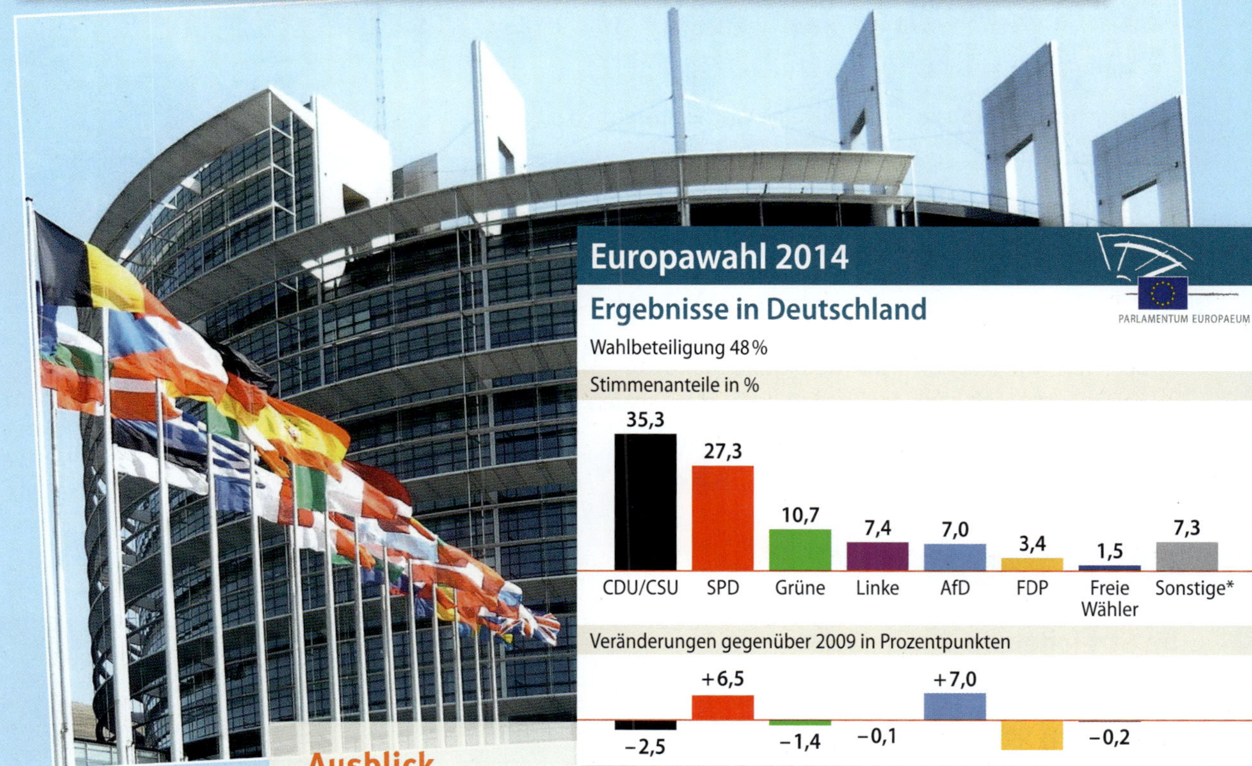

Ausblick

Am Ende dieses Kapitels hast du gelernt, …

- … Brüche zu addieren, zu subtrahieren, zu multiplizieren und zu dividieren.
- … in allen Grundrechenarten mit Dezimalbrüchen zu rechnen.
- … Potenzen mit negativen Exponenten zu berechnen.
- … Rechengesetze für das Rechnen mit Brüchen und Dezimalbrüchen geschickt anzuwenden und zu begründen.
- … Terme mit Brüchen und Dezimalbrüchen zu beschreiben und zu strukturieren.

Historische Ecke
Mediencode
61046-17

Kap. 3.1

Fütterung

- So viel Fisch haben die Robben Sandra, Junko und Otto in der letzten Woche gefressen:

	Mo	Di	Mi	Do	Fr	Sa	So
Sandra	$5\frac{1}{3}$ kg	$4\frac{2}{3}$ kg	$5\frac{1}{5}$ kg	$4\frac{7}{10}$ kg	$5\frac{1}{10}$ kg	$4\frac{3}{4}$ kg	$4\frac{3}{4}$ kg
Junko	$4\frac{1}{4}$ kg	$5\frac{2}{5}$ kg	$5\frac{1}{10}$ kg	$4\frac{7}{8}$ kg	$5\frac{1}{4}$ kg	$5\frac{3}{5}$ kg	$4\frac{3}{4}$ kg
Otto	$5\frac{1}{2}$ kg	$6\frac{1}{3}$ kg	$5\frac{3}{4}$ kg	$5\frac{9}{10}$ kg	$6\frac{1}{4}$ kg	$6\frac{3}{10}$ kg	$5\frac{2}{3}$ kg

a) Berechne jeweils, wie viel eine Robbe in einer Woche gefressen hat.
b) Zu Beginn der Woche waren $150\frac{1}{2}$ kg Fisch für die Robben auf Lager.
  1 Berechne, wie viel kg am Ende der Woche noch vorhanden sind.
  2 Schätze ab, ob dies für ein Tier für die nächste Woche ausreicht.

- Auch der König der Tiere, der Löwe, hat großen Hunger.

	Mo	Di	Mi	Do	Fr	Sa	So
Löwe	$8\frac{1}{3}$ kg	$9\frac{1}{2}$ kg	$8\frac{4}{5}$ kg	$7\frac{5}{6}$ kg	$7\frac{1}{5}$ kg	–	$8\frac{3}{4}$ kg

Finde heraus, ob 50 kg Fleisch für eine Woche ausreichen.

Kap. 3.2

Renovierung

- Berechne, wie teuer die Renovierungsarbeiten sind.
- Bei Sofortzahlung kann der Zoo 5 % der Summe sparen. Überschlage die Höhe dieser möglichen Ersparnis.

Der Vogelweiher wird ausgebessert. Dadurch entstehen dem Zoo folgende Materialkosten:

Kieselsteine (groß)	274,50 €
Kieselsteine (klein)	155,95 €
Wasserpflanzen	133,73 €
Randsteine	448,60 €

Kap. 3.4

Im Streichelzoo

- Erik und seine Freunde berichten aus dem Streichelzoo.

Erik: „$\frac{1}{4}$ der Tiere waren Schafe. Davon habe ich $\frac{1}{3}$ gestreichelt."
Dennis: „Ich habe $\frac{2}{3}$ der Fische gefüttert. $\frac{1}{16}$ der Tiere sind Fische."
Jan: „$\frac{3}{32}$ der Tiere sind Lamas, davon haben mich $\frac{2}{9}$ angespuckt."
Timo: „$\frac{1}{24}$ der Tiere sind Ponys. Davon hat $\frac{1}{4}$ versucht auszubrechen."
Dan: „$\frac{7}{32}$ aller Tiere sind Ziegen. Mit $\frac{1}{7}$ davon habe ich Fangen gespielt."

Beurteile, welches Kind mit den meisten (wenigsten) Tieren etwas Besonderes erlebt hat.

- Der Streichelzoo hat außer den oben erwähnten Arten noch 8 Meerschweinchen, 8 Esel, 7 Minischweine und 9 weitere Tiere. Berechne, wie viele Tiere insgesamt und von jeder Art im Streichelzoo leben.

Kap. 3.5

Pferdeboxen

- Berechne den Bodenflächeninhalt einer Einzelbox für ein Araberpferd (Stockmaß wie in der Abbildung 1,65 m) bzw. für ein Pony (Stockmaß 1,45 m) und vergleiche ihn jeweils mit dem Flächeninhalt eures Klassenzimmers.
- Berechne jeweils, wie viele Quadratmeter die Boxen größer sein müssen, wenn sie nicht ein einzelnes Tier, sondern eine Stute mit einem Fohlen aufnehmen sollen.

Flächeninhalt
Grundfläche einer Einzelbox: Quadratwert des doppelten Stockmaßes
Grundfläche einer Box für Stute mit Fohlen: Quadratwert des 2,3-fachen Stockmaßes der Stute

Kap. 3.7

Blattschneiderameisen

Blattschneiderameisen tragen riesige Mengen von Blättern in die Kammern ihres Nestes. Dabei fressen sie die Blätter nicht selbst, sondern ernähren sich von einem Pilz, den sie mithilfe der Blätter züchten.

- Eine Kolonie verbraucht im Jahr etwa 8,75 t Laub. Berechne, wie viel sie an einem Tag (in einem Monat) verbraucht. Runde sinnvoll.

Die Aufgaben im Ameisenstaat sind verteilt. Die Blätter werden nur von den Arbeiterinnen transportiert, von denen es zwei Größen gibt.

Maxima-Arbeiterin
transportiert große Blattteile bis zu 8 mg;
etwa $\frac{1}{3}$ aller Ameisen

Media-Arbeiterin
transportiert mittlere Blattteile bis zu 3,2 mg;
etwa $\frac{1}{6}$ aller Ameisen

- Im Ameisenstaat leben zusammen etwa 1,2 Millionen Arbeiterinnen. Berechne, aus wie vielen Ameisen der Staat besteht.
- Ein Blatt wiegt im Mittel 0,85 g. Bestimme, wie viele Maxima-Arbeiterinnen bzw. wie viele Media-Arbeiterinnen man mindestens benötigt, um ein Blatt zu transportieren.
- Schätze zunächst, wie viele Blattteile im Ameisenhügel ankommen, wenn alle Blattteile eines Tages von Maxima-Arbeiterinnen bzw. von Media-Arbeiterinnen angeliefert werden. Berechne die Anzahl dann.
- Bestimme, wie viele Blattteile etwa ankommen, wenn man die tatsächlichen Anteile der Arbeiterinnen berücksichtigt.

Entdecken

Rezept für Kinderpunsch
¾ l Tee
½ l Apfelsaft
¼ l Orangensaft
1 Stange Zimt, Süßstoff

Tee

Apfelsaft

Orangensaft

- Berechne, wie viele Liter Kinderpunsch man mit dem Rezept zubereiten kann.
- Ein Glas wird mit $\frac{1}{4}$ ℓ Punsch gefüllt. Berechne, wie viel Punsch noch übrig ist.
- Finde heraus, wie viele $\frac{1}{4}$-ℓ-Gläser sich auf diese Weise füllen lassen. Erkläre dein Vorgehen.

Verstehen

Im Alltag müssen Bruchteile oft addiert oder subtrahiert werden. Dabei ist es vorteilhaft, wenn die zugehörigen Brüche den gleichen Nenner haben.

$\frac{1}{7} + \frac{2}{7} = \frac{1+2}{7} = \frac{3}{7}$

$\frac{3}{5} - \frac{2}{5} = \frac{3-2}{5} = \frac{1}{5}$

Brüche, die gleiche Nenner besitzen, heißen **gleichnamig**.

Gleichnamige Brüche werden addiert (subtrahiert), indem man ihre Zähler addiert (subtrahiert) und den gemeinsamen Nenner beibehält.

Brüche mit unterschiedlichen Nennern werden durch Erweitern oder Kürzen auf den gleichen Nenner gebracht, also gleichnamig gemacht. Danach werden sie addiert (subtrahiert). Dabei ist es vorteilhaft, einen möglichst kleinen gemeinsamen Nenner zu nutzen.

Der **Hauptnenner** ist das **kleinste gemeinsame Vielfache** (kgV) der beiden Nenner. Dieses kann man mithilfe der Vielfachenmengen oder anhand der Primfaktorzerlegungen der beiden Nenner bestimmen.

Erklärvideo
Mediencode
61046-18

Beispiele

I. **a)** Berechne den Wert der Summe $\frac{1}{4} + \frac{5}{6}$. Nutze den Hauptnenner.

b) Finde heraus, wie viele gemeinsame Nenner der Büche $\frac{1}{4}$ und $\frac{5}{6}$ es gibt. Erkläre, welcher Vorteil sich aus der Verwendung des Hauptnenners im Vergleich zu anderen gemeinsamen Nennern ergibt.

Lösung:

a) Durch den Vergleich der Vielfachenmengen $V_4 = \{4; 8; 12; 16; \ldots\}$ und $V_6 = \{6; 12; 18; \ldots\}$ erhält man 12 als das kleinste gemeinsame Vielfache (kgV) der beiden Brüche. 12 ist also der Hauptnenner.

Somit gilt: $\frac{1}{4} + \frac{5}{6} = \frac{1 \cdot 3}{4 \cdot 3} + \frac{5 \cdot 2}{6 \cdot 2} = \frac{3}{12} + \frac{10}{12} = \frac{3+10}{12} = \frac{13}{12} = 1\frac{1}{12}$.

b) Es gibt unendlich viele gemeinsame Nenner der beiden Brüche, z. B. 12; 24; 36; 48; …; 6000; 6012; … usw. Durch die Verwendung des Hauptnenners vermeidet man das Rechnen mit größeren Zahlen.

II. Sophie hat eine andere Methode, den Hauptnenner zu finden. Erläutere ihr Vorgehen.

$4 = 2 \cdot 2$
$6 = 2 \cdot 3$
$2 \cdot 2 \cdot 3 = 12$

Lösung: Sophie zerlegt die beiden Nenner jeweils in ihre Primfaktoren. Dann fügt sie zu den Primfaktoren des einen Nenners die noch fehlenden Primfaktoren des zweiten Nenners hinzu.

- Begründe, ob der Hauptnenner zweier Brüche eine Primzahl sein kann.
- Tim behauptet: „Die Summe zweier Stammbrüche hat immer einen Wert kleiner als 1." Begründe oder widerlege seine Aussage.

Nachgefragt

Aufgaben

1 Gib jeweils die Art des Terms an, berechne den Termwert im Kopf und kürze vollständig.

a) $\frac{1}{6} + \frac{3}{6}$; $\frac{2}{8} + \frac{3}{8}$; $\frac{2}{5} + \frac{3}{10}$

b) $\frac{5}{7} - \frac{3}{7}$; $\frac{3}{5} - \frac{2}{5}$; $\frac{5}{6} - \frac{1}{3}$

c) $\frac{3}{5} + \frac{4}{5} + \frac{1}{5}$; $\frac{1}{3} + \frac{5}{12} + \frac{1}{6}$; $\frac{1}{4} + \frac{3}{8} + \frac{2}{3}$

d) $2\frac{1}{3} + 1\frac{2}{3}$; $3\frac{1}{7} + 2\frac{1}{14}$; $1\frac{3}{8} + 3\frac{1}{6}$

e) $5\frac{5}{6} - \frac{7}{6}$; $2\frac{2}{3} - 1\frac{1}{12}$; $3\frac{2}{5} - \frac{1}{3}$

2 In den Abbildungen veranschaulichen die roten und die blauen Flächen bzw. Linien jeweils die Summanden einer Summe. Schreibe die Summe auf und berechne, wie viel vom Summenwert zum nächsten Ganzen fehlt.

a)

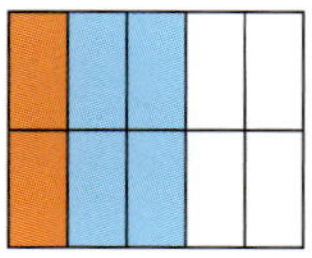

b)

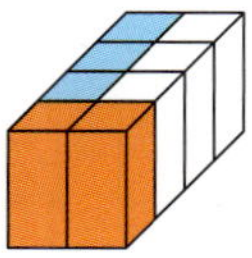

c)

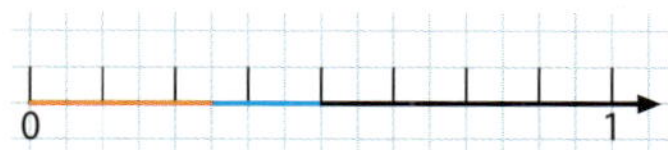

d)

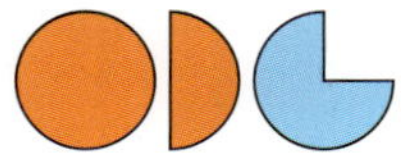

3 Die Abbildungen stellen Differenzen dar. Notiere die Differenz und berechne deren Wert.

a)

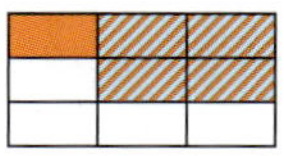

b)

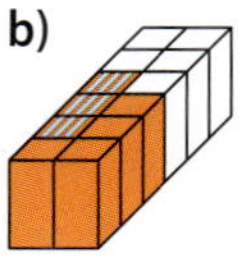

c)

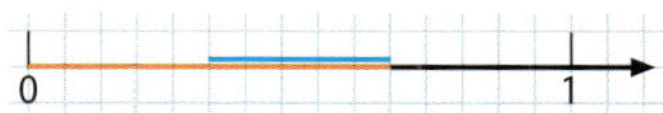

d)

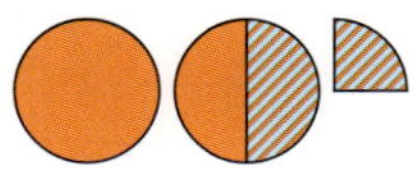

4 Veranschauliche die folgenden Terme jeweils auf zwei Arten. Berechne ihre Werte im Kopf.

a) $\frac{3}{10} + \frac{4}{10}$ b) $\frac{2}{8} + \frac{5}{8}$ c) $\frac{5}{6} - \frac{3}{6}$ d) $\frac{3}{4} + \frac{1}{6}$ e) $2\frac{1}{3} + \frac{1}{6}$ f) $1\frac{1}{4} - \frac{1}{2}$

5 Sabine behauptet: „In der Pause habe ich drei Viertel meines Pausenbrots gegessen. Nach der Schule habe ich dann die restlichen drei Achtel verputzt." Kann das sein? Entscheide, ob dies möglich ist.

6 Überschlage zunächst, ob der Wert des Terms größer oder kleiner als 1 ist. Bestimme dann den Hauptnenner und berechne anschließend den Termwert.

a) $\frac{3}{4} + \frac{1}{2}$ b) $\frac{2}{3} - \frac{2}{5}$ c) $3\frac{1}{4} - 2\frac{2}{3}$ d) $\frac{6}{26} - \frac{7}{39}$ e) $\frac{3}{5} + \frac{5}{6} - \frac{1}{3}$

f) $\frac{5}{6} - \frac{1}{3}$ g) $\frac{1}{4} + \frac{5}{6}$ h) $1\frac{1}{12} + \frac{2}{15}$ i) $4\frac{3}{8} - 1\frac{4}{5}$ j) $\frac{4}{7} - \frac{1}{4} + \frac{13}{14}$

k) $\frac{7}{15} + \frac{1}{3}$ l) $\frac{5}{7} - \frac{2}{9}$ m) $\frac{7}{10} + 2\frac{4}{7}$ n) $\frac{9}{13} + 1$ o) $1\frac{1}{2} - \frac{5}{9} - \frac{5}{18}$

7 Gib jeweils die Termart an und berechne dann den Termwert.

a) $\frac{1}{3} + \frac{3}{4} + \frac{2}{3} + \frac{1}{4}$ b) $\frac{9}{100} + 5 + \frac{9}{1000}$ c) $\frac{4}{5} - \frac{3}{10} + \frac{1}{5}$ d) $128 : 2^5$

e) $\frac{6}{7} + \frac{3}{8} + \frac{1}{7} + \frac{1}{8}$ f) $\frac{14}{15} + \left(\frac{13}{15} + 5\right)$ g) $\frac{57}{100} - \left(\frac{7}{10} - \frac{3}{10}\right)$ h) $(-576) : 24^2$

i) $\frac{1}{2} + \left(\frac{3}{5} + \frac{3}{4}\right) + \frac{4}{5}$ j) $\left(\frac{7}{18} - \frac{3}{40}\right) - \left(\frac{7}{18} - \frac{3}{40}\right)$ k) $\left(\frac{3}{8} + \frac{3}{14}\right) - \left(\frac{3}{8} - \frac{3}{14}\right)$

8 Martin: Ich brauche keinen Hauptnenner. Ich nehme einfach das Produkt der beiden Nenner und rechne so:
$\frac{5}{8} + \frac{3}{20} = \frac{100}{160} + \frac{24}{160} = \frac{124}{160} = \frac{31}{40}$

Emilia: Mit dem Hauptnenner geht es aber viel schneller. Daher rechne ich:
$\frac{5}{8} + \frac{3}{20} = \frac{25}{40} + \frac{6}{40} = \frac{31}{40}$

a) Vergleiche die beiden Vorgehensweisen und entscheide, welche günstiger ist.
b) Finde fünf verschiedene Paare von Brüchen, deren Hauptnenner das Produkt der beiden Nenner ist, und bestimme jeweils den Wert ihrer Summe.
c) Finde eine allgemeine Bedingung, unter der der Hauptnenner zweier Brüche das Produkt der beiden Nenner ist.

9 Übertrage die Zahlenmauern in dein Heft und vervollständige sie so, dass auf einem Stein der Summenwert der beiden darunter liegenden Steine steht.

a)

b)
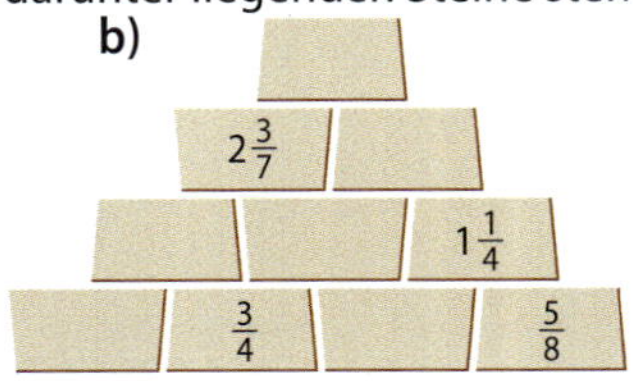

c)

10 Saskia und Ozan rechnen eine Subtraktionsaufgabe auf verschiedene Arten.

Saskia
$4\frac{3}{5} - 2\frac{4}{5} = \frac{23}{5} - \frac{14}{5} = \frac{9}{5} = 1\frac{4}{5}$

Ozan
$4\frac{3}{5} - 2\frac{4}{5} = 3\frac{8}{5} - 2\frac{4}{5} = 1\frac{4}{5}$

a) Vergleiche das Vorgehen von Saskia und Ozan miteinander.
b) Mache zunächst einen Überschlag und berechne dann wie Saskia und Ozan jeweils den Wert des Terms auf zwei Arten.

1 $3\frac{2}{5} - 1\frac{3}{5}$ **2** $4\frac{1}{3} - 2\frac{2}{3}$ **3** $14\frac{1}{11} - 13\frac{9}{11}$ **4** $6\frac{3}{8} - 5\frac{7}{8}$ **5** $18\frac{4}{15} - 12\frac{11}{15}$

Magisches Quadrat: Summen der Zahlen in jeder Zeile, Spalte und Diagonale haben denselben Wert.

11 Übertrage die magischen Quadrate I, II, III in dein Heft und ergänze sie dort.

I.

$\frac{1}{3}$	$\frac{1}{4}$	
	$\frac{5}{12}$	
		$\frac{1}{2}$

II.

$1\frac{1}{3}$	$3\frac{1}{12}$		$1\frac{17}{24}$
		$2\frac{1}{12}$	$2\frac{1}{3}$
$2\frac{5}{24}$	$2\frac{11}{24}$		
$2\frac{5}{6}$		$1\frac{11}{24}$	

III.

$2\frac{7}{8}$			$2\frac{1}{2}$
	$2\frac{1}{4}$	$2\frac{1}{8}$	$1\frac{7}{8}$
		$1\frac{5}{8}$	
$1\frac{3}{8}$	$2\frac{5}{8}$		1

12 Die acht Wägestücke sollen so auf die Schalen einer Waage verteilt werden, dass die Waage im Gleichgewicht ist und alle Gewichte verwendet werden. Gib hierzu verschiedene Möglichkeiten an und erläutere die zugehörigen Rechenwege.

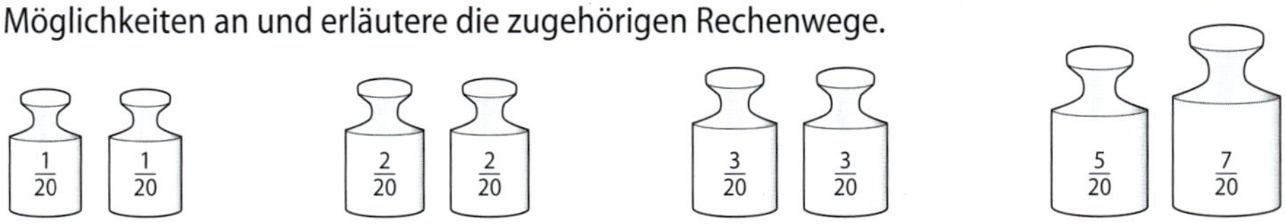

13 Zwei Fünftel der Schüler einer Klasse kommen morgens mit dem Bus, ein Fünftel fährt mit dem Rad und die restlichen 12 Schüler kommen zu Fuß zur Schule. Berechne, wie viele Schüler in der Klasse sind. Veranschauliche dein Ergebnis graphisch.

14 Bruchdomino: Berechne den Wert des Terms auf dem Startstein. Suche dann den Stein mit der Lösung und berechne den Wert des Terms auf diesem Stein. Welches Lösungswort ergibt sich, wenn du den Zielstein erreicht hast?

$5\frac{129}{130}$ T | $\frac{7}{6} - 1\frac{1}{6}$	$11\frac{1}{8}$ E | $\frac{7}{4} + \frac{1}{3}$	$\frac{17}{18}$ A | $2\frac{4}{7} - \frac{2}{3}$
$\frac{77}{90}$ P | $4\frac{9}{13} + 1\frac{3}{10}$	0 N | $\frac{22}{2} + \frac{5}{16} - \frac{6}{32}$	$\frac{7}{9}$ H | $\frac{2}{3} + \frac{5}{18}$
$2\frac{1}{12}$ N | $3\frac{8}{15} - \frac{9}{10}$	$\frac{5}{8}$ R | Ziel	$1\frac{19}{21}$ U | $\frac{1}{18} + \frac{4}{5}$
$2\frac{19}{30}$ N | $\frac{27}{31} + \frac{8}{62} - \frac{4}{19}$	Start | $\frac{11}{9} - \frac{4}{9}$	$\frac{15}{19}$ E | $\frac{3}{8} + \frac{1}{4}$

15 Kombiniere die Karten durch + und − so miteinander, dass das Ergebnis möglichst nahe bei 0 (bei 1) liegt.

1,1 | $\frac{4}{10}$ | $\frac{8}{10}$ | 0,6 | $\frac{5}{10}$ | $\frac{7}{10}$ | $1\frac{3}{10}$

16 a) Übertrage das Mobile in dein Heft und fülle die Kästchen so aus, dass es im Gleichgewicht ist.

b) Verändere den Startwert. Wie hängen die anderen Werte mit dem Startwert zusammen? Begründe deine Antwort.

Musik

Bruchrechnung in der Musik

Um Musik aufzuschreiben, verwendet man Noten. Diese geben die Tonhöhe, die Länge des Tons und die Pausen an. Beschreibe, was die Notenwerte bedeuten.

Addiert man die Notenwerte einer Einheit, erhält man einen Hinweis auf den **Takt**.

$\frac{4}{4}$-Takt:  $\frac{4}{4} = \frac{1}{4} + \frac{1}{4} + \frac{1}{8} + \frac{1}{8} + \frac{1}{4}$

- Bestimme jeweils die Notenwerte und den Takt.

a)  b)  c) 

- Notiere die Brüche als Noten und gib den zugehörigen Viertel-Takt an.

a) $\frac{1}{2} + \frac{1}{4}$ b) $\frac{1}{8} + \frac{1}{8} + \frac{1}{8} + \frac{1}{8}$ c) $\frac{1}{4} + \frac{1}{8} + \frac{1}{8} + \frac{1}{16} + \frac{1}{16} + \frac{1}{16} + \frac{1}{16} + \frac{1}{4}$ d) $\frac{1}{8} + \frac{1}{2} + \frac{1}{8}$

Um einen Notenwert um die Hälfte zu verlängern, setzt man einen Punkt hinter die Note.

- Zerlege die punktierten Noten in nicht punktierte.

a)  b)  c) 

Beispiel:

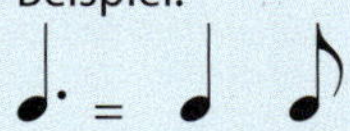

- Schreibe einen $\frac{3}{4}$-Takt mit einer (zwei) punktierten Noten.

Entdecken

Sophie steht an einer Kaufhauskasse; sie möchte ihr neues T-Shirt bezahlen. Die Kassiererin tippt versehentlich 129,9 € statt 12,99 € ein. Um die Fehleingabe zu korrigieren, gibt sie anschließend −117,09 € ein. Sophie sagt: „Jetzt stimmt aber Ihre Kasse nicht mehr."

- Begründe, dass Sophie Recht hat.
- Finde eine Möglichkeit, den Fehler zu korrigieren.

Verstehen

Geldbeträge, Längen und andere Größen werden häufig mithilfe von Dezimalbrüchen angegeben. Ihre Addition und Subtraktion lässt sich auf die der natürlichen Zahlen zurückführen.

Dezimalbrüche werden wie natürliche Zahlen **addiert** und **subtrahiert**.

- Man schreibt die Dezimalbrüche so untereinander, dass das Komma jeweils genau untereinander steht.
- Fehlende Ziffern nach dem Komma werden durch Nullen aufgefüllt.

Ergänze Endnullen, um Fehler zu vermeiden.

Addition

	T	H	Z	E	z	h	t	
	1	3	4	0,	6	7	8	
		4	7	2,	9	0	0	
+				5,	7	1	5	
		1		2		1		Übertrag
	1	8	1	9,	2	9	3	Summenwert

Subtraktion

	T	H	Z	E	z	h	t	
	2	0_1	7	$6,_1$	3	4	5	
−		4	3	4,	7	1	0	
	1	6	4	1,	6	3	5	Differenzwert

Erklärvideos
Mediencode
61046-19
61046-20

Beispiele

I. Entscheide bei jeder der Teilaufgaben 1 bis 4, welcher der beiden Termwerte richtig ist, und erkläre, welche Fehler zu den falschen Ergebnissen geführt haben könnten.

1 35,08 + 5,27		2 234,18 + 78,5		3 21,18 − 7,8		4 5,02 + 7,04	
87,78	40,35	312,23	312,68	14,10	13,38	12,6	12,06

Manchmal hilft eine Überschlagsrechnung.

Lösung:

1. 35,08 + 5,27 = 40,35
Den falschen Wert 87,78 erhält man, wenn man die Summanden nicht stellengerecht untereinander schreibt.

2. 234,18 + 78,5 = 312,23
Den falschen Wert 312,68 erhält man, wenn man die Nachkommastellen nicht stellengerecht addiert.

3. 21,18 − 7,8 = 14,10
Den falschen Wert 13,38 erhält man, wenn man die Nachkommastellen nicht stellengerecht subtrahiert.

4. 5,02 + 7,04 = 12,06
Den falschen Wert 12,6 erhält man, wenn man die Null an der Zehntelstelle nicht berücksichtigt.

II. Berechne, welche Zahl man zu 34,06 addieren muss, um 421,6 zu erhalten.
Lösung: Wir bezeichnen die gesuchte Zahl mit x.
34,06 + x = 421,6, also x = 421,60 − 34,06 x = 387,54

Nachgefragt

- Begründe, warum das Addieren und Subtrahieren von Dezimalbrüchen oft einfacher ist als das von Brüchen.
- Sina behauptet: „Ich musste gestern bei der Addition zweier Dezimalbrüche an beide eine Endnull anhängen." Kann das sein?

Aufgaben

1 Gib jeweils fünf Summen und fünf Differenzen von Dezimalbrüchen an, die du im Kopf berechnen kannst.

2 Gib jeweils zunächst eine Überschlagsrechnung an und berechne dann den Wert der Summe bzw. der Differenz.

a)	b)	c)	d)
27,83	3521,7	3,012	28,1
+ 44,09	+ 9705,09	− 1,48	− 17,49

e) 0,58 + 0,42 **f)** 5,26 + 4,837 **g)** 72,93 − 27,169
h) 3285,6 + 6590,943 **i)** 45,36 + 78,09 **j)** 0,87 − 0,7

3 Ergänze die fehlenden Ziffern in deinem Heft, so dass sich eine wahre Aussage ergibt.

a)	b)	c)	d)	e)
21□,63	3□,5□□	0,48□	9,□5□	1□,000
+ 143,□8	− 17,119	− 1,□00	− □,9□6	− 0,□□5
□57,1□	□2,□47	□,1□3	0,202	16,00□

4 Die vier Winkel in der Abbildung rechts bilden zusammen einen Vollwinkel. Berechne die Größe des Winkels β und finde heraus, jeweils um wie viel der Winkel β größer als jeder der drei anderen Winkel ist.

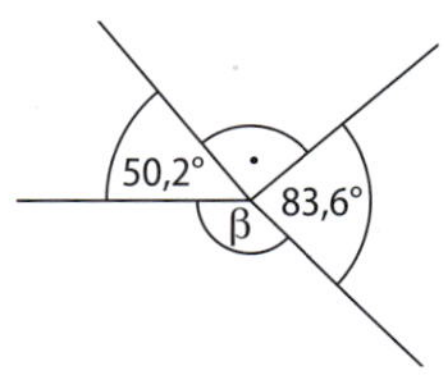

5 Die Abbildung zeigt den durchschnittlichen Pro-Kopf-Verbrauch von Süßwaren in Deutschland 2016 (in Klammern die Veränderung gegenüber dem Vorjahr in Prozent).

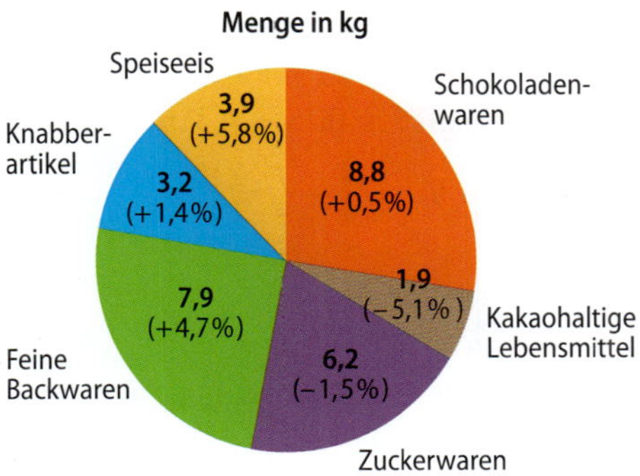

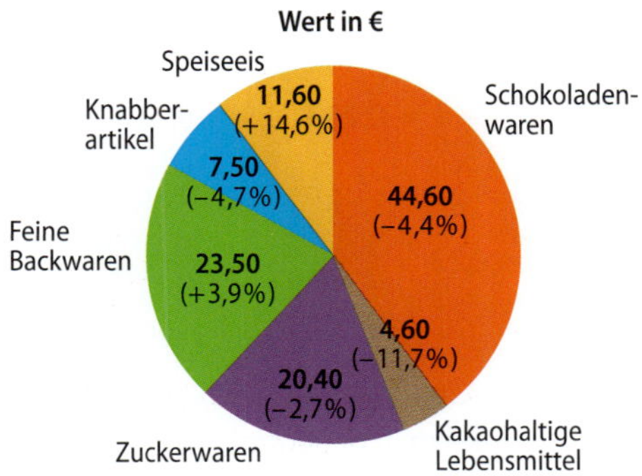

a) Erkläre die Diagramme.
b) Berechne, wie viele Süßwaren jeder Deutsche im Durchschnitt 2016 gegessen hat und wie viel dafür ausgegeben wurde.
c) Untersuche, welche Aussagen du der Abbildung entnehmen kannst:
1 Jeder Deutsche hat 2016 etwa 21,63 kg feine Backwaren gegessen.
2 Jeder Deutsche hat mehr Geld für Knabberartikel als für Speiseeis ausgegeben.
3 Es wurden 2016 mehr Zuckerwaren als Knabberartikel gegessen.
4 Schokoladenwaren sind im Durchschnitt teurer als Zuckerwaren.

Entdecken

Jeweils zwei Karten mit demselben Termwert bilden ein Paar.

$0{,}5 + \frac{1}{4}$ | $0{,}25 + \left(0{,}2 + \frac{3}{4}\right)$ | $\frac{1}{3} + 0{,}\overline{1}$ | $\frac{1}{10} + \frac{1}{2}$ | $\left(\frac{1}{4} + \frac{1}{5}\right) + 0{,}75$

$0{,}5 + 0{,}1$ | $\left(\frac{3}{10} + \frac{29}{10}\right) + \frac{70}{100}$ | $\frac{1}{9} + 0{,}\overline{3}$ | $0{,}3 + \left(2{,}9 + 0{,}7\right)$ | $1 - 0{,}25$

- Bestimme, welche Karten zusammen gehören.
- Finde Regeln für das Rechnen mit Brüchen und Dezimalbrüchen und begründe sie.

Verstehen

Da sich die Addition von Brüchen und Dezimalbrüchen auf die Addition von natürlichen Zahlen zurückführen lässt, gelten dieselben Rechenregeln.

Durch die Verwendung von Rechengesetzen kann man oft geschickt rechnen.

Treten in einer Summe oder Differenz sowohl Brüche, die sich in endliche Dezimalbrüche umwandeln lassen, als auch endliche Dezimalbrüche auf, so ist es vorteilhafter, mit Dezimalbrüchen zu rechnen. Andernfalls muss man die Dezimalbrüche in Brüche umwandeln.

Rechenregeln für die Addition: In jeder **Summe** aus nichtnegativen Zahlen a, b und c kann man, ohne dass sich der Wert der Summe ändert, …

- die Summanden vertauschen.
  $a + b = b + a$
  Kommutativgesetz (KG)
- die Rechenreihenfolge ändern.
  $a + (b + c) = (a + b) + c$
  Assoziativgesetz (AG)

Beispiele

I. a) Berechne den Termwert jeweils möglichst günstig.

$0{,}73 - \frac{1}{2}$ $\quad \frac{3}{4} + 4{,}316$ $\quad 0{,}\overline{3} - \frac{1}{6}$ $\quad 0{,}\overline{4} + 0{,}\overline{7}$ $\quad \frac{2}{7} + 0{,}13$ $\quad \frac{1}{4} - \frac{1}{5}$

b) Begründe, wann man günstiger mit Brüchen und wann mit Dezimalbrüchen rechnet.

Lösung:

a) $0{,}73 - \frac{1}{2} = 0{,}73 - 0{,}5 = 0{,}23$ $\qquad \frac{3}{4} + 4{,}316 = 0{,}75 + 4{,}316 = 5{,}066$

$0{,}\overline{3} - \frac{1}{6} = \frac{1}{3} - \frac{1}{6} = \frac{2-1}{6} = \frac{1}{6}$ $\qquad 0{,}\overline{4} + 0{,}\overline{7} = \frac{4}{9} + \frac{7}{9} = \frac{11}{9} = 1\frac{2}{9} = 1{,}\overline{2}$

$\frac{2}{7} + 0{,}13 = \frac{2}{7} + \frac{13}{100} = \frac{200}{700} + \frac{91}{700} = \frac{291}{700}$

$\frac{1}{4} - \frac{1}{5} = \frac{5}{20} - \frac{4}{20} = \frac{1}{20}$ oder $\frac{1}{4} - \frac{1}{5} = 0{,}25 - 0{,}2 = 0{,}05$

b) Treten in einer Aufgabe Brüche auf, die eine periodische Dezimaldarstellung haben, so rechnet man günstiger mit Brüchen. Haben alle auftretenden Brüche eine abbrechende Dezimaldarstellung, so kann man mit beiden Darstellungen rechnen.

II. Stelle einen Term auf und berechne dann seinen Wert. Gib die Termart an. Addiere zur Summe aus 0,25 und $1\frac{4}{5}$ die Differenz mit dem Subtrahenden 0,35 und dem Minuenden $\frac{19}{40}$.

Lösung:

$\left(0{,}25 + 1\frac{4}{5}\right) + \left(\frac{19}{40} - 0{,}35\right) = (0{,}25 + 1{,}8) + \left(\frac{19}{40} - \frac{35}{100}\right) = 2{,}05 + \left(\frac{95}{200} - \frac{70}{200}\right)$

$= 2{,}05 + \frac{25}{200} = 2{,}05 + \frac{125}{1000} = 2{,}05 + 0{,}125 = 2{,}175$

Der Term ist eine Summe, da die letzte Rechenart eine Addition ist.

Nachgefragt

- Simon behauptet: „Es gibt Summen von Dezimalbrüchen und Brüchen, deren Wert sich nicht in Dezimalschreibweise berechnen lässt." Beurteile, ob er Recht hat.
- Gibt es auch für die Subtraktion ein Kommutativgesetz? Begründe.

Aufgaben

1 Berechne jeweils den Termwert möglichst vorteilhaft. Überlege dir dabei vor der Rechnung, ob es günstiger ist, sie in Bruchschreibweise oder in Dezimalschreibweise durchzuführen, und begründe jedes Mal deine Wahl. Mache jeweils einen Überschlag.

a) $\frac{4}{5} + 0{,}4 + 0{,}25$ b) $5{,}5 - \frac{1}{4} - 2{,}75 - 1$ c) $\frac{3}{10} - \frac{1}{8} + 1{,}71 - 0{,}462$

d) $4{,}3 - \frac{5}{2} + 0{,}3 - \frac{3}{4}$ e) $45{,}3 - 17\frac{4}{5} - 8\frac{1}{3}$ f) $2\frac{7}{10} + 3\frac{5}{7} - 0{,}5$

g) $28{,}5 + (-3)^3 - \frac{1}{4}$ h) $\frac{1}{3} - \frac{1}{9} + \frac{1}{27} - \frac{1}{81}$ i) $1 - 0{,}5 + \frac{1}{4} - 0{,}625$

2 Berechne jeweils möglichst geschickt und gib das verwendete Rechengesetz an.

a) $\frac{2}{5} + \frac{1}{3} + \frac{1}{10}$ b) $\left(1\frac{1}{3} + 2\frac{1}{2}\right) + \frac{2}{3}$ c) $\left(\frac{6}{24} + \frac{1}{8}\right) + 0{,}75$

d) $\left(\frac{3}{9} + 0{,}75\right) + \left(\frac{2}{8} + 1{,}\overline{3}\right)$ e) $\left(1\frac{4}{5} + 3\frac{1}{7}\right) + \left(0{,}2 + \frac{6}{7}\right)$ f) $3\frac{13}{17} + \left(1\frac{5}{11} + \frac{21}{17}\right) + \frac{6}{11}$

3 Die Termwerte der Rechnungen geben das Höchstalter der abgebildeten Tiere an (in ganzen Jahren). Berechne die Termwerte geschickt im Kopf und gib deine Strategie an.

1

2

3

4

a) $28{,}2 + 8{,}18 + 2{,}8 + 1{,}82$ b) $11{,}11 + 22{,}22 + 9{,}89 + 10{,}78$

c) $(-12)^2 + 18{,}7 - 23{,}55 + 10{,}85$ d) $90{,}37 + 13{,}91 - 67{,}37 - 22{,}91$

4 Setze für den Platzhalter □ jeweils das passende Zeichen (<, > oder =) ein, so dass eine wahre Aussage entsteht. Stelle jeweils zunächst mithilfe einer Überschlagsrechnung eine Vermutung auf.

a) $1\frac{2}{3} + \frac{1}{5}$ □ $2{,}4 - \frac{19}{10}$ b) $13\frac{2}{7} + 1\frac{1}{6}$ □ $16 - 2\frac{2}{3}$ c) $\frac{9}{27} + \frac{34}{51}$ □ $1{,}2 - \frac{3}{15}$

d) $\frac{3}{11} + 0{,}5$ □ $2 - 1\frac{4}{11}$ e) $0{,}\overline{3} - \frac{1}{6}$ □ $\frac{1}{3} - \frac{1}{9}$ f) $2 - \frac{6}{7}$ □ $0{,}875 + \frac{2}{7}$

5 Finde jeweils mindestens drei Brüche und drei Dezimalbrüche, die du für den Platzhalter □ einsetzen kannst, sodass eine wahre Aussage entsteht.

a) $\frac{1}{3} +$ □ < 1 b) $2 -$ □ > 1 c) $0{,}65 +$ □ $< 1{,}11$

d) $0{,}55 -$ □ $> \frac{1}{2}$ e) □ $+ 2{,}953 > 3\frac{17}{100}$ f) □ $- 1{,}44 < \frac{5}{3}$

6 Bestimme jeweils die gesuchte Zahl x. Löse mithilfe der Umkehraufgabe.

a) $x + 2{,}3 = 3\frac{1}{7}$ b) $\frac{2}{9} + x = 1{,}\overline{1}$ c) $4 = x - \frac{17}{4}$

d) $3 + \left(\frac{1}{2} + 1\right) = x + \frac{1}{2}$ e) $3{,}56 - x = 0{,}6$ f) $\frac{1}{3} + \frac{1}{18} = x + \frac{1}{9}$

g) $x - \left(\frac{1}{2} + 0{,}6\right) = \frac{1}{10}$ h) $\left(\frac{1}{2} - \frac{1}{2}\right) : 3 = x - 0{,}75$ i) $\frac{1}{4^2} + x = \left(\frac{1}{8} + 0{,}2\right)$

7 Berechne jeweils den Wert des Terms, gib die Art des Terms an und beschreibe ihn in Worten.

a) $\left(\frac{1}{7} + \frac{2}{3}\right) + \left(\frac{5}{7} + \frac{1}{3}\right)$ **b)** $(5^2 - 17) : (-2)$ **c)** $\left(0,\overline{3} + \frac{2}{3}\right) - \frac{1}{6}$

d) $\left(2{,}25 + \frac{1}{12}\right) \cdot \left(\frac{1}{8} - 0{,}125\right)$ **e)** $\left[81 : 9^2 + \frac{1}{10}\right] - 1{,}1$ **f)** $\left(\frac{1}{16} + \frac{3}{7}\right) + \left(1\frac{4}{7} + \frac{1}{8}\right)$

g) $(-14)^2 : 196 + 2\frac{1}{2}$ **h)** $\left(21{,}3 - \frac{1}{12}\right) + \left(2{,}07 + \frac{1}{12}\right)$

8 Übertrage die Figuren in dein Heft und ergänze sie dann dort.

a)

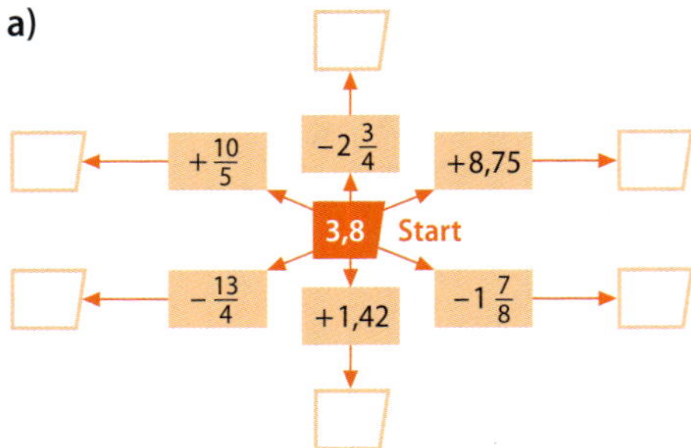

b)

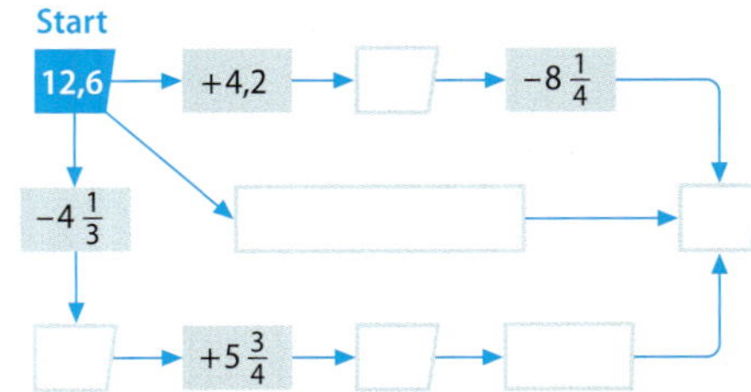

9 Übersetze den Text in eine Rechenaufgabe und löse sie dann.

a) Welche Zahl erhältst du, wenn du $3\frac{56}{100}$ zur Differenz der Zahlen $6\frac{7}{10}$ und $2\frac{3}{4}$ addierst?

b) Addierst du $\frac{3}{8}$ zur gesuchten Zahl, so erhältst du den Wert der Summe aus $\frac{7}{8}$ und $\frac{1}{6}$.

c) Wenn du von der gesuchten Zahl $\frac{1}{16}$ subtrahierst, erhältst du den Wert der Differenz von $1\frac{1}{8}$ und $\frac{2}{3}$.

d) Welche Zahl musst du von 2 subtrahieren, um den Wert der Summe aus $\frac{1}{4}$ und $1\frac{1}{5}$ zu erhalten?

10 Frau Wolf hat für die ganze Nachbarschaft eine große Ladung Brennholz bestellt. Von der Lieferung erhält Familie Stumpf 20 %, Familie Pozzi und Herr Burton jeweils $\frac{1}{12}$, Familie Huber $\frac{1}{3}$ und Familie Wolf selbst 25 %. Den Rest erhält Frau Roth.

a) Berechne, welcher Anteil an der Brennholzlieferung für Frau Roth ist.

b) Berechne, wie viel Holz das ist, wenn die Lieferung 20 Ster umfasst. 1 Ster ist ein Raummaß, das 1 m^3 Holz entspricht.

c) Gib Gründe an, warum es sinnvoll sein kann, das Brennholz für die Nachbarschaft in einer großen Menge zu bestellen.

11 Zum Abendessen hat Tamara 2 Bleche Pizza gebacken. Ihre Mutter isst etwa $\frac{3}{8}$ einer Pizza, ihr Vater $\frac{2}{3}$, ihre kleine Schwester nur $\frac{1}{6}$ und Tamara selbst ein Drittel einer Pizza. Berechne, ob ihr großer Bruder satt wird, wenn er mindestens eine halbe Pizza essen möchte.

12 Wähle jeweils eine grüne, eine blaue und eine gelbe Karte und verbinde die Zahlen durch Addition und/oder Subtraktion miteinander zu einem Term. Berechne den Wert des Terms.

$2\frac{1}{4} - 1{,}17 + \frac{3}{4} = 1{,}83$

$2\frac{1}{4}$ | 1,95 | $\frac{4}{5}$ | 1,17 | $\frac{3}{4}$ | 0,7

a) Stelle drei verschiedene Rechnungen wie im Beispiel auf.

b) Bestimme das kleinste (größte) mögliche Ergebnis.

c) Berechne, wie viele unterschiedliche Rechnungen du erzeugen kannst.

13 Der Deutsche Alpenverein hat eine Mitgliederbefragung dazu durchgeführt, welche Bergsportarten außer Wandern seine Mitglieder noch betreiben. Das Ergebnis dieser Befragung war, dass 30 % der Vereinsmitglieder Mountainbike fahren und die Hälfte Skisport betreibt; $\frac{1}{5}$ der Vereinsmitglieder haben beide Sportarten zum Hobby. Finde heraus, wie viel Prozent der Vereinsmitglieder keine dieser beiden Sportarten betreiben.

14 Sophie füllt eine Tasse randvoll mit schwarzem Tee. Sie trinkt die Tasse halb leer und füllt sie bis zum Rand mit Milch auf. Jetzt trinkt sie ein Viertel der Tasse und füllt sie wieder bis zum Rand mit Milch auf. Sie trinkt jetzt ein Sechstel der Tasse und füllt sie wieder bis zum Rand mit Milch auf. Schließlich trinkt sie die Tasse ganz aus. Finde heraus, ob Sophie dabei insgesamt mehr Tee oder mehr Milch oder von beidem gleich viel getrunken hat.

Eine Skizze kann dir helfen.

15 Ein Araber hatte in seinem Testament bestimmt, dass seine Kamele so unter seine drei Söhne verteilt werden sollen, dass der älteste die Hälfte, der mittlere ein Drittel und der jüngste ein Neuntel der 17 Kamele erhält. Als der Vater gestorben war, wussten sich die drei Brüder nicht zu helfen, da sie kein Kamel schlachten wollten, um vorschriftsmäßig zu teilen. Sie gingen deshalb zum Kadi. Der Kadi stellte sein eigenes Kamel zu den 17 Kamelen, gab dem Ältesten die Hälfte aller Tiere, dem Mittleren ein Drittel und dem Jüngsten ein Neuntel. Am Schluss blieb sein eigenes Kamel wieder übrig, und alle waren zufrieden. Was meinst du zu dieser Teilung?

Geschichte

Stammbrüche – rechnen wie die alten Ägypter

Die Ägypter benutzten Hieroglyphen als Zahlzeichen. Sie schrieben diese Zahlzeichen innerhalb einer Zahl nebeneinander von rechts nach links. Unter Brüchen verstanden die Ägypter fast immer Stammbrüche, z. B. $\frac{1}{3}$, $\frac{1}{4}$, $\frac{1}{100}$.

Ein Stammbruch wurde durch Überschreiben seines Nenners mit der Hieroglyphe  („Mund") gekennzeichnet.

 $= \frac{1}{3}$  $= \frac{1}{6}$ 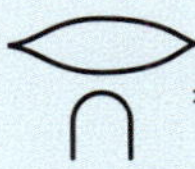 $= \frac{1}{10}$  $= \frac{1}{100}$

- Rechne nach, dass folgende Zerlegungen von Brüchen in Stammbrüche richtig sind:

  1 $\frac{2}{11} = \frac{1}{6} + \frac{1}{66}$ **2** $\frac{2}{13} = \frac{1}{7} + \frac{1}{91}$ **3** $\frac{13}{36} = \frac{1}{4} + \frac{1}{9}$ **4** $\frac{11}{54} = \frac{1}{6} + \frac{1}{27}$

- Schreibe die Brüche jeweils als Summe zweier verschiedener Stammbrüche.

  1 $\frac{2}{5}$ **2** $\frac{2}{9}$ **3** $\frac{2}{15}$ **4** $\frac{2}{25}$

Mit der Zerlegung eines Bruches in Stammbrüche lassen sich Teilungsaufgaben lösen.

Beispiel: Um 2 Brote in 7 gleiche Teile zu teilen, kann man jedes der Brote in 7 gleiche Teile teilen, jeder erhält $\frac{2}{7}$ eines Brotes. Man kann aber auch jedes Brot in vier gleiche Teile teilen und das Viertel dann in sieben gleiche Teile teilen. Dann erhält jeder ebenfalls $\frac{1}{4} + \frac{1}{28} = \frac{2}{7}$ eines Brotes.

- Es sollen 2 Brote in 3 gleiche Teile, 3 Brote in 7 gleiche Teile bzw. 5 Brote in 4 gleiche Teile geteilt werden. Stelle jeden der folgenden Brüche als Summe von verschiedenen Stammbrüchen dar und erkläre, wie du bei der Aufteilung der Brote vorgehen kannst.

  1 $\frac{2}{3}$ **2** $\frac{3}{7}$ **3** $\frac{5}{4}$

Tut-ench-Amun (14. Jhd. v. Chr.)

Entdecken

Von einem Quadrat mit der Seitenlänge 1 dm ist ein rechteckiges Teilstück dunkel gefärbt.

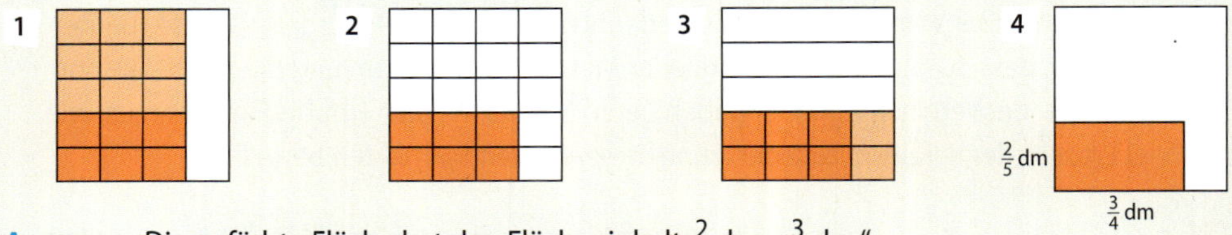

Anna: „Die gefärbte Fläche hat den Flächeninhalt $\frac{2}{5}$ dm · $\frac{3}{4}$ dm."
Gökhan: „Die gefärbte Fläche ist $\frac{2}{5}$ von $\frac{3}{4}$ dm² groß."

- Ordne die Aussagen der Kinder den Abbildungen zu und finde Beschreibungen für die übrigen Abbildungen.
- Überlege, wie du Annas Rechnung zu Ende bringen kannst.

Verstehen

Möchte man Anteile von Anteilen eines Ganzen berechnen, so muss man Bruchzahlen miteinander multiplizieren.

$\frac{\text{Zähler} \cdot \text{Zähler}}{\text{Nenner} \cdot \text{Nenner}}$

„$\frac{2}{3}$ von" bedeutet das „$\frac{2}{3}$-Fache" oder „$\frac{2}{3}$ · ".

Zwei Brüche werden miteinander **multipliziert,** indem man **Zähler mit Zähler** und **Nenner mit Nenner** multipliziert.

$\frac{2}{3} \cdot \frac{4}{5} = \frac{2 \cdot 4}{3 \cdot 5} = \frac{8}{15}$

$\frac{2}{3}$ von $\frac{4}{5}$ sind $\frac{8}{15}$ (vom Ganzen).

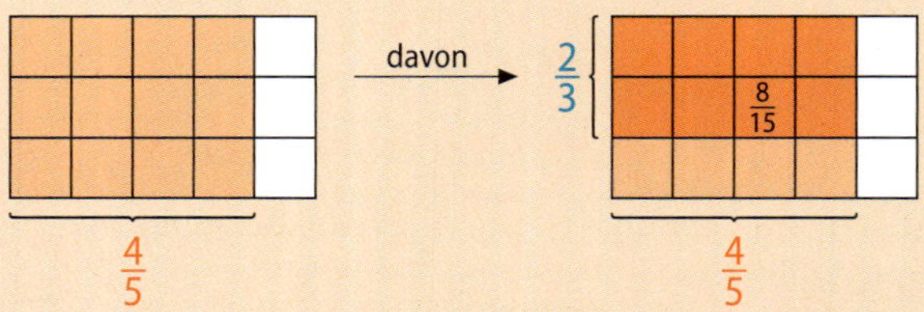

Rechengesetze für die Multiplikation:
Auch für die Multiplikation von Brüchen gelten das Kommutativ- und das Assoziativgesetz:

a · b = b · a (KG) **a · (b · c) = (a · b) · c** (AG)

Erklärvideo
Mediencode **61046-21**

Beispiele

I. Vom Sonntagskuchen ist noch ein Viertel übrig. Dieser Rest wird auf Dori, Elif und Inken aufgeteilt. Berechne, welchen Anteil am ganzen Kuchen jedes der drei Kinder erhält.

Lösung:

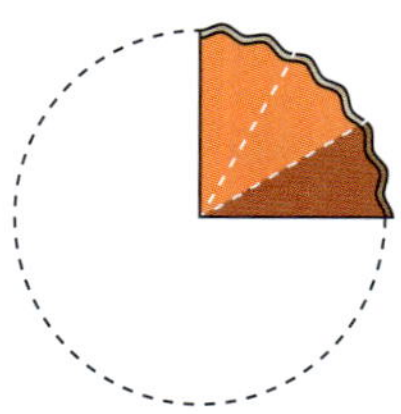

$\frac{1}{3}$ von $\frac{1}{4}$: $\frac{1}{3} \cdot \frac{1}{4} = \frac{1}{12}$

Jedes Kind erhält $\frac{1}{12}$ des Kuchens.

II. Berechne jeweils den Wert des Produkts.

a) $\frac{4}{7} \cdot \frac{1}{12}$ **b)** $2\frac{1}{3} \cdot \frac{4}{5}$ **c)** $1\frac{7}{13} \cdot 4\frac{1}{16}$ **d)** $\left(\frac{4}{5}\right)^3$

Lösung:

Kürze, sobald möglich.

a) $\frac{4}{7} \cdot \frac{1}{12} = \frac{4}{84} = \frac{1}{21}$ oder $\frac{\cancel{4}^{1}}{7} \cdot \frac{1}{\cancel{12}_{3}} = \frac{1}{21}$

b) $2\frac{1}{3} \cdot \frac{4}{5} = \frac{7}{3} \cdot \frac{4}{5} = \frac{28}{15} = 1\frac{13}{15}$

Gemischte Zahlen in unechte Brüche umwandeln.

c) $1\frac{7}{13} \cdot 4\frac{1}{16} = \frac{^{5}\cancel{20}}{\cancel{13}_{1}} \cdot \frac{^{5}\cancel{65}}{\cancel{16}_{4}} = \frac{25}{4} = 6\frac{1}{4}$

d) $\left(\frac{4}{5}\right)^3 = \frac{4}{5} \cdot \frac{4}{5} \cdot \frac{4}{5} = \frac{64}{125}$

- Begründe, ob für das Multiplizieren von Brüchen auch die Verwendung eines Hauptnenners günstig ist.
- „Der Wert des Produkts zweier Brüche ist stets größer als jeder der beiden Faktoren." Begründe oder widerlege die Behauptung.

Nachgefragt

Aufgaben

1 Veranschauliche die folgenden Terme mithilfe eines Rechtecks.

a) $\frac{3}{4} \cdot \frac{1}{2}$ b) $\frac{3}{5} \cdot \frac{5}{12}$ c) $\frac{2}{3} \cdot \frac{3}{4}$ d) $\frac{2}{5} \cdot \frac{2}{3}$

2 Schreibe zu jeder Abbildung eine passende Rechnung.

a)
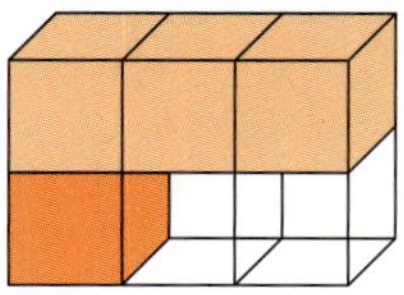

b)
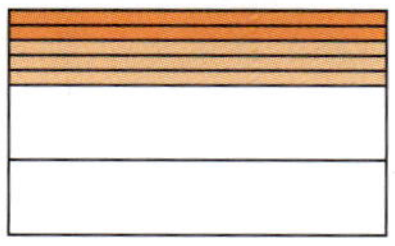

c)
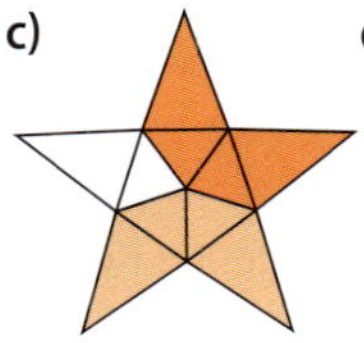

d)

Beispiel zu 2:

$\frac{1}{2}$ von $\frac{2}{3}$, d. h. $\frac{1}{2} \cdot \frac{2}{3} = \frac{1}{3}$.

3 Saskia und Ozan berechnen einen Produktwert auf zwei verschiedene Arten:

Saskia: $3 \cdot \frac{2}{7} = \frac{3}{1} \cdot \frac{2}{7} = \frac{3 \cdot 2}{1 \cdot 7} = \frac{6}{7}$ Ozan: $3 \cdot \frac{2}{7} = \frac{2}{7} + \frac{2}{7} + \frac{2}{7} = \frac{2+2+2}{7} = \frac{3 \cdot 2}{7} = \frac{6}{7}$

a) Vergleiche das Vorgehen der beiden miteinander und gib eine Regel an, wie man natürliche Zahlen mit Brüchen multipliziert.

b) Timo sagt: „Wenn die Zahlen günstig sind, rechne ich noch schneller:
$6 \cdot \frac{2}{3} = (6 : 3) \cdot 2 = 2 \cdot 2 = 4$." Begründe Timos Rechenweg.

c) Berechne jeweils den Termwert möglichst günstig.

1	2	3	4
$15 \cdot \frac{2}{5}$	$13 \cdot (-2)$	$8 \cdot \frac{3}{16}$	$2 + \frac{4}{7}$
$6 \cdot \frac{7}{18}$	$\frac{5}{8} \cdot 3$	$35 \cdot \frac{2}{7}$	$18 : (-9)$
$13 \cdot \frac{12}{13}$	$(-12)^2$	$\frac{7}{32} \cdot 24$	$36 \cdot \frac{15}{9}$

4 Veranschauliche die Anteile mithilfe eines Rechtecks und berechne den Anteil am ganzen Rechteck.

1 $\frac{2}{3}$ von $\frac{3}{5}$ und $\frac{3}{5}$ von $\frac{2}{3}$ **2** $\frac{3}{4}$ von $\frac{5}{7}$ und $\frac{3}{4}$ von $\frac{5}{7}$

Begründe das Kommutativgesetz für die Multiplikation von Brüchen.

5 Berechne jeweils die Termwerte (möglichst oft im Kopf).

a)	b)	c)	d)	e)
$\frac{1}{2} \cdot \frac{1}{3}$	$\left(\frac{1}{2}\right)^2$	$3 \cdot \frac{5}{7}$	$\frac{2}{91} \cdot \frac{13}{16}$	$1\frac{25}{144} \cdot 2\frac{10}{13}$
$\frac{2}{5} \cdot \frac{1}{9}$	$2 - \frac{1}{2}$	$2 \cdot \frac{3}{8}$	$140 : (-7)$	$2\frac{1}{7} \cdot 9\frac{1}{3}$
$\frac{9}{10} + \frac{1}{5}$	$\frac{2}{3} \cdot \frac{3}{7}$	$\left(\frac{2}{3}\right)^4$	$\frac{3}{8} \cdot 24$	$\frac{17}{48} \cdot 64$

Lösungen zu 5 a) und b):
$1\frac{1}{2}$; $\frac{2}{45}$; $\frac{1}{4}$; $\frac{2}{7}$; $1\frac{1}{10}$; $\frac{1}{6}$

6 Berechne jeweils den Produktwert und formuliere eine zum Ansatz passende Aufgabe.

a) $\frac{1}{3} \cdot \frac{3}{4}$ h b) $\frac{25}{100} \cdot 56$ € c) $\frac{2}{5} \cdot 4\frac{1}{2}$ km d) $\frac{1}{4} \cdot \frac{2}{3}$ ha

e) $\frac{3}{4} \cdot 1\frac{1}{2}$ ℓ f) $\frac{2}{3} \cdot 7\frac{1}{2}$ kg g) $\frac{4}{5} \cdot 15\frac{1}{3}$ m^2 h) $\frac{2}{7} \cdot \frac{14}{20}$ dm

7 Übertrage jeweils die Angabe in dein Heft und ersetze dann dort den Platzhalter $\square$ durch eine natürliche Zahl, sodass eine wahre Aussage entsteht.

a) $\frac{1}{4} \cdot \frac{5}{\square} = \frac{5}{28}$ **b)** $\frac{6}{7} \cdot \frac{\square}{12} = \frac{1}{2}$ **c)** $\frac{5}{\square} \cdot 3\frac{3}{5} = \frac{1}{5}$

d) $\frac{1}{3} \cdot \left(\frac{\square}{2}\right)^2 = \frac{1}{12}$ **e)** $\frac{1}{8} \cdot \frac{\square}{5} = \frac{1}{10}$ **f)** $\frac{8}{11} \cdot \frac{\square}{3} = 5\frac{1}{3}$

8 Ein indischer Chai-Tee besteht aus schwarzem Tee, verschiedenen Gewürzen und Milch. Eine Teekanne fasst $\frac{3}{4}$ ℓ. Rechne die Angaben des Rezepts für diese Menge um.

> **Chai-Tee** (Angaben für 1 Liter)
>
> $1\frac{1}{3}$ EL schwarzer Tee, $1\frac{1}{2}$ TL Kardamom, 1 EL Fenchelsamen, 8 getrocknete Nelken
>
> Tee und Gewürze in ein Gefäß geben und mit 0,4 ℓ kochendem Wasser übergießen. 5 Minuten ziehen lassen. Abschließend mit warmer Milch auffüllen.

9 **a)** Begründe, dass folgende Rechnungen richtig sind.

1 $\frac{4}{5} \cdot \frac{3}{8} = \frac{\cancel{4}^{1} \cdot 3}{5 \cdot \cancel{8}_{2}} = \frac{1 \cdot 3}{5 \cdot 2} = \frac{3}{10}$ **2** $\frac{27}{40} \cdot \frac{16}{21} = \frac{^{9}\cancel{27} \cdot \cancel{16}^{5}}{_{5}\cancel{40} \cdot \cancel{21}_{7}} = \frac{9 \cdot 2}{5 \cdot 7} = \frac{18}{35}$

Kürze, sobald möglich.

b) Berechne die Termwerte jeweils möglichst geschickt (kürze frühzeitig!).

1 $\frac{7}{10} \cdot \frac{5}{8} \cdot \frac{4}{7}$ **2** $\frac{2}{3} \cdot \frac{4}{15} \cdot \frac{5}{6}$ **3** $5\frac{1}{2} \cdot 7\frac{3}{4} \cdot 16$ **4** $\frac{13}{50} \cdot \frac{5}{14} \cdot \frac{21}{52}$

5 $1\frac{21}{64} \cdot 1\frac{3}{17} \cdot \frac{2}{25}$ **6** $\frac{9}{22} \cdot \frac{5}{6} \cdot \frac{4}{15}$ **7** $\left(\frac{2}{3}\right)^3 \cdot \frac{9}{20} \cdot 7\frac{1}{2}$ **8** $2\frac{5}{8} \cdot \frac{8}{15} \cdot 3\frac{1}{6}$

10 Berechne die Termwerte. Die zu den richtigen Ergebnissen gehörenden Buchstaben ergeben den Namen eines bedeutenden Mathematikers.

$12 \cdot 1\frac{1}{3}$		$\frac{1}{3} - 0,\overline{3}$		$\frac{1}{2}$ von $\frac{1}{4}$ kg		$\frac{1}{10} \cdot 2$ ha		$\frac{70}{28} \cdot \frac{24}{45}$		$\frac{1}{3}$ von $\frac{1}{2}$ h	
16	4	0	0,3	0,25 kg	125 g	20 a	0,2 ha	$1,\overline{3}$	$\frac{3}{28}$	12 min	10 min
L	G	B	N	U	I	E	A	I	S	S	Z

11 **a)** Die Arbeitszeit eines Bäckers beträgt $6\frac{2}{3}$ h pro Tag. Berechne, wie lange der Bäcker an sechs Arbeitstagen pro Woche arbeitet.

b) Die Schüler der Klasse 6b haben 28 Unterrichtsstunden pro Woche, von denen jede eine Dreiviertelstunde dauert. Wie viele volle Stunden sind das?

12 Hier stimmt doch etwas nicht! Finde jeweils den Fehler und korrigiere ihn.

a) $\frac{3}{5} \cdot \frac{1}{2} = \frac{6}{10} \cdot \frac{5}{10} = \frac{6 \cdot 5}{10} = \frac{30}{10} = 3$

b) $\frac{20}{3} + \frac{5}{6} = \frac{3+5}{20+6} = \frac{8}{26} = \frac{4}{13}$

c) $\frac{\cancel{18}^{1}}{_{4}\cancel{20}} + \frac{\cancel{5}^{1}}{\cancel{6}_{3}} = \frac{1}{4} + \frac{1}{2} = \frac{3}{4}$

d) $3\frac{1}{5} \cdot 2\frac{1}{3} = 3 \cdot 2 \cdot \frac{1}{5} \cdot \frac{1}{3} = 6\frac{1}{15}$

13 Ein Würfel hat eine Kantenlänge von $\frac{7}{8}$ m.

a) Gib einen Überschlag für den Oberflächeninhalt des Würfels an und berechne ihn dann.

b) Untersuche, wie sich der Oberflächeninhalt des Würfels verändert, wenn die Kantenlänge verdoppelt (geviertelt) wird.

14 a) Schreibe jedes der drei Produkte $2 \cdot 2 \cdot 2$, $\frac{1}{2} \cdot \frac{1}{2} \cdot \frac{1}{2} \cdot \frac{1}{2}$ und $\frac{3}{4} \cdot \frac{3}{4}$ als Potenz und berechne dann den Potenzwert.

b) Berechne den Wert jedes der vier Terme $\left(\frac{2}{3}\right)^3$, $\frac{2^3}{3^3}$, $\frac{2^3}{3}$ und $\frac{2}{3^3}$ und ordne dann diese Terme der Größe nach.

c) Finde heraus, welche der folgenden fünf Terme einen kleineren Wert als 1 haben, und gib jeweils an, wie viel auf 1 fehlt.

1 $\left(\frac{9}{10}\right)^3$ **2** $\frac{187}{10} : 11$ **3** $\frac{44}{5} : 4$ **4** $2^5 : (-4)$ **5** $\frac{3}{8} + \left(\frac{1}{2}\right)^2$

15 Ermittle jeweils mit möglichst wenig Rechenaufwand den Termwert.

a) $\left(1 - \frac{1}{2}\right) \cdot \left(1 - \frac{1}{3}\right)$

b) $\left(1 - \frac{1}{2}\right) \cdot \left(1 - \frac{1}{3}\right) \cdot \left(1 - \frac{1}{4}\right)$

c) $\left(1 - \frac{1}{2}\right) \cdot \left(1 - \frac{1}{3}\right) \cdot \left(1 - \frac{1}{4}\right) \cdot \left(1 - \frac{1}{5}\right)$

d) $\left(1 - \frac{1}{2}\right) \cdot \left(1 - \frac{1}{3}\right) \cdot \left(1 - \frac{1}{4}\right) \cdot \left(1 - \frac{1}{5}\right) \cdot \ldots \cdot \left(1 - \frac{1}{10}\right)$

e) $\left(1 - \frac{1}{2}\right) \cdot \left(1 - \frac{1}{3}\right) \cdot \left(1 - \frac{1}{4}\right) \cdot \left(1 - \frac{1}{5}\right) \cdot \ldots \cdot \left(1 - \frac{1}{2000}\right)$

16 In der Klasse 6b sind 24 Kinder, davon sind $\frac{2}{3}$ Mädchen. $\frac{3}{8}$ der Jungen kommen mit dem Fahrrad zur Schule. Berechne, wie viele Jungen aus der 6b nicht mit dem Fahrrad zur Schule kommen.

Hier kann dir eine Skizze helfen.

17 Übertrage jeweils die Angabe in dein Heft und ersetze dann dort den Platzhalter $\square$ auf mindestens drei verschiedene Arten durch eine Bruchzahl, sodass eine wahre Aussage entsteht.

a) $\frac{3}{4} \cdot \square > 2$ b) $\frac{5}{9} \cdot \square < 1\frac{1}{3}$ c) $\square \cdot \frac{8}{5} > 2\frac{1}{2}$ d) $4 > \square \cdot 2 > 2\frac{1}{2}$

18 Berechne zunächst den Wert des Produkts $\frac{6}{7} \cdot \frac{2}{5}$. Finde dann heraus, wie sich der Produktwert ändert, wenn du (ohne weitere Änderungen) …

a) den Zähler des ersten Faktors verdoppelst.
b) den Zähler des zweiten Faktors halbierst.
c) den Nenner des zweiten Faktors verdoppelst.
d) den Zähler und den Nenner des ersten Faktors verdreifachst.
e) die Zähler der beiden Faktoren vertauschst.
f) die Nenner der beiden Faktoren verdoppelst.
g) die Zähler der beiden Faktoren halbierst.
h) einen der beiden Zähler durch null ersetzt.

19 Ein DIN-A0-Blatt hat einen Flächeninhalt von 1 m^2. Die kleineren Formate erhält man durch fortgesetzte Halbierung entlang der jeweils längeren Seite.

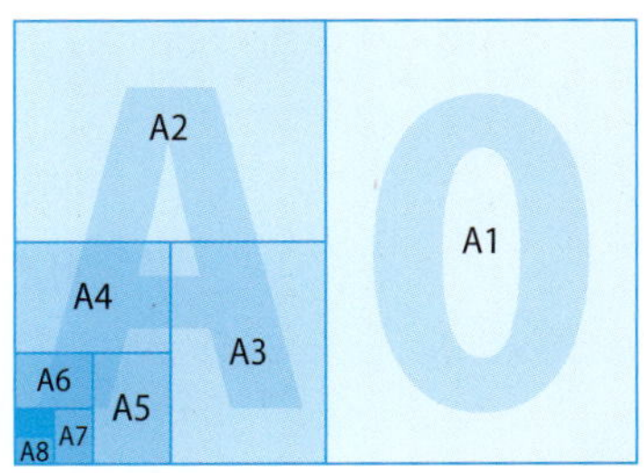

a) Finde heraus, wie viele DIN-A2- (DIN-A3-, DIN-A4-) Blätter jeweils auf ein DIN-A0-Blatt passen.

b) Max stellt fest: „Ein DIN-A4-Blatt hat einen Flächeninhalt von genau $\frac{1}{2^4}$ m^2, ein DIN-A5-Blatt ist $\frac{1}{2^5}$ m^2 groß usw." Stimmt das? Begründe.

c) Berechne den Flächeninhalt eines DIN-A2-Blattes und eines DIN-A3-Blattes zusammen.

d) Ermittle den Anteil eines DIN-A10-Blattes an einem DIN-A4-Blatt.

Entdecken

Svenja und Hanna wollen $4\frac{1}{2}$ ℓ Himbeersirup in $\frac{1}{4}$-ℓ-Flaschen und $4\frac{1}{2}$ ℓ Johannisbeersaft in $\frac{3}{4}$-ℓ-Flaschen abfüllen.

Hanna: „Für $4\frac{1}{2}$ ℓ Sirup brauchen wir $4\frac{1}{2} \cdot 4 = \frac{9}{2} \cdot 4 = 18$ Viertelliter-Flaschen."

Svenja: „Für $4\frac{1}{2}$ ℓ Saft brauchen wir nur den dritten Teil von 18, nämlich $\left(4\frac{1}{2} \cdot 4\right) : 3 = 6$, also sechs $\frac{3}{4}$-Liter-Flaschen."

- Finde heraus, wie man die Division durch $\frac{1}{4}$ $\left(\frac{1}{3}; \frac{1}{5}\right)$ auf eine Multiplikation zurückführen kann.
- Finde heraus, wie man die Division durch $\frac{3}{4}$ $\left(\frac{2}{3}; \frac{4}{5}\right)$ auf eine Multiplikation zurückführen kann.

Verstehen

$\frac{2}{3} \xrightarrow{:\frac{5}{4}} \frac{8}{15}$; $\frac{2}{3} \xrightarrow{\cdot\frac{4}{5}} \frac{8}{15}$

Jede Division durch einen Bruch lässt sich auf eine Multiplikation zurückführen.

> Vertauscht man in einem positiven Bruch Zähler und Nenner, so erhält man den **Kehrbruch** des Bruches.
>
> $\frac{5}{2}$ ist der Kehrbruch von $\frac{2}{5}$; $\frac{3}{1} = 3$ ist der Kehrbruch von $\frac{1}{3}$.
>
> Statt durch einen Bruch zu dividieren, **multipliziert** man mit dem **Kehrbruch**:
>
> $$\frac{a}{b} : \frac{c}{d} = \frac{a}{b} \cdot \frac{d}{c}$$
>
> Dies gilt für alle nichtnegativen Zahlen a, b, c und d mit b, c, d $\neq 0$.

Erklärvideo
Mediencode
61046-22

Beispiele

I. Bestimme jeweils den Wert des Quotienten.

a) $\frac{5}{12} : \frac{1}{3}$ b) $\frac{3}{4} : \frac{2}{3}$ c) $1\frac{4}{5} : 1\frac{2}{3}$ d) $4 : \frac{1}{10}$

Lösung:

a) $\frac{5}{12} : \frac{1}{3} = \frac{5}{12} \cdot \frac{3}{1} = \frac{5 \cdot 1}{4 \cdot 1} = \frac{5}{4} = 1\frac{1}{4}$

b) $\frac{3}{4} : \frac{2}{3} = \frac{3}{4} \cdot \frac{3}{2} = \frac{9}{8} = 1\frac{1}{8}$

c) $1\frac{4}{5} : 1\frac{2}{3} = \frac{9}{5} : \frac{5}{3} = \frac{9}{5} \cdot \frac{3}{5} = \frac{27}{25} = 1\frac{2}{25}$

d) $4 : \frac{1}{10} = 4 \cdot \frac{10}{1} = 40$

II. Ergänze jeweils die fehlenden Angaben, so dass die Operationen richtig dargestellt werden.

a) $\frac{7}{10} \xrightarrow{:\frac{7}{3}} \square$; $\frac{7}{10} \xrightarrow{\cdot\,\square} \square$

b) $\frac{2}{5} \xrightarrow{:\,\square} \frac{1}{2}$; $\frac{2}{5} \xrightarrow{\cdot\,\square} \frac{1}{2}$

c) $\square \xrightarrow{:4} \frac{3}{8}$; $\square \xrightarrow{\cdot\,\square} \frac{3}{8}$

Lösung:

a) $\frac{7}{10} \xrightarrow{:\frac{7}{3}} \frac{3}{10}$; $\frac{7}{10} \xrightarrow{\cdot\frac{3}{7}} \frac{3}{10}$

b) $\frac{2}{5} \xrightarrow{:\frac{4}{5}} \frac{1}{2}$; $\frac{2}{5} \xrightarrow{\cdot\frac{5}{4}} \frac{1}{2}$

c) $\frac{3}{2} \xrightarrow{:4} \frac{3}{8}$; $\frac{3}{2} \xrightarrow{\cdot\frac{1}{4}} \frac{3}{8}$

Nachgefragt

- Kann man durch jeden Bruch dividieren? Begründe deine Antwort.
- Aaron behauptet: „Wenn das Dividieren von Brüchen immer auf eine Multiplikation von Brüchen zurückzuführen ist, dann muss das Kommutativgesetz auch beim Dividieren gelten." Widerlege Aarons Aussage.

Aufgaben

1 Gib die Kehrbrüche der Bruchzahlen an.

a) $\frac{2}{11}$; $\frac{5}{9}$; $\frac{4}{11}$; $\frac{13}{8}$; $\frac{7}{13}$; $\frac{8}{9}$; $\frac{2}{5}$; $\frac{15}{2}$; $\frac{30}{6}$; $\frac{1}{5}$; $\frac{5}{2}$; 1; $7\frac{7}{9}$; $\frac{22}{3}$; 2

b) $5\frac{1}{5}$; 5; $\frac{1}{9}$; $\frac{77}{77}$; $\frac{2}{3}$; $\frac{12}{6}$; 7; $8\frac{1}{8}$; 105; $1\frac{1}{6}$; $\frac{1}{8}$; 8; $\frac{7}{9}$; $\frac{6}{5}$; $\frac{2}{23}$

2 Berechne die Termwerte möglichst im Kopf.

Lösungen zu 2 a) und b): 3; 4; 2; −2; 6

a)	b)	c)	d)	e)
$2 : \frac{1}{2}$	$\frac{3}{7} : \frac{3}{14}$	$\frac{1}{3} : \frac{1}{3}$	$2\frac{1}{7} - (-1)$	$\frac{4}{7} : 2$
$\frac{3}{5} : \frac{1}{5}$	$\frac{9}{2} : \frac{3}{4}$	$5\frac{3}{5} : \frac{1}{4}$	$3\frac{1}{2} : 7$	$\frac{1}{81} : \frac{1}{27}$
$160 : (-80)$	$\frac{1}{9} : \frac{1}{18}$	$\frac{1}{5} \cdot \frac{5}{17}$	$1\frac{5}{16} - 1\frac{1}{8}$	$\frac{9}{14} : \frac{1}{6}$

3 Berechne jeweils den Wert des Quotienten. Denke ans Kürzen.

a)	b)	c)	d)	e)
$\frac{2}{5} : \frac{4}{5}$	$\frac{17}{6} : \frac{17}{30}$	$1\frac{1}{8} : \frac{3}{4}$	$2\frac{1}{4} : 13\frac{1}{2}$	$\frac{64}{81} : \frac{25}{27}$
$\frac{4}{3} : \frac{2}{3}$	$\frac{8}{9} : \frac{2}{27}$	$2\frac{1}{3} : \frac{5}{6}$	$2\frac{1}{6} : 5\frac{5}{9}$	$7\frac{4}{5} : 1\frac{2}{13}$
$\frac{7}{9} : \frac{7}{27}$	$\frac{24}{25} : \frac{8}{15}$	$1\frac{3}{7} : \frac{5}{21}$	$11\frac{2}{3} : 1\frac{8}{27}$	$5\frac{5}{26} : 3\frac{9}{52}$

4 Im Haus von Familie Jordan soll eine neue Treppe zum Dachboden gebaut werden. Herr Jordan misst nach: Der Höhenunterschied zum Dachboden beträgt $3\frac{1}{2}$ m. Leider steht nur wenig Platz zur Verfügung. Deshalb muss jede Stufe $\frac{7}{20}$ m hoch sein. Berechne, wie viele Stufen Herr Jordan plant.

5 Tim behauptet: „Der Kehrbruch eines Bruchs hat immer einen größeren Wert als der Bruch selbst." Widerlege Tims Aussage und verallgemeinere deine Überlegungen.

6 Löse die Gleichung jeweils mithilfe der Umkehraufgabe.

a) $\frac{3}{4} : x = \frac{3}{8}$ **b)** $\frac{3}{4} : x = 1$ **c)** $\frac{3}{4} : x = \frac{3}{2}$ **d)** $\frac{3}{4} \cdot x = 0$ **e)** $\frac{3}{4} - x = \frac{3}{8}$

f) $14 : x = \frac{1}{14}$ **g)** $14 : x = 42$ **h)** $14 : x = -1$ **i)** $14 \cdot x = 1$ **j)** $0 : 14 = x$

7 Für Levis' Geburtstag wird eine $1\frac{1}{2}$-ℓ-Kanne mit heißem Kakao gefüllt.

a) Berechne, wie viele Tassen zu je $\frac{1}{6}$ ℓ sich damit füllen lassen.

b) Es wird so viel getrunken, dass die Kanne noch einmal zur Hälfte (zu drei Vierteln) gefüllt wird. Berechne, wie viele Tassen insgesamt getrunken wurden, wenn die Kanne am Ende der Feier wieder leer ist.

8 Stelle zunächst eine Gleichung auf und bestimme dann die gesuchte Zahl.

a) Durch welche Zahl muss man 5 dividieren, um 4^2 zu erhalten?

b) Multipliziert man die gesuchte Zahl mit 0,56, so erhält man die Summe aus $\frac{1}{2}$ und $\frac{1}{3}$.

c) Dividiert man die gesuchte Zahl durch $\frac{3}{4}$, so erhält man die dritte Potenz von 3.

9 Übertrage die Zahlenmauern in dein Heft und fülle sie so aus, dass auf jedem Stein der Produktwert der Zahlen auf den beiden Steinen direkt darunter steht.

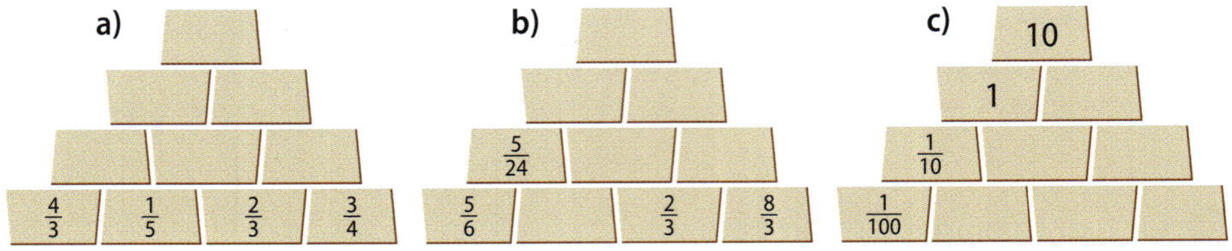

10 Übertrage jeweils die Angabe in dein Heft und ersetze dann dort ▢ durch eines der Rechenzeichen +, –, · bzw. :, sodass eine wahre Aussage entsteht.

a) $\frac{1}{2}$ ▢ $\frac{1}{2} = 1$ **b)** $\frac{15}{27}$ ▢ $\frac{4}{9} = \frac{1}{9}$ **c)** $\frac{17}{4}$ ▢ $3 = 12\frac{3}{4}$ **d)** $3\frac{1}{5}$ ▢ $8 = \frac{2}{5}$

e) $\frac{1}{2}$ ▢ $\frac{1}{2} = 0$ **f)** 15 ▢ $\frac{4}{15} = 14\frac{11}{15}$ **g)** $\frac{15}{6}$ ▢ $2 = 1\frac{1}{4}$ **h)** (-23) ▢ $23 = 1 - 2$

11 Hier stimmt doch etwas nicht. Finde jeweils den Fehler und korrigiere ihn.

a) $\frac{8}{9} : \frac{4}{9} = \frac{8:4}{9} = \frac{2}{9}$

b) $\frac{7}{13} : \frac{15}{26} = \frac{\cancel{13}^{1}}{7} : \frac{15}{\cancel{26}_{2}} = \frac{15}{14} = 1\frac{1}{14}$

c) $\frac{14}{81} : \frac{7}{9} = \frac{14:7}{81:9} = \frac{2}{9}$

d) $6\frac{8}{35} : 2\frac{2}{5} = 3\frac{4}{7}$

e) $\frac{5}{6} : \frac{3}{7} = \frac{5}{\cancel{6}_{2}} : \frac{\cancel{3}^{1}}{7} = \frac{5}{2} : \frac{1}{7} = \frac{5}{2} \cdot \frac{7}{1} = \frac{35}{2} = 17\frac{1}{2}$

12 Im Ristorante „Dalla Nonna" stehen Spaghetti als Hauptgericht (1 Portion), Kinderteller $\left(\frac{2}{3}\text{ Portionen}\right)$ und Vorspeise $\left(\frac{1}{2}\text{ Portion}\right)$ auf der Karte. In der Küche sind noch Spaghetti für 46 ganze Portionen vorhanden.

a) Berechne, wie vielen Kindertellern bzw. wie vielen Vorspeisenportionen diese 46 Portionen entsprechen.

b) Für eine große Familienfeier, bei der Spaghetti doppelt so oft als Kinderteller und dreimal so oft als Vorspeise wie als Hauptgericht gewählt wurden, reichen die vorhandenen Spaghetti gerade aus. Finde heraus, wie oft bei dieser Familienfeier Spaghetti als Kinderteller, als Vorspeise bzw. als Hauptgericht gewählt wurden.

13 Ordne die Karten mit demselben Ergebnis einander zu.

Wie lautet das Lösungswort?

5	$1\frac{1}{3} + 1\frac{5}{12}$
A	$1 : \frac{7}{10}$
3	$2\frac{3}{7} - 1$
S	$2\frac{3}{4} : \frac{2}{5}$
4	$\frac{7}{6} \cdot \frac{2}{3}$
T	$1\frac{1}{10} : \frac{3}{11}$
2	$3\frac{1}{5} + \frac{5}{6}$
1	$5\frac{1}{2} \cdot 1\frac{1}{4}$
R	$2\frac{1}{3} : 3$
K	$3\frac{2}{3} : 1\frac{1}{3}$

14 1000 Liter Orangensaft werden in $\frac{7}{10}$-ℓ-Flaschen, in $\frac{1}{2}$-ℓ-Flaschen und in $\frac{1}{3}$-ℓ-Päckchen abgefüllt.

a) Berechne, wie viele Flaschen (Päckchen) jeweils gefüllt werden, wenn der gesamte Saft in eine Flaschensorte abgefüllt wird.

b) Von jeder Flaschensorte sollen gleich viele Flaschen abgefüllt werden. Berechne, wie viele Flaschen nun insgesamt abgefüllt werden.

15 **a)** Finde mindestens fünf Paare von Stammbrüchen, bei deren Division sich wieder ein Stammbruch ergibt.

b) Finde mindestens fünf Paare von Stammbrüchen, bei denen der Produktwert mit dem Differenzwert übereinstimmt.

c) Formuliere zu den Teilaufgaben a) und b) jeweils eine allgemeine Regel.

16 Doppelbrüche sind Brüche, deren Zähler und Nenner selbst wieder Brüche sind.

a) Erkläre folgende Rechnung: $\frac{\frac{2}{3}}{\frac{5}{6}} = \frac{2}{3} : \frac{5}{6} = \frac{2}{3} \cdot \frac{6}{5} = \frac{2 \cdot 2}{1 \cdot 5} = \frac{4}{5}$.

b) Berechne jeweils den Wert des Doppelbruchs auf dieselbe Weise.

1 $\frac{\frac{1}{2}}{\frac{1}{4}}$ **2** $\frac{\frac{2}{5}}{\frac{3}{10}}$ **3** $\frac{\frac{5 \cdot 15}{2 \cdot 4}}{\frac{25}{16}}$ **4** $\frac{\frac{4}{5} \cdot \frac{34}{7}}{\frac{51}{2} \cdot \frac{8}{21}}$

17 Untersuche jeweils die Behauptungen mithilfe von Beispielen auf ihre Richtigkeit. Begründe oder widerlege die Behauptungen.
Kim behauptet: „Das Produkt aus einem Bruch und seinem Kehrbruch ist immer 1."
Sina meint: „Der Quotient aus einem Bruch und seinem Kehrbruch ist immer kleiner als der Bruch selbst."

18 Übertrage die Zeichnung in dein Heft und gib bei jeder der folgenden Aussagen an, ob sie wahr oder falsch ist. Korrigiere sie gegebenenfalls. 1 Kästchen ≙ 0,5 cm
Hinweis: A_{BCDE} bezeichnet den Flächeninhalt der Figur BCDE.

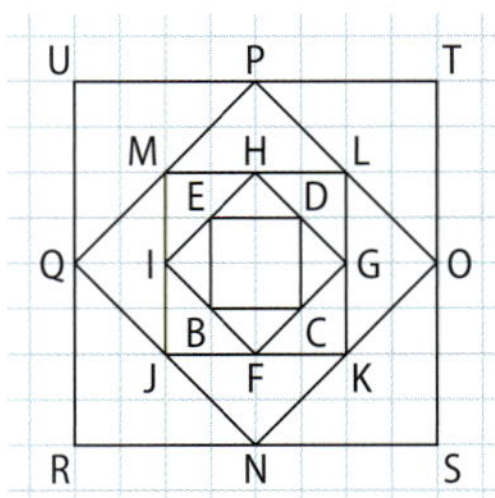

a) $A_{BCDE} = 4\,cm^2$ **b)** $A_{BFC} = 2\,cm^2$ **c)** $A_{FGHI} = 8\,cm^2$

d) $A_{FGHI} = 4\,cm^2 : \frac{1}{2}$ **e)** $A_{RSTU} = 4 \cdot A_{FGHI}$ **f)** $A_{FGHI} = \frac{1}{16} \cdot A_{RSTU}$

g) $A_{PUQ} = 8 \cdot A_{RSTU}$ **h)** $A_{RNQ} = A_{FGHI}$ **i)** $A_{MIH} = \frac{1}{2} \cdot A_{PUQ}$

19 Die abgebildete Aufgabe stammt aus einem japanischen Mathematikbuch für die 6. Jahrgangsstufe. Betrachte die beiden Abbildungen und überlege dir, was die Rechenzeichen × und ÷ bedeuten.
Finde die Aufgabenstellung, die Lösung und die Art ihrer Veranschaulichung heraus.

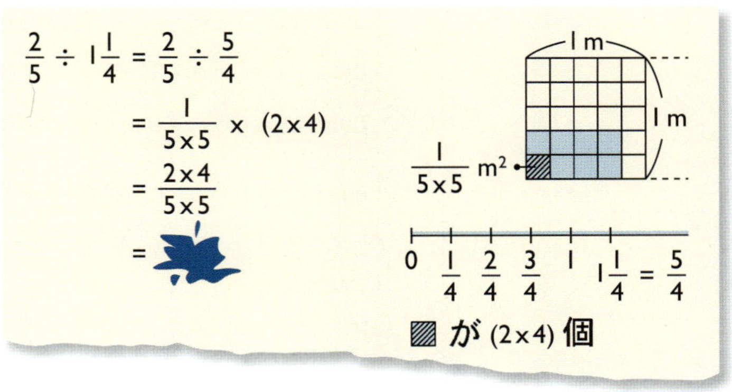

Entdecken

Tanja hat ein quadratisches Blatt Papier, das sie durch einen Schnitt entlang der roten Linie halbiert. Dies wiederholt sie, solange es möglich ist.

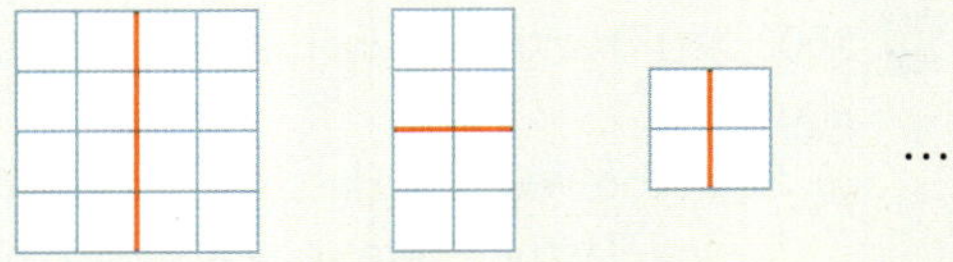

- Mache es wie Tanja: Zeichne ein Quadrat mit 2 cm Seitenlänge und schneide es aus. Halbiere das Blatt, so oft du kannst. Gib an, wie viele Halbierungen möglich sind.
- Schreibe auf, wie viele Kästchen das Papier nach jeder Halbierung enthält.
- Schreibe die Maßzahlen der Blattgröße auch als Zweierpotenzen, soweit du sie kennst. Beschreibe, was dir auffällt.

Verstehen

Lisa: „Eine Potenz mit negativem Exponenten schreibe ich als Bruch mit Zähler 1."

Max: „… und eine Potenz mit dem Exponenten –1 bedeutet: Bilde den Kehrbruch der Basis."

Dividiert man Potenzen fortlaufend durch die Basis, so vermindert sich der Exponent stets um 1.

Für **Potenzen** von positiven Zahlen a **mit ganzzahligen Exponenten** wird festgelegt:

$$\mathbf{a^0 = 1 \text{ und } a^{-n} = \frac{1}{a^n}} \ (n \in \mathbb{N})$$

Beispiel: $2^3 = 8$ | $2^2 = 4$ | $2^1 = 2$ | $2^0 = 1$ | $2^{-1} = \frac{1}{2}$ | $2^{-2} = \frac{1}{4}$ | $2^{-3} = \frac{1}{8}$

(jeweils $:2$)

Zehnerpotenzen mit negativen Exponenten werden verwendet, wenn sehr kleine Größenordnungen dargestellt werden sollen.

Beispiele

I. Ordne die Längenangaben den richtigen Objekten zu. Stelle dann die Zahlen sowohl als Zehnerpotenz als auch als Bruch und als Dezimalbruch dar.

Durchmesser eines Zellkerns | Dicke eines Papiers | 0,000006 m | $\frac{1}{10}$ mm

Durchmesser eines Atoms | $5 \cdot 10^{-5}$ m | Dicke eines Haares | 10^{-10} m

Lösung:

Dicke eines Papiers	$\frac{1}{10}$ mm = 0,1 mm = 0,0001 m = $\frac{1}{10\,000}$ m = 10^{-4} m
Dicke eines Haares	$5 \cdot 10^{-5}$ m = $5 \cdot \frac{1}{10^5}$ m = $\frac{5}{100\,000}$ m = 0,00005 m
Durchmesser eines Zellkerns	0,000006 m = $\frac{6}{1\,000\,000}$ m = $6 \cdot \frac{1}{1\,000\,000}$ m = $6 \cdot 10^{-6}$ m
Durchmesser eines Atoms	10^{-10} m = $\frac{1}{10^{10}}$ m = $\frac{1}{10\,000\,000\,000}$ m = 0,0000000001 m

II. Berechne den Wert der folgenden Terme.

a) $\frac{1}{4} + 2^{-1}$ **b)** $2^{-3} : 3^{-2}$ **c)** $2 \cdot 3^{-2} + \frac{7}{9}$

Lösung:

a) $\frac{1}{4} + 2^{-1} = \frac{1}{4} + \frac{1}{2} = \frac{1}{4} + \frac{2}{4} = \frac{3}{4}$

b) $2^{-3} : 3^{-2} = \frac{1}{2^3} : \frac{1}{3^2} = \frac{1}{8} : \frac{1}{9} = \frac{1}{8} \cdot 9 = \frac{9}{8} = 1\frac{1}{8}$

c) $2 \cdot 3^{-2} + \frac{7}{9} = 2 \cdot \frac{1}{3^2} + \frac{7}{9} = 2 \cdot \frac{1}{9} + \frac{7}{9} = \frac{2}{9} + \frac{7}{9} = 1$

Nachgefragt

- Manuela behauptet: „Es gibt positive Zahlen a, für die die Potenz a^{-2} größer ist als a." Entscheide, ob Manuela Recht hat, und begründe.
- Hans meint: „5^{-3} ist wegen des Minuszeichens negativ." Widerlege seine Aussage.

Aufgaben

1 Schreibe die Potenz jeweils als Bruch und gib ihren Wert an.
a) 2^{-5}; 3^{-4}; 1^{0}; 5^{-2}; 10^{-5} b) 6^{-1}; 11^{0}; 17^{-2}; 10^{-3}; 8^{-2} c) 4^{-4}; 9^{-2}; 6^{-2}; 15^{-1}; 13^{-2}

2 Schreibe die Zahlen jeweils als Potenz mit möglichst kleiner, natürlicher Basis.
a) $\frac{1}{100}$; $\frac{1}{17}$; $\frac{1}{8}$; $\frac{1}{32}$; $\frac{1}{36}$ b) 0,25; $\frac{1}{9}$; $\frac{1}{64}$; 0,01; $0,\overline{3}$ c) $\frac{1}{144}$; 0,125; $\frac{1}{81}$; $\frac{1}{7}$; 0,05

3 Berechne die Werte der Terme.
a) $3^{-2} + \frac{2}{9}$ b) $\left(\frac{8}{7}\right)^{-1} - 0{,}125$ c) $\left(\frac{3}{2}\right)^{2} + 2^{-2}$ d) $\left(\frac{56}{45}\right)^{-1} \cdot \frac{2^4}{27}$
$\left(\frac{1}{10}\right)^{-1} \cdot 3$ $\quad 1{,}\overline{1} - 9^{-1}$ $\quad \left(\frac{2}{7}\right)^{-1} \cdot 7^{-2}$ $\quad \left(\frac{85}{98}\right)^{-1} : \frac{49}{17}$

Denke daran: Potenz geht vor!

Lösungen zu 3 a), b): $0,\overline{3}$; 0,75; 1; 2; 30

4 Ordne den Termen jeweils den richtigen Wert zu. Die Buchstaben ergeben in der richtigen Reihenfolge ein Lösungswort.

$3^{-1} \cdot 3$		$\left(\frac{1}{10}\right)^{-1}$		$5^{-1} + \left(\frac{5}{4}\right)^{-1}$		$25^{-1} - \left(\frac{1}{5}\right)^{-2}$		$\left(\frac{4}{3}\right)^{-1} + 0{,}75$		$\left(\frac{5}{7}\right)^{-1} \cdot 7$	
1	3	−10	10	1	$5\frac{4}{5}$	0	$\frac{2}{5}$	0	1,5	5	9,8
Z	S	R	O	E	U	T	A	M	N	I	P

5 Tina rechnet folgende Aufgabe: $\left(\frac{1}{2}\right)^{-2} = \frac{1}{\left(\frac{1}{2}\right)^2} = \frac{1}{\frac{1}{4}} = 1 : \frac{1}{4} = 1 \cdot \frac{4}{1} = 4.$

Ahmed meint: „Das geht viel schneller. ‚Hoch minus' bedeutet schließlich: ‚Bilde den Kehrbruch!' Also rechne ich: $\left(\frac{1}{2}\right)^{-2} = 2^2 = 4$. Fertig!"
a) Erkläre die beiden Rechenwege.
b) Berechne jeweils den Wert der folgenden Terme:
1 $\left(\frac{2}{3}\right)^{-2}$; $\left(\frac{1}{5}\right)^{-3}$; $\left(\frac{1}{10}\right)^{-5}$; $\left(\frac{3}{4}\right)^{-3}$ **2** $0{,}1^{-2}$; $1{,}3^{-2}$; $0{,}375^{-2}$; $(0,\overline{6})^{-4}$

Tipp: Wandle Dezimalbrüche zuerst in Brüche um.

6 a) Berechne den Wert der folgenden Terme. Finde eine Regel.
1 $25 \cdot 10^2$; $3{,}45 \cdot 10^3$; $0{,}412 \cdot 10^2$; $431{,}201 \cdot 10^4$; $7{,}23 \cdot 10^5$; $0{,}0032 \cdot 10^3$
2 $67 \cdot 10^{-2}$; $5{,}32 \cdot 10^{-2}$; $129{,}03 \cdot 10^{-3}$; $23{,}1 \cdot 10^{-4}$; $2410{,}52 \cdot 10^{-3}$; $3 \cdot 10^{-5}$
b) In den Naturwissenschaften werden Zehnerpotenzen genutzt, um große und kleine Zahlen anzugeben. Gib die Größen in wissenschaftlicher Schreibweise an.
Beispiel: Durchmesserlänge des Äquators:
$12756\text{ km} = 1{,}2756 \cdot 10000\text{ km} = 1{,}2756 \cdot 10^4\text{ km} \approx 1{,}3 \cdot 10^4\text{ km}$
1 Mittlere Entfernung der Erde von der Sonne: 149 600 000 km
2 Maximale Entfernung der Erde von der Sonne: 152 143 000 km
3 Dauer der Hauptentladung eines Blitzes: 0,0004 s
4 Masse der Erde: 5 974 000 000 000 000 000 000 t
5 Masse einer Bakterie: 0,000000000005 g
6 Oberflächeninhalt der Erde: 510 100 000 km^2
7 Dicke einer Euromünze: 0,002 m
8 Zeit, die das Licht für eine Strecke von 1 m benötigt: 0,0000000033 s

In der wissenschaftlichen Schreibweise steht genau eine Ziffer (ungleich Null) vor dem Komma.

Entdecken

Herr Huber erhält folgende Angebote für eine Photovoltaikanlage:

20 Module	
Länge:	6,66 m
Breite:	5,04 m
Preis:	6634,25 € zzgl. Montage

18 Module	
Länge:	6,052 m
Breite:	4,99 m
Preis:	5971,42 € zzgl. Montage

- Berechne, welche Fläche die Anlagen jeweils mindestens benötigen.
- Jedes der Module hat eine Leistung von 0,25 kW. Vergleiche die Leistungen der Anlagen.
- Begründe, für welches Angebot du dich entscheiden würdest.

Verstehen

Um das Produkt $6{,}66\text{ m} \cdot 5{,}04\text{ m}$ zu berechnen, kann man die Längen in kleinere Einheiten umwandeln. Dadurch kann man mit natürlichen Zahlen rechnen. Das Ergebnis wird dann wieder in die größere Einheit umgewandelt.

Dezimalbrüche werden multipliziert, indem man …
- zunächst die Faktoren ohne Berücksichtigung der Kommas multipliziert und dann
- im Ergebnis das Komma so setzt, dass der Produktwert **so viele Dezimalen** besitzt, wie die beiden **Faktoren zusammen**.

Erklärvideo
Mediencode
61046-23

Beispiele

I. Begründe anhand des Beispiels $13{,}4 \cdot 2{,}16$, dass der Produktwert ebenso viele Dezimalen hat wie die beiden Faktoren zusammen.

Lösung:

$13{,}4 \cdot 2{,}16 = \frac{134}{10} \cdot \frac{216}{100} = \frac{\mathbf{134 \cdot 216}}{10 \cdot 100} = \frac{\mathbf{28\,944}}{1000} = 28{,}944$

II. Berechne jeweils den Produktwert. Mache zuerst einen Überschlag.

a) $3{,}55 \cdot 2{,}21$ **b)** $0{,}012 \cdot 2{,}95$

Lösung:

a) $3{,}55 \cdot 2{,}21 = 7{,}8455$

Überschlag: $4 \cdot 2 = 8$

```
355·221
710
  710
+   355
78455
```

Das Ergebnis hat $2 + 2 = 4$ Dezimalen.

b) $0{,}012 \cdot 2{,}95 = 0{,}03540 = 0{,}0354$

Überschlag: $0{,}01 \cdot 3 = \frac{1}{100} \cdot 3 = \frac{3}{100} = 0{,}03$

```
295·12
295
  590
03540
```

Das Ergebnis hat $3 + 2 = 5$ Dezimalen.

Nebenrechnungen ohne Komma
Liefert die Multiplikation zu wenige Dezimalstellen, werden Nullen vorangestellt.

III. Berechne jeweils den Produktwert möglichst günstig.

a) $\frac{1}{2} \cdot 0{,}6$ **b)** $0{,}9 \cdot \frac{2}{3}$ **c)** $0{,}4 \cdot \frac{3}{5}$ **d)** $0{,}7 \cdot \frac{2}{3}$

Lösung:

a) $\frac{1}{2} \cdot 0{,}6 = 0{,}6 : 2 = 0{,}3$

b) $0{,}9 \cdot \frac{2}{3} = (0{,}9 : 3) \cdot 2 = 0{,}3 \cdot 2 = 0{,}6$

c) $0{,}4 \cdot \frac{3}{5} = 0{,}4 \cdot 0{,}6 = 0{,}24$

d) $0{,}7 \cdot \frac{2}{3} = \frac{7}{10} \cdot \frac{2}{3} = \frac{7 \cdot 1}{5 \cdot 3} = \frac{7}{15}$

Nachgefragt

- Untersuche, wie sich der Wert einer Zahl ändert, wenn man eine Endnull anhängt oder weglässt.
- Susi meint: „Besonders leicht ist es, Dezimalbrüche mit Zehnerpotenzen zu multiplizieren.“ Begründe Susis Behauptung.

Aufgaben

1 Berechne die Termwerte im Kopf.

a)	b)	c)	d)	e)
$0{,}3 \cdot 2$	$7 \cdot 0{,}1$	$100 \cdot 0{,}5$	$0{,}4 \cdot 0{,}6$	$13 \cdot 0{,}6$
$10 \cdot 0{,}04$	$0{,}202 \cdot 10$	$0{,}9 \cdot 0{,}8$	$0{,}04 \cdot 0{,}06$	$(-1)^6$
$9 \cdot 1{,}1$	$1{,}2^2$	$0{,}03 \cdot 1{,}1$	$0{,}4 \cdot 0{,}06$	$0{,}1 \cdot 0{,}21$
$2{,}3 \cdot 5$	$11 \cdot 1{,}1$	$0{,}15^2$	$0{,}004 \cdot 6$	$0{,}22 \cdot 0{,}5$

2 Es gilt: $825 \cdot 161 = 132\,825$. Gib ohne weitere Rechnung die folgenden Produktwerte an und begründe deine Ergebnisse.

a) $8{,}25 \cdot 1{,}61$ b) $0{,}161 \cdot 8250$ c) $82{,}5 \cdot 161$
d) $1610 \cdot 0{,}825$ e) $825 \cdot 0{,}0161$ f) $(-1610) \cdot (-825)$

3 Berechne die Produktwerte.

a)	$12{,}5 \cdot 7{,}1$	$3{,}65 \cdot 8{,}54$	$17{,}001 \cdot 0{,}32$	$4{,}75 \cdot 0{,}05$	$3{,}2^2$
b)	$4{,}387 \cdot 5{,}7$	$13{,}44 \cdot 6{,}22$	$0{,}05 \cdot 0{,}02$	$14 \cdot 1{,}25$	$7{,}79 \cdot 6{,}4$
c)	$1{,}6^3$	$0{,}004 \cdot 0{,}06$	$143{,}45 \cdot 9{,}76$	$74{,}5885 \cdot 3{,}4$	$0{,}1234 \cdot 5{,}67$

Lösungen zu 3:
0,00024; 88,75; 5,44032; 10,24; 25,0059; 17,5; 31,171; 1400,072; 0,001; 49,856; 83,5968; 253,6009; 4,096; 0,699678; 0,2375

4 Finde jeweils den günstigsten Rechenweg und berechne den Wert des Produkts.

a) $\frac{4}{5} \cdot 120$ b) $0{,}25 \cdot \frac{5}{6}$ c) $\frac{2}{9} \cdot 1{,}5$ d) $0{,}15 \cdot \frac{1}{2}$ e) $\frac{2}{5} \cdot \frac{1}{4}$

5 Hier stimmt doch etwas nicht. Finde jeweils den Fehler und korrigiere ihn.

a) $70 \cdot 0{,}4 = 2{,}8$ b) $0{,}5 \cdot 0{,}1 = 0{,}6$ c) $1{,}2 \cdot 1{,}2 = 14{,}4$
d) $45{,}3 \cdot 1{,}0 = 4{,}53$ e) $3{,}2 \cdot 4{,}7 = 12{,}14$ f) $3{,}46 \cdot 8{,}75 = 34{,}6 \cdot 87{,}5$

6 a) Rauminhalte werden in den USA in Gallonen (gal) oder Pint (Pt) angegeben.
Dabei gilt: 1 gal = 3,785 ℓ 1 Pt = 0,473 ℓ. Rechne in Liter um:
1 5 gal **2** 2,45 gal **3** 22 Pt **4** 0,5 Pt **5** 0,875 Pt **6** 1,75 gal **7** 12,64 gal

b) In der Ölindustrie werden die Fördermengen in Barrel (bl) angegeben, was dem Inhalt eines Ölfasses entspricht. Dabei gilt: 1 bl = 158,987 ℓ.
Berechne, wie viel Öl in 5 (6,5; 7,25) Fässern ist. Runde sinnvoll.

7 Benzinpreise werden häufig mit drei Nachkommastellen angegeben.

a) Berechne, wie viel der Kunde jeweils bezahlen muss.

1

Abgabe	22,45	Liter
Preis	1,299	€/Liter

2

Abgabe	45,21	Liter
Preis	1,319	€/Liter

3

Abgabe	32,89	Liter
Preis	1,079	€/Liter

$1{,}07^9$	Diesel
$1{,}29^9$	Super
$1{,}31^9$	Super Plus

b) Der Tank von Frau Günthers Auto fasst 55 ℓ. Finde heraus, wie viel € Frau Günther bei jeder Tankfüllung sparen würde, wenn sie Diesel statt Super tanken könnte.

c) Informiere dich über die Entwicklung der Kraftstoffpreise in den letzten Wochen und finde Gründe, warum es zu Preisschwankungen gekommen sein könnte.

3

3.8 Dividieren von Dezimalbrüchen

Entdecken

Tom: „Die Melone hat 3,91 € gekostet; der Kilopreis ist 0,85 €.
Ich schätze, dass sie knapp 5 kg wiegt."

Tina: „Ich habe ihre Masse ausgerechnet:
3,91 € : (0,85 €) = 391 ct : 85 ct = 4,6.
Also wiegt die Melone 4,6 kg. Gut geschätzt, Tom!"

- Überlege, wie Tom zu seiner Schätzung gekommen sein kann.
- Erkläre Tinas Rechnung.
- Übertrage Tinas Methode auf Quotienten wie 2,1 : 0,7 und 0,225 : 0,15.

Verstehen

Der Quotient aus 320 und 40 hat denselben Wert wie der Quotient aus 32 und 4, der Quotient aus 3,2 und 0,4, der Quotient aus 0,32 und 0,04 usw.

```
19,62 : 6 = 3,27
-18
 16
-12
  42
 -42
   0
```

Überschreiten des Kommas

Komma im Ergebnis setzen

Beim Dividieren von Dezimalbrüchen geht man so vor:

- Der Wert des Quotienten zweier Zahlen ändert sich nicht, wenn sowohl der Dividend als auch der Divisor mit 10, 100, … multipliziert wird (**„gleichsinnige Kommaverschiebung"**). So kann man erreichen, dass der **Divisor** stets eine natürliche Zahl ist.
- Dann dividiert man wie bei natürlichen Zahlen.
- Beim Überschreiten des Kommas im Dividenden wird das Komma im Ergebnis gesetzt.

Erklärvideo
Mediencode
61046-24

Beispiele

I. Berechne jeweils den Wert des Quotienten.

a) 1,518 : 1,2 **b)** 0,006 : 0,02

Lösung:

a)

```
1,518 : 1,2 = 15,180 : 12 = 1,265
              -12
                31
               -24
                 78
                -72
                  60
                 -60
                   0
```

Komma setzen

Endnullen ergänzen

b)

```
0,006 : 0,2 = 0,06 : 2 = 0,03
             -0
              00
             -0
               06
               -6
                0
```

Komma setzen

Ergänze nach dem Komma Endnullen, falls dies notwendig ist.

II. Erfinde zum Rechenausdruck (0,5 ℓ + 0,75 ℓ) : 0,25 ℓ eine Aufgabe und löse sie.

Lösungsmöglichkeit:

Lucas mischt aus 0,5 ℓ Apfelsaft und 0,75 ℓ Mineralwasser Apfelschorle. Berechne, wie viele 0,25-ℓ-Gläser er damit füllen kann.

(0,5 ℓ + 0,75 ℓ) : 0,25 ℓ = 1,25 ℓ : 0,25 ℓ = 125 ℓ : 25 ℓ = 5

Er kann fünf Gläser füllen.

III. Erkläre, welcher Fehler bei der Rechnung 78,496 : 0,8 = 784,96 : 8 = 9812 gemacht wurde und wie man ihn vermeiden kann.

Lösung:

Im Ergebnis wurde das Komma nicht gesetzt. Eine Überschlagsrechnung (z. B. 800 : 8 = 100) kann helfen, diesen Fehler vermeiden.

- Erkläre anhand eines Beispiels, warum sich der Wert eines Quotienten nicht ändert, wenn man Dividend und Divisor mit der gleichen Zahl multipliziert.
- Begründe, warum man bei einem Dezimalbruch nach dem Komma beliebig viele Endnullen anfügen darf, bei einem gerundeten Dezimalbruch jedoch nicht.

Nachgefragt

Aufgaben

1 Berechne die Termwerte im Kopf.

a)	b)	c)	d)	e)
13,45 : 10	2,4 : 4	0,6 : 0,3	27,9 : 0,3	4 : 0,002
453,11 : 100	8,1 : 9	0,5 : 0,25	17,2 : 0,4	7,5 : 0,15
1744,2 : 1000	1,69 : 13	0,25 : 0,5	4,75 : 0,5	22,5 : 0,15

2 Berechne die Quotientenwerte.

a)	b)	c)	d)
3 : 0,6	1,8 : 0,15	233,275 : 15,5	8 : 0,125
0,48 : 0,12	2,16 : 0,72	26 : 0,016	0,168 : 0,006
0,36 : 0,12	(−960) : 15	0,10275 : 0,685	607,56 : 0,915

3 Der Rennsteigtunnel ist mit 7,92 km der längste Straßentunnel Deutschlands. Er soll alle 35,2 m eine Beleuchtung erhalten. Berechne, wie viele Lampen man dafür benötigt.

4 Es gilt: 516 : 12 = 43. Gib das Ergebnis der folgenden Terme ohne Rechnung an. Beschreibe dein Vorgehen.

a) 51,6 : 12 **b)** 5,16 : 12 **c)** 51,6 : 1,2 **d)** 51,6 : 0,12 **e)** 0,516 : 0,12

5 Kinder haben sich aus dem Urlaub etwas mitgebracht.

1 € entspricht etwa:

1,07 Dollar
134,08 Yen
0,73 £
1,10 Franken

a) Finde heraus, in welchem Land die Kinder jeweils eingekauft haben, und vergleiche die Preise der Souvenirs in Euro.

b) Rechne um, welchen Wert in Euro 1 Dollar (1 Yen, 1 Pfund, 1 SFr) hat. Runde sinnvoll.

c) Informiere dich über die aktuellen Wechselkurse. Überlege, warum diese Schwankungen unterworfen sind.

6 Übertrage die Angabe in dein Heft und schreibe dann in jedes Kästchen eine Ziffer, sodass eine korrekte Divisionsaufgabe entsteht.

```
□□□,□ : □□□ = □,□□
690
□□□□
2415
 □□□□
 2070
    0
```

7 Das Fünfeck PENTA, das keinen überstumpfen Innenwinkel besitzt, hat eine Umfangslänge von 2,45 m. Es wird durch seine Diagonale $\overline{PT}$ in das Viereck PENT (Umfangslänge 1,81 m) und das Dreieck TAP (Umfangslänge 1,09 m) zerlegt.

a) Zeichne für deine Überlegung eine passende Skizze in dein Heft, trage eine der Fünfecksdiagonalen ein und beschrifte deine Zeichnung.

b) Berechne die Länge $|\overline{PT}|$ der Diagonalen $\overline{PT}$ des Fünfecks PENTA.

Skizzen helfen beim Problemlösen.

Entdecken

Dr. med. Quack Salb

Mo – Fr	8.30 – 13.00
Di, Mi, Do	14.30 – 17.45

Jakob muss in der Arztpraxis warten und überlegt:
Die Praxis hat an fünf Tagen in der Woche 4,5 Stunden am Vormittag geöffnet, an drei Tagen zusätzlich am Nachmittag für $3\frac{1}{4}$ Stunden: Jakob rechnet aus, wie viele Stunden die Praxis täglich im Durchschnitt mindestens geöffnet hat … und wundert sich.

$5 \cdot 4{,}5 + 3 \cdot 3{,}25 : 5$
$22 + 3 \cdot 3{,}25 : 5$
$25{,}5 \cdot 3{,}25 : 5$
$82{,}875 : 5$
$16{,}575$

- Korrigiere Jakobs Rechnung.
- Schreibe alle Rechenregeln auf, die du bisher kennengelernt hast. Gestalte dazu ein Poster und stelle dies in der Klasse vor.

Verstehen

Treten in einer Rechnung mehrere Rechenarten auf, so müssen bestimmte Rechenregeln beachtet werden, damit die Terme eindeutig berechnet werden können.

Für die Berechnung von Termen mit nichtnegativen Bruchzahlen und Dezimalbrüchen gelten dieselben **Regeln wie beim Rechnen mit natürlichen Zahlen**:

- Was in **Klammern** steht, wird immer zuerst ausgerechnet. Bei mehreren Klammern beginnt man mit der innersten.
- **Potenzen** werden vor den vier Grundrechenarten berechnet.
- **Punkt**rechnung (Multiplikation, Division) geht **vor Strich**rechnung (Addition, Subtraktion).

- **Kommutativgesetz:** $a + b = b + a$ bzw. $a \cdot b = b \cdot a$
- **Assoziativgesetz:** $a + (b + c) = (a + b) + c$ bzw. $a \cdot (b \cdot c) = (a \cdot b) \cdot c$

- Das **Distributivgesetz** gilt für alle nicht negativen Zahlen a, b und c:
  $(a + b) \cdot c = a \cdot c + b \cdot c$ $\qquad (a + b) : c = a : c + b : c \; (c \neq 0)$
  Dies gilt auch für Differenzen $a - b$ entsprechend.

ausmultiplizieren →
$(0{,}5 + 0{,}7) \cdot 0{,}8$
$= 0{,}5 \cdot 0{,}8 + 0{,}7 \cdot 0{,}8$
← ausklammern

Erklärvideos
Mediencode
61046-25
61046-26

Beispiele

I. Berechne den Wert des Terms $26\frac{2}{5} : 13 + 12\frac{3}{5} : 13$ möglichst geschickt.

Lösung:

$26\frac{2}{5} : 13 + 12\frac{3}{5} : 13 = \left(26\frac{2}{5} + 12\frac{3}{5}\right) : 13 = 39 : 13 = 3$

II. Berechne den Termwert, gib die Art des Terms an und beschreibe ihn in Worten:
$2{,}7 : 0{,}3^3 + \left(1{,}8 \cdot 0{,}06 - \frac{37}{740}\right)$.

Lösung:

Klammern vor Potenzen vor Punkt vor Strich

$2{,}7 : 0{,}3^3 + \left(1{,}8 \cdot 0{,}06 - \frac{37}{740}\right) = 2{,}7 : 0{,}027 + \left(0{,}108 - \frac{1}{20}\right)$
$= 2700 : 27 + (0{,}108 - 0{,}05) = 100 + 0{,}058 = 100{,}058$

Der Term ist eine Summe, weil die zuletzt ausgeführte Rechenoperation eine Addition ist. Der erste Summand ist ein Quotient mit dem Dividenden 2,7; der Divisor ist eine Potenz mit der Basis 0,3 und dem Exponenten 3. Der zweite Summand ist eine Differenz mit dem Subtrahenden $\frac{37}{740}$. Der Minuend ist ein Produkt mit dem ersten Faktor 1,8 und dem zweiten Faktor 0,06.

Nachgefragt

- Paul sagt: „Ich rechne geschickt: $\frac{2}{5} \cdot \frac{4}{7} - \frac{3}{10} \cdot \frac{2}{7} = \left(\frac{4}{5} - \frac{3}{10}\right) \cdot \frac{2}{7} = \frac{1}{2} \cdot \frac{2}{7} = \frac{1}{7}$.
Beurteile, ob seine Rechnung richtig ist. Begründe mithilfe von Rechengesetzen.
- Überprüfe, ob der Wert des Produkts der Zahlen $\frac{1}{2}$ und $\frac{2}{3}$ größer ist als der Wert des Quotienten $\frac{1}{2} : \frac{2}{3}$.

Aufgaben

1 Berechne den Termwert möglichst günstig.

a) $4{,}8 \cdot 0{,}25$
$\left(\frac{3}{5}\right)^3 \cdot 15$
$(-210) : 30$
$42 : 0{,}7$

b) $\left(\frac{1}{2} + \frac{1}{4}\right) : \left(\frac{8}{3}\right)^{-1}$
$\left(\frac{5}{2} - 0{,}1\right)^2$
$2^{-1} \cdot \left(\frac{1}{4} - 0{,}25\right) \cdot \frac{1}{3}$
$15 : \left(\frac{3}{2^2} - \frac{3}{2^3}\right)$

c) $(340 : 17)^2 : (-50)$
$\left(\frac{1}{8} + \frac{1}{9}\right) : \left(\frac{1}{8} - \frac{1}{9}\right)$
$0{,}5 \cdot \frac{4}{9} + \frac{2}{3} : 1{,}5$
$\left(\frac{4}{5} - \frac{39}{65}\right) : \frac{5}{2}$

Lösungen zu 1:
$40; -7; -8; \frac{2}{25}; 3; 0; \frac{2}{3}; \frac{81}{25}; 1{,}2; 5{,}76; 60; 17$

2 Berechne jeweils den Wert des Terms und gib seine Art an. Führe bei den Produkten zunächst eine Überschlagsrechnung durch und erstelle für die Summen jeweils einen Rechenbaum.

a) $1{,}7 \cdot \frac{4}{5} + 2{,}408$ **b)** $1{,}7 \cdot \left(\frac{4}{5} + 2{,}408\right)$
c) $3{,}5 - 4^{-1} + 2{,}7$ **d)** $2{,}02 \cdot 5{,}005 - 1{,}1 \cdot 9{,}191$
e) $2{,}02 \cdot [(5{,}005 - 1{,}1) : 0{,}71]$ **f)** $(7 \cdot 0{,}7) \cdot 0{,}07 + 0{,}657$

3 Hier hat doch jemand rumgekleckst. Bestimme jeweils die fehlenden Zahlen, so dass wahre Aussagen entstehen.

a) $\frac{1}{2} \cdot \blacksquare = \frac{1}{6}$
$12{,}4 \blacksquare 10^{-2} = 0{,}124$
$\frac{2}{7} \blacksquare \frac{4}{21} = \frac{2}{21}$

b) $\blacksquare + \frac{3}{11} = \frac{79}{88}$
$14{,}76 : \blacksquare = 73{,}8$
$7{,}5 \blacksquare 0{,}65 = 4{,}875$

c) $\blacksquare : \frac{2}{3} = \frac{7}{6}$
$1\frac{3}{5} \cdot \blacksquare = 1\frac{7}{15}$
$\left(\blacksquare + \frac{7}{12}\right) : 13\frac{1}{4} = 3^{-2}$

4 Stelle immer zunächst einen Rechenausdruck auf und berechne dann den Wert des Terms.
a) Dividiere die Summe aus der dritten Potenz von 0,7 und dem Quotienten aus 0,5571 und 0,3 durch 0,2.
b) Multipliziere die Differenz aus dem Quotienten von 0,38 und $\frac{19}{20}$ und dem Kehrbruch von 10 mit $\frac{20}{3}$.
c) Subtrahiere von der Quadratzahl von $5\frac{2}{3}$ das Produkt aus 43 und $\frac{4}{9}$.
d) Addiere zum Produkt aus $\frac{2}{17}$ und $\frac{85}{128}$ die dritte Potenz des Kehrbruchs von $\frac{4}{3}$.

5 Berechne die Termwerte. Die zugehörigen Buchstaben ergeben (richtig angeordnet) den Namen eines bedeutenden Mathematikers.

$\left(\frac{2}{7} + \frac{7}{2}\right) : 2$		$\left(1 - \frac{3}{7}\right) \cdot \frac{21}{4} - 0{,}25$		$\left(10 - \frac{1}{9}\right) : 89 - \left(\frac{1}{3}\right)^2$		$2^0 : 0{,}01 + 6 : \frac{1}{6}$		$20 : 0{,}05 - \frac{74}{37}$	
$\frac{1}{2}$	$1\frac{25}{28}$	$2\frac{6}{7}$	2,75	$\frac{1}{9}$	0	$100\frac{1}{36}$	136	398	$40\frac{1}{2}$
B	A	R	U	T	S	O	S	G	K

6 Sophie hat 3 ℓ Gelee gekocht. Die Hälfte davon füllt sie in Gläser zu je $\frac{1}{4}$ ℓ. Vom Rest füllt sie ein $\frac{1}{2}$-ℓ-Glas. Den verbleibenden Teil füllt sie in drei gleich große Gläser.

a) Finde mithilfe einer Skizze heraus, wie viele $\frac{1}{2}$-ℓ-Gläser sie insgesamt befüllt hat.

b) Berechne das Fassungsvolumen der drei gleich großen Gläser, in die der verbliebene Rest eingefüllt wurde.

7 Berechne die Termwerte jeweils im Kopf. Denke an die Rechengesetze.

a) $0{,}4 : 1{,}2 + 0{,}8 : 1{,}2$ **b)** $1{,}01 \cdot 15{,}5$ **c)** $2{,}4 \cdot 4{,}2 + 2{,}6 \cdot 4{,}2$
d) $3{,}4 \cdot 7{,}8 + 0{,}66 \cdot 78$ **e)** $0{,}5 \cdot 5{,}2 \cdot 4$ **f)** $100 \cdot 7{,}3 \cdot 0{,}001$
g) $3{,}2 : 0{,}9 - 5 : 9$ **h)** $0{,}09 \cdot 120$ **i)** $4{,}52 \cdot 0{,}3 + 0{,}03 \cdot 14{,}8$

Nutze die Umkehraufgabe: $5 \cdot x = 10$, also $x = 10 : 5 = 2$.

8 Bestimme die Lösungen der Gleichungen.

a) $\frac{1}{2} \cdot x + \frac{1}{6} = \frac{2}{3}$ **b)** $(0{,}6 + x) : \frac{2}{17} = \frac{64}{85}$
c) $1{,}5^2 - x = \frac{57}{108} \cdot \frac{63}{95}$ **d)** $2 \cdot x = \frac{3}{7} \cdot 2{,}1$
e) $\left(2{,}4 + 1\frac{1}{5}\right) \cdot x = 3\frac{3}{15} \cdot 2\frac{1}{4}$ **f)** $\left(\frac{2}{5}\right)^3 + x = 2{,}8 : \frac{14}{5}$

9 Mache jeweils eine Überschlagsrechnung im Kopf und gib in deinem Heft an, welcher der drei angegebenen Quotientenwerte richtig ist.

	Quotient	Quotientenwert		
a)	332,8 : 13	≈ 0,25	≈ 25	≈ 250
b)	943 : 2,3	≈ 40	≈ 400	≈ 4000
c)	0,289 : 0,17	≈ 0,2	≈ 2	≈ 20
d)	638 : 0,11	≈ 60	≈ 600	≈ 6000
e)	12,12 : 1,01	≈ 1	≈ 10	≈ 100
f)	0,105 : 0,05	≈ 0,2	≈ 2	≈ 20

10 Übersetze die Aufgaben in eine Gleichung und bestimme dann die gesuchte Zahl.

a) Multipliziert man die gesuchte Zahl mit 0,7, so erhält man das Produkt aus $3\frac{9}{13}$ und $5\frac{5}{12}$.

b) Subtrahiert man die gesuchte Zahl vom Quotienten aus $\frac{25}{48}$ und $1\frac{1}{4}$, so erhält man $\frac{17}{12}$.

c) Dividiert man die Differenz aus $1\frac{4}{15}$ und $1\frac{1}{4}$ durch die gesuchte Zahl, so erhält man die Differenz aus $\frac{7}{5}$ und $\frac{4}{3}$.

d) Addiert man $0,\overline{5}$ zum Quadrat der Zahl $\frac{11}{3}$, so erhält man die gesuchte Zahl.

11 Familie Otto hat im Laufe des letzten Jahres für den nächsten Urlaub monatlich 100 € gespart. Sie rechnen damit, dass 60 % des gesparten Geldes für die Ferienwohnung benötigt werden. Drei Viertel des verbleibenden Geldes planen sie für Lebensmittel ein. Finde rechnerisch heraus, ob die Ersparnisse noch für eine Wochenkarte für die Bergbahn, die 90 € kostet, ausreichen.

12 In einem Supermarkt wurden nacheinander folgende Beträge eingenommen:
12,09 €; 27,90 €; 33,15 €; 125,67 €; 0,89 €; 4,35 € 5 €; 16,47 €.

a) Berechne, für wie viel Euro ein Kunde im Durchschnitt eingekauft hat.

b) Bei der Kassenkontrolle sind 377,40 € in der Kasse.
Berechne, wie viel Wechselgeld vor den Einkäufen in der Kasse war.

13 Tarkan sitzt über der Hausaufgabe: „In einem Rechteck (Umfangslänge U = 20,7 cm) ist eine Seite doppelt so lang wie die andere. Berechne die Länge der Seiten sowie den Flächeninhalt des Rechtecks.“ Tarkan fertigt zunächst eine Skizze an.

Tarkans Skizze:

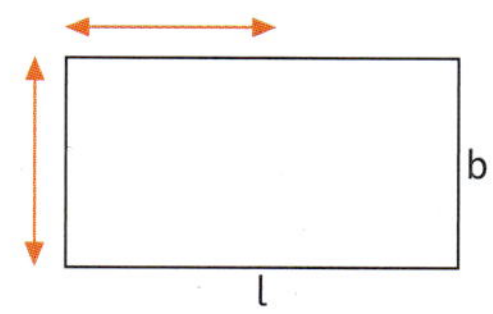

a) Übertrage Tarkans Skizze in dein Heft und vervollständige sie.

b) Tarkan überlegt, welcher Ansatz richtig ist:

$3 \cdot l = 20{,}7\ cm$ oder $6 \cdot b = 20{,}7\ cm$

Erläutere die Ansätze und beurteile ihre Richtigkeit.

c) Berechne nun die Seitenlängen und den Flächeninhalt des Rechtecks.

14 Johannes hat in Mathematik in den Schulaufgaben die Noten 2; 3; 1 und 3 geschrieben.

a) Berechne seine durchschnittliche Leistung in den Schulaufgaben.

b) Berechne, welche mündliche Note er höchstens haben darf, um noch einen Gesamtschnitt von 2,50 zu haben, wenn die schriftlichen Leistungen doppelt gewertet werden.

15 Ayse hat am Marktstand zwei Gurken, 1,5 kg Strauchtomaten, 0,5 kg Champignons und $\frac{3}{4}$ kg Paprika gekauft.

Gurke 1,19 € pro Stück

Paprika bunt 2,80 € pro kg

Champignons 4,40 € pro kg

Strauchtomaten 1,98 € pro kg

Berechne das Rückgeld, wenn sie mit einem 20-€-Schein bezahlt. Mache zuerst einen Überschlag.

16 Michaela sieht in der Zeitung folgende Werbung:

Winterware supergünstig!!!
1. Woche: **25 % Preisnachlass!**
2. Woche: **weitere 25 % Preisnachlass** auf den reduzierten Preis der 1. Woche!

49,80 €

69,40 €

44,00 €

a) Michaelas Freundinnen rechnen aus, wie viel Michaela für die drei Kleidungsstücke in der ersten Woche der Aktion bezahlen muss:

Tina:

$49{,}80\ € + 69{,}40\ € + 44\ € = 163{,}20\ €$

$49{,}80\ € \cdot \frac{25}{100} + 69{,}40\ € \cdot \frac{25}{100} + 44\ € \cdot \frac{25}{100}$

$= 12{,}45\ € + 17{,}35\ € + 11\ €$

$= 40{,}80\ €$

und $163{,}20\ € - 40{,}80\ € = 122{,}40\ €$

Susanne:

$(49{,}80\ € + 69{,}40\ € + 44\ €) \cdot 0{,}75$

$= 165\ € \cdot 0{,}75$

$= 122{,}40\ €$

Erkläre die Rechnungen von Tina und Susanne.

b) Ihre sparsame Oma rät ihr: „Warte bis zur zweiten Woche, dann zahlst du nur noch die Hälfte des ursprünglichen Preises.“
Beurteile, ob ihre Oma Recht hat, und berechne Michaelas Ersparnis, wenn sie die Kleidung erst in der zweiten Woche kauft.

17 In der Klasse 6a kommt ein Drittel der Schüler mit dem Fahrrad zur Schule. Sechs Schüler mehr kommen täglich mit dem Bus, die restlichen drei Schüler kommen zu Fuß.

a) Stelle die Informationen in einer beschrifteten Skizze graphisch dar.

b) Bestimme die Anzahl der Schüler in der Klasse 6a.

Dreieckszahlen

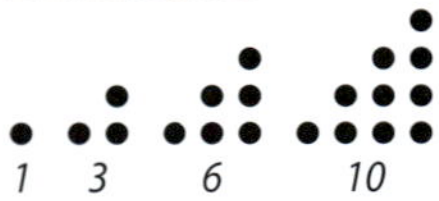

18 Finde jeweils die gesuchte(n) Zahl(en) heraus. Die gesuchte Zahl …

a)
- ist ein Stammbruch
- ist kleiner als $\frac{1}{4}$
- ist größer als $\frac{1}{7}$
- ist der Kehrbruch einer Primzahl

b)
- ist ein Dezimalbruch mit zwei Dezimalen
- ist kleiner als 3
- ist größer als 2
- hat fünfmal so viele Hundertstel wie Zehntel

c)
- ist ein Stammbruch
- hat als Nenner eine Dreieckszahl
- ist größer als $\frac{1}{9}$

19 Berechne jeweils den Termwert und gib die Termart an. In der Tabelle steht über jedem Ergebnis jeweils eine Silbe. In der Reihenfolge der Teilaufgaben a) bis l) ergeben diese Silben den Lösungssatz. Gib den Lösungssatz an.

a) $\left(\frac{2}{3}+\frac{1}{6}\right):\frac{5}{6}-\frac{5}{6}\cdot\left(1\frac{1}{2}-1\frac{1}{3}\right)$

b) $\left[\left(\frac{5}{13}\right)^2+\frac{144}{13^2}-1\right]:4+5\cdot 2\frac{2}{5}$

c) $\left(18\cdot 0{,}375+0{,}8\cdot 1{,}25\right)+2\frac{3}{4}$

d) $\left(2{,}1^2-0{,}41-2{,}2\cdot\frac{3}{11}\right):3{,}4-1$

e) $\left[2\frac{1}{4}-\frac{3}{8}+1\frac{2}{5}\cdot\left(1\frac{4}{9}-\frac{8}{9}\right)\right]^2:\left(\frac{191}{72}\right)^2+1$

f) $\left[4:\frac{1}{4}+6\cdot\frac{3}{4}-\left(\frac{5}{2}\right)^2\right]:1\frac{7}{9}-\left(\frac{1}{8}\right)^2+\left(7:\frac{1}{7}\right)\cdot\frac{1}{2}$

g) $\frac{1}{2}\cdot\frac{2}{3}\cdot\frac{3}{4}\cdot\frac{4}{5}\cdot\ldots\cdot\frac{98}{99}\cdot\frac{99}{100}+\frac{1}{100}$

h) $1:\left[1+1:\left(1+\frac{1}{2}\right)\right]$

i) $\left(\frac{1}{2}+\frac{1}{3}\right)^2-\left[\left(\frac{1}{2}\right)^2+\left(\frac{1}{3}\right)^2\right]$

j) $\left(\frac{1}{2}\right)^2+1:\frac{1}{2}+\left(1-\frac{1}{2}\right)-\left(1+\frac{1}{2}\right)$

k) $\left[\left(\frac{5}{7}+1\frac{3}{14}\right)\cdot\frac{2}{27}+\left(\frac{2}{21}-\frac{1}{42}\right)\right]:3$

l) $\dfrac{12\frac{3}{4}-\left(2\frac{1}{3}+6\frac{5}{12}\right)}{\left(9\frac{1}{6}+2\frac{5}{6}\right)\cdot\left(8-7\frac{7}{8}\right)}$

sind	kei	den.	bes	Feh	ten,	zu	Mög	wer	lich	ler	ser
$10\frac{1}{2}$	$32\frac{1}{2}$	$2\frac{2}{3}$	$\frac{3}{5}$	$\frac{31}{36}$	$\frac{1}{50}$	$1\frac{1}{4}$	0	$\frac{1}{14}$	2	12	$\frac{1}{3}$

20 Die Erdoberfläche ist insgesamt etwa 510 Millionen km² groß. Davon sind etwa drei Zehntel Festland. Davon wiederum entfällt knapp $\frac{1}{10}$ auf Europa, $\frac{1}{3}$ auf Asien, $\frac{3}{10}$ auf den amerikanischen Kontinent und 20 % auf Afrika. Der Pazifische Ozean hat eine Oberfläche von rund 170 Mio km²; der Atlantische Ozean nimmt rund ein Viertel der Wasserfläche der Erde ein. Auf der Erde leben etwa 7,28 Milliarden Menschen (Stand 2016).

a) Berechne, welchen Anteil der Erdoberfläche die Kontinente jeweils einnehmen. Veranschauliche dies in einem Kreisdiagramm.

b) Berechne jeweils die Größe der Kontinente.

c) Yuri behauptet: „Der Pazifische Ozean nimmt einen größeren Anteil an der Erdoberfläche ein als alle Kontinente zusammen." Stimmt das? Begründe rechnerisch.

d) Anja möchte wissen, wie viele Quadratmeter Festland jedem Menschen rechnerisch durchschnittlich zur Verfügung stehen. Schätze zunächst und berechne dann.

21 Berechne jeweils den Wert des Kettenbruchs.

a) $\dfrac{1}{1+\dfrac{1}{2}}$ b) $\dfrac{1}{1+\dfrac{1}{1+\dfrac{1}{2}}}$ c) $\dfrac{1}{1+\dfrac{1}{1+\dfrac{1}{1+\dfrac{1}{2}}}}$ d) $\dfrac{1}{1+\dfrac{1}{1+\dfrac{1}{1+\dfrac{1}{1+\dfrac{1}{2}}}}}$

22 Lea und Leon sollen aus drei Holzleisten je der Länge 4,20 m zehn Stücke zu je 80 cm, vier Stücke zu je 60 cm und vier Stücke zu je 30 cm herstellen. Sie sollen dabei die Sägeschnitte so vornehmen, dass genau ein Reststück übrig bleibt.
Beschreibe, wie Lea und Leon vorgehen könnten. Fertige zunächst eine Skizze an.

23 Trage die Punkte T (−2,5 | 0), O (0 | 0), N (0 | 2,5) und I (−2,5 | 2,5) in ein Koordinatensystem (Einheit 1 cm) ein. Zeichne das Quadrat TONI. Verlängere dann jede Quadratseite um sich selbst (vgl. Abbildung), zeichne das Quadrat LUCA, gib die Koordinaten seiner Eckpunkte L, U, C und A an und berechne den Flächeninhalt der von den Quadraten TONI und LUCA berandeten Figur.

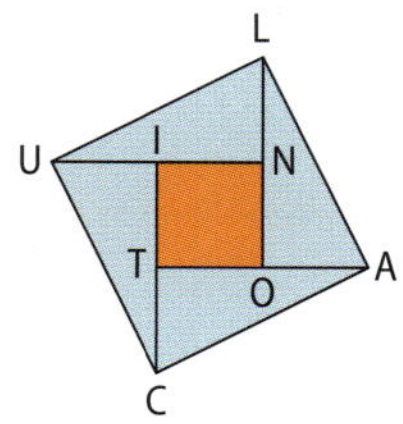

24 Ein Zierbrunnen hat 15 Schalen in fünf Reihen. Zunächst sind alle Schalen randvoll mit Wasser und alle sechs Dreiliterbecher leer. Johannes gießt nun langsam 3 Liter Wasser in die oberste Schale. Aus jeder Schale fließt dreimal so viel Wasser nach links wie nach rechts. Berechne, wie viel Wasser sich am Schluss in jedem der sechs Becher I … VI befindet. Schätze zunächst.

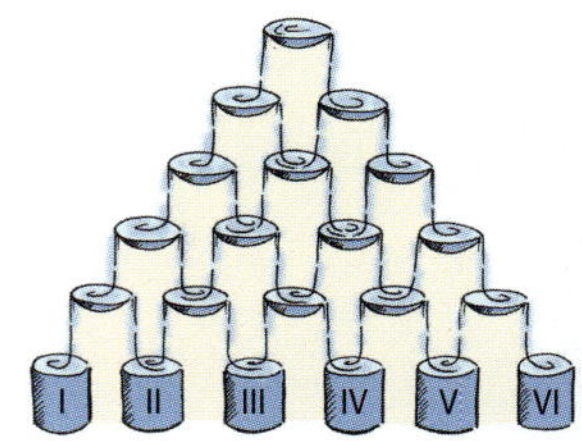

Wissen

Bienen

Honigbienen leben in einem Bienenstaat, in dem jede Biene ihre Aufgabe hat. Ein durchschnittliches Bienenvolk besteht aus ungefähr 30 000 Bienen, davon etwa ein Drittel Sammelbienen. Die übrigen Bienen verrichten ihre Arbeit als „Stockbienen" im Bienenstock.

Jede Sammelbiene unternimmt täglich etwa 10 Ausflüge mit 20 Blütenbesuchen. Aus einem durchschnittlichen Bienenstock lassen sich pro Jahr etwa 20 bis 30 kg Honig gewinnen. Für die Produktion von 1 kg Honig müssen die Bienen etwa 3 kg Nektar sammeln, das entspricht 60 000 Honigblasenfüllungen der Biene. Um die Honigblase einmal zu füllen, muss die Biene etwa 15 bis 100 Blüten (je nach Blütenart) besuchen.

In Deutschland gibt es rund 750 000 Bienenvölker, deren Honigproduktion den konsumierten Honig nur etwa zu einem Fünftel deckt. Die Zahl der Bienenvölker nimmt derzeit ab.

a) Berechne, …
- wie viele Bienen eines durchschnittlichen Volkes als Stockbienen tätig sind.
- wie viele Blütenbesuche für 1 kg Honig nötig sind und wie viele Tage eine einzige Biene dafür benötigen würde.
- welche Menge an Honig jährlich in Deutschland verbraucht wird.

b) Überlege dir eigene Aufgaben zu dem Text und lasse sie deine Nachbarin oder deinen Nachbarn lösen.

c) Erkundige dich (z. B. im Internet), warum die Zahl der Bienenvölker abnimmt und welche Folgen dies haben kann.

3 Trainingsrunde

Zu 3.1

1 Übertrage die Zahlenmauer in dein Heft und ergänze sie so, dass auf jedem Stein der Summenwert der beiden darunter liegenden Steine steht.

a)

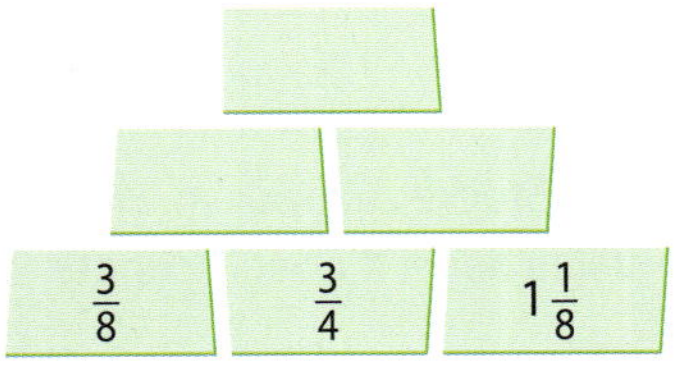

b) Begründe, wie sich der Wert an der Spitze ändert, wenn man statt mit $\frac{3}{8}$ mit $\frac{6}{8}$ startet.

a)

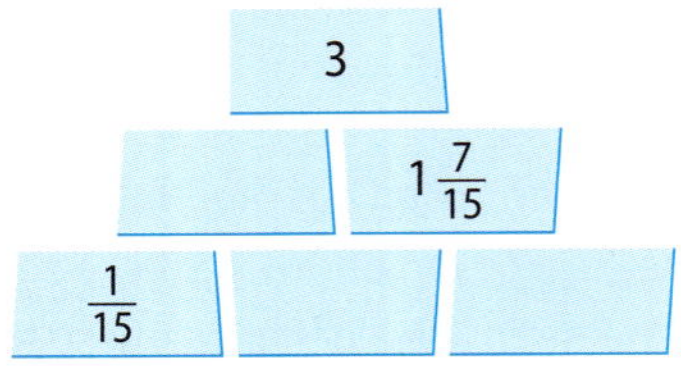

b) Begründe, durch welche Zahl man $\frac{1}{15}$ ersetzen müsste, um an der Spitze den Wert 6 zu erhalten.

2

Gib mindestens vier verschiedene Summen (Differenzen) an, die den Wert $5\frac{3}{4}$ haben.

Ersetze die Zeichen □ und △, sodass eine wahre Aussage entsteht: $\frac{△}{15} + \frac{□}{15} = 2$

Zu 3.2

3 Berechne jeweils den Wert des Terms möglichst geschickt.

a) $1{,}37 + 2{,}54 + 3{,}63$
$2{,}056 + 3{,}12 - 4{,}65$

b) $12{,}105 - 2{,}096$
$54{,}753 + 13{,}561 + 5{,}439$

a) $(1{,}45 + 4{,}9) + 3{,}55$
$(3{,}87 + 4{,}06) + (7{,}94 + 13{,}13)$

b) $10{,}034 - 6{,}93$
$7{,}563 - 2{,}05 - 3{,}95$

Zu 3.3

4

Beschreibe den Term jeweils in Worten und berechne seinen Wert.

a) $2{,}4 - \left(\frac{1}{5} + 1\frac{1}{4}\right)$

b) $\left(\frac{3}{2} - 1{,}4\right) + \left(2\frac{1}{6} - 1\frac{5}{6}\right)$

$13{,}5 - \left(\frac{3}{8} + 12{,}\overline{5}\right) - 7\frac{2}{17}$

Begründe ohne Rechnung, ob sich der Wert des Terms verdoppelt, wenn man die Werte aller Karten verdoppelt.

Zu 3.4

5 Bestimme die gesuchten Zahlen.

a) $\frac{1}{4} \cdot \frac{5}{□} = \frac{5}{28}$ b) $\frac{6}{7} \cdot \frac{□}{12} = \frac{1}{2}$

c) $\frac{5}{□} \cdot 3\frac{3}{5} = \frac{1}{5}$ d) $\frac{3}{9} \cdot \frac{□}{4} = \frac{1}{12}$

e) $\frac{1}{8} \cdot \frac{□}{5} = \frac{1}{10}$ f) $\frac{8}{11} \cdot \frac{□}{3} = 5\frac{1}{3}$

a) $\frac{2}{3} \cdot □ = \frac{8}{15}$ b) $\frac{3}{5} \cdot □ = \frac{21}{40}$

c) $\frac{7}{10} \cdot □ = \frac{7}{15}$ d) $□ \cdot \frac{17}{21} = 1$

e) $\frac{3}{8} \cdot □ = 2$ f) $1\frac{5}{6} \cdot □ = 0$

6

In der Klasse 6a sind 18 Mädchen, das sind $\frac{3}{4}$ der Klasse. $\frac{5}{9}$ der Mädchen essen gerne Pizza.

a) Berechne, welchen Anteil an der ganzen Klasse das ausmacht.

b) Berechne, wie viele Jungen in der Klasse sind.

Die Klasse 6b besteht zu $\frac{2}{5}$ aus Mädchen. $\frac{2}{3}$ der Jungen spielen Fußball und $\frac{3}{10}$ singen im Chor.

a) Berechne jeweils, welchen Anteil an der ganzen Klasse das ausmacht.

b) Gib an, welche Größe die Klasse haben kann.

7 Berechne die Termwerte. *Zu 3.5*

a) $\frac{1}{2} : \frac{1}{4}$; $1 : \frac{1}{3}$; $6 : \frac{1}{6}$; $\frac{1}{4} : 8$

b) $\frac{17}{23} : \frac{17}{46}$; $\frac{15}{26} : \frac{25}{39}$; $\frac{12}{49} : \frac{32}{63}$; $\frac{20}{27} : \frac{40}{81}$

c) $\frac{6}{7} : \frac{7}{6}$; $1\frac{1}{4} : \frac{5}{4}$; $2\frac{4}{7} : \frac{18}{7}$; $0 : \frac{3}{4}$

d) 2^{-3}; 3^{-4}; 4^{-1}; $(-1)^2$

a) $\frac{34}{55} : \frac{77}{51}$; $\frac{60}{119} : \frac{100}{17}$; $\left(13\frac{5}{8}\right)^3 : \left(13\frac{5}{8}\right)^2$

b) $\left(\frac{1}{2}\right)^2 : 4$; $2 : 2\frac{2}{3}$; $\left(2\frac{1}{2}\right)^2 : \frac{4}{9}$; $\frac{9}{11} : \frac{11}{9}$

c) $3\frac{1}{6} : 3\frac{13}{24}$; $\frac{13}{6} : \left(1\frac{1}{12}\right)^2$; $8\frac{3}{19} : \frac{31}{38}$

d) $\frac{5}{6} : 2^{-2}$; $3^{-2} : 2^2$; $\left(\frac{1}{2}\right)^3 : 8$; $5^{-3} : 2^{-2}$

8 Füge jeweils eines der Zeichen <, > oder = ein, so dass eine wahre Aussage entsteht. *Zu 3.6*

a) $2^{-2} \square 2^{-3}$ b) $0{,}2^{-1} \square 5$

c) $2^{-3} \square 3^{-2}$ d) $\left(\frac{3}{7}\right)^{-1} \square 2{,}\overline{3}$

e) $\left(\frac{2}{3}\right)^{-1} \square 1{,}5$ f) $\left(1\frac{3}{7}\right)^{-1} \square \frac{2}{3}$

g) $10^{-3} \square 0{,}09$ h) $0{,}3^{-1} \square 3{,}3$

a) $0{,}\overline{1} \cdot \left(\frac{1}{3}\right)^{-2} \square \frac{27}{26}$

b) $\left(1\frac{2}{7}\right)^{-2} \square \frac{2}{3} - 9^{-1}$

c) $(0{,}\overline{3})^{-1} \square \frac{1}{2} : \left(\frac{2}{3}\right)^{-1}$

d) $0{,}\overline{7} + 3^{-2} \square 7 \cdot 2^{-3}$

9 Übertrage die Tabelle in dein Heft und vervollständige sie. *Zu 3.7*

·	4	1000	0,3	0,01
0,9				
0,12				
6,25				

·	0,102	47,9	0,05	0,025
2,22				
0,161				
0,001				

10 Berechne die Werte der Quotienten. *Zu 3.8*

a) 0,24 : 6 16,9 : 13 2,7 : 9

b) 0,0036 : 6 4,02 : 2 25,15 : 5

a) 0,631 : 102 42,7 : 7 536,8 : 4

b) 33,0033 : 11 63,108 : 3 24,3 : 9

11 Übersetze den Text jeweils zunächst in eine Gleichung und bestimme dann die gesuchte Zahl. *Zu 3.9*

a) Addiert man zur gesuchten Zahl das Produkt aus $3\frac{1}{5}$ und 5, so erhält man die Quadratzahl von 12.

b) Das Produkt aus der gesuchten Zahl und der Summe von $\frac{2}{3}$ und 0,4 hat denselben Wert wie der Quotient aus $\frac{4}{5}$ und 0,75.

a) Subtrahiert man die Zahl vom Produkt aus $3\frac{1}{5}$ und $2\frac{29}{48}$, so erhält man $\left(\frac{1}{2}\right)^{-3}$.

b) Dividiert man die Differenz aus $\frac{7}{9}$ und 0,75 durch die gesuchte Zahl, so ergibt sich das Doppelte des Kehrbruchs der Quadratzahl von 6.

12 Ein rechteckiges Werbeposter (0,84 m × 0,42 m) wird zweifarbig gestaltet. Berechne den Flächeninhalt des farbigen Teils des Posters.

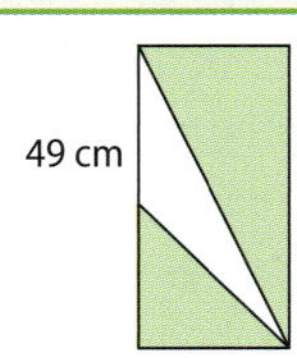

Die Punkte M und N sind Seitenmittelpunkte des Quadrats QUAD, der Punkt I der Mittelpunkt des Quadrats. Berechne den Flächeninhalt des „Pfeils“.

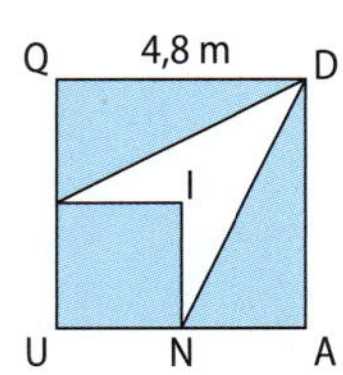

13 Übertrage die Angaben in dein Heft und setze eines der Zeichen <, > oder = ein, so dass eine wahre Aussage entsteht. Begründe deine Entscheidung ohne Rechnung.

a) $\frac{1}{2} + \frac{1}{3} \;\square\; 1 - \frac{1}{3}$ b) $\frac{1}{2} \cdot \frac{1}{3} \;\square\; \frac{5}{6} \cdot \frac{1}{5}$ c) $\frac{5}{11} : \frac{3}{11} \;\square\; \frac{5}{11} \cdot \frac{3}{11}$

d) $\frac{3}{7} \cdot \frac{1}{2} \;\square\; \frac{3}{7} + \frac{1}{2}$ e) $1\frac{3}{4} + 0{,}25 \;\square\; 2 - 0{,}01$ f) $0{,}9 : 0{,}3 \;\square\; 3 \cdot \frac{0}{2}$

g) $2 + 2^{-1} \;\square\; 3 - 3^{-1}$ h) $0{,}\overline{1} : \frac{1}{9} \;\square\; \frac{1}{4} : 0{,}25$ i) $0 : 2^{-3} \;\square\; (-1)^3$

14 Mia möchte einen Computer für 900 € kaufen. Der Händler macht folgende Angebote:

1 Barzahlung mit 3 % Nachlass
2 keine Anzahlung, 24 Monatsraten zu je 39,90 €
3 Anzahlung $\frac{1}{4}$ des Preises, den Rest in 12 Monatsraten zu jeweils 59,90 €

Begründe, welches Angebot du wählen würdest.

15 Bestimme die Art des Terms und berechne seinen Wert.

a) $\left[(2^3 + 2^2 + 2^0) \cdot \left(\frac{1}{2} + \frac{1}{16}\right) - \frac{5}{16}\right] : \left(4\frac{20}{27} + 2\frac{7}{27}\right)$

b) $\left[3\frac{5}{6} : \left(5\frac{11}{12} - 3\frac{7}{8}\right) + \frac{6}{49}\right] : \left[\left(\frac{5^1}{7} - 1 : \frac{7}{2}\right) \cdot \frac{1}{28}\right]$

c) $\left[\left(6\frac{1}{2}\right)^2 + \left(5\frac{1}{2}\right)^2 + \left(4\frac{1}{2}\right)^2 + \left(3\frac{1}{2}\right)^2\right] : (2^{11} + 2^5 + 2^4 + 2^2)$

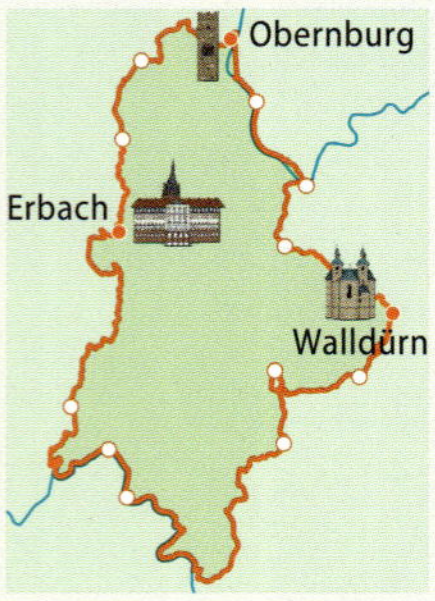

16 Sabine fährt mit ihren Eltern auf einer Radtour den Drei-Länder-Radweg ab. Für die Etappen hat sie die Fahrzeiten notiert.

Strecke	Entfernung	Gesamtzeit
Erbach – Walldürn	75 km	$6\frac{1}{2}$ h
Walldürn – Obernburg	73 km	$6\frac{1}{4}$ h
Obernburg – Erbach	69 km	6 h

a) Bestimme, auf welcher Strecke sie im Schnitt am schnellsten fuhren.
b) Berechne, wie schnell sie im Durchschnitt insgesamt fuhren. Runde sinnvoll.
c) Finde heraus, durch welche drei Bundesländer die Familie gefahren ist.

17 a) Stelle aus der Speisekarte ein Menü deiner Wahl zusammen und bestimme den Gesamtpreis. Gib an, mit welchen Scheinen und Münzen du bezahlen musst, wenn du passend und mit der kleinstmöglichen Anzahl an Münzen und Scheinen bezahlen willst.

b) Stelle ein Menü für drei Personen zusammen, dessen Gesamtpreis unter 45 € liegt, und gib den Gesamtpreis an.
c) Berechne, wie viel Restgeld du zurückbekommst, wenn du auf die Rechnung aus b) noch 10 % Trinkgeld gibst und mit einem 100-€-Schein bezahlst.
d) Bestimme, wie viele verschiedene Menüs mit einer Pizza, einem Salat und einem Getränk du bestellen kannst. Gib darunter das teuerste (billigste) an.

Addieren und Subtrahieren von Brüchen

Seite 66

Gleichnamige Brüche werden addiert (subtrahiert), indem man ihre **Zähler addiert** (subtrahiert) und den **gemeinsamen Nenner beibehält**.

Ungleichnamige Brüche werden vor dem Addieren (Subtrahieren) auf denselben (Haupt-)Nenner erweitert bzw. gekürzt.

$$\frac{1}{12} + \frac{4}{9} = \frac{3}{36} + \frac{16}{36} = \frac{3+16}{36} = \frac{19}{36}$$

$$\frac{5}{9} - \frac{5}{12} = \frac{20}{36} - \frac{15}{36} = \frac{5}{36}$$

Bestimmung des Hauptnenners:

$V_9 = \{9;\ 18;\ 27;\ 36;\ 45;\ \ldots\}$

$V_{12} = \{12;\ 24;\ 36;\ 48;\ \ldots\}$

$9 = 3 \cdot 3$

$12 = 2 \cdot 2 \cdot 3$

$2 \cdot 2 \cdot 3 \cdot 3 = 36$

Addieren und Subtrahieren von Dezimalbrüchen

Seite 70

Dezimalbrüche werden stellenweise addiert (subtrahiert), d. h. „Komma unter Komma".

$$\begin{array}{r} 0{,}265 \\ +\ 1{,}372 \\ \scriptstyle 1 \\ \hline 1{,}637 \end{array} \qquad \begin{array}{r} 1{,}34 \\ -\ 0{,}25 \\ \hline 1{,}09 \end{array}$$

Multiplizieren von Brüchen

Seite 76

Zwei **Brüche** werden **multipliziert,** indem man **Zähler mit Zähler** und **Nenner mit Nenner** multipliziert.

$$\frac{4}{7} \cdot \frac{2}{9} = \frac{4 \cdot 2}{7 \cdot 9} = \frac{8}{63}$$

Dividieren von Brüchen

Seite 80

Man dividiert eine Zahl durch einen Bruch, indem man mit seinem Kehrbruch multipliziert.

Multiplikation

$$\frac{3}{4} : \frac{2}{3} = \frac{3}{4} \cdot \frac{3}{2} = \frac{3 \cdot 3}{4 \cdot 2} = \frac{9}{8}$$

Kehrbruch

Potenzen mit negativen Exponenten

Seite 84

Potenzen mit negativen ganzzahligen Exponenten kann man als Brüche mit Zähler 1 schreiben.

$$\left(\frac{1}{2}\right)^{-1} = \frac{1}{\frac{1}{2}} = 2 \qquad 3^{-2} = \frac{1}{3^2} = \frac{1}{9}$$

Multiplizieren von Dezimalbrüchen

Seite 86

Dezimalbrüche werden zunächst ohne Komma miteinander multipliziert. Dann wird das Komma gesetzt: Der Produktwert muss ebenso viele Dezimalen haben wie beide Faktoren zusammen.

$$\begin{array}{r} 123 \cdot 36 \\ \hline 369 \\ 738 \\ \scriptstyle 1\,1 \\ \hline 4428 \end{array}$$

$$1{,}\underbrace{23}_{\text{2 Dezimalen}} \cdot 3{,}\underbrace{6}_{\text{1 Dezimale}} = 4{,}\underbrace{428}_{\text{3 Dezimalen}}$$

2 Dezimalen + 1 Dezimale = 3 Dezimalen

Dividieren von Dezimalbrüchen

Seite 88

Durch eine gleichsinnige Kommaverschiebung wird erreicht, dass der **Divisor** eine natürliche Zahl ist. Dann dividiert man wie bei natürlichen Zahlen.
Beim Überschreiten des Kommas im Dividenden wird das Komma im Ergebnis gesetzt.

$$1{,}248 : 0{,}8 = 12{,}48 : 8 = 1{,}56$$

$$\begin{array}{l} 12{,}48 : 8 = 1{,}56 \\ \underline{-8} \\ \ \ 44 \\ \underline{-40} \\ \ \ \ \ 48 \\ \ \ \underline{-48} \\ \ \ \ \ \ \ 0 \end{array}$$

Komma setzen

Am Ziel!

Aufgaben zur Einzelarbeit

Überprüfe deine Fähigkeiten und Kompetenzen. Bearbeite dazu die folgenden Aufgaben und bewerte anschließend deine Lösungen mit einem Smiley.

☺	😐	☹
Das kann ich **wirklich gut!**	Das kann ich **fast!**	Das muss ich **noch üben!**

1 Erkläre anhand eines Beispiels den Begriff „Hauptnenner" und seine Bedeutung beim Bruchrechnen.

2 Berechne die Termwerte.

a) $\frac{5}{8} + \frac{5}{6}$ **b)** $18\frac{2}{3} - 10\frac{3}{4}$ **c)** $9\frac{7}{12} + 14\frac{11}{20}$

3 Berechne die Termwerte möglichst geschickt.

a)
1. 1,66 € + 3,83 € + 1,78 € + 2,34 € + 1,22 €
2. 11,7 kg + 120 g + 2,30 kg + 1,88 kg − 5,98 kg
3. 72,6 m − 637 dm + 15 cm + 34 m + 8,5 dm

b)
1. (12,45 m + 3,4 m) + (23,55 m + 66 dm)
2. 100 s − 1,5 min + 2,1 s + 2,1 min
3. 0,5 ℓ + 2,8 ℓ − 330 mℓ + 7,5 ℓ − 0,67 ℓ

c)
1. 1,7 kg − $\frac{1}{2}$ kg + 0,64 kg − 140 g − 1,7 kg
2. 0,5 a + 345 m^2 − 1278 dm^2 + 17,5 m^2
3. 3,7 cm + 1,03 dm − $\frac{1}{100}$ m + $\frac{1}{4}$ cm

4 Veranschauliche die Produkte durch Rechtecke.

a) $\frac{1}{2} \cdot \frac{2}{3}$ **b)** $\frac{3}{8} \cdot \frac{1}{6}$ **c)** $\frac{3}{5} \cdot \frac{2}{7}$

5 Berechne die Termwerte und kürze vollständig.

a) $4 \cdot \frac{2}{3}$; $\frac{3}{8} \cdot 2$; $8 \cdot \frac{7}{10}$

b) $2\frac{7}{8} \cdot \frac{1}{3}$; $\frac{5}{12} \cdot 3\frac{3}{7}$; $1\frac{2}{5} \cdot 1\frac{2}{3}$

c) $\frac{21}{25} : \frac{28}{45}$; $\frac{3}{144} : \frac{5}{48}$; $1\frac{5}{8} : 2^{-3}$

6 In einem Kartenspiel hat $\frac{1}{4}$ aller Karten Kreuz. $\frac{3}{8}$ aller Karten sind Bildkarten.

a) Berechne, welcher Anteil der Kreuzkarten ein Bild hat.

b) Ein Kartenspiel hat 32 Karten. Berechne, wie viele von ihnen Bildkarten sind.

7 In Afrika lebt etwa $\frac{1}{5}$ der Erdbevölkerung. $\frac{2}{11}$ der Afrikaner leben in Nigeria. Berechne, welcher Anteil der Erdbevölkerung in Nigeria lebt.

8 Alina bereitet Bänder von eineinhalb Meter Länge für einen ungarischen Bändertanz vor. Berechne, wie viele Bänder sie von einer 35-m-Rolle erhält und wie lang das Reststück ist.

9 Berechne den Termwert.

a) 0,34 · 10; 0,111 · 100; 1000 · 1,0068; 0,01 · 10 000

b) 17 : 10; 0,5 : 100; 1,7 : 1000; 4,5 : 10 000

c) 1,51 · 2; 39,3 · 6; 3,0128 · 3; 0,007 · 49

d) 1,5 · 1,8; 1,5 · 0,18; 0,15 · 0,018; 15 · 0,18

e) 16,25 · 0,25; 22,5 · 0,36; 103,6 · 102,6; 0,081 · 0

f) 0,459 : 8,5; 0,045 : 0,5; 406,77 : 5,25; 9 : 0,015

10 Stelle zunächst eine Gleichung auf und berechne dann die gesuchte Zahl.

a) Multiplizierst du die gesuchte Zahl mit $1\frac{3}{4}$, so erhältst du die Summe aus 0,2 und $5\frac{2}{5}$.

b) Subtrahierst du 3 von der gesuchten Zahl, so erhältst du die Summe aus $\frac{17}{21}$ und dem Produkt aus $1\frac{1}{7}$ und $0,\overline{3}$.

c) Dividierst du die Summe aus 3,05 und 0,35 durch die gesuchte Zahl, so erhältst du die Differenz aus 70,1 und 27,6.

11 Berechne jeweils den Wert des Terms möglichst vorteilhaft.

a) $\left(\frac{1}{4} \cdot \frac{3}{5} + \frac{5}{6} : \frac{2}{3}\right) : 1\frac{2}{3}$ **b)** $(1 - 0{,}6)^3 \cdot \left(\frac{5}{4}\right)^{-2}$

c) $\left(3{,}2 - 1\frac{1}{2}\right) : 0{,}034 + \left(0{,}39 : \frac{3}{4} - 0{,}104 : 0{,}2\right)$

d) $[(0{,}8^2 + 0{,}93 : 3{,}1) : 4{,}7 - 4^{-2}] : 0{,}01375$

12 Berechne die Umfangslängen und die Flächeninhalte der Figuren.

a)

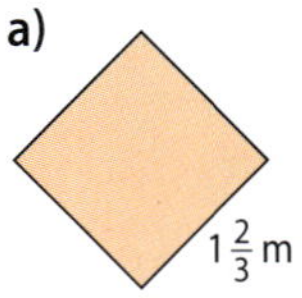

b)

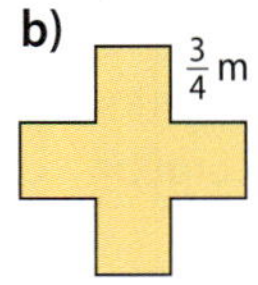

c)

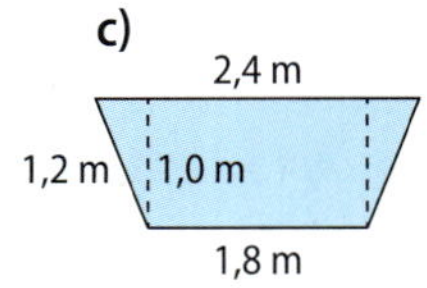

Arbeitsschritte

Aufgaben für Lernpartner

1. Bearbeite die folgenden Aufgaben zuerst allein.
2. Suche dir einen Partner oder eine Partnerin und arbeitet zusammen weiter: Erklärt euch gegenseitig eure Lösungen. Korrigiert fehlerhafte Antworten.

Sind folgende Behauptungen richtig oder falsch? Begründe.

A Johannes behauptet: „Die wichtigste Regel in der Bruchrechnung lautet: Zähler zusammenrechnen und Nenner zusammenrechnen. Das klappt immer."

B Bei der Addition und Subtraktion von Dezimalbrüchen rechnet man zuerst ohne Berücksichtigung der Kommas. Das Ergebnis hat so viele Nachkommastellen wie der größere Dezimalbruch.

C „Von" bedeutet in der Mathematik immer „mal".

D Bei der Division durch einen Bruch kann man den Kehrbruch des Dividenden oder des Divisors nehmen.

E Alle Zahlen haben einen Kehrbruch.

F Der Wert eines Quotienten ist stets kleiner als der Dividend.

G $0{,}25 \cdot 100 = 250 : 10$

H Potenzen haben immer einen größeren Wert als ihre Basis.

I Das Ergebnis von $132{,}2 \cdot 0{,}45$ hat zwei Nachkommastellen.

J Wie bei der Division von Dezimalbrüchen lassen sich auch bei der Multiplikation immer durch Kommaverschiebung natürliche Zahlen herstellen.

K Bei der Multiplikation von Brüchen muss man zuerst einen gemeinsamen Nenner suchen und die Brüche darauf erweitern.

L Der Hauptnenner zweier Brüche ist immer das Produkt ihrer beiden Nenner.

M Bei größeren Rechnungen werden Klammern grundsätzlich zuerst gerechnet.

N Potenzen mit negativen ganzzahligen Exponenten kann man als Brüche mit dem Zähler 1 schreiben.

Ich kann …	„Am Ziel!"-Aufgaben	Hilfe
… Brüche addieren und subtrahieren.	1, 2, A, L	S. 66
… Dezimalbrüche addieren und subtrahieren.	3, B	S. 70
… Brüche multiplizieren und dividieren.	4, 5, 6, 7, 8, A, C, D, E, F, K	S. 76, 80
… Potenzen mit negativen Exponenten berechnen.	11, H, N	S. 84
… Dezimalbrüche multiplizieren und dividieren.	9, C, F, G, I, J	S. 86, 88
… komplizierte Terme strukturieren und berechnen.	10, 11, M	S. 90
… Rechengesetze auch in Sachzusammenhängen anwenden.	12	S. 90

4 Startklar!

Aufgabe	Ich kann schon …	Grundwissen
1, 2	… Flächeneinheiten sinnvoll verwenden und umrechnen.	S. 210
3	… den Flächeninhalt von Rechtecken und Quadraten berechnen. Bei zusammengesetzten Figuren verwende ich die Strategie des Zerlegens oder Ergänzens.	S. 210
4, 5	… den Oberflächeninhalt von Quadern und Würfeln berechnen.	S. 210

1 Gib zu den Flächen jeweils eine sinnvolle Flächeneinheit an.

2 Wandle jeweils in die in Klammern angegebene Einheit um.

a) 243 mm² [cm²]
1045 a [m²]
365 302 m² [km²]

b) 1,45 cm² [dm²]
0,308 dm² [cm²]
4,1 a [m²]

c) 318,09 cm² [m²]
4023,11 a [dm²]
392,1 mm² [dm²]

3 Bestimme jeweils den Flächeninhalt und berechne die Umfangslänge der Figur.

Hilfslinien können dir helfen.

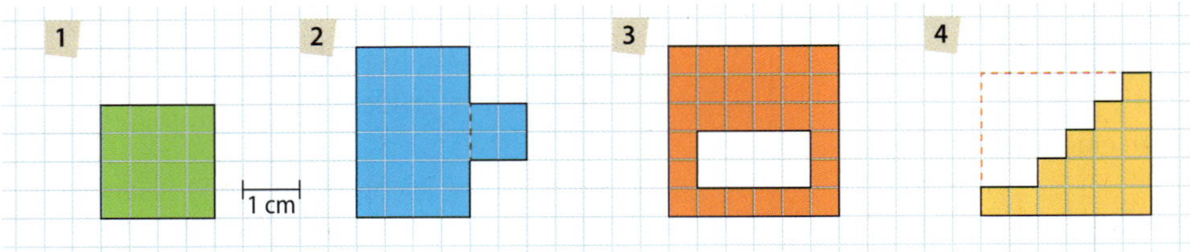

4 Zeichne vier verschiedene Rechtecke und zwei nicht rechteckige Figuren mit dem Flächeninhalt 12 cm².

5 Berechne jeweils den Oberflächeninhalt der abgebildeten Körper.

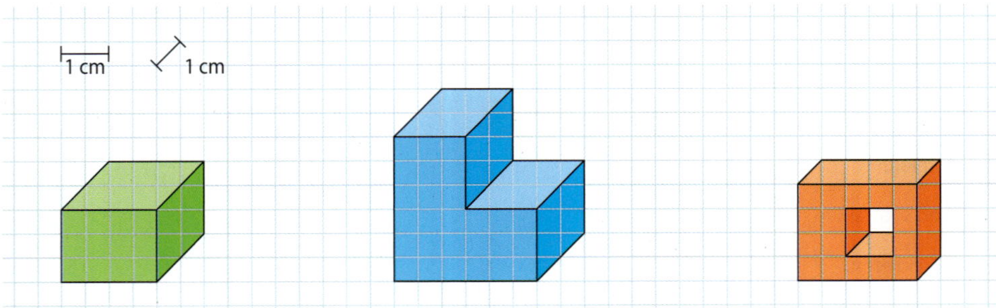

6 Ein Würfel (Kantenlänge 4 cm) wird in acht gleiche Würfel zerlegt. Finde rechnerisch heraus, ob die Oberflächeninhalte der kleinen Würfel zusammen größer, gleich oder kleiner als der Oberflächeninhalt des ursprünglichen Würfels sind.

4 Flächeninhalte

Einstieg

- Beschreibe die Formen der Felder auf dem Bild.
- Welches gelbe Feld ist wohl am größten? Erkläre deine Vermutung.

Ausblick

Am Ende dieses Kapitels hast du gelernt, …

- … wie man den Flächeninhalt von Parallelogrammen, Dreiecken und Trapezen berechnet.
- … wie man den Oberflächeninhalt von einfachen Körpern bestimmt.

Historische Ecke

Mediencode
61046-27

4 Entdecken

Kap. 4.1

Nicht gleich und doch gleich?

Die beiden Abbildungen zeigen zwei Strategien, die man anwenden kann, um zu beweisen, dass zwei Figuren den gleichen Flächeninhalt haben.

1

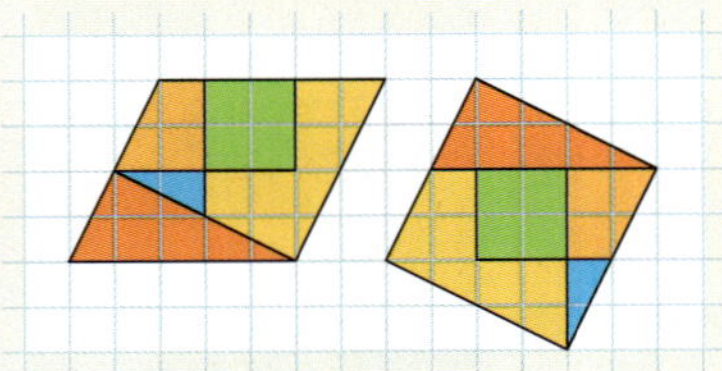

2

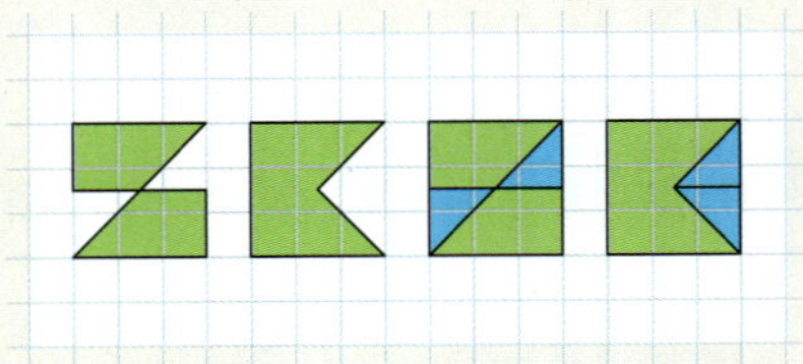

- Beschreibe die beiden Strategien.
- Erfinde selbst Beispiele, bei denen du diese Strategien anwenden kannst.

Kap. 4.1

Streifen-Schlange

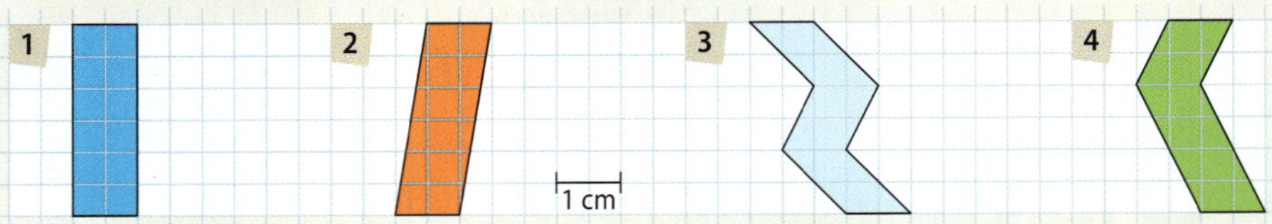

- Ermittle den Flächeninhalt jeder der vier Figuren. Erkläre dein Vorgehen.
- Bestimme den Flächeninhalt des am Rand abgebildeten gelben Streifens möglichst geschickt.
- Überlege, ob sich deine Beobachtung auf die Berechnung des Flächeninhalts eines beliebigen Parallelogramms übertragen lässt.

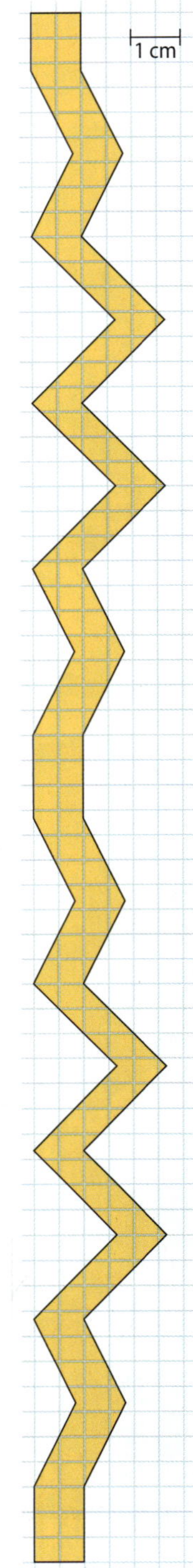

Kap. 4.2

Zaubertrick?

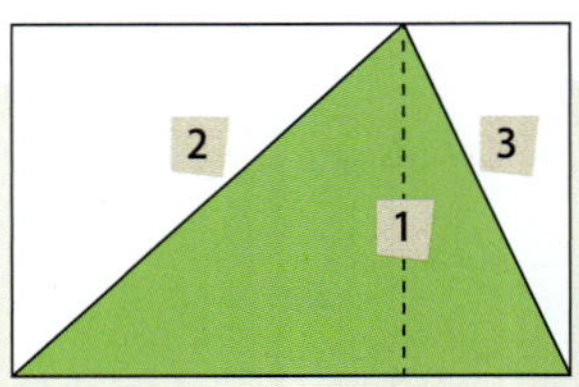

Ceyda faltet einen rechteckigen Streifen Papier (8 cm lang, 5 cm breit) entlang einer beliebigen Linie parallel zu den kurzen Seiten. Es entsteht die Faltlinie 1, die sie wieder auseinanderfaltet. Dann faltet sie die Linien 2 und 3 und faltet auch diese Linien wieder auseinander.
Sie sagt: „Ich kenne jetzt den Flächeninhalt des Dreiecks in der Mitte!"

- Falte wie Ceyda ein Dreieck und bestimme seinen Flächeninhalt.
- Überlege, wie man den Flächeninhalt eines beliebigen Dreiecks berechnen kann.

Kap. 4.2

Verblüffend …

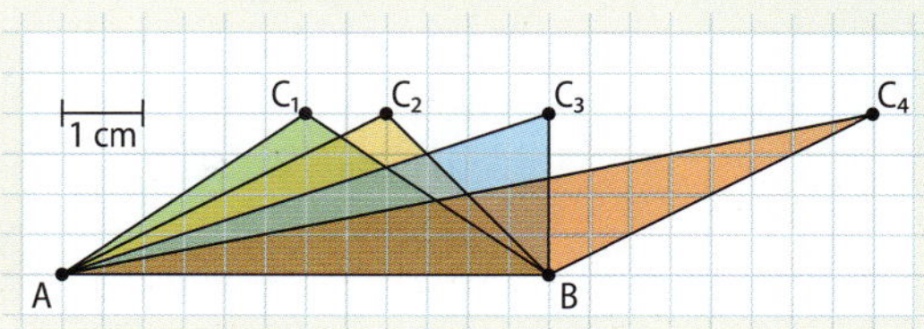

- Schätze zunächst, welches der Dreiecke den größten Flächeninhalt hat.
- Zeichne die Dreiecke ABC_1, ABC_2 und ABC_3 in dein Heft und bestimme jeweils seinen Flächeninhalt. Erkläre dein Vorgehen und deine Beobachtung.
- Bestimme möglichst geschickt den Flächeninhalt des Dreiecks ABC_3.

Kap. 4.3

Verwandlungen

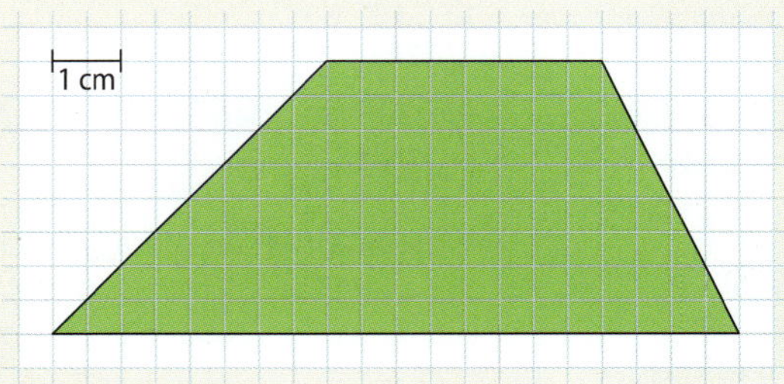

Übertrage das abgebildete Trapez dreimal auf einen dünnen Karton.

- Verwandle eines davon durch Zerschneiden und Zusammenlegen in ein Parallelogramm, eines in ein Rechteck und das dritte in ein Dreieck.
- Bestimme den Flächeninhalt des Trapezes.

Kap. 4.4

Papierverbrauch

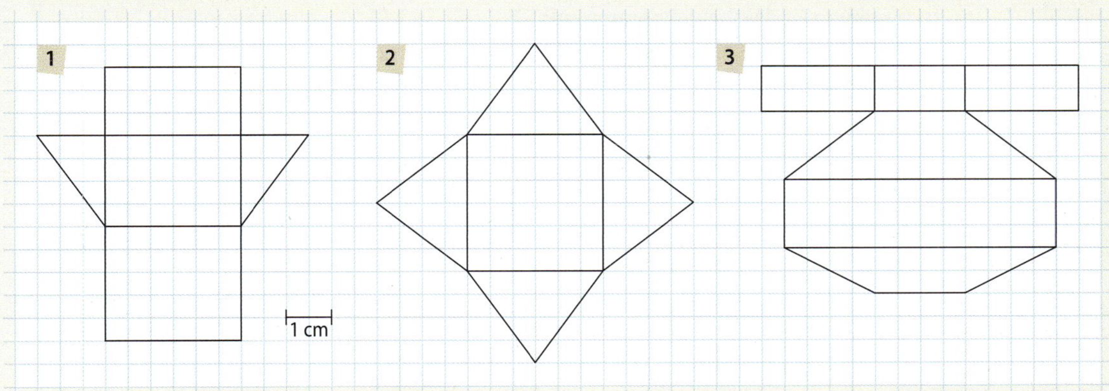

- Die Abbildung zeigt die Netze von drei Körpern. Zeichne sie auf ein Karopapier im Maßstab 2:1 ab und finde heraus, um welche Körper es sich handelt.
- Schätze, für welchen Körper du das meiste Papier benötigt hast. Überprüfe deine Schätzung mithilfe einer geeigneten Rechnung.

4.1 Flächeninhalt eines Parallelogramms

Entdecken

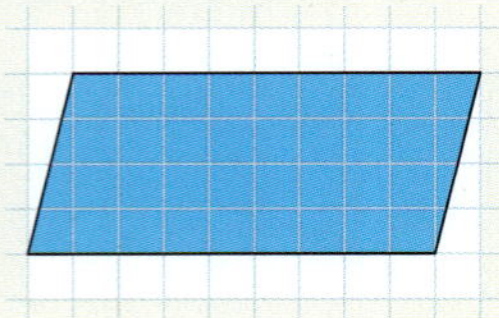

Gesucht ist der Flächeninhalt des abgebildeten Parallelogramms.

- Zeichne das Parallelogramm auf Karopapier und schneide es aus.
- Finde Zerlegungen des Parallelogramms, so dass du die Teilstücke zu einem Rechteck zusammensetzen kannst.
- Finde Möglichkeiten, ein Rechteck so zu zerschneiden und die Teilstücke neu zusammenzulegen, dass du ein Parallelogramm erhältst.

Verstehen

Nicht nur das oben abgebildete Parallelogramm, sondern jedes beliebige Parallelogramm lässt sich so in zwei Teilstücke zerlegen, dass man diese zu einem Rechteck zusammensetzen kann. Dieses Rechteck hat denselben Flächeninhalt wie das ursprüngliche Parallelogramm.

*Mit **Höhe** kann sowohl eine Strecke als auch deren Länge gemeint sein.*

Strategie: geschickt zerlegen

Erklärvideo
Mediencode
61046-28

Ein **Parallelogramm** ist ein Viereck, bei dem **gegenüberliegende Seiten parallel** und gleich lang sind.

Der Abstand paralleler Seiten heißt **Höhe** des Parallelogramms.

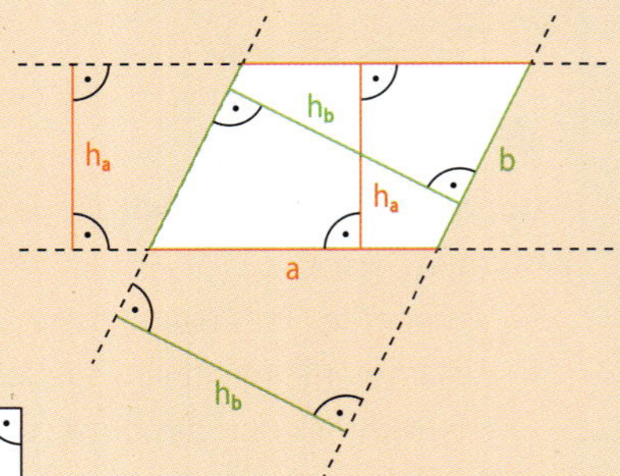

Flächeninhalt des Parallelogramms: $\mathbf{A = g \cdot h}$

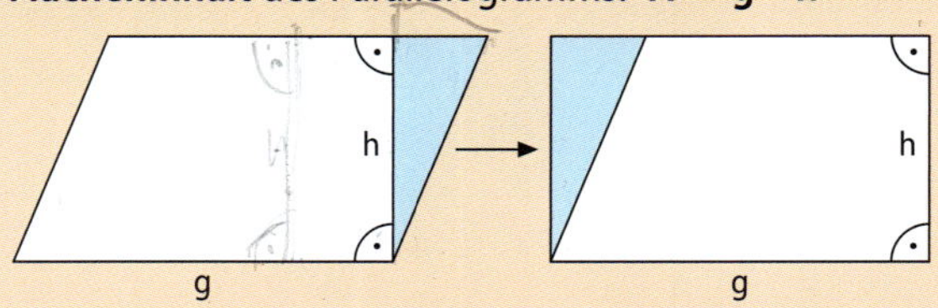

Beispiel

I. Gegeben ist das Parallelogramm ABCD mit A (3 | 1), B (9 | 1), C (6 | 5) und D (0 | 5).

a) Berechne seinen Flächeninhalt.

b) Bestimme die Höhe h_b über der Grundseite b.

c) Bestimme seine Umfangslänge.

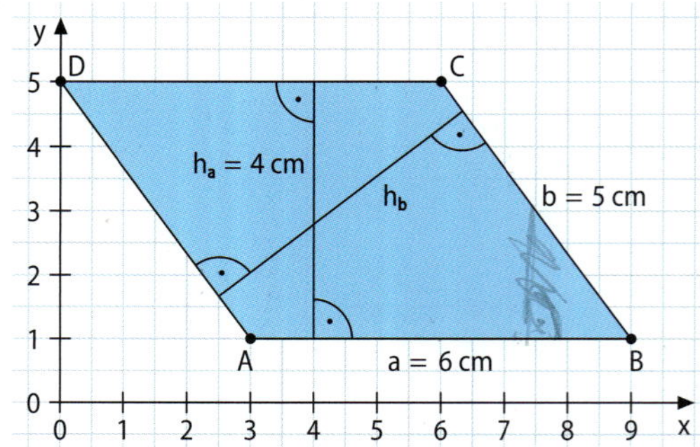

Lösung:

a) $a = 6\,\text{cm};\ h_a = 4\,\text{cm}$

$A_P = a \cdot h_a = 6\,\text{cm} \cdot 4\,\text{cm} = 24\,\text{cm}^2$

b) $h_b = A_P : b$

$h_b = 24\,\text{cm}^2 : 5\,\text{cm} = 4{,}8\,\text{cm}$

c) $U_P = 2 \cdot a + 2 \cdot b = 2 \cdot 6\,\text{cm} + 2 \cdot 5\,\text{cm} = 22\,\text{cm}$

II. Begründe, dass jede Raute (jedes Quadrat) ein Parallelogramm ist.

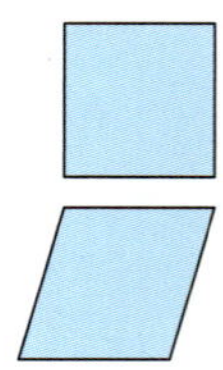

Lösung:

Bei einer Raute sind alle vier Seiten und damit auch die gegenüberliegenden Seiten gleich lang. Daher ist jede Raute ein Parallelogramm. Da jedes Quadrat eine Raute ist, ist auch jedes Quadrat ein Parallelogramm.

- Begründe oder widerlege: Ein Fußballfeld hat die Form eines Parallelogramms.
- Jakob ist der Meinung, dass der Flächeninhalt eines Parallelogramms das Produkt aus seinen beiden Seitenlängen ist. Beurteile, ob das richtig ist.

Nachgefragt

Aufgaben

1 Bestimme jeweils den Flächeninhalt und die Umfangslänge des Parallelogramms.

a)
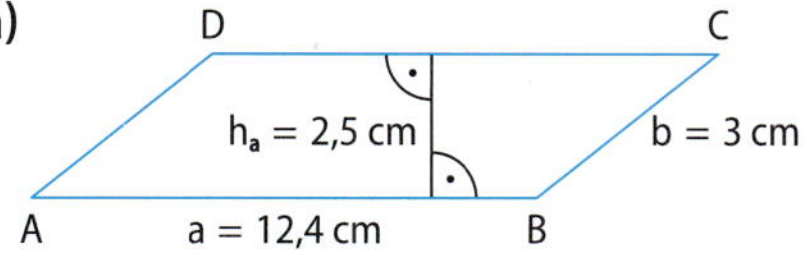

b)
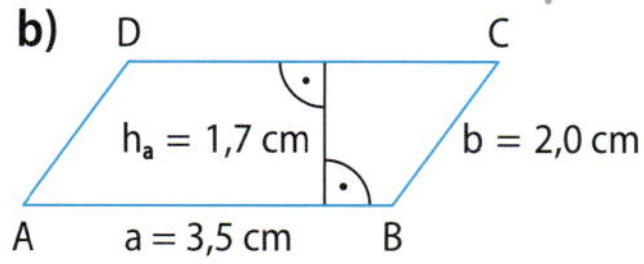

c)
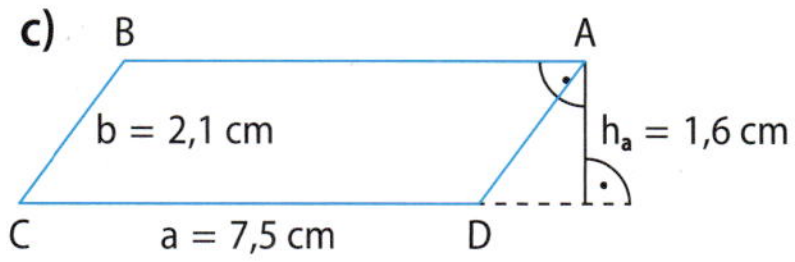

d)
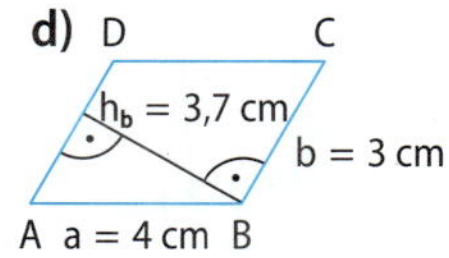

2 Zeichne jeweils das Parallelogramm in ein Koordinatensystem und berechne seinen Flächeninhalt im Kopf. Miss die dafür notwendigen Längen und markiere sie farbig.

a) A(3|7); B(4|2); C(9|4); D(8|9)
b) E(3|6); F(9|1); G(12|6); H(6|11)
c) I(2|11); J(13|7); K(13|10); L(2|14)
d) M(2|1); N(6|0); O(5|1); P(1|2)
e) Q(2,5|7); R(4|9); S(−2|11); T(−3,5|9)
f) U(−2|1); V(2|4); W(0|5,5); X(−4|2,5)

3 Anna und Tobias berechnen die fehlende Seitenlänge des Parallelogramms PAUL:

Anna:

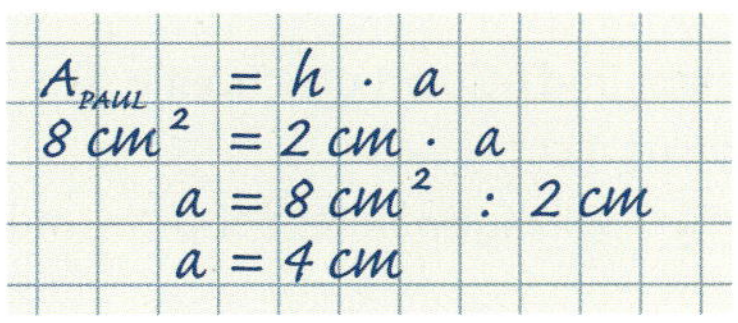

Tobias:

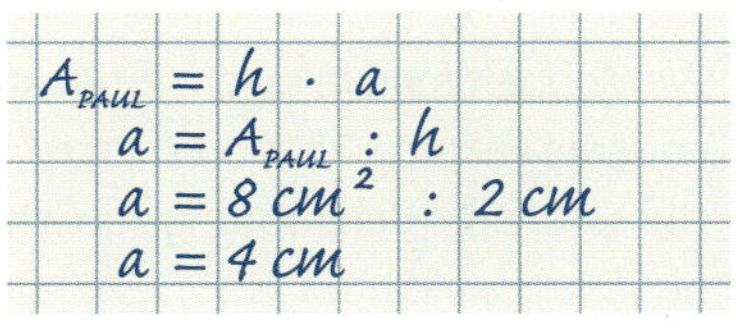

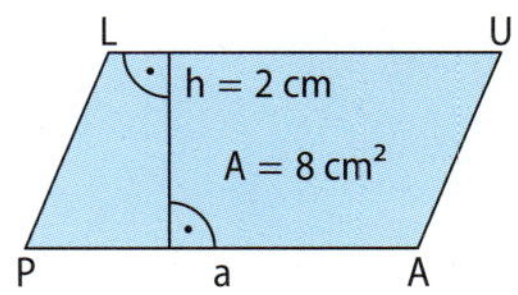

a) Vergleiche die Vorgehensweisen von Anna von Tobias.

b) Entscheide dich für einen der beiden Rechenwege und berechne bei den folgenden Parallelogrammen jeweils die fehlende Größe.

1
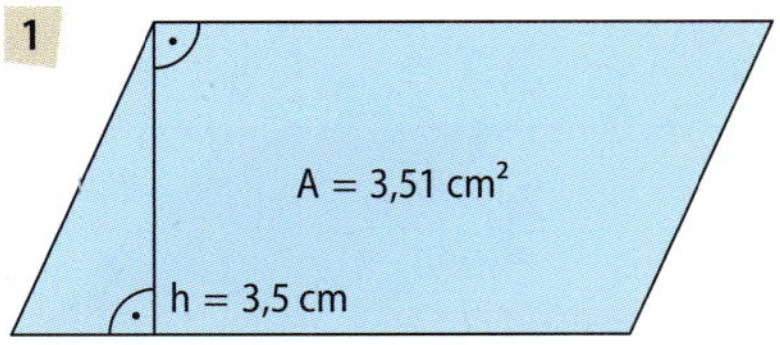

2
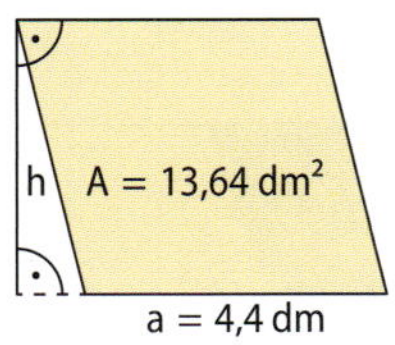

c) Übertrage die Tabelle in dein Heft und berechne jeweils die drei fehlenden Größen eines Parallelogramms.

Parallelogramm	1	2	3	4	5	6
Seitenlänge a	6 cm	10 cm	12 m	8,4 cm	8 cm	15 m
zugehörige Höhe h_a	5 cm		7,5 m	5 cm	7,5 cm	
Seitenlänge b	7,5 cm	16 cm		4,2 cm		11 m
zugehörige Höhe h_b			10 m			
Flächeninhalt		80 cm²				1,65 a
Umfangslänge					36 cm	

Lösungen zu 3c) (Maßzahlen)
4; 5; 6; 8; 9; 10; 11; 15; 25,2; 27; 30; 42; 52; 60; 90

Skizze:

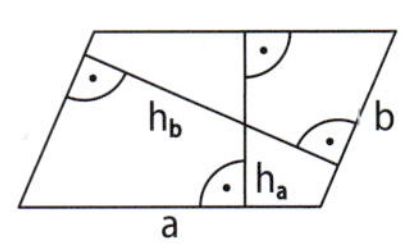

4 Zeichne vier verschiedene Parallelogramme über einer Grundlinie der Länge 5 cm, die alle den Flächeninhalt 15 cm^2 besitzen.

5 Berechne, welcher Anteil des Streifens grün ist.

6 Begründe, dass das Rechteck SUED und das Parallelogramm NORD denselben Flächeninhalt besitzen.

7 Zeichne mithilfe deines Geodreiecks und deines Zirkels mindestens fünf verschiedene Parallelogramme mit den Seitenlängen 5 cm und 4 cm.

a) Ermittle bei jedem dieser Parallelogramme die Umfangslänge und den Flächeninhalt. Bestimme das Parallelogramm mit dem größten Flächeninhalt.

b) Zeichne bei jedem der Parallelogramme die beiden Diagonalen ein und miss dann sowohl die Längen der beiden Diagonalen wie auch die Winkel, unter denen die beiden Diagonalen einander schneiden.

8 **a)** „Verdoppelt man in einem Produkt den einen Faktor und halbiert gleichzeitig den anderen Faktor, so ändert sich der Wert des Produkts nicht."
Überprüfe die Behauptung zunächst anhand einiger selbstgewählter Beispiele und begründe sie dann.

b) Überlege, wie die Überlegungen aus Teilaufgabe a) auf die Formel für die Berechnung des Flächeninhalts eines Parallelogramms übertragen werden können.

c) Beschreibe, worin sich die drei Parallelogramme unterscheiden und was sie gemeinsam haben.

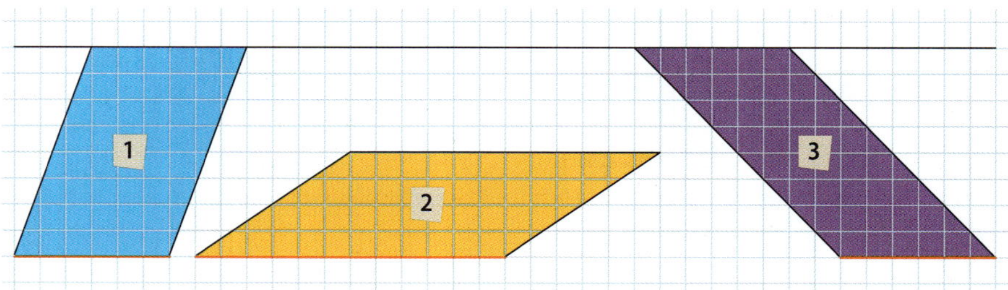

9 Berechne den Flächeninhalt A_{CLAUDI} des Sechsecks CLAUDI auf mindestens zwei verschiedene Arten.

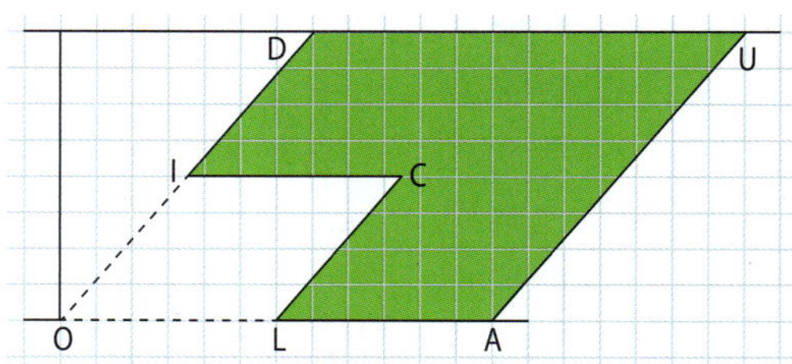

10 Die Punkte K (−4 | −4), L (2 | −4), U (5 | 3) und der Punkt G, dessen x-Koordinate negativ ist, bilden das Parallelogramm KLUG.

a) Zeichne das Parallelogramm in ein Koordinatensystem ein und bestimme die Koordinaten des Punktes G.

b) Ermittle den Flächeninhalt des Parallelogramms KLUG.

c) Finde heraus, wie viel Prozent der Parallelogrammfläche ungefähr im I. und II. Quadranten liegt.

11 Im Hamburger Fischereihafen steht das Dockland. Dieses Gebäude sieht aus wie eine große Yacht, die Fassade erinnert aber stark an ein Parallelogramm.
Schätze ab, wie viele Quadratmeter Glas wohl für die Fassade verwendet worden sind. Lege deiner Schätzung zugrunde, dass jedes der fünf Stockwerke etwa 5 m hoch ist.

12 Ein Werkzeugkasten hat mehrere Fächer. Dabei kann man die oberen verschieben, so dass man an die unteren gelangen kann. Überlege, wie der Mechanismus funktionieren muss, damit die Fächer immer horizontal liegen. Finde verschiedene Möglichkeiten.

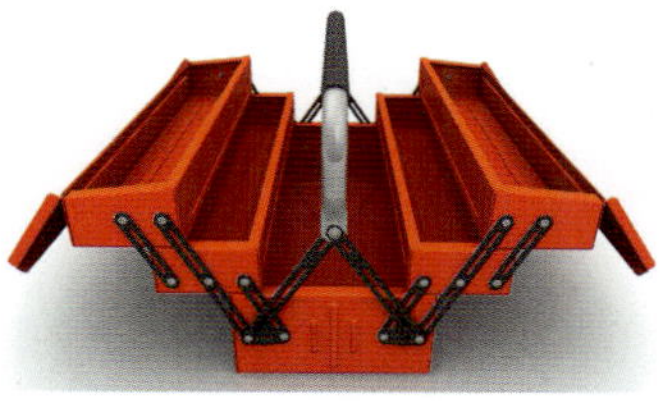

13 Tanja berechnet den Flächeninhalt der roten Figur folgendermaßen:

$$\begin{aligned} A_{rot} &= A_1 + A_2 \\ &= g \cdot h_1 + g \cdot h_2 \\ &= g \cdot (h_1 + h_2) \\ &= g \cdot h \end{aligned}$$

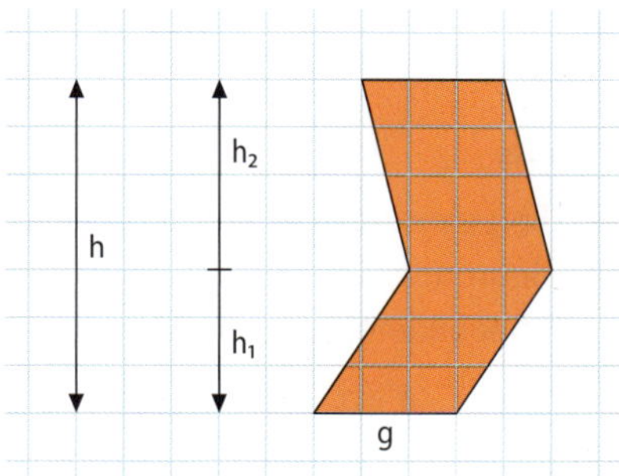

1 Erkläre ihre Rechnung.

2 Interpretiere Tanjas Ergebnis geometrisch.

14 Der Flächeninhalt der Figur **1** beträgt 2 cm².

a) Ermittle für jede der ersten zehn Figuren den Flächeninhalt, wenn das Muster in gleicher Weise fortgesetzt wird.

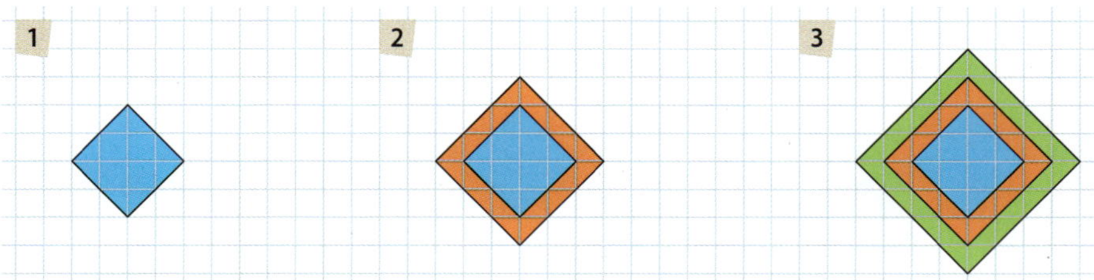

b) Gib bei den ersten zehn Figuren aus Teilaufgabe a) an, um wie viel der Flächeninhalt von Figur zu Figur zunimmt.

c) Finde eine allgemeine Formel für den Flächeninhalt der n-ten Figur.

Entdecken

- Zeichne ein Parallelogramm auf Karopapier und bestimme seinen Flächeninhalt.
- Zerschneide nun das Parallelogramm entlang einer Diagonalen. Bestimme den Flächeninhalt der dadurch entstehenden Dreiecke.
- Versuche allgemein, eine Formel für den Flächeninhalt eines Dreiecks anzugeben.

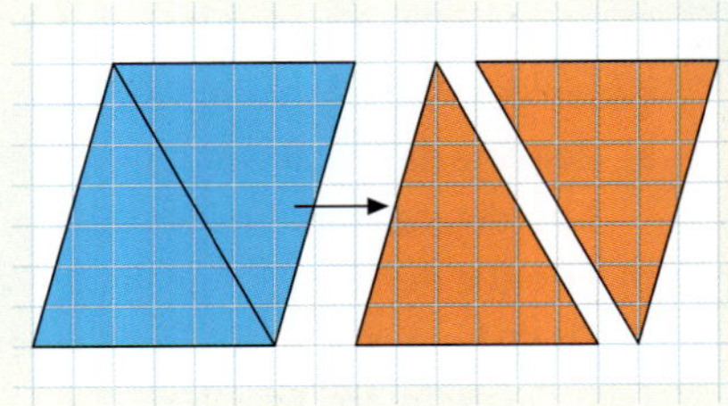

Verstehen

Nicht nur das oben abgebildete Parallelogramm, sondern jedes beliebige Parallelogramm lässt sich in zwei deckungsgleiche Dreiecke zerlegen. Umgekehrt kann man jedes Dreieck zu einem Parallelogramm mit doppeltem Flächeninhalt ergänzen.

*Mit **Höhe** kann sowohl die Strecke als auch deren Länge gemeint sein.*

Für den **Flächeninhalt A eines Dreiecks** gilt:

$A = \frac{1}{2} \cdot \text{Grundseite} \cdot \text{zugehörige Höhe}$ oder kurz: $\mathbf{A = \frac{1}{2} \cdot g \cdot h}$.

Die Höhe ist dabei der Abstand einer Dreiecksecke von der gegenüberliegenden Seite.

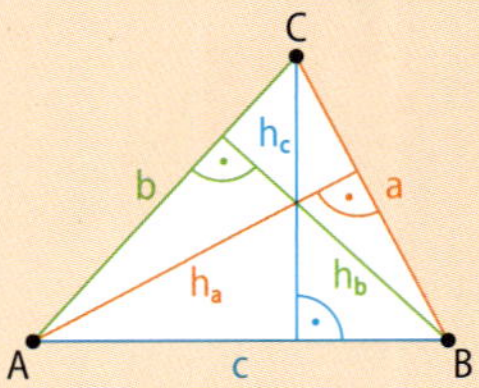

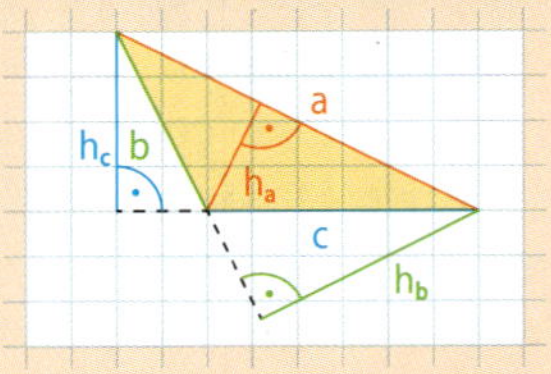

$$A = \frac{1}{2} \cdot a \cdot h_a = \frac{1}{2} \cdot b \cdot h_b = \frac{1}{2} \cdot c \cdot h_c$$

Erklärvideo
Mediencode
61046-29

Beispiele

I. **a)** Berechne den Flächeninhalt eines Dreiecks mit a = 3 cm und h_a = 1,6 cm.

b) Begründe, dass für den Flächeninhalt des abgebildeten rechtwinkligen Dreiecks gilt:
$A = \frac{1}{2} \cdot a \cdot b$.

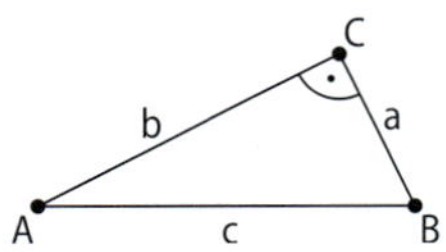

Lösung:

a) $A = \frac{1}{2} \cdot a \cdot h_a = \frac{1}{2} \cdot 3\,\text{cm} \cdot 1{,}6\,\text{cm} = 2{,}4\,\text{cm}^2$

b) Da die Seiten a und b senkrecht aufeinander stehen, ist die Seite a die Höhe auf die Seite b und umgekehrt, also: $a = h_b$ und $b = h_a$.
Somit gilt für den Flächeninhalt des Dreiecks: $A = \frac{1}{2} \cdot a \cdot h_a = \frac{1}{2} \cdot a \cdot b$.

Veranschaulichung durch Ergänzung zu einem Rechteck:

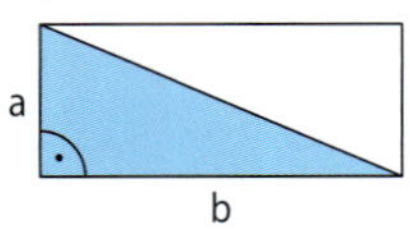

II. Vergleiche den Flächeninhalt der Dreiecke, ohne ihn zu berechnen.

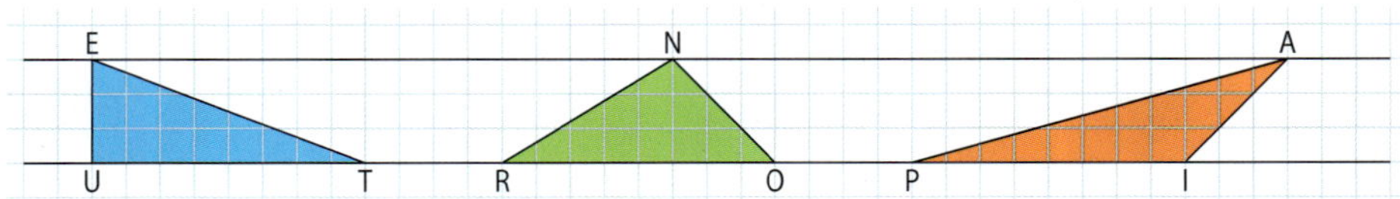

Lösung:
Die drei Dreiecke haben denselben Flächeninhalt, da sie dieselbe Grundseitenlänge g (8 Kästchen) und dieselbe Höhe h (3 Kästchen) haben. Damit hat das Produkt $A = \frac{1}{2} \cdot g \cdot h$ bei jedem der Dreiecke denselben Wert.

- Widerlege folgende Aussage: „Ein Dreieck hat nur eine Höhe."
- Zeichne ein Dreieck, bei dem eine Seite und die zugehörige Höhe gleich lang sind.

Nachgefragt

Aufgaben

1 Übertrage das Dreieck jeweils in dein Heft. Zeichne alle Höhen ein und bestimme den Flächeninhalt auf verschiedene Arten.

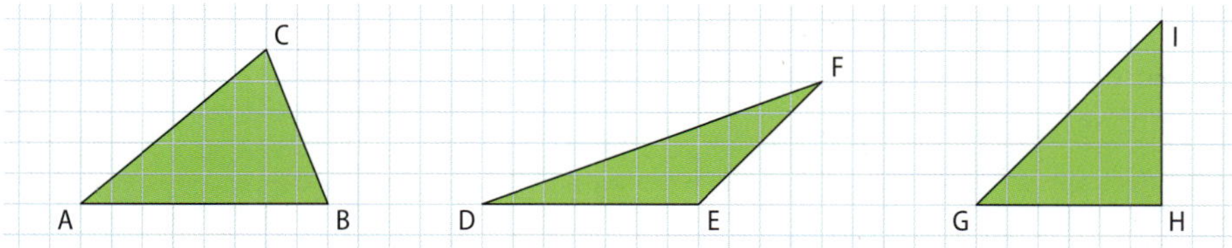

2 Berechne jeweils den Flächeninhalt des abgebildeten Dreiecks ABC.

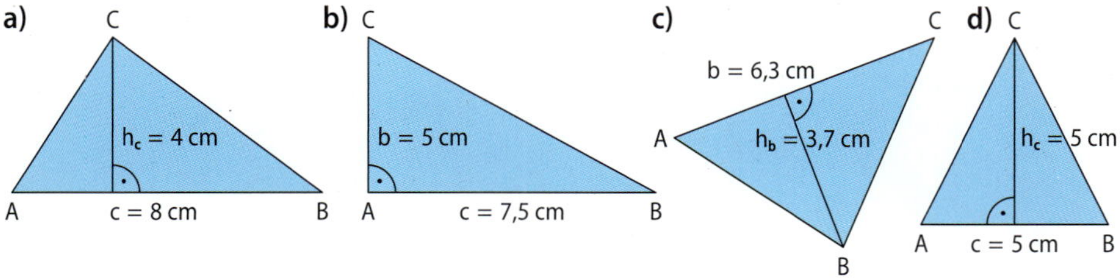

3 Zeichne mindestens drei verschiedene (rechtwinklige) Dreiecke mit Flächeninhalt 6 cm².

4 Tatjana berechnet die Höhe des abgebildeten Dreiecks:

$$A_\Delta = \frac{1}{2} \cdot g \cdot h$$
$$17{,}5\ \text{cm}^2 = \frac{1}{2} \cdot 7\ \text{cm} \cdot h$$
$$17{,}5\ \text{cm}^2 = 3{,}5\ \text{cm} \cdot h$$
$$h = 17{,}5\ \text{cm}^2 : 3{,}5\ \text{cm}$$
$$h = 5\ \text{cm}$$

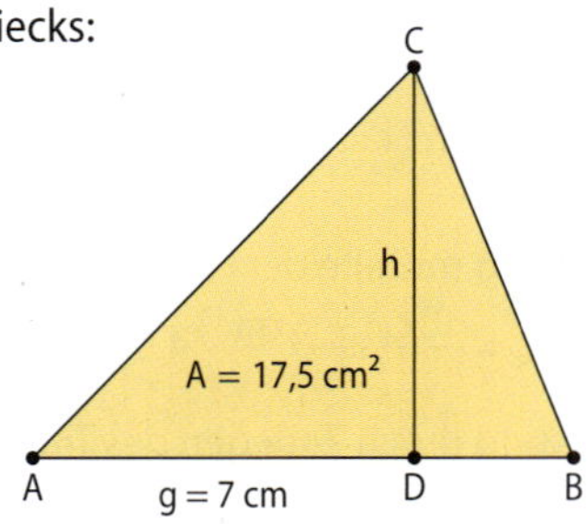

a) Erkläre Tatjanas Rechenweg.
b) Berechne jeweils die fehlende Größe, indem du wie Tatjana die Flächenformel benutzt.

	a)	b)	c)	d)	e)	f)	g)
Seitenlänge	5 cm		8,8 m	12,5 dm	34 m		0,25 dm
zugehörige Höhe	7 cm	12 cm		8 dm		800 m	32 cm
Flächeninhalt		60 cm²	121 m²		91,8 a	3,2 ha	

5 Jede Seite des Quadrats VIER ist 6 cm lang. Der Punkt L ist Mittelpunkt der Seite $\overline{VI}$; der Punkt A ist Mittelpunkt der Seite $\overline{RV}$. Berechne den Flächeninhalt des Dreiecks LEA und gib an, welchen Bruchteil der Quadratfläche das Dreieck LEA einnimmt. Erkläre deine Strategie.

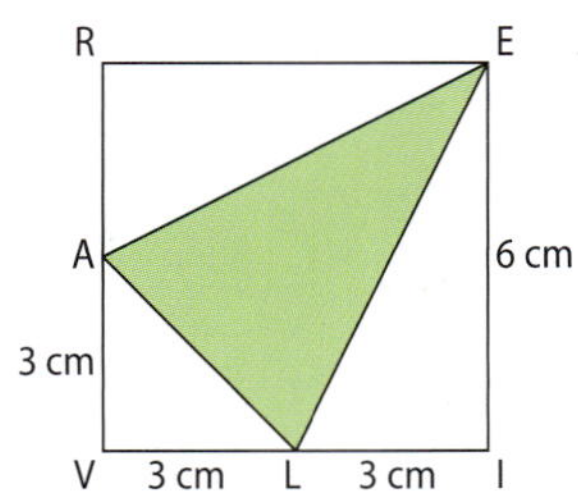

Entdecken

- Übertrage das abgebildete Trapez auf ein Karopapier.
- Bestimme den Flächeninhalt dieses Trapezes. Erinnere dich dabei an Zerlegungs- und Ergänzungsstrategien. Finde mehrere Möglichkeiten.

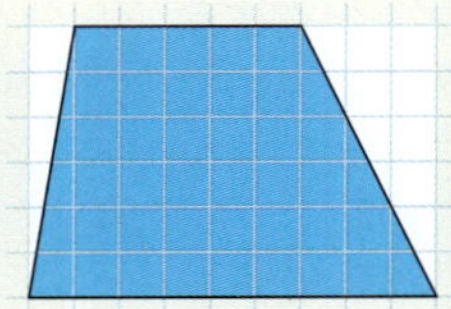

Verstehen

Nicht nur das abgebildete Trapez, sondern jedes beliebige Trapez lässt sich mithilfe eines deckungsgleichen Trapezes zu einem Parallelogramm ergänzen. Dies kann man für seine Flächenberechnung ausnutzen.

Erklärvideo
Mediencode
61046-30

Ein **Trapez** ist ein Viereck mit **zwei parallelen Seiten**. Die beiden parallelen Seiten heißen **Grundseiten** des Trapezes.

Flächeninhalt:

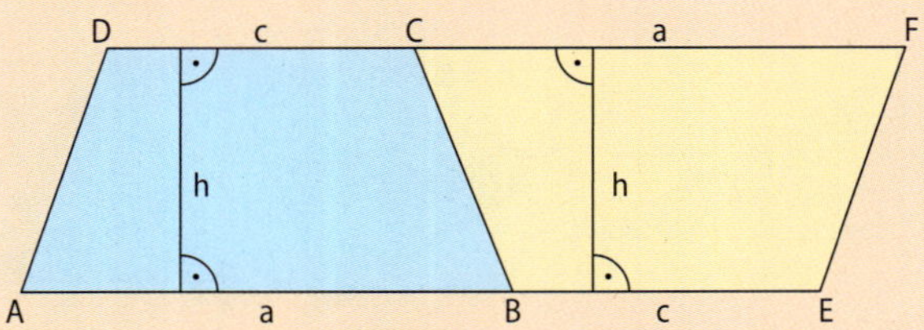

$$A_{ABCD} = \frac{1}{2} \cdot A_{AEFD}$$
$$= \frac{1}{2} \cdot (a + c) \cdot h$$

Es gilt somit: $\mathbf{A_{Trapez} = \frac{a + c}{2} \cdot h}$

Beispiele

I. Bestimme den Flächeninhalt des Trapezes SPUR auf zwei Arten.

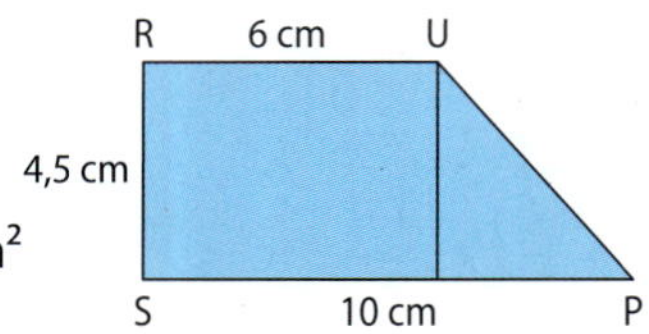

1 **Lösung** mithilfe der Flächenformel:

$A_{Trapez} = \frac{10\text{ cm} + 6\text{ cm}}{2} \cdot 4{,}5\text{ cm} = 8\text{ cm} \cdot 4{,}5\text{ cm} = 36\text{ cm}^2$

2 **Lösung** durch Zerlegen des Trapezes SPUR:

$A_{Trapez} = A_{Rechteck} + A_{Dreieck} = 6\text{ cm} \cdot 4{,}5\text{ cm} + (4\text{ cm} \cdot 4{,}5\text{ cm}) : 2$
$= 27\text{ cm}^2 + 18\text{ cm}^2 : 2 = 27\text{ cm}^2 + 9\text{ cm}^2 = 36\text{ cm}^2$

II. a) Begründe, dass die Trapeze denselben Flächeninhalt haben.
b) Erläutere die Bedeutung der roten Linie.

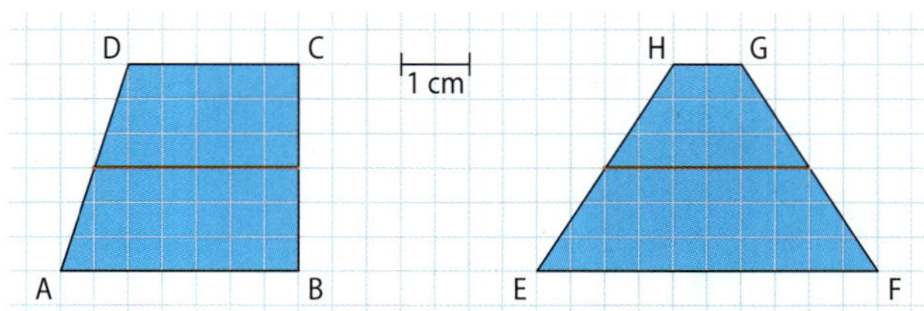

Lösung:

a) Die Trapeze haben dieselbe Höhe (3 cm). Außerdem gilt:

$A_{ABCD} = \frac{|\overline{AB}| + |\overline{DC}|}{2} \cdot h = \frac{3{,}5\text{ cm} + 2{,}5\text{ cm}}{2} \cdot 3\text{ cm} = 9\text{ cm}^2$

$A_{EFGH} = \frac{|\overline{EF}| + |\overline{HG}|}{2} \cdot h = \frac{5\text{ cm} + 1\text{ cm}}{2} \cdot 3\text{ cm} = 9\text{ cm}^2 = A_{ABCD}$

b) Die rote Linie hat bei beiden Trapezen dieselbe Länge. Ihre Länge ist der Mittelwert aus den Längen der beiden parallelen Trapezseiten.

Nachgefragt

- Max behauptet: „Jedes Parallelogramm ist ein Trapez.“ Überlege, ob Max Recht hat, und begründe.
- Tanja meint: „Wenn man zwei deckungsgleiche Trapeze zu einem Parallelogramm zusammenlegt, dann verdoppelt sich sowohl der Flächeninhalt als auch die Umfangslänge.“ Überlege, ob Tanja Recht hat, und begründe.

Aufgaben

1

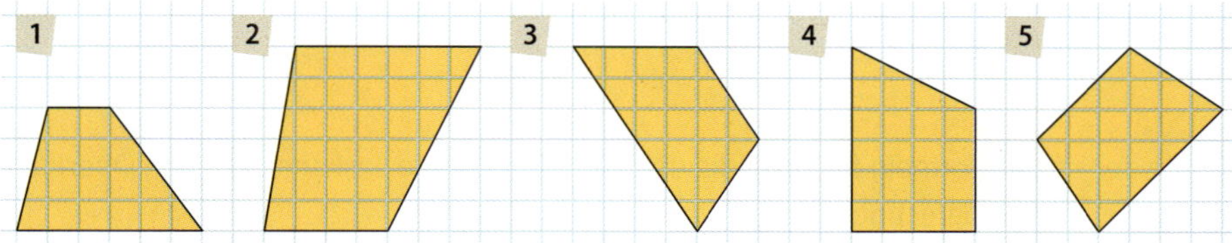

a) Übertrage die Trapeze jeweils in dein Heft. Markiere die Grundseiten rot und zeichne eine Höhe h grün ein.

b) Miss die nötigen Längen und bestimme den Flächeninhalt und die Umfangslänge.

2 Zeichne die Trapeze jeweils in ein Koordinatensystem und bestimme sowohl ihren Flächeninhalt als auch ihre Umfangslänge.

a) A(−4|−1); B(2|−1); C(4|3); D(0|3)

b) A(2|−2); B(10|0); C(4|2); D(0|1)

c) A(−3|−1,5); B(1|−3); C(1|4,5); D(−3|2)

d) A(3|0); B(7|−2); C(5|6); D(2|4)

3 Berechne jeweils die fehlende Größe des Trapezes mithilfe der Flächenformel.

	a)	b)	c)	d)	e)	f)
Seitenlänge a	6 cm	4,5 cm	12 dm		27 dm	z. B.
Seitenlänge c	4 cm	5,4 cm	18 dm	16,8 m	9,3 m	z. B.
Höhe h	2 cm	5 cm		21,4 m		70 m
Flächeninhalt			135 dm^2	7,49 a	6 m^2	0,63 ha

4 Ein Hausdach soll neu gedeckt werden.

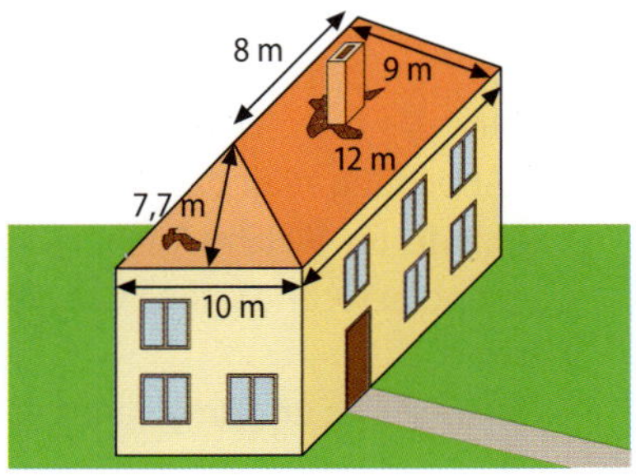

a) Berechne, wie viel das Decken des Dachs kostet, wenn die Firma für den Quadratmeter 90 € berechnet.

b) Pro Quadratmeter werden 35 Dachziegel benötigt. Ein Ziegel wiegt 1,8 kg. Überprüfe rechnerisch, ob ein Lkw mit 15 t Zuladung alle Dachziegel transportieren kann.

5 Ayse überlegt sich anhand einer Zeichnung, wie sie den Flächeninhalt des gelben Trapezes bestimmen kann.

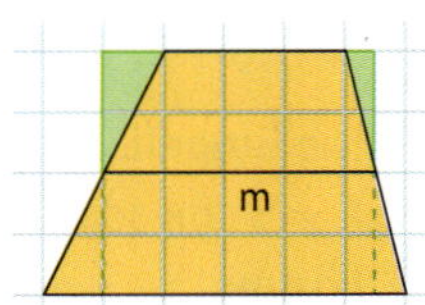

a) Beschreibe die geometrische Lage der Strecke m bezüglich des Trapezes.

b) Erkläre Ayses Zeichnung. Begründe, wie man unter Verwendung der Länge der Strecke m den Flächeninhalt des Trapezes ermitteln kann.

Entdecken

Tanja war mit ihrer Mutter einkaufen.

- Sortiere die Verpackungen und lass deine Nachbarin oder deinen Nachbarn herausfinden, nach welchem Kriterium du sortiert hast.
- Schätze die notwendigen Maße und zeichne jeweils ein Netz des Körpers.
- Überlege, wie du die Größe der Verpackung jeweils berechnen kannst.

Verstehen

Mithilfe der Flächenformeln für Dreiecke und bestimmte Vierecke kann man den Oberflächeninhalt vieler Körper berechnen.

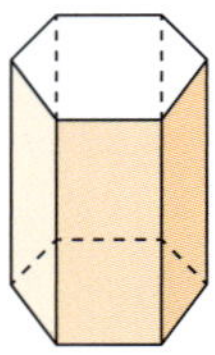

sechsseitiges Prisma

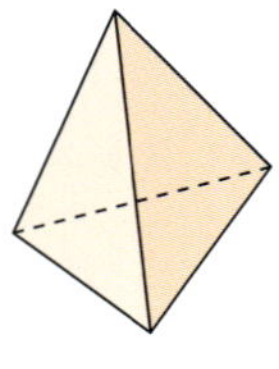

dreiseitige Pyramide

Ein Körper, dessen Grund- und Deckfläche deckungsgleiche Dreiecke, Vierecke, Fünfecke usw. sind und dessen Seitenflächen Rechtecke sind, heißt **gerades Prisma**.

Beispiel: dreiseitiges Prisma

Netz eines dreiseitigen Prismas:

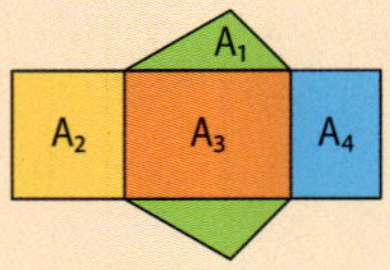

$A_{Prisma} = 2 \cdot A_1 + A_2 + A_3 + A_4$

Eine **Pyramide** hat als Grundfläche ein Vieleck. Die Seitenflächen sind Dreiecke.

Beispiel: vierseitige Pyramide

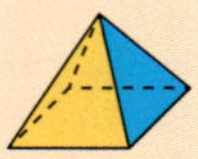

Netz einer vierseitigen Pyramide:

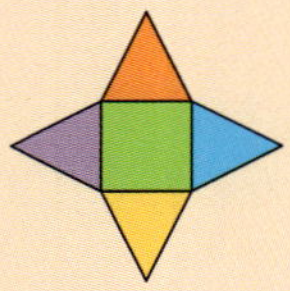

$A_{Pyramide} = A_{Quadrat} + 4 \cdot A_{Dreieck}$

Der Flächeninhalt des Netzes ist jeweils der **Oberflächeninhalt** des Körpers.

Erklärvideo
Mediencode 61046-31

Beispiele

I. Die Abbildung zeigt das Netz eines Körpers. Begründe, um welche Art von Körper es sich handelt, und berechne seinen Oberflächeninhalt A.

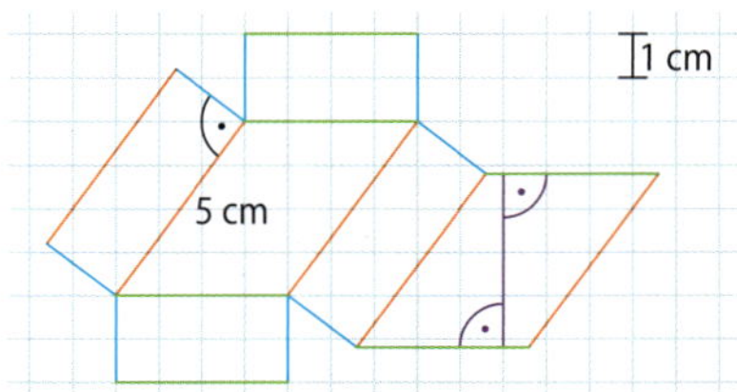

Lösung:
Es handelt sich um ein gerades Prisma, dessen Grund- und Deckfläche Parallelogramme sind.
Oberflächeninhalt: $A = 2 \cdot 4\,cm \cdot 4\,cm + 2 \cdot 4\,cm \cdot 2\,cm + 2 \cdot 5\,cm \cdot 2\,cm$
$= 32\,cm^2 + 16\,cm^2 + 20\,cm^2 = 68\,cm^2$

II. Die Grundfläche des abgebildeten Quaders hat eine Seitenlänge von $a = 3$ cm; sein Oberflächeninhalt beträgt 78 cm². Berechne seine Höhe.

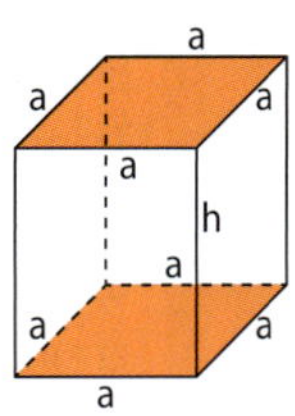

Lösung:
$A = 2 \cdot (3\,cm)^2 + 4 \cdot 3\,cm \cdot h$
$78\,cm^2 = 18\,cm^2 + 12\,cm \cdot h$, also $60\,cm^2 = 12\,cm \cdot h$ und somit
$h = 60\,cm^2 : 12\,cm = 5\,cm$

- Begründe, dass jeder Quader ein Prisma ist, und überlege, ob auch die Umkehrung wahr ist.
- Zwei Prismen mit gleicher Höhe haben denselben Oberflächeninhalt. Begründe, ob dann auch die Grundflächen dieselbe Form haben.

Nachgefragt

Aufgaben

1 Gib bei jedem der vier Körper an, ob er ein gerades Prisma ist und aus welchen Flächen sein Netz besteht.

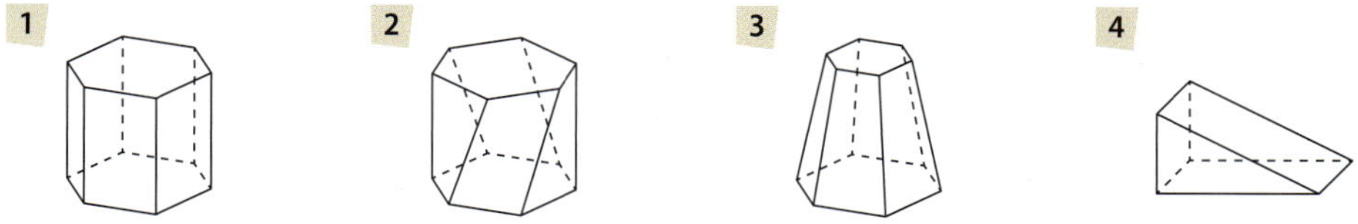

2 Finde heraus, zu welchen der fünf Würfel das dargestellte Netz passt, und begründe deine Auswahl.

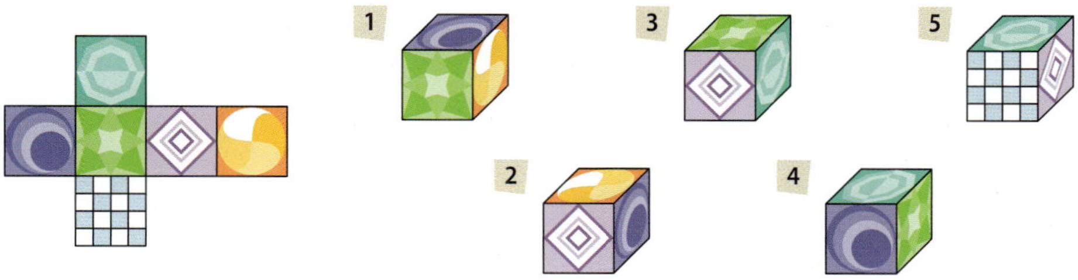

3 Ein dreiseitiges Prisma hat eine Höhe von 4 cm und einen Oberflächeninhalt von 90 cm^2.

a) Berechne den Inhalt seiner Grundfläche.

b) Zeichne die Netze von mindestens zwei weiteren Prismen mit gleichem Oberflächeninhalt und gleicher Höhe in dein Heft.

4 a) Zeichne ein Netz eines 12 cm hohen geraden Prismas, dessen Grund- und dessen Deckfläche jeweils ein Dreieck mit lauter Seiten der Länge 6 cm ist, im Maßstab 1:2 in dein Heft. Schätze, welchen Anteil eines DIN-A4-Blattes dieses Netz einnimmt. Hinweis: Jeder der Innenwinkel der beiden Dreiecke misst 60°.

b) Zeichne mindestens drei weitere Netze dieses Prismas im Maßstab 1:2 in dein Heft; von ihnen soll mindestens eines achsensymmetrisch sein.

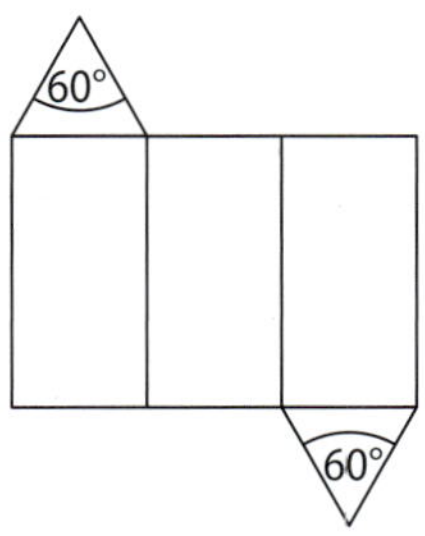

5 Der abgebildete Kirchturm wird renoviert. Dazu muss auch das Dach neu gedeckt werden.

a) Berechne die Höhe der Kosten, wenn 1 m^2 der neuen Dachfläche 210 € kostet.

b) Zu Planungszwecken soll ein Modell des Kirchturms aus Pappe im Maßstab 1:10 hergestellt werden. Berechne, wie viel cm^2 Pappe dafür mindestens benötigt werden. Finde heraus, ob ein DIN-A3-Bogen Pappe ausreichend ist.

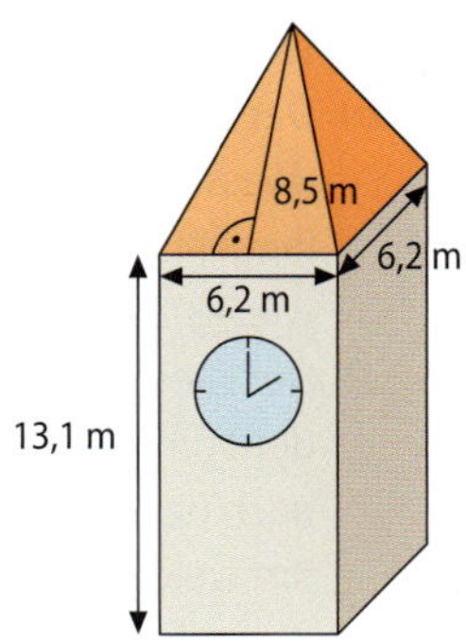

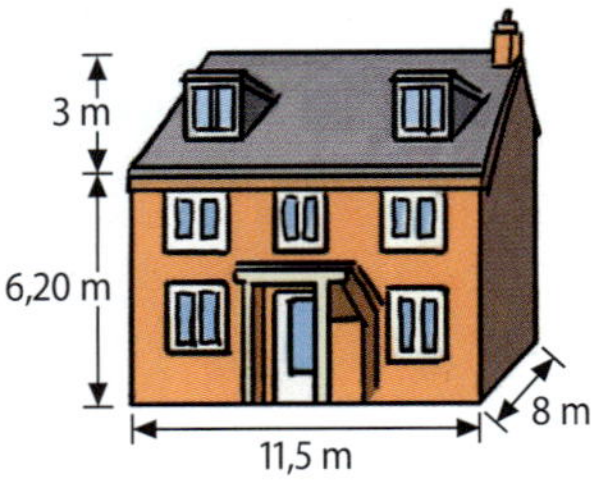

6 Familie Sauer möchte ihr Haus neu anstreichen lassen.

a) Berechne, wie groß die zu streichende Fläche ist, wenn ein Drittel der Außenfläche von Türen und Fenstern eingenommen wird.

b) Familie Sauer hat zwei Angebote eingeholt:

Malermeister Farbklecks
Stundenlohn: 43 €
Voraussichtliche Arbeitszeit: 12 h
Material: 7,80 € pro zu streichendem Quadratmeter
Anfahrt und Einrichtung der Baustelle: 340 €

Malermeister Simplicus
Bei uns zahlen Sie ganz einfach 10,60 € pro Quadratmeter Ihrer gesamten Hausfläche.
Damit sind alle Kosten erfasst.
Klare Kostenkalkulation!

Berate Familie Sauer, für welches Angebot sie sich entscheiden sollte.

7 Zum Hochwasserschutz wird ein 3,7 km langer Deich aufgeschüttet. Seine Querschnittsfläche ist ein Trapez, dessen Maße du der Skizze entnehmen kannst.

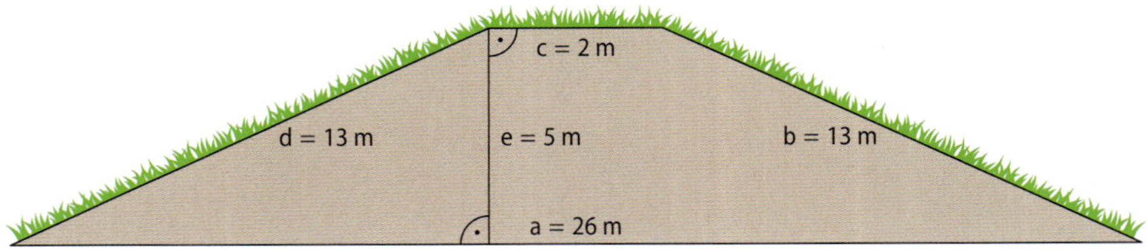

a) Berechne die Querschnittsfläche des Deiches.

b) Der Deich soll begrünt werden. Berechne, wie groß die gesamte Grünfläche ist.

c) Informiere dich (z. B. im Internet), warum an großen Deichflächen Schafe zum Schutz des Deiches eingesetzt werden.

8 In Skateparks findet man sogenannte „Pyramiden", auf denen die Skater ihre Tricks ausführen. Allerdings fehlt diesen Pyramiden die Spitze. Berechne, wie viel Stahlblech für diese Pyramide benötigt wird, wenn sie keine Spitze hat.

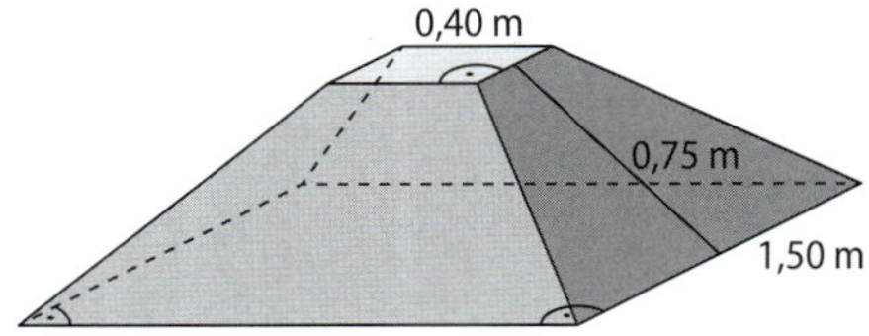

9 Das Schwimmbecken des städtischen Hallenbades muss neu gefliest werden. Das Becken ist 12 m breit und 50 m lang. Die Seitenfläche hat die abgebildete Form.

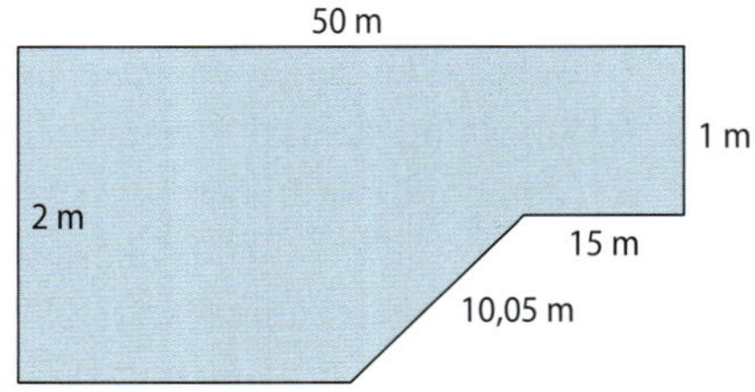

a) Berechne den Flächeninhalt der gesamten zu fliesenden Fläche.

b) Der Boden im Nichtschwimmerbereich (Wassertiefe 1 m) kann zugunsten einer langen Schwimmbahn auf ebenfalls 2 m Wassertiefe abgesenkt werden. Berechne, um wie viele Quadratmeter sich dadurch die Beckenwand vergrößert.

c) Der Fliesenleger rechnet bei 5 Arbeitern mit einer Arbeitszeit von 6 Tagen (zu je 8 Stunden) für das Verlegen der Fliesen auf dem Boden des Schwimmbeckens. Leider wird nach dem zweiten (nach dem dritten) Arbeitstag einer der Arbeiter krank. Berechne, um welche Zeit sich die Arbeiten dadurch verzögern, wenn man davon ausgehen kann, dass alle Arbeiter gleich schnell arbeiten.

10 Zum Pariser Kunstmuseum Louvre gelangt man über die berühmte Glaspyramide. Sie besteht aus vier deckungsgleichen Dreiecken, die jeweils gleich lange Seiten haben. Die Grundkante der Pyramide ist 35 m lang, die Höhe der Seitenflächen ist 27,8 m lang.

a) Berechne die Größe der gesamten Glasfläche.

b) Auf dem Bild sieht man recht gut die Rauten, aus denen die Seitenflächen zusammengesetzt sind. Schätze die Zahl der Rauten. Bestimme den Flächeninhalt einer Glasraute.

c) Die Glasflächen bestehen aus Sicherheitsglas, das pro Quadratmeter ungefähr 92 kg wiegt. Berechne, wie schwer eine Glasraute (das Glas der gesamten Pyramide) ist.

Darstellung

Grundriss, Aufriss, Seitenriss

Um eine räumliche Darstellung von Körpern zu erhalten, stellt man sie häufig aus mehreren verschiedenen Richtungen betrachtet dar:

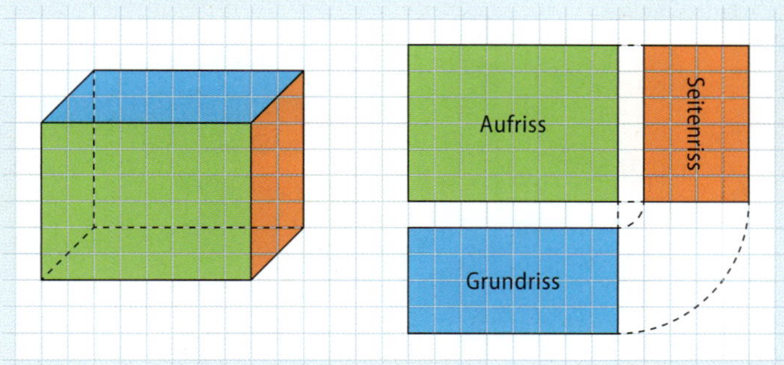

Der Grundriss zeigt, wie der Körper (senkrecht) von oben betrachtet aussieht.

Der **Aufriss** zeigt, wie der Körper von vorne betrachtet aussieht.

- Die Abbildungen  stellen Grundrisse von Körpern dar. Gib jeweils zwei Körper an, die den abgebildeten Grundriss haben.
- Toms Schwester hat folgende Körper aus Bauklötzen gebaut. Zeichne jeweils den Grundriss, den Aufriss und einen Seitenriss:

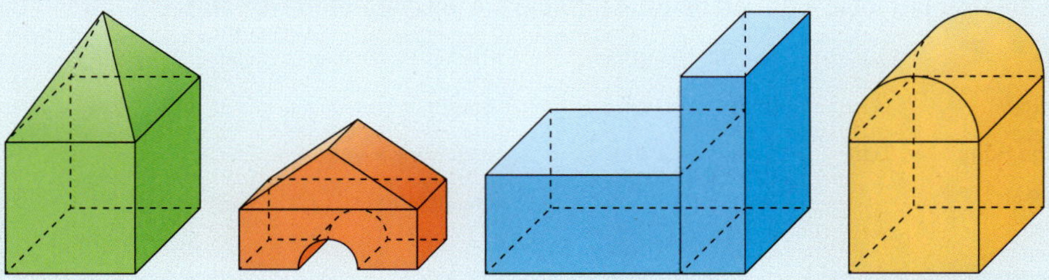

- Beschreibe den Körper, dessen Grundriss, Aufriss und die Ansicht von links abgebildet sind.

Grundriss:

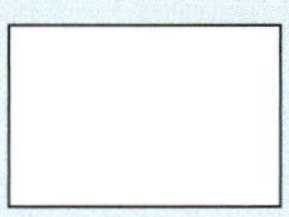

Aufriss:

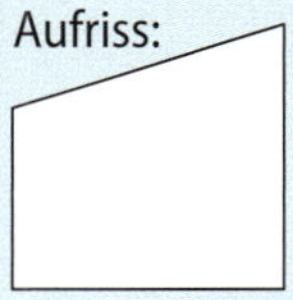

Ansicht von links:

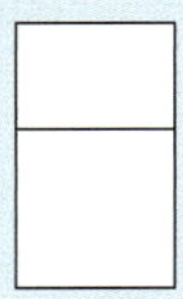

4 Trainingsrunde

Zu 4.1

1 Alle Figuren der gleichen Farbe haben jeweils den gleichen Flächeninhalt.

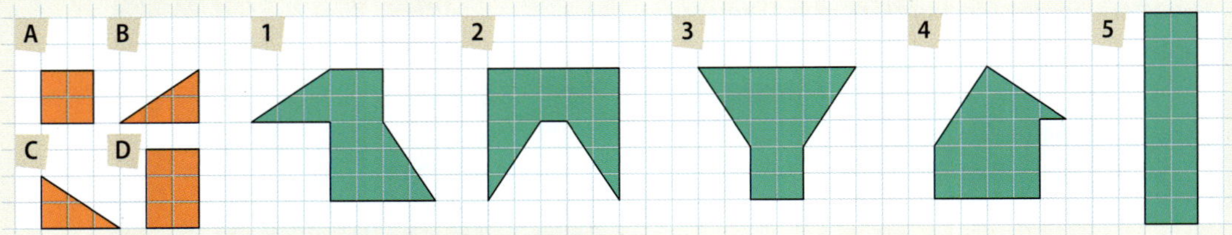

a) Übertrage die Figuren A–D in dein Heft und zerlege die Figuren jeweils in gleich große Teilflächen.
b) Begründe anhand der Zerlegung aus a), dass die Figuren A–D denselben Flächeninhalt haben.

a) Übertrage die Figuren 1 – 5 in dein Heft und ergänze sie jeweils zu gleich großen Rechtecken.
b) Zeichne ein Quadrat, das denselben Flächeninhalt hat wie die Figuren.

2 Berechne den Flächeninhalt der Parallelogramme und erläutere deine Ergebnisse.

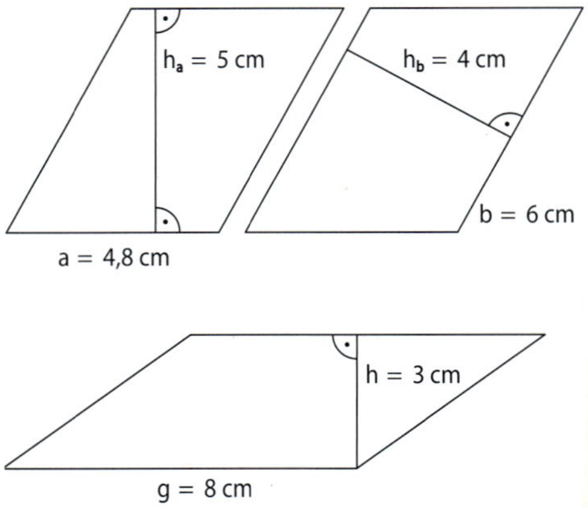

Durch zwei Grundstücke wird eine Straße gebaut.
a) Berechne, wie groß die Fläche ist, die jeder Eigentümer abgeben muss.
b) Berechne, wie groß die Grundstücke nach dem Bau der Straße sind.

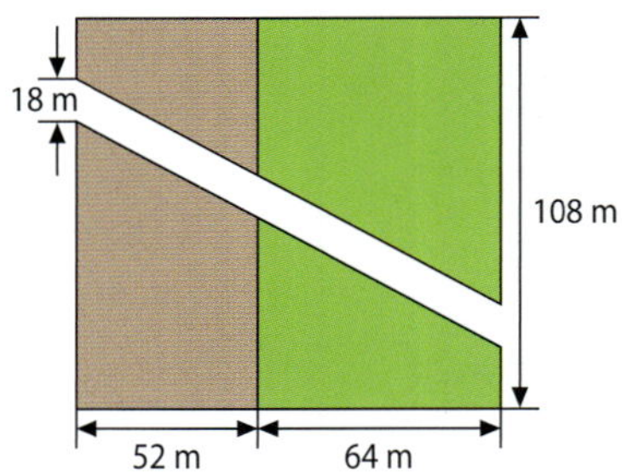

Zu 4.2

3 Übertrage die Tabelle in dein Heft und berechne jeweils die fehlende Größe des Dreiecks.

	a)	b)	c)
Seitenlänge	3 cm	17 m	7 cm
zugehörige Höhe	9 cm	18,3 m	35 mm
Flächeninhalt			

	a)	b)	c)
Seitenlänge		60 m	
zugehörige Höhe	2,5 cm		0,4 dm
Flächeninhalt	9 cm²	5,4 a	8 cm²

4 Begründe, warum die beiden grünen Dreiecke denselben Flächeninhalt haben, und berechne diesen.

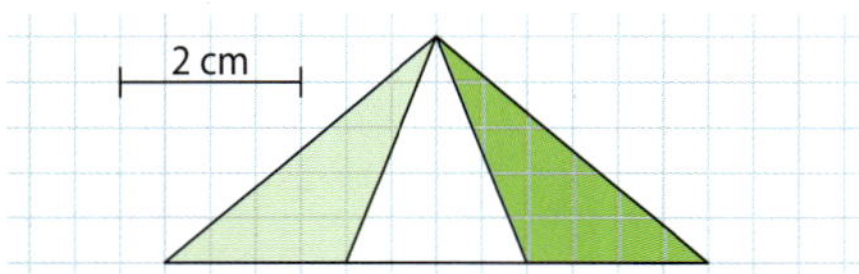

Gib an, wovon der Flächeninhalt des Dreiecks ABC abhängt, und nenne zwei Beispiele für Größen, von denen er nicht abhängt.

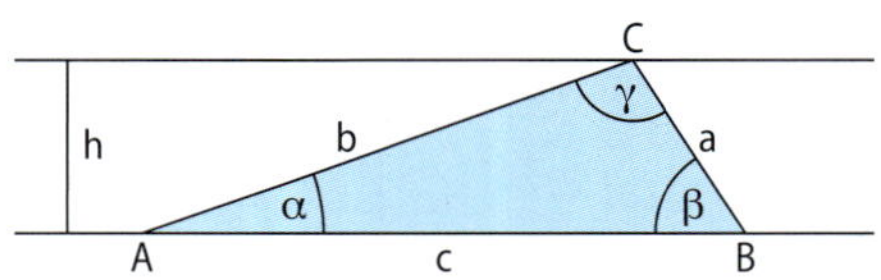

5 Die Abbildung zeigt ein Trapez und zwei verschiedene Zerlegungen dieses Trapezes.

Zu 4.3

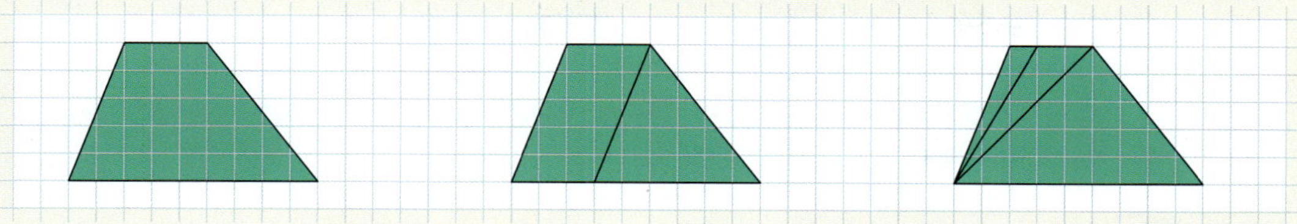

Berechne den Flächeninhalt des Trapezes …
a) mithilfe der Formel.
b) durch Zerlegung in Teilflächen.

a) Berechne den Flächeninhalt des Trapezes auf verschiedene Arten.
b) Leite durch die Zerlegung in Teilflächen die Flächenformel für das Trapez her.

6

Begründe, welche Aussagen richtig sind.
a) Wenn zwei Figuren deckungsgleich sind, dann haben sie denselben Flächeninhalt.
b) Wenn zwei Figuren denselben Flächeninhalt haben, dann sind sie deckungsgleich.
c) Wenn zwei Figuren dieselbe Form haben, dann haben sie denselben Flächeninhalt.

Die Höhen der abgebildeten Figuren sind gleich. Vergleiche ihre Flächeninhalte.

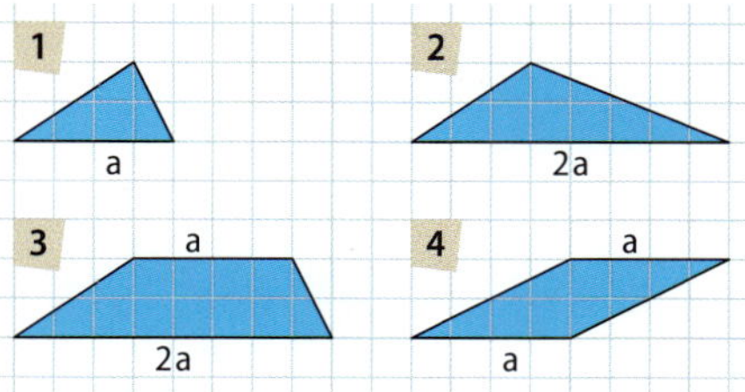

7 Finde heraus, welche der Abbildungen kein Netz eines geraden dreiseitigen Prismas darstellt, und begründe deine Meinung.

Zu 4.4

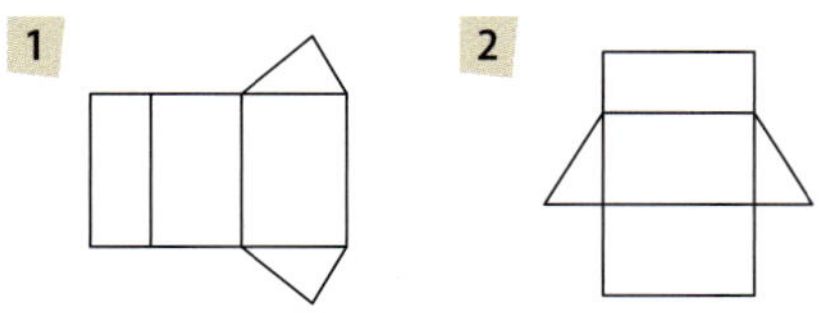

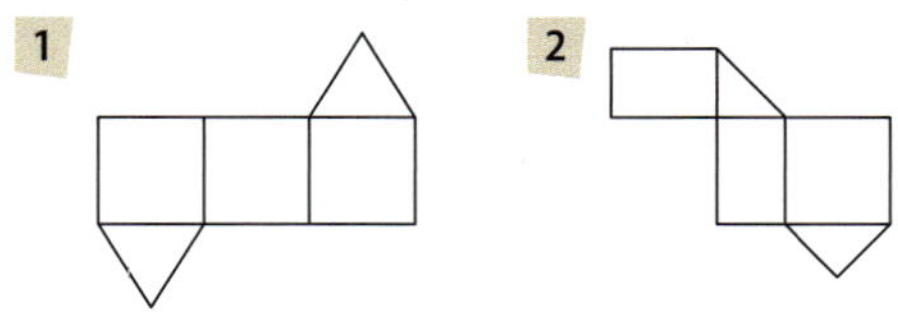

8

Lisa hat aus einem quadratischen Blatt Tonpapier (Seitenlänge 14 cm) das Netz der abgebildeten quadratischen Pyramide ausgeschnitten. Berechne den Anteil, den der Oberflächeninhalt der Pyramide an der Fläche des Bastelpapiers ausmacht.

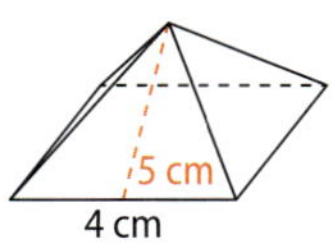

a) Bestimme die Höhe der Seitendreiecke der abgebildeten quadratischen Pyramide, deren Oberflächeninhalt 54 cm^2 beträgt.

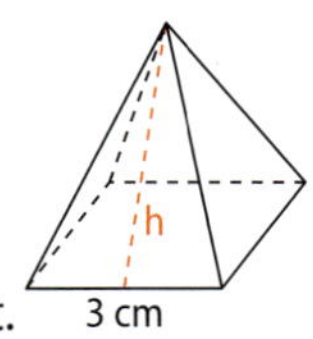

b) Zeichne das Netz mindestens zweier weiterer Körper, deren Oberflächeninhalt ebenfalls 54 cm^2 groß ist.

9 Trage die Punkte M(3|3), A(−1|1), I(−1|−2), K(7|−2) und E(7|5) in ein Koordinatensystem ein (M ist der Mittelpunkt der Strecke $\overline{EA}$) und ermittle dann den Flächeninhalt …

a) des Trapezes AIKE.
b) des Dreiecks MIK.

a) des Dreiecks AIM.
b) des Dreiecks KEM.

10 Begründe jeweils, wie sich der Flächeninhalt der Figur ändert, wenn man folgende Veränderungen vornimmt und alle anderen Größen unverändert lässt.

a) Die Seiten eines Parallelogramms werden vervierfacht.

b) Die Grundlinien eines Trapezes werden gleichzeitig halbiert.

c) Die Höhe eines Dreiecks wird um 60 % verkürzt und die zugehörige Grundseite gleichzeitig um 40 % verlängert.

11 Gib an, welche geometrischen Formen du in der Zeichnung entdecken kannst, und berechne ihren Flächeninhalt.

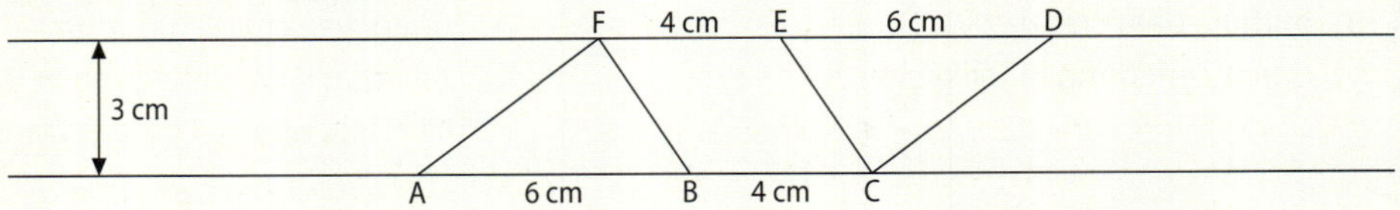

12 a) Ein Drachen ist ein achsensymmetrisches Viereck, bei dem die Diagonalen aufeinander senkrecht stehen.

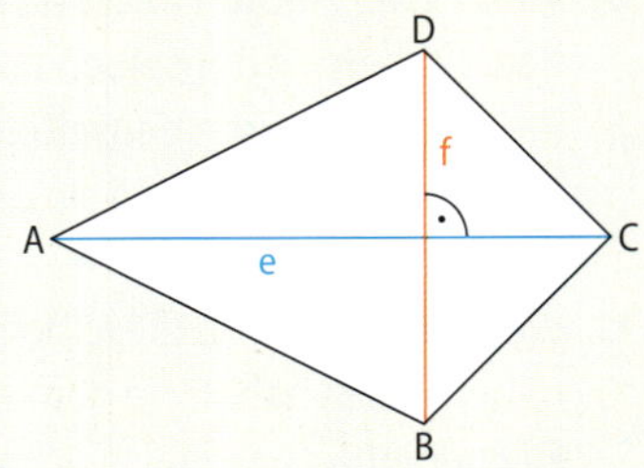

1 Zeichne ein Drachenviereck, dessen Diagonalen $e = 6$ cm und $f = 4$ cm lang sind und berechne seinen Flächeninhalt.

2 Begründe, dass für den Flächeninhalt eines Drachenvierecks mit den Diagonalen e und f gilt: $A = \frac{1}{2} \cdot e \cdot f$.

b) Eine Raute ist ein Drachen, dessen Seiten gleich lang sind. Die Diagonalen einer Raute halbieren sich gegenseitig. Zeichne eine Raute, deren Diagonalen 10 cm bzw. 6 cm lang sind, und ermittle den Flächeninhalt dieser Raute. Erkläre deinen Gedankengang.

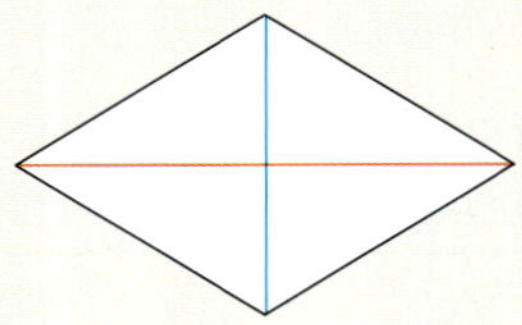

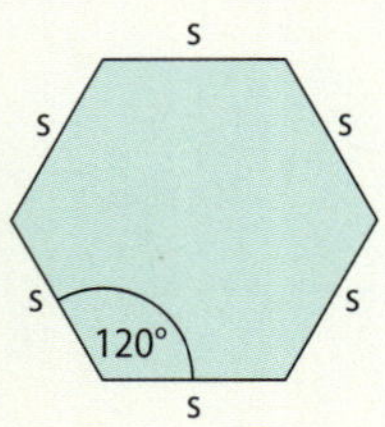

13 Das gerade sechsseitige Prisma ist 12 cm hoch; jede Seite der beiden Sechsecke ist 4,5 cm lang, alle Innenwinkel des Sechsecks sind 120°.

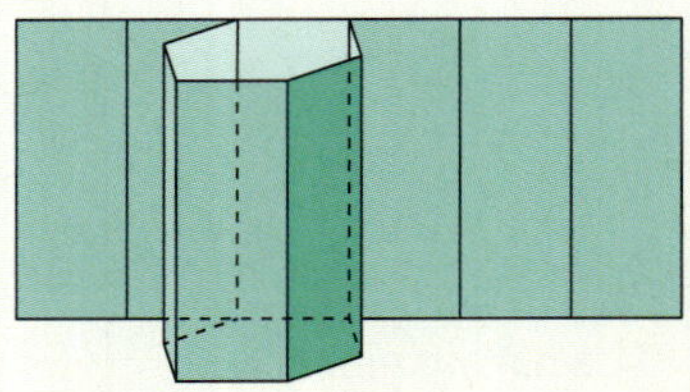

a) Zeichne eines der regelmäßigen Sechsecke in dein Heft und berechne seinen Flächeninhalt. Miss die dafür notwendigen Längen.

b) Berechne den Oberflächeninhalt des Prismas.

14 Die mittelalterliche Würzburger Innenstadt hat einen annähernd fünfeckigen Grundriss, der auch als „Bischofsmütze" bezeichnet wird. Auf dem abgebildeten historischen Stadtplan von Würzburg ist dies gut zu erkennen.

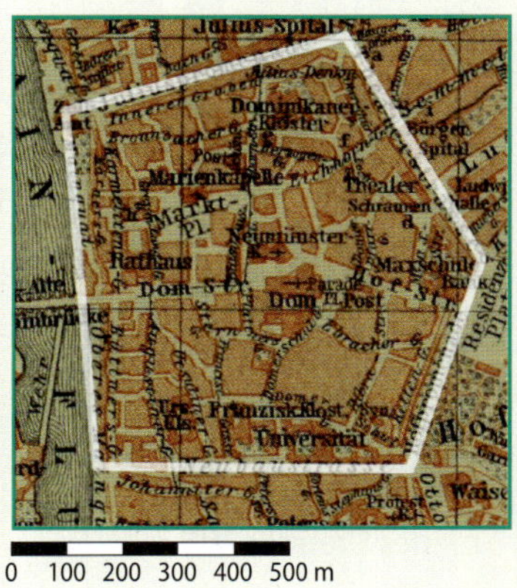

a) Schätze zunächst die Größe der innerhalb des Fünfecks liegenden mittelalterlichen Stadt.

b) Berechne dann den Flächeninhalt der „Bischofsmütze", indem du das Fünfeck geeignet zerlegst.

c) Finde heraus, woher der Name „Bischofsmütze" rührt.

Flächeninhalte vergleichen

Seite 210

Figuren haben **denselben Flächeninhalt**, wenn …

- sie sich in paarweise deckungsgleiche Teilfiguren **zerlegen** lassen.
- sie sich durch Paare deckungsgleicher Figuren so **ergänzen** lassen, dass die entstehenden Figuren deckungsgleich sind.

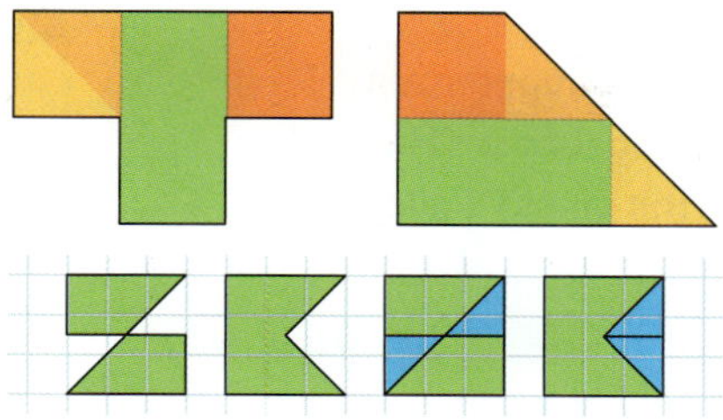

Flächeninhalt eines Parallelogramms

Seite 106

Ein **Parallelogramm** ist ein Viereck, bei dem **gegenüberliegende Seiten parallel** und gleich lang sind.
Flächeninhalt des Parallelogramms:
$\mathbf{A = a \cdot h_a}$ oder $\mathbf{A = b \cdot h_b}$

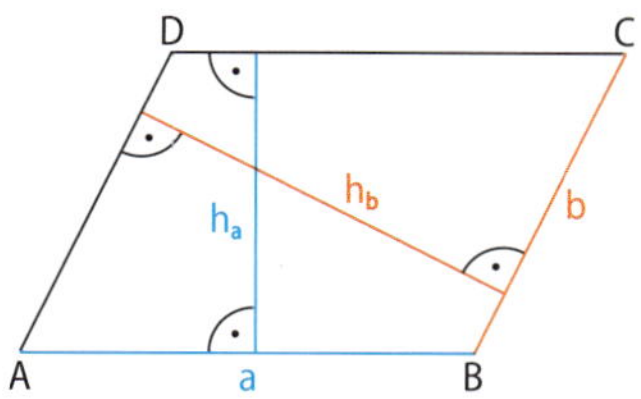

Flächeninhalt eines Dreiecks

Seite 110

Für den **Flächeninhalt eines Dreiecks** mit der Seitenlänge g und der zugehörigen Höhe h gilt:
$A_{Dreieck} = \frac{1}{2} \cdot g \cdot h$
Jedes Dreieck besitzt drei Höhen.

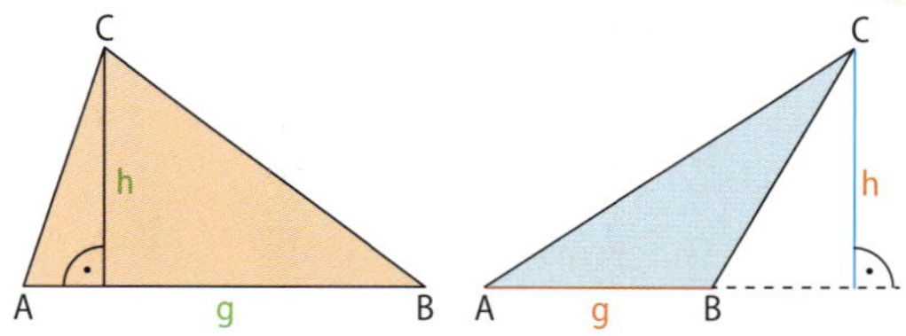

Flächeninhalt eines Trapezes

Seite 112

Ein **Trapez** ist ein Viereck mit **zwei parallelen Seiten**.
Für den **Flächeninhalt** eines **Trapezes** mit Grundseitenlängen a und c und Höhe h gilt:
$A_{Trapez} = \frac{(a + c)}{2} \cdot h$

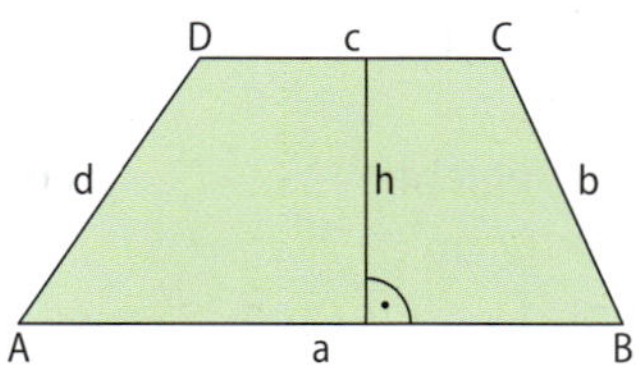

Oberflächeninhalt von Körpern

Seite 114

Mithilfe der Flächenformeln für Dreiecke und bestimmte Vierecke kann man den **Oberflächeninhalt** vieler Körper berechnen.

Ein gerades **Prisma** ist ein Köper, dessen Grund- und Deckfläche deckungsgleiche Vielecke sind.

Prisma

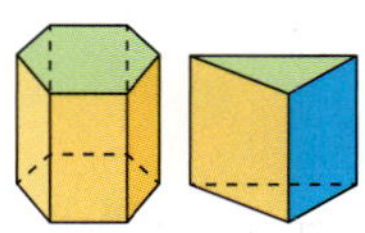

Netz des dreiseitigen Prismas

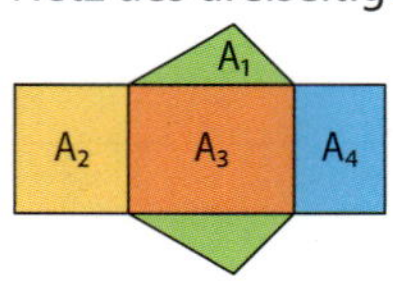

Oberflächeninhalt des dreieckigen Prismas:
$A_{Prisma} = 2 \cdot A_1 + A_2 + A_3 + A_4$

Eine **Pyramide** hat als Grundfläche ein Vieleck. Die Seitenflächen sind Dreiecke.

Pyramide

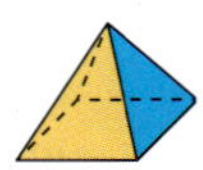

Netz der quadratischen Pyramide

Oberflächeninhalt:
$A_{Pyramide} = A_{Quadrat} + 4 \cdot A_{Dreieck}$

Aufgaben zur Einzelarbeit

Überprüfe deine Fähigkeiten und Kompetenzen. Bearbeite dazu die folgenden Aufgaben und bewerte anschließend deine Lösungen mit einem Smiley.

☺	😐	☹
Das kann ich **wirklich gut!**	Das kann ich **fast!**	Das muss ich **noch üben!**

1 Begründe jeweils, dass die beiden getönten Figuren denselben Flächeninhalt besitzen.

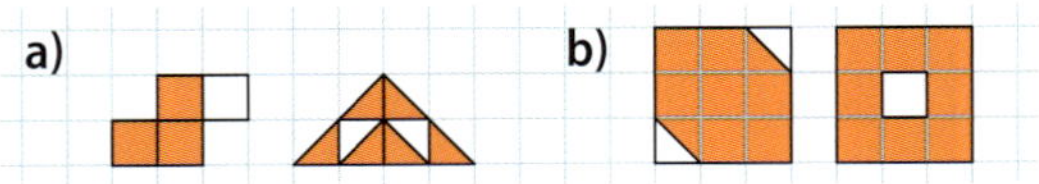

2 Zeichne das Parallelogramm mit den Eckpunkten A(−5|−3), B(1|−3), C(3|1) und D(−3|1) in ein Koordinatensystem. Miss die benötigten Längen und berechne seinen Flächeninhalt und seine Umfangslänge.

3 Berechne die fehlenden Größen des Dreiecks.

	a)	b)	c)
Grundseite g	40 mm		1,3 cm
Höhe h	12 cm	4,1 cm	
Flächeninhalt A		7,79 cm^2	110,5 mm^2

4 Zeichne jeweils ein Dreieck, ein Parallelogramm und ein Trapez mit dem Flächeninhalt 12 cm^2. Erkläre deine Überlegungen.

5

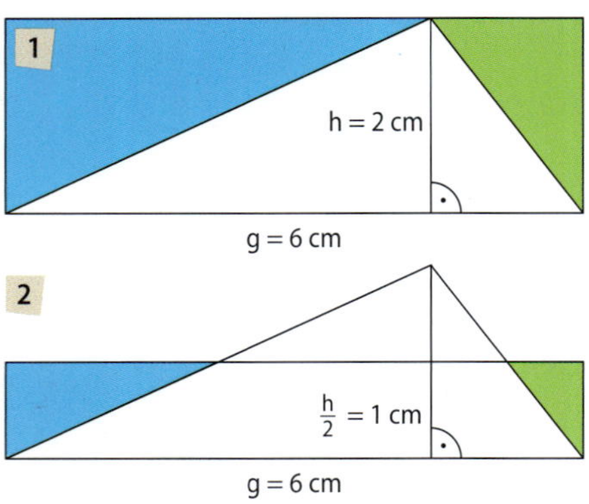

Yasemin und Yannick berechnen den Dreiecksflächeninhalt A:

Yasemin: A = (6 cm · 2 cm) : 2 = 12 cm^2 : 2 = 6 cm^2

Yannick: A = 6 cm · (2 cm : 2) = 6 cm · 1 cm = 6 cm^2

Begründe, welche Zeichnung zu Yasemins Rechnung und welche zu Yannicks Rechnung passt.

6 Berechne jeweils den Flächeninhalt und – soweit möglich – die Umfangslänge der Figuren.

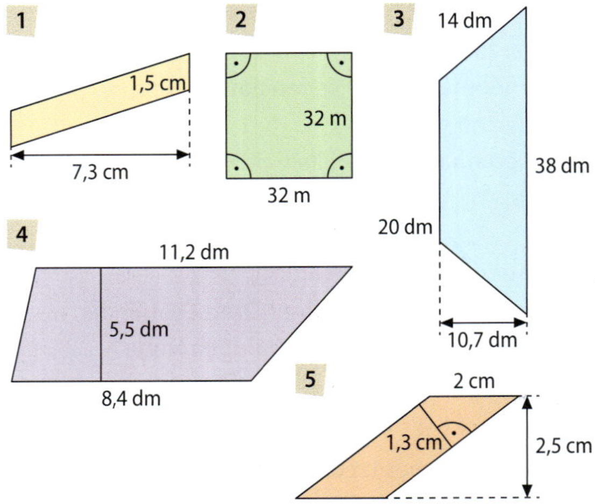

7 Berechne den Inhalt der Figuren. Übertrage sie dazu in dein Heft und zerlege sie geschickt durch Hilfslinien.

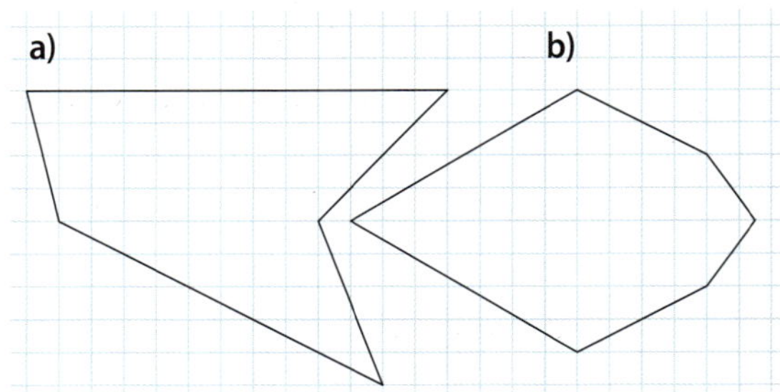

8 Eine quadratische Pyramide hat eine Grundseitenlänge von 4,3 cm, ihr Oberflächeninhalt beträgt 55,47 cm^2. Berechne die Höhe einer Seitenfläche.

9 Das Spielzelt hat einen sechseckigen Grundriss, bei dem alle Seiten 65 cm lang sind; die Höhe der Seitendreiecke beträgt etwa 1,50 m. Berechne, wie groß ein Baumwolltuch mindestens sein muss, damit es als Hülle für ein Indianerzelt mit offenem Eingang dienen kann.

Aufgaben für Lernpartner

Arbeitsschritte

1. Bearbeite die folgenden Aufgaben zuerst allein.
2. Suche dir einen Partner oder eine Partnerin und arbeitet zusammen weiter: Erklärt euch gegenseitig eure Lösungen. Korrigiert fehlerhafte Antworten.

Sind folgende Behauptungen richtig oder falsch? Begründe.

A Wenn zwei Flächen in paarweise deckungsgleiche Figuren zerlegt werden können, haben sie dieselbe Umfangslänge.

B Zwei Figuren haben denselben Flächeninhalt, wenn man sie durch Paare deckungsgleicher Figuren so ergänzen kann, dass die entstehenden Figuren den gleichen Flächeninhalt besitzen.

C Die Flächenformel für Parallelogramme kann man auch für Quadrate verwenden.

D Der Flächeninhalt eines Parallelogramms verdoppelt sich, wenn gleichzeitig die Höhe und die zugehörige Seitenlänge verdoppelt werden.

E Verdoppelt mat die Umfangslänge eines Parallelogramms, so verdoppelt sich auch sein Flächeninhalt.

F Halbiert man die Höhe in einem Dreieck und verdoppelt gleichzeitig die Länge der Grundseite, dann bleibt der Flächeninhalt gleich.

G In einem Dreieck gilt: Je länger eine Seite ist, desto kürzer ist die zugehörige Höhe.

H Den Flächeninhalt eines Trapezes erhält man durch das Produkt aus Grundseitenlänge und Höhe.

I Die Flächenformel für Trapeze lässt sich auch für Parallelogramme verwenden.

J Jedes Vieleck lässt sich in Dreiecke zerlegen.

K Jedes Vieleck lässt sich in Vierecke zerlegen.

L Ein Prisma hat immer eine gerade Zahl an Ecken.

M Verdoppelt man die Höhe eines Prismas, so verdoppelt sich auch sein Oberflächeninhalt.

N Jedes Prisma lässt sich in Prismen mit dreieckiger Grundfläche zerlegen.

Ich kann …	„Am Ziel!"-Aufgaben	Hilfe
… Flächen durch Zerlegen und Ergänzen vergleichen.	1, 6, 7, A, B, J, K	S. 234
… den Flächeninhalt von Parallelogrammen berechnen.	2, 4, 6, C, D, E	S. 106
… den Flächeninhalt von Dreiecken berechnen.	3, 4, 5, 6, F, G	S. 110
… den Flächeninhalt von Trapezen berechnen.	4, 6, H, I	S. 112
… mithilfe der bekannten Flächenformeln den Oberflächeninhalt von einfachen Körpern berechnen.	8, 9, L, M, N	S. 114

5 Startklar!

Aufgabe	Ich kann schon …	Grundwissen
1, 4, 5	… mit Schrägbildern und Netzen von Körpern umgehen.	S. 121, 208
2, 3, 4	… Längen und Flächeninhalte in verschiedenen Einheiten angeben.	S. 209, 210
1, 4	… Flächeninhalte von Figuren messen und berechnen.	S. 121, 210
4, 5	… Sachsituationen mathematisch lösen.	S. 203

1 Bestimme den Flächeninhalt des abgebildeten Vielecks durch …

a) Auszählen der Füllrechtecke.

b) Zerlegen der Fläche in Teilrechtecke und deren Berechnung unter Verwendung der Flächenformel.

c) Ergänzen der Fläche zu einem großen Rechteck und Verwendung der Formel für den Flächeninhalt von Rechtecken.

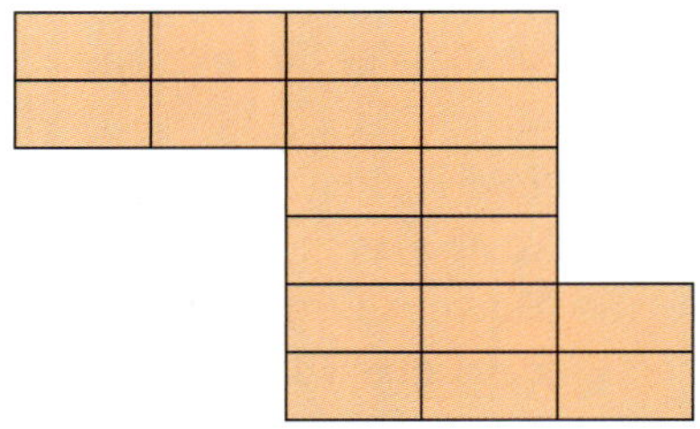

2 Wandle jeweils in die in Klammern stehende Einheit um.

a) 3,7 m (cm) **b)** 600 mm (dm) **c)** 32 m (km) **d)** 625 dm (m)

e) 6540 mm (m) **f)** 24 dm (cm) **g)** 20 cm^2 (dm^2) **h)** 18 a (m^2)

i) 2,1 m^2 (cm^2) **j)** 240 ha (km^2) **k)** $4\frac{3}{4}$ m^2 (dm^2) **l)** $\frac{2}{100}$ ha (a)

3 Berechne und gib jeweils eine zur Rechnung passende Sachsituation an.

a) $435\ m^2 + 510\ m^2 - 224{,}5\ m^2$ **b)** $24\ cm \cdot 3{,}5\ dm$ **c)** $40\ mm \cdot 8 \cdot 4\ cm$

d) $4200\ m^2 : 3$ **e)** $4200\ m^2 : 200\ m^2$ **f)** $90\,\%$ von $(21\ cm \cdot 30\ cm : 4)$

4 **a)** Ein Saftpäckchen hat die Form eines Quaders (l: 9 cm, b: 6 cm, h: 19 cm). Bestimme den Oberflächeninhalt (ohne Falz und Überstände).

b) Sechs Päckchen werden mit Folie verschweißt. Vergleiche den Folienverbrauch.

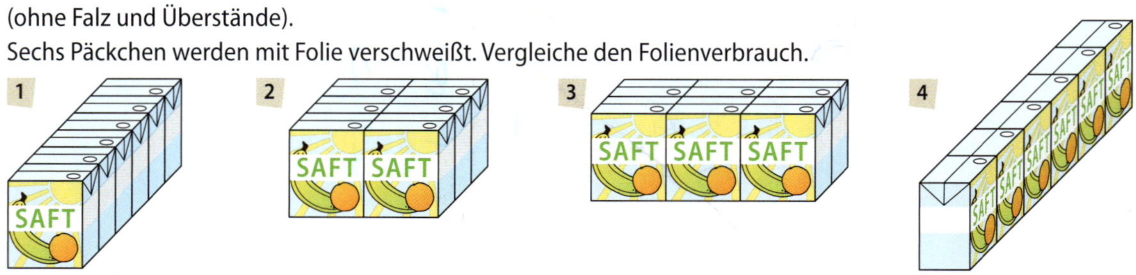

c) Ein Saftpäckchen enthält 1 ℓ Saft; ein Sechserpack kostet 5,49 €. Berechne auf Cent genau den Preis für einen Liter Saft.

5 Ermittle, aus wie vielen Würfeln der Körper besteht. Entscheide dann, welcher Körper den größten Rauminhalt besitzt.

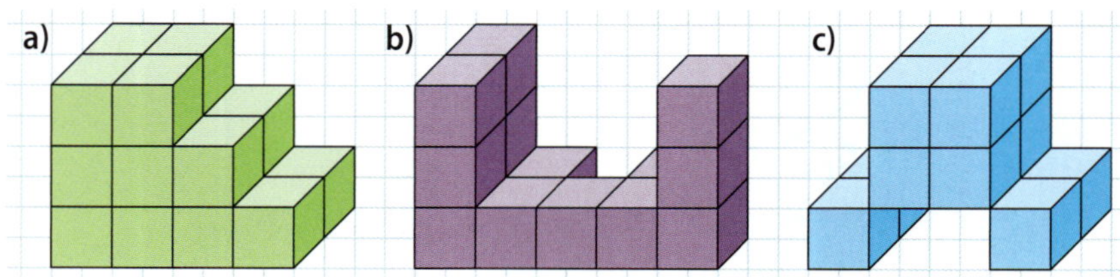

6 Finde heraus, wie viele Luftballons ungefähr in deinem Klassenzimmer Platz haben.

5 Körper und ihr Volumen

Einstieg

Wasser ist der wichtigste Rohstoff für das Leben auf der Erde.
Der größte Teil der riesigen Wasservorräte der Erde ist jedoch ungenießbares Salzwasser, ein großer Teil des Süßwassers ist zudem als Eis gebunden oder nur als Grundwasser verfügbar.
Der größte Teil des Wasserverbrauchs der Menschheit wird für die Bewässerung in der Landwirtschaft und für technische Produktionsprozesse verwendet.

Überschlage anhand der unten stehenden Angaben, …
- wie lange ein Kubikkilometer ($1\ km^3 = 1$ Billion Liter) Trinkwasser für Essen und Trinken der gesamten Menschheit reichen würde.
- wie viel Wasser eine Person durchschnittlich pro Jahr trinkt.
- wie hoch im Säulendiagramm eine Säule für den jährlichen Kaffeeverbrauch pro Einwohner in Deutschland (148 ℓ) wäre.

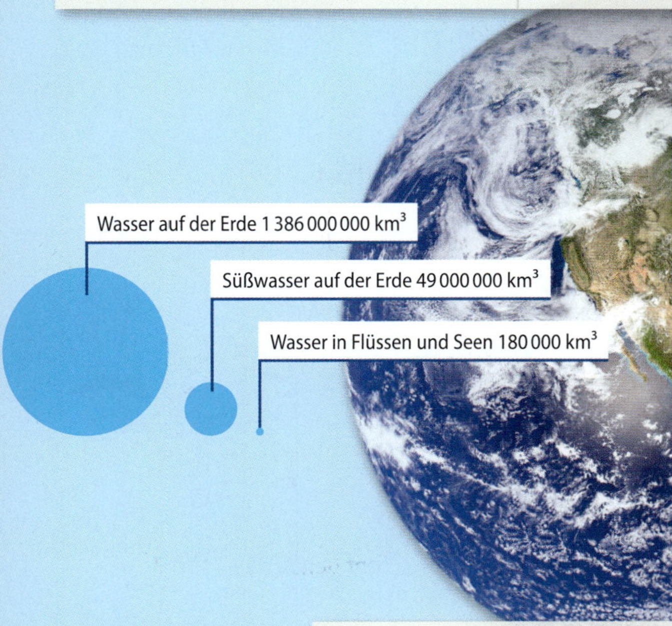

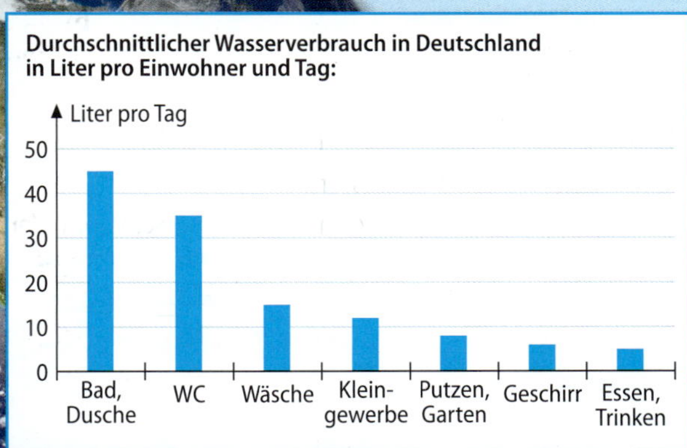

Ausblick

Am Ende dieses Kapitels hast du gelernt, …
- … Rauminhalte zu ermitteln und zu vergleichen.
- … mit den gebräuchlichen Einheiten für Rauminhalte umzugehen und zu rechnen.
- … den Rauminhalt von Quadern und Körpern, die sich auf Quader zurückführen lassen, zu berechnen.
- … mit Rauminhalten in Sachzusammenhängen zu rechnen.

Historische Ecke
Mediencode
61046-32

Kap. 5.1

Kisten stapeln in Reih und Glied

Die gewaltigen Warenmengen des Welthandels werden meist in Normcontainern (siehe Abbildung unten) über die Weltmeere transportiert. Das derzeit größte Containerschiff, die MSC Zoe (siehe Abbildung rechts), kann bis zu 9612 solcher Container aufnehmen.

Abmessungen der MSC Zoe:

Länge	396 m
Breite	59 m
Tiefgang	16 m

- Überschlage, in wie vielen Lagen Container auf der MSC Zoe übereinander geschichtet werden können.
- Überschlage, aus wie vielen solcher Container sich ein Körper mit den Abmessungen eures Schulhauses zusammenstellen ließe.
- Überschlage, wie viele Getränkekisten man in einen Normcontainer packen könnte.

Kap. 5.2

Volumenmessung ganz praktisch

Wasser hilft bei einer präzisen Messung der Rauminhalte von Hohlkörpern und unregelmäßig geformten Körpern.
Tauchst du einen Körper in einen teilweise mit Wasser gefüllten Messbecher, so steigt der Wasserspiegel. Das Volumen des eingetauchten Körpers ist dabei so groß wie das Volumen des angestiegenen Wassers.
Das Volumen eines Hohlkörpers erhältst du, indem du den Hohlkörper zunächst vollständig mit Wasser füllst und anschließend das Wasser in einen Messbecher gießt.

- Prüfe durch Umfüllen in einen Messbecher für mehrere Getränkeflaschen, ob sie die aufgedruckte Getränkemenge enthalten.
- Finde durch ein Experiment heraus, wie viele Liter ein Würfel mit einer Kantenlänge von 1 dm fasst. Viele Notizzettelwürfel haben etwa diese Größe.

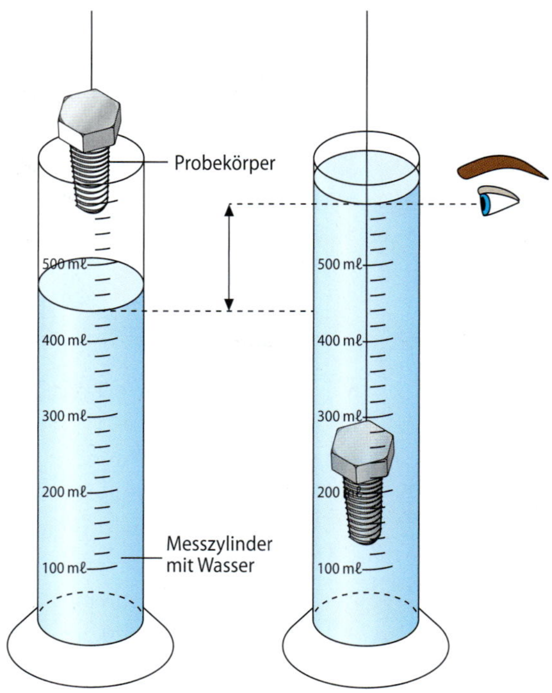

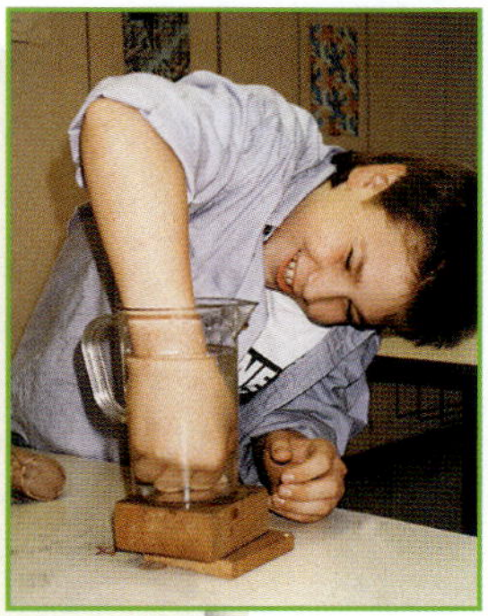

- Bestimme das Volumen deiner Hand.
- Fülle eine Tasse bis zum Rand mit Wasser. Vergleiche die Maßzahlen für das Volumen der Tasse in Liter mit der Masse des Wassers in Kilogramm.
- Miss das Volumen eines quaderförmigen Küchenschwamms: einmal eingepackt in eine schützende Folie und im Vergleich dazu einmal ausgepackt, so dass er sich mit Wasser vollsaugen kann.
- In vielen Rezepten wird als Maß für kleine Mengen ein „Teelöffel" oder ein „Esslöffel" verwendet. Miss und vergleiche die Füllmengen verschiedener Löffel.
- Eine bekannte Redensart lautet „die Suppe auslöffeln". Ermittle mit einem Suppenteller zu Hause, wie viele „Esslöffel" Suppe er fasst.
- Ermittle das Füllvolumen einer Kaffeekanne und einer Kaffeetasse. Berechne, wie viele Tassen man aus der vollen Kanne füllen kann und prüfe dein Ergebnis experimentell.

Kap. 5.3

Wer baut den größten Quader?

Aus einem um 7 mm gekürzten DIN-A4-Bogen aus dünnem Karton mit den Seitenlängen 21 cm und 29 cm soll ein oben offener Quader (also eine Schachtel ohne Deckel) gebaut werden. Zeichne dazu entsprechend der Abbildung an den vier Ecken deines Bogens gleich große Quadrate, schneide dann das Papier längs der durchgezogenen Linien ein und falte es längs der gestrichelten Linien zu einem Quader. Dabei kannst du die vier Quadrate als Klebelaschen verwenden.
Je nachdem, wie lang du die Quadratseite h wählst, erhältst du Quader von unterschiedlichem Volumen.

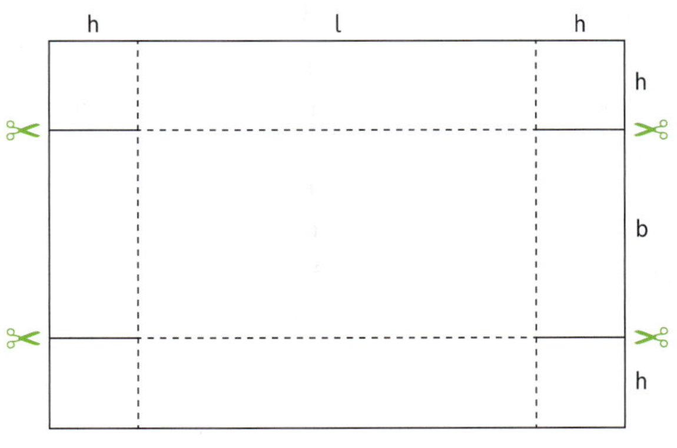

- Ermittle für $h = 1$ cm (2 cm, 3 cm, …) das Volumen des entstehenden Quaders.
- Finde durch überlegtes Probieren heraus, bei welchem Maß von h der Quader das größtmögliche Volumen besitzt.

Hinweis: Der Taschenrechner kann z. B. bei der Multiplikation von nichtganzzahligen Kantenlängen bei der Volumenberechnung helfen.

5.1 Volumen vergleichen und messen

Entdecken

Zuckerstücke sollen als Werbegeschenk in Portionspäckchen mit acht Stück verpackt werden.

- Vergleiche die verschiedenen Anordnungen nach der Menge des benötigten Verpackungspapiers.
- Überlege, welche Anordnungen mit sieben Zuckerstücken möglich wären.
- Überschlage, wie viele Zuckerstücke einem Stück Butter (250 g) entsprechen.

Verstehen

Die Größe des Raums, den ein Körper einnimmt (sein **Rauminhalt** oder **Volumen**), kann man z. B. bestimmen, indem man den Körper aus lauter kleineren, gleich großen Körpern aufbaut.

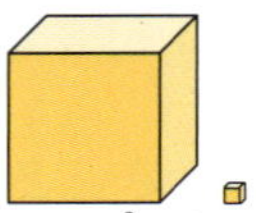
1 cm³ 1 mm³

Körper haben das gleiche **Volumen**, wenn sie sich in gleich viele gleich große Teilkörper zerlegen lassen.

Übliche Volumeneinheiten sind Einheitswürfel mit Kantenlänge 1 mm, 1 cm oder 1 m.

Kantenlänge	Volumen	Sprechweise	Typische Körper
1 mm	1 mm^3	ein Kubikmillimeter	Stecknadelkopf
1 cm	1 cm^3	ein Kubikzentimeter	Spielwürfel
1 dm	1 dm^3	ein Kubikdezimeter	Notizzettelbox
1 m	1 m^3	ein Kubikmeter	Raum unter einem Tisch

Ebenso wird auch 1 km^3 verwendet. Das Volumen von Flüssigkeiten gibt man auch in den Hohlmaßen Liter (ℓ), Milliliter (mℓ) und Hektoliter (hℓ) an.

Beispiele

I. Jeder dieser drei Körper besteht aus Kubikzentimeterwürfelchen. Entscheide und begründe, welcher Körper das größte (kleinste) Volumen hat. Gib jeweils das Volumen an.

Lösung: Der Körper 2 hat das größte, der Körper 3 das kleinste Volumen.

Körper	1	2	3
Anzahl der cm^3-Würfelchen	4	8	3
Volumen	4 cm^3	8 cm^3	3 cm^3

1
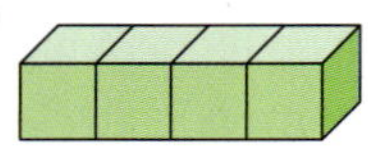
2
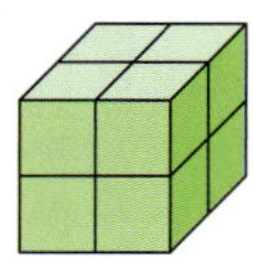
3
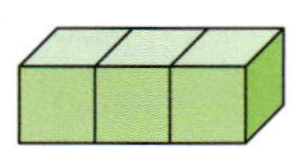

II. Ermittle den Rauminhalt des abgebildeten Körpers …

a) durch Zerlegen in Teilquader **b)** durch Ergänzen zu einem Würfel.

Lösung:

a) Der Körper wird in zwei Quader mit quadratischer Grundfläche, die aus jeweils neun Kubikzentimeterwürfeln bestehen, und ein Mittelstück, das aus drei Kubikzentimeterwürfeln besteht, zerlegt: $V = 2 \cdot (9 \cdot 1\,cm^3) + 3 \cdot 1\,cm^3 = 21\,cm^3$.

b) Der Körper wird mit zwei Quadern mit je 3 cm^3 Rauminhalt zu einem Würfel mit der Kantenlänge 3 cm ergänzt: $V = (3 \cdot 3 \cdot 3 - 2 \cdot 3) \cdot 1\,cm^3 = (27 - 6) \cdot 1\,cm^3 = 21\,cm^3$.

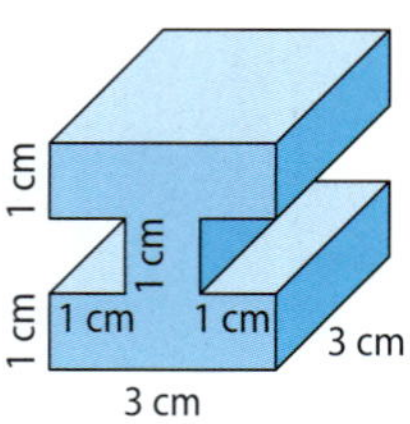

- Erläutere, weshalb sich Kugeln schlecht als Volumeneinheiten eignen.
- Drei gleich große Würfel bestehen aus unterschiedlichem Material (z. B. Eisen, Holz, …). Sind die Würfel gleich schwer? Begründe deine Antwort.

Nachgefragt

Aufgaben

1 Jeder dieser vier Körper ist aus Würfeln der Kantenlänge 1 dm gebaut.

a) Ermittle das Volumen und den Oberflächeninhalt jedes dieser Körper.

b) Ordne die vier Volumina in Form einer steigenden, die vier Oberflächeninhalte in Form einer fallenden Ungleichungskette.

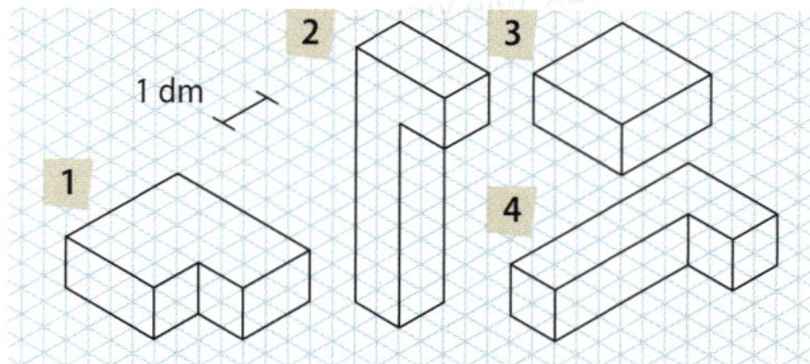

2 Ordne die Volumina 1 mm^3 – 100 mm^3 – 4 cm^3 – 50 cm^3 – 300 cm^3 – 1,4 dm^3 – 6 dm^3 – 1 m^3 – 20 m^3 – 200 m^3 – 800 m^3 richtig zu:
Fußball – Smartphone – Gehirn eines Menschen – Tank eines Jumbojets – Kaffeetopf – Salzkorn – Spielwürfel – Münze – Gartenhäuschen – Einfamilienhaus – Kleiderschrank

3 Entscheide, welche Körper dasselbe Volumen haben. Beschreibe dein Vorgehen.

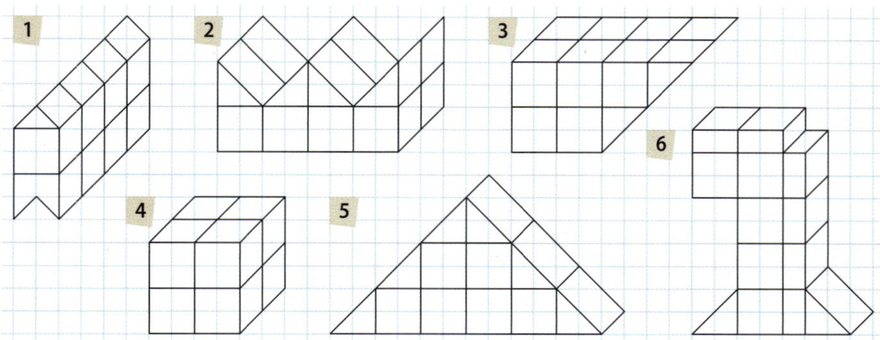

4 a) Ordne die Körper nach der Größe ihres Volumens.

b) Ermittle, wie viele kleine Würfel mindestens nötig sind, um den abgebildeten Körper zu einem Quader (Würfel) zu ergänzen. Gib das Volumen des Quaders (Würfels) an.

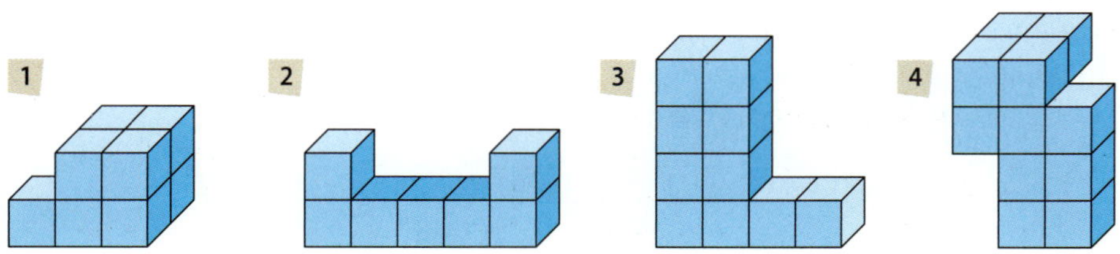

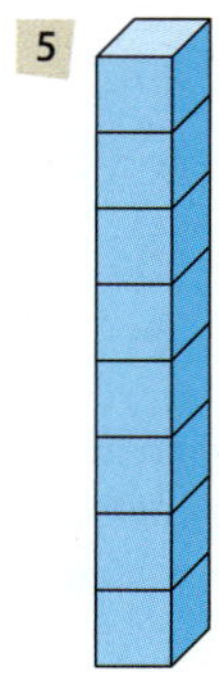

5 In einem quadratischen Päckchen mit insgesamt 500 g Würfelzucker sind 7 × 8 × 3 Stückchen Zucker verpackt. Laut Aufschrift haben 100 g Zucker 400 Kilokalorien Energiegehalt. Ermittle näherungsweise den Energiegehalt eines Zuckerstückchens.

6 Schätze, wie viele Kinder in einen Würfel der Kantenlänge 1 m passen.

Entdecken

Schlossermeister Eisenmann plant den Kauf eines neuen Firmenwagens, weil die 1680 ℓ Ladevolumen seines alten Kombis nicht mehr ausreichen. Er hat zwei Kleintransporter zur Auswahl: Einer wird mit einem Ladevolumen von 2,3 m³ beschrieben, zum anderen gibt es die Angabe „Zuladung 0,94 t".

- Begründe, dass die drei Angaben nicht direkt vergleichbar sind.
- Recherchiere, wie sich die Volumeneinheiten ℓ und m³ ineinander umrechnen lassen.

Verstehen

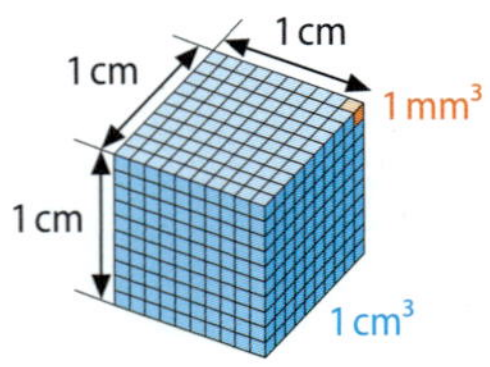

Der Exponent bei z. B. cm^3 bedeutet: Die Umwandlungszahl ist 1000 (drei Nullen).

Erklärvideo
Mediencode
61046-33

Rauminhalte werden je nach Zusammenhang in verschiedenen Maßeinheiten angegeben.

Zusammenhang zwischen den Volumeneinheiten

$1\,m^3 \underset{\cdot 1000}{\overset{:1000}{\rightleftarrows}} 1\,dm^3 = 1\,\ell \underset{\cdot 1000}{\overset{:1000}{\rightleftarrows}} 1\,cm^3 = 1\,m\ell \underset{\cdot 1000}{\overset{:1000}{\rightleftarrows}} 1\,mm^3$

Die Umwandlungszahl bei benachbarten Volumeneinheiten ist 1000, da z. B. in einen Einheitswürfel mit der Kantenlänge 1 dm insgesamt $10 \cdot 10 \cdot 10 = 1000$ Einheitswürfel mit der Kantenlänge 1 cm passen.

Umwandlungen mit anderen Umrechnungszahlen als 1000

$1\,km^3 = 1\,000\,000\,000\,m^3$
1 hℓ = 100 ℓ
1 cℓ = 10 mℓ

Beispiele

I. Gib das Volumen des aus ganzen bzw. halben Würfeln zusammengesetzten Körpers in drei verschiedenen Einheiten an und begründe dein Vorgehen.

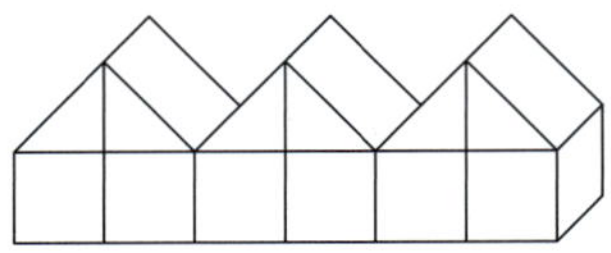

Lösung:
Der Körper besteht aus neun Kubikmeterwürfeln. Jeder Kubikmeterwürfel kann mit 1000 Kubikdezimeterwürfeln ausgelegt werden, von denen jeder 1 ℓ fasst. Damit ist $V = 9\,m^3 = 9000\,dm^3 = 90$ hℓ.

II. Wandle in die in Klammern angegebene Einheit um. Verwende eine Einheitentafel.
a) $12\,m^3\,325\,dm^3$ (dm^3; m^3) **b)** $1\,dm^3\,32\,cm^3$ (cm^3; dm^3) **c)** $15\,cm^3\,350\,mm^3$ (cm^3, cℓ)
Lösung:

m³			dm³			cm³			mm³		
H	Z	E	H	Z	E	H	Z	E	H	Z	E
	1	2	3	2	5						
					1	0	3	2			
							1	5	3	5	0

$12\,m^3\,325\,dm^3 = 12\,325\,dm^3 = 12{,}325\,m^3$
$1\,dm^3\,32\,cm^3 = 1032\,cm^3 = 1{,}032\,dm^3$
$15\,cm^3\,350\,mm^3 = 15{,}35\,cm^3 = 1{,}535$ cℓ

Beim Umwandeln in die nächstkleinere (nächstgrößere) Einheit rückt das Komma um drei Stellen nach rechts (links), weil die Umwandlungszahl 1000 ist.

III. Gib für jeden Körper eine jeweils geeignete Einheit für die Angabe des Rauminhaltes an:
a) Dielenschrank **b)** Benzinkanister **c)** Bonbon **d)** Bodensee **e)** Zuckerkorn
Lösungsmöglichkeiten:
a) m³ **b)** dm³, ℓ **c)** mm³, cm³ **d)** km³ **e)** mm³

- Ein Liter Limonade enthält 90 % Wasser. Sonja und Leo trinken davon je einen Viertelliter. Wie viel Prozent Wasser enthält die restliche Limonade?
- Ein Würfel hat 1 dm^3 Rauminhalt. Bestimme seinen Oberflächeninhalt.

Nachgefragt

Aufgaben

1 Erläutere mithilfe einer beschrifteten Zeichnung, dass in einen Einheitswürfel mit der Kantenlänge 1 dm insgesamt 1000 Einheitswürfel mit der Kantenlänge 1 cm passen.

2 Bestimme das Volumen der Körper und gib es in zwei verschiedenen Einheiten an.

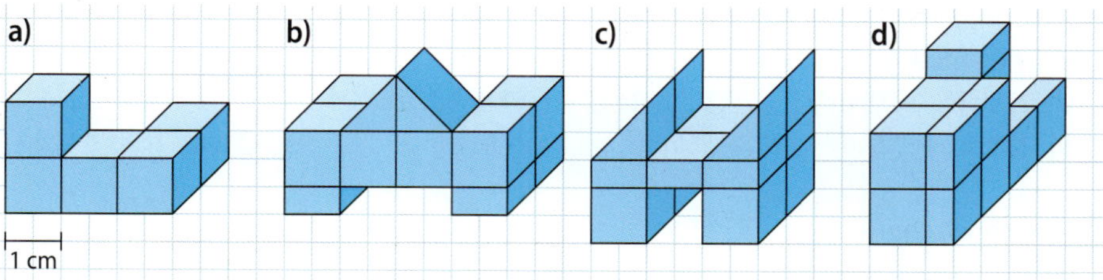

3 Wandle jeweils in die in Klammern angegebene Volumeneinheit um.

a)	27 dm^3 (cm^3)	270 cm^3 (dm^3)	175 000 m^3 (hℓ)	17,05 m^3 (ℓ)
b)	0,175 cm^3 (mm^3)	1,705 m^3 (dm^3)	75 ℓ (hℓ)	2,7 hℓ (ℓ)
c)	0,33 ℓ (cm^3)	2 070 ℓ (m^3)	0,75 cm^3 (mℓ)	$\frac{1}{2}$ ℓ (cm^3)
d)	$\frac{3}{4}$ hℓ (ℓ)	$\frac{9}{10}$ m^3 (dm^3)	27 km^3 (m^3)	0,0027 km^3 (m^3)
e)	$\frac{1}{4}$ m^3 (hℓ)	33 ℓ (hℓ)	1,9 hℓ (ℓ)	2,5 dm^3 (mℓ)

4 Ordne die Volumenangaben richtig zu und begründe dein Vorgehen bei zwei der fünf Beispiele, indem du gedanklich den Hohlraum mit geeigneten Einheitswürfeln auslegst.

330 cm^3 240 ℓ   75 mℓ   620 ℓ   14 m^3

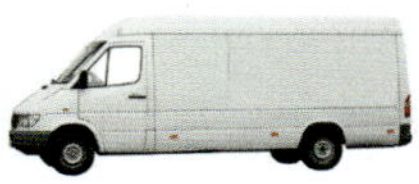

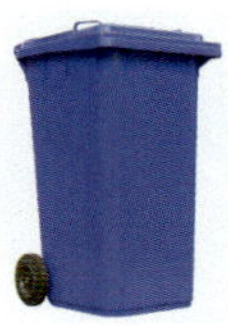

5 Drücke das Volumen in der kleineren Maßeinheit aus und nenne einen Gegenstand, der das Volumen haben könnte. Nutze eine Einheitentabelle, falls nötig.

a)	**b)**	**c)**	**d)**
5 m^3 750 dm^3	39 dm^3 4 cm^3	18 ℓ 75 mℓ	45 m^3 350 cm^3
13 m^3 50 dm^3	38 cm^3 14 mm^3	27 ℓ 6 mℓ	86 dm^3 55 mm^3
7 dm^3 240 cm^3	8 cm^3 3 mm^3	1 hℓ 15 ℓ	7 m^3 7 mm^3

6 Gib jeweils das Volumen in zwei weiteren Maßeinheiten an. Nutze eine Einheitentabelle, falls nötig.

a)	**b)**	**c)**	**d)**
3,855 m^3	17,4 m^3	0,2575 m^3	0,79 ℓ
115,05 cm^3	33,08 dm^3	115,01 m^3	24 ℓ
17 800 mm^3	0,5 cm^3	25,025 dm^3	0,655 hℓ

7 Finde jeweils den Fehler und nenne eine mögliche Ursache dafür. Berichtige dann.

a) $4\,m^3 = 4000\,cm^3$	b) $33\,dm^3 = 33\,000\,mm^3$	c) $25\,ml = 0{,}25\,l$
$17\,cm^3 = 17\,000\,dm^3$	$870\,m^3 = 870\,000\,cm^3$	$2{,}750\,m^3 = 2750\,cm^3$
$45\,dm^3 = 450\,000\,cm^3$	$17\,ml = 17\,000\,l$	$88\,mm^3 = 0{,}000088\,m^3$

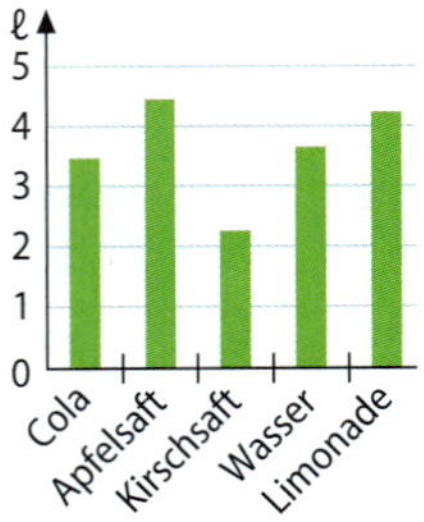

8 Das Säulendiagramm zeigt, welche Getränke bei einer Klassenparty getrunken wurden.
a) Ermittle das Gesamtvolumen dieser Getränke.
b) Berechne, wie viel jedes der 25 Kinder im Durchschnitt getrunken hat.

9 Berechne jeweils den Wert des Terms.
a) 1,05 hℓ + 345 ℓ
b) 12 mℓ + 88 cm^3
c) 128 mℓ + 1,2 ℓ
d) (250 hℓ + 75 m^3) : 5
e) [(7 · 40 ℓ + 133 dm^3 + 2 hℓ) − 313 dm^3] : 15
f) (8 cm^3 + 3,5 mℓ) : 23 − 56 mm^3
g) 2,8 m^3 + 2 hℓ − 4 · 750 ℓ

Lösungen zu 10: (nur Maßzahlen) 324; 75; 98,16; 375; 1700,311; 2464,32; 2574,24; 3118; 3630; 10 343; 24 103,55; 875

10 Berechne schriftlich.
a) 7659 m^3 + 2684 m^3
8604 ℓ − 5486 ℓ
73,56 cm^3 + 24,6 cm^3
2,5 m^3 − 35 dm^3 − 680 cm^3

b) 125 cm^3 · 7
375 mm^3 : 5
66 ℓ · 55
15 · 25 dm^3

c) 895,49 cm^3 + 45,821 cm^3 + 0,759 dm^3
25,069 ℓ − 865 mℓ − 100,45 mℓ
49,6 · 51,9 m^3
28 188 m^3 : 87

11 Ordne die Volumenangaben richtig zu.

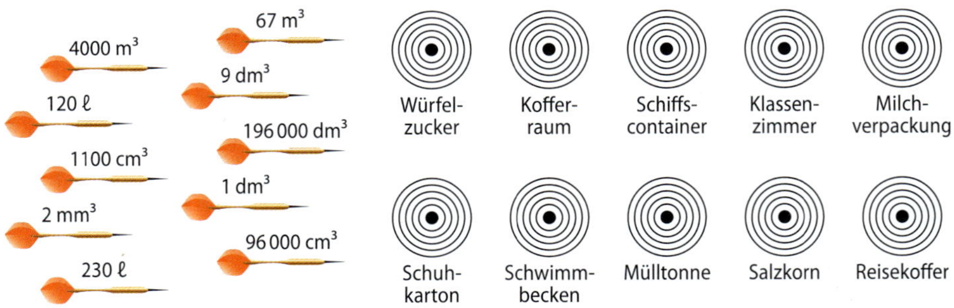

12 Runde die Größe jeweils auf die angegebenen Einheiten.
a) 17 612 490 cm^3 (dm^3, m^3)
b) 2 345 670 mm^3 (cm^3, ℓ)
c) 687 536 mℓ (ℓ, m^3)

13 Runde die Größe auf die angegebene Anzahl von Dezimalen und gib an, auf welchen Bruchteil der nächstkleineren Einheit dabei gerundet wurde.
Beispiel: 9,870 cm^3 ≈ 9,9 cm^3; es wurde auf 100 mm^3 gerundet.
a) 3,6347 m^3 (2 Dezimalen)
b) $1\frac{3}{4}$ ℓ (0 Dezimalen)
c) 20,606 ha (2 Dezimalen)
d) 6,03004 cm^3 (3 Dezimalen)
e) 0,3333 m (2 Dezimalen)
f) 23,874356428 km^3 (6 Dezimalen)

Volumen		Masse
1 cm^3	≙	18 mg
1 m^3	≙	…

14 a) 1 cm^3 Styropor hat etwa die Masse 18 mg. Finde heraus, ob du einen Styroporwürfel der Kantenlänge 1 m tragen kannst.
b) 1 cm^3 Kopierpapier hat ca. 0,8 g. Ermittle, welche Masse 1 m^3 dieser Papiersorte hat.
c) 1 dm^3 (frisch gefallener) Schnee hat ungefähr die Masse 80 g. Auf einem Hausdach liegen 11 m^3 (frisch gefallener) Schnee. Berechne die Schneemasse.

15 a) Berechne den Wert des Terms $(12\,m \cdot 4\,m \cdot 2\,m - 1\,m^3) : 2$.
b) Erfinde eine Aufgabe, die diesen Term als Ansatz hat.

16 Leon stellt aus „einem Teil" Himbeersirup und „vier Teilen" Wasser Himbeerlimonade her.
a) Berechne, wie viel Himbeerlimonade er aus 250 cm^3 Himbeersirup herstellen kann.
b) Er will für drei Freunde und sich selbst je einen halben Liter Himbeerlimonade zubereiten. Entscheide durch Rechnung, ob dafür 30 cℓ Sirup reichen.

17 a) Übertrage die Größenmauer in dein Heft und schreibe dann dort auf die leeren Steine Größen, sodass auf jedem Stein der Summenwert der Größen steht, die auf den beiden Steinen direkt darunter stehen.
b) Gib die Größe auf dem obersten Stein in der Einheit cm^3 und in der Einheit ℓ an.
c) Erläutere, wie sich die Größe auf dem obersten Stein ändert, wenn du jede der vier Größen in der untersten Reihe verdoppelst.

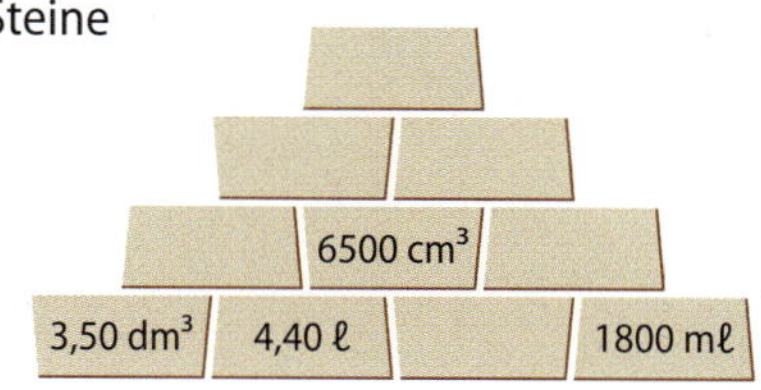

18 **1** Privater Wasserverbrauch pro Kopf und Tag in Deutschland in Litern

2 Wasserverbrauch pro Kopf und Tag im internationalen Vergleich

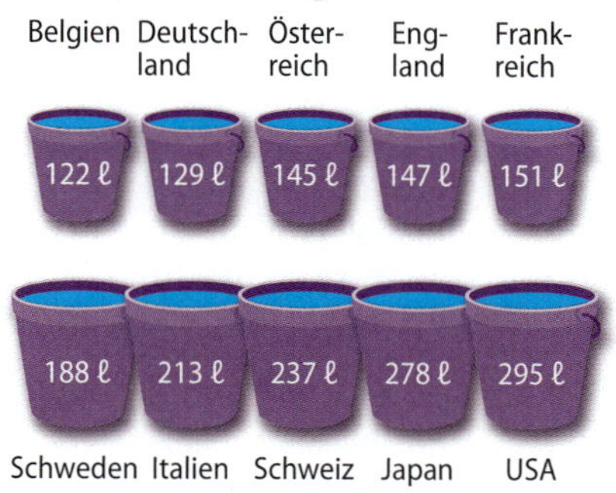

a) Stelle den Sachverhalt in den Abbildungen in einem geeigneten Diagramm dar.
b) Bestimme die Anteile der einzelnen Bereiche bzw. Länder am Wasserverbrauch.
c) Die Abbildungen machen unterschiedliche Angaben über den durchschnittlichen Wasserverbrauch in Deutschland. Woran kann das liegen? Stelle Vermutungen auf.

Weitere Hohlmaße

Alltag

Erdölmengen werden oft in Barrel (engl. für Fass), kleinere Mengen in den USA auch in Gallonen gemessen. 1 Barrel entspricht ungefähr 42 Gallonen und 1 Gallone ungefähr $3\frac{3}{4}$ ℓ.
- Berechne, wie viele Liter einem Barrel entsprechen.
- Rechne in Liter um: 5 Barrel, 8,8 Barrel, 5 Gallonen, $4\frac{3}{8}$ Gallonen.

Deutschland förderte 2016 täglich etwa 48 000 Barrel Erdöl.
- Berechne, wie viele Hektoliter durchschnittlich pro Woche gefördert wurden.
- Berechne, wie viele Kubikkilometer pro Jahr gefördert wurden.
- Recherchiere, welchen Anteil am Eigenbedarf Deutschland damit decken konnte.

In einer großen Ölraffinerie werden täglich etwa 530 000 Barrel Rohöl verarbeitet.
- Gib an, wie viele Liter dies sind.
- Überschlage, wie viele Tankerladungen (Fassungsvermögen eines mittelgroßen Tankschiffs etwa 265 000 Barrel) pro Monat zur Versorgung dieser Raffinerie benötigt werden.

5-Gallonen-Flasche

Erdölfass

Entdecken

Eine Zettelbox ist würfelförmig bei einer Kantenlänge von 1 dm. Mehrere dieser Boxen sollen in einen Karton verpackt werden, der 50 cm lang, 40 cm breit und 30 cm hoch ist.

- Berechne die Anzahl der Würfel im Karton und erkläre, wie man sie mithilfe der Kantenlängen des Kartons ermittelt.
- Beschreibe, wie ein würfelförmiger Karton die Beantwortung vereinfacht.

Verstehen

Um das Volumen eines Quaders zu bestimmen geht man schrittweise vor:

1 Länge: Zahl der Würfel pro Reihe

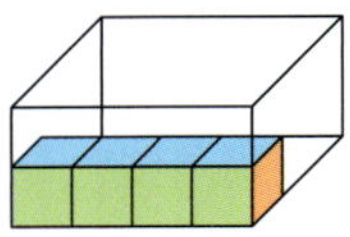

2 Breite: Zahl der Reihen pro Schicht

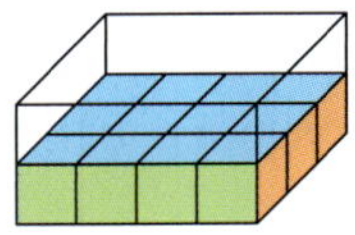

3 Höhe: Zahl der Schichten übereinander

Da das Produkt aus Länge und Breite die Grundfläche des Quaders ergibt, gilt auch V_{Quader} = Grundfläche · Höhe = G · h.

Für das **Volumen V** eines **Quaders** bzw. **Würfels** gilt: V_{Quader} = Länge · Breite · Höhe

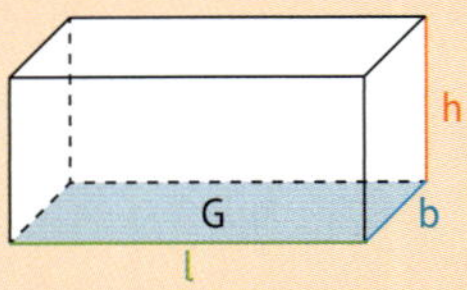

$V_{Quader} = l \cdot b \cdot h$

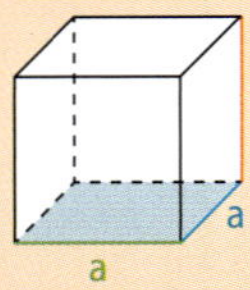

$V_{Würfel} = a \cdot a \cdot a = a^3$

Wandle vor der Berechnung des Volumens Länge, Breite und Höhe in die gleiche Einheit um.

Das Volumen vieler Körper lässt sich durch geschicktes Zerlegen in Quader oder Ergänzen zu Quadern berechnen.

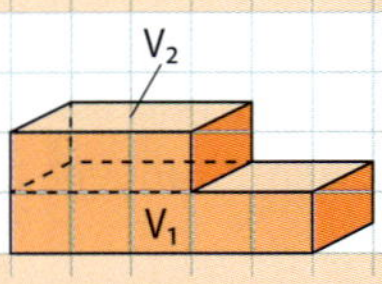

$V = V_1 + V_2$

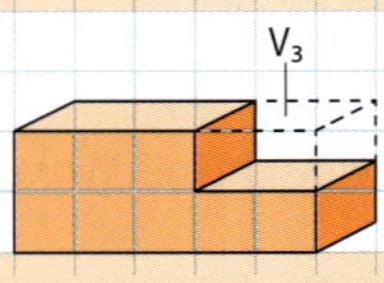

$V = V_{Gesamtquader} - V_3$

Erklärvideo
Mediencode
61046-34

Beispiele

I. Bestimme das Volumen eines …

a) Quaders mit l = 5 cm, b = 52 mm und h = 1,2 dm. **b)** Würfels mit a = 2,5 cm.

Lösung: **a)** Gleiche Längeneinheiten: l = 5 cm, b = 5,2 cm, h = 12 cm

$V_{Quader} = l \cdot b \cdot h = (5 \cdot 5{,}2 \cdot 12)\,cm^3 = 312\,cm^3$

b) $V_{Würfel} = a^3 = (2{,}5\,cm)^3 = 15{,}625\,cm^3$

II. Berechne das Volumen V des abgebildeten Körpers auf zwei Arten (Maße in cm).

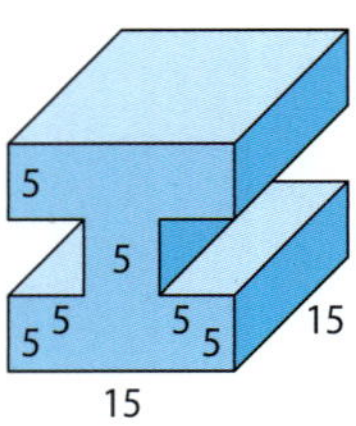

Lösung: Zerlegung in drei quaderförmige Teilkörper:

$V = 2 \cdot (15\,cm \cdot 15\,cm \cdot 5\,cm) + (5\,cm \cdot 15\,cm \cdot 5\,cm)$

$= 2 \cdot 1125\,cm^3 + 375\,cm^3 = 2625\,cm^3$

Entfernen zweier quaderförmiger Körper aus einem umfassenden Würfel:

$V = (15\,cm \cdot 15\,cm \cdot 15\,cm) - 2 \cdot (5\,cm \cdot 15\,cm \cdot 5\,cm)$

$= 3375\,cm^3 - 2 \cdot 375\,cm^3 = 2625\,cm^3$

- Berechne die notwendige Anzahl von Kubikzentimeter-Würfeln, um daraus einen Würfel der Kantenlänge 2 cm bauen zu können.
- Bestimme unter Verwendung des Schrägbildes eines Würfels, wie viele Schnitte mindestens nötig sind, um einen Käsewürfel der Kantenlänge 3 cm in lauter Kubikzentimeter-Würfel zu zerschneiden.

Nachgefragt

Aufgaben

1 Erläutere, wie du durch Auslegen mit Einheitswürfeln das Volumen der Quader bestimmen kannst, und berechne jeweils das Volumen.

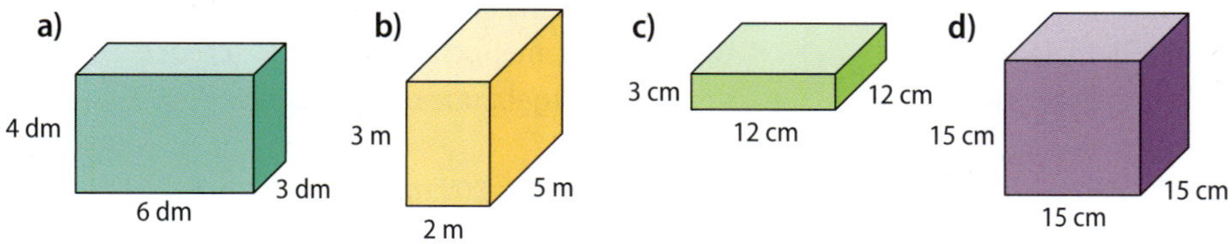

2 Übertrage die Tabelle in dein Heft und trage alle fehlenden Größen eines Quaders ein.

Kantenlängen								
l	5 cm	4,2 cm	2,7 dm	2,5 m	2 dm	4 m		5 dm
b	6 cm	3,5 cm	11 cm	2,5 m	2 dm		3 cm	4 dm
h	3 cm	0,5 cm	1,5 dm	2,5 m		7 m	9 cm	
Volumen					8 dm^3	84 m^3	27 cm^3	20 dm^3
Oberflächeninhalt								

3 a) Eine quaderförmige Kiste hat ein Volumen von 64 dm^3. Gib vier verschiedene Möglichkeiten für ihre Kantenlängen an.
b) Eine quaderförmige Schachtel soll 75 % des Volumens der abgebildeten Schachtel besitzen. Gib vier verschiedene Möglichkeiten für ihre Kantenlängen an.

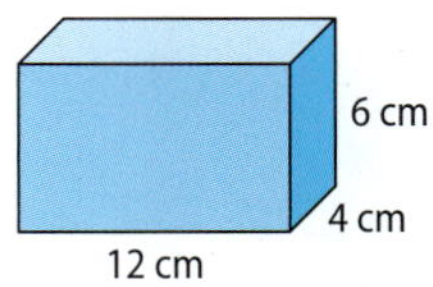

4 Johannes und Simon vermessen ihr (quaderförmiges) Klassenzimmer und notieren: Länge 11,2 m; Breite 7,7 m; Höhe 3,5 m.
a) Berechne das Volumen des Klassenzimmers und runde das Ergebnis auf Kubikmeter.
b) Runde die Maße des Klassenzimmers auf Meter und berechne damit das „gerundete" Volumen. Vergleiche mit dem Ergebnis aus a) und erkläre den Unterschied.

5 Ermittle das Volumen und die Masse des abgebildeten Holzkeils. 1 dm^3 Holz hat die Masse 720 g.

6 Schätze das Volumen. Erkläre wie du vorgegangen bist.

a)

b)
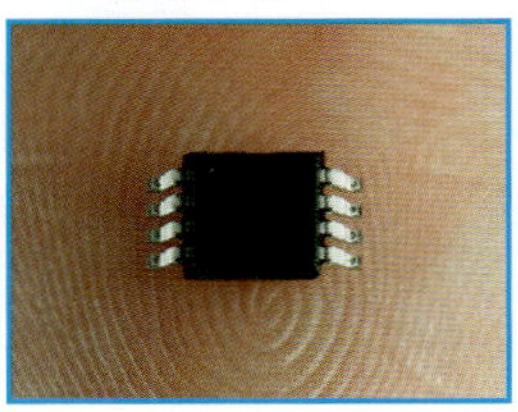

c)

7 Bestimme das Volumen der Körper auf verschiedenen Wegen und erkläre dein Vorgehen.

a)
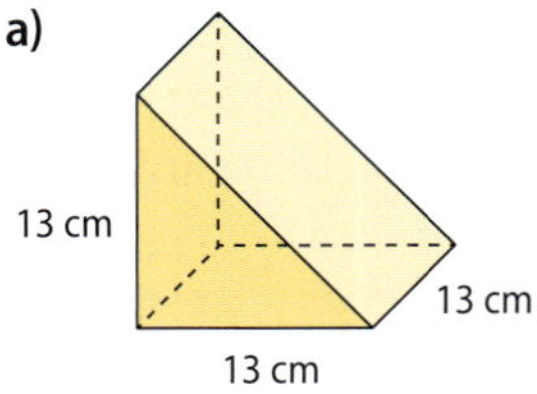

b)
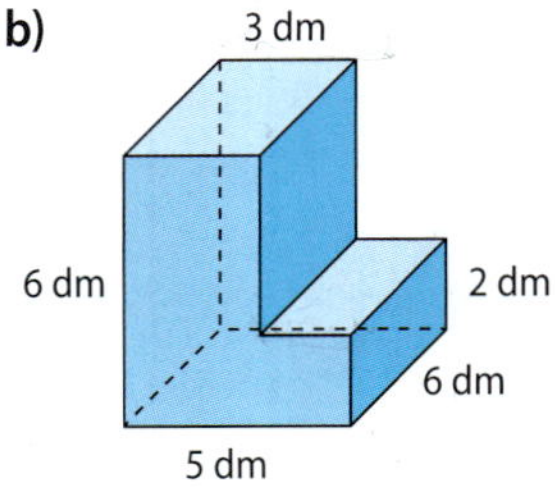

c)
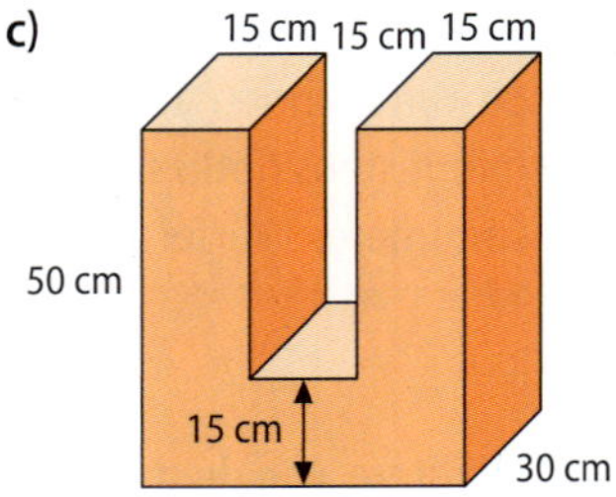

8 Schätze jeweils das Volumen in einer passenden Einheit ab und erläutere dein Vorgehen.
a) dein Radiergummi **b)** dein Federmäppchen **c)** deine Schultasche
d) dein Klassenzimmer **e)** das Hauptgebäude deiner Schule

Hinweis:
1 ℓ Wasser hat die Masse 1 kg.

9 Bastian besitzt ein quaderförmiges Aquarium, das 80 cm lang, 50 cm breit, 45 cm hoch und bis 10 cm unter den Rand mit Wasser gefüllt ist.
a) Berechne die Masse des gefüllten Aquariums, das leer die Masse 16 kg hat.
b) Ermittle den Anstieg des Wasserspiegels, wenn Bastian 4 ℓ Wasser einfüllt.

10 Simon hat eine große Anzahl quaderförmiger Bauklötze der Größe 2 cm × 8 cm × 1 cm.
a) Ermittle die kleinste Anzahl solcher Quader, aus denen er einen Würfel bauen kann.
b) Wie viele dieser Quader braucht er, um einen Würfel der Kantenlänge 12 cm zu bauen?
c) Begründe, dass es nicht möglich ist, mit solchen Quadern einen hohlraumfreien Würfel der Kantenlänge 10 cm zu bauen.

11 Erläutere, wie sich das Volumen eines Quaders ändert, wenn …
a) seine Länge verdoppelt wird, aber seine Breite und seine Höhe gleich bleiben.
b) seine Länge und seine Breite verdoppelt werden, aber seine Höhe unverändert bleibt.
c) die Länge jeder seiner Kanten verdoppelt wird.

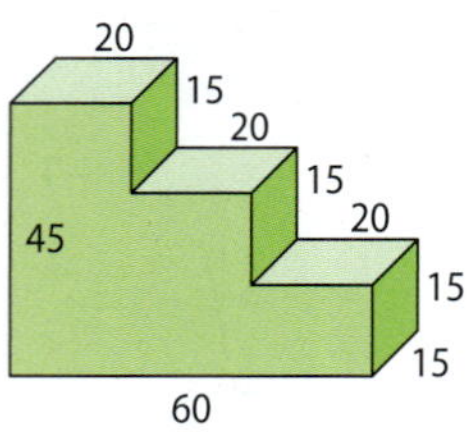

12 Ermittle das Volumen des Elements für Treppen (Maße in cm). Finde drei verschiedene Terme für das Volumen und veranschauliche deinen Ansatz jeweils durch eine Skizze.

13 **a)** Gib mögliche Abmessungen eines Quaders mit einem Volumen von 24 cm^3 an.
b) Nun wird der Quader in Schichten mit einem Volumen von jeweils 4 cm^3 (600 mm^3, 1,5 mℓ) zerlegt. Berechne die Anzahl der entstehenden Schichten.

14 Lisas Mutter bepflanzt vier Balkonkästen. Jeder der (quaderförmigen) Kästen ist innen 54 cm lang, 15 cm breit und 20 cm hoch und wird bis 5 cm unter den Rand mit Erde gefüllt.
a) Berechne, wie viele 10-Liter-Säcke Blumenerde dazu nötig sind.
b) Ermittle die gesamten Kosten für Erde und Pflanzen, wenn in jeden Kasten sechs Stiefmütterchen gepflanzt werden.
c) Veranschauliche anhand einer Zeichnung, wie du die sechs Stiefmütterchen eines Kastens jeweils anordnen würdest. Trage in deine Zeichnung Maße ein und erkläre sie.

Blumenerde
10 Liter 2,95 €

Stiefmütterchen
je Stück 95 Cent,
ab 10 Stück je 85 Cent

15 Form und Abmessungen eines Transporters sind ein wichtiges Kriterium für die Kaufentscheidung von Kunden. Die Abbildungen zeigen die Maße zweier Fahrzeugmodelle.

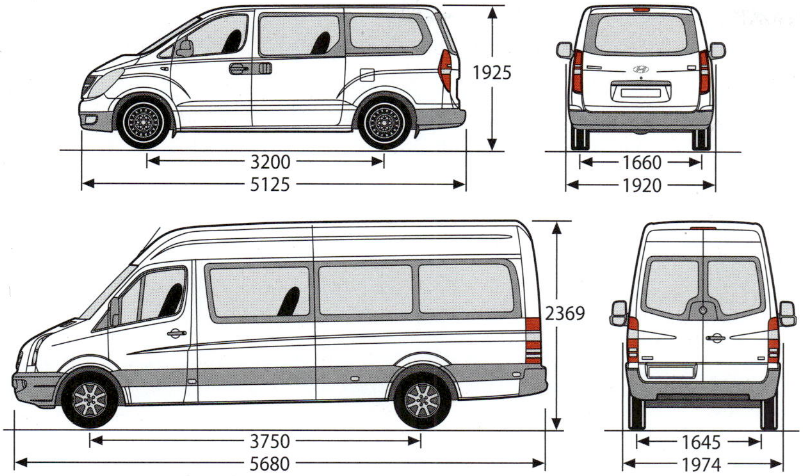

Alle Angaben in mm

a) Schätze das Volumen des Insassenbereichs, des Laderaums und des Fahrzeugs insgesamt, indem du die Autos als Quader betrachtest. Beschreibe dein Vorgehen.

b) Das Ladevolumen von Fahrzeugen wird einheitlich mit Normquadern (50 mm × 200 mm × 100 mm) ausgemessen. Schätze auf zwei verschiedene Arten ab, wie viele solcher Normquader jeweils in den Laderaum passen.

16 Ein 50-mℓ-Fläschchen des Parfüms „Oriental" ist in einer quaderförmigen Schachtel mit den Maßen 4,0 cm, 10,5 cm und 8,0 cm verpackt.

a) Berechne den prozentualen Anteil des Parfüms am Volumen der Verpackung.

b) Überlege mögliche Gründe für diese unnötig großen Verpackungen.

17 Der Main-Donau-Kanal verbindet die Nordsee mit dem Schwarzen Meer. Auf einem 2,7 km langen Abschnitt wurde dazu ein 4 m tiefes und 43 m breites Flussbett ausgebaggert.

a) Berechne das Erdvolumen, das beim Aushub des Flussbettes bewegt werden muss.

b) Ermittle die notwendige Anzahl an Lkw-Fahrten, wenn ein Lkw etwa 18 m^3 laden kann.

c) Je Fahrt benötigt ein Lkw inklusive Be- und Entladevorgang etwa 45 min. Wie viele Lkw-Arbeitsstunden sind erforderlich?

d) Berechne, wie viele Lkw-Arbeitstage zu je 8 h Arbeitszeit erforderlich sind.

e) Die Bagger schaffen den Erdaushub in 60 Arbeitstagen. Berechne die Zahl von Lkw, die gleichzeitig im Einsatz sein müssten, um den Aushub ohne Verzögerung abzufahren.

18 Die Abbildung zeigt die Vorgaben einer Gemeinde für den Querschnitt von Gräben zur Verlegung einer Gasleitung (Maße in m). Berechne den notwendigen Erdaushub sowie die erforderliche Menge Sand, um mit diesem Aufbau einen Graben von 8,0 m Länge anzulegen.

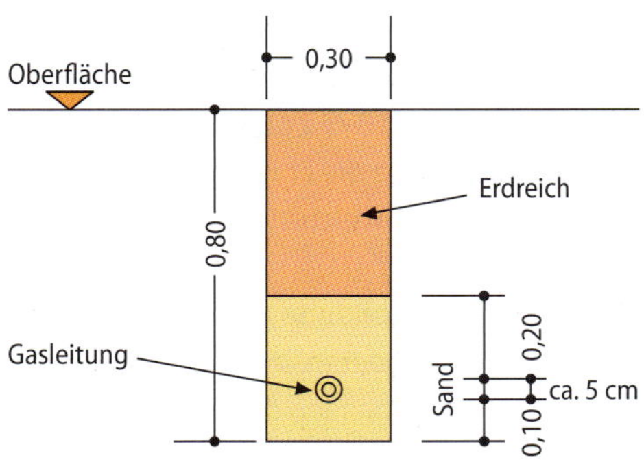

19 Die vier Wände eines Zimmers (Länge 5,2 m; Breite 4,5 m; Höhe 2,5 m; Türen und Fenster insgesamt 8,5 m²) sollen zur Wärmeisolierung mit Styroporplatten der Dicke 2,5 cm verkleidet werden. 1,0 dm³ Styropor hat die Masse 18 g.
Schätze zunächst, welche Masse die dazu benötigten Styroporplatten haben, und berechne dann die Masse der Styroporplatten.

20 a) Berechne das Volumen jedes der beiden Quader, von denen du hier Netze abgebildet siehst, und runde es auf Kubikdezimeter.

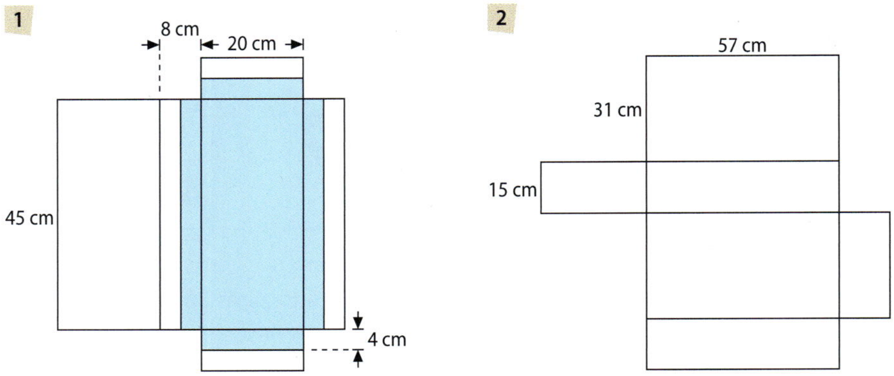

b) Ermittle, wie viel Prozent der Oberfläche des Quaders **1** blau gefärbt sind.
c) Zeichne das Netz des Quaders **2** im Maßstab 1:10 in dein Heft und färbe 50 % der Oberfläche rot.

21 Das Schwimmbecken eines Freibads ist 50 m lang, 25 m breit und 23 dm tief.
a) Berechne, wie viel Wasser (in m³ und hℓ) in dieses Schwimmbecken passt.
b) 1 m³ Wasser kostet 5,23 €. Berechne die Kosten für das einmalige Füllen.
c) Bei sonnigem Wetter verdunsten täglich etwa 25 hℓ des Wassers.
1 Berechne, um wie viele Zentimeter der Wasserstand dadurch sinkt.
2 Ermittle die täglichen Kosten für das Ersetzen des verdunsteten Wassers
3 Überschlage, nach welcher Zeit ein volles Becken frühestens durch Verdunstung vollständig ausgetrocknet wäre.
d) Nach mehreren Jahren ist die Kunststoff-Beschichtung des Schwimmbeckens renovierungsbedürftig. Das Material für 10 m² Fläche kostet 70 €, zwei Arbeiter benötigen 45 min, um es zu verarbeiten. Berechne die Gesamtkosten der Renovierung, wenn eine Arbeitsstunde 49,50 € kostet.

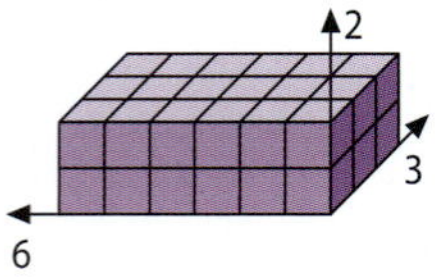

22 Aus 36 kleinen Holzwürfeln lassen sich verschiedene Quader bauen.
a) Ermittle, wie viele verschiedene Quader sich aus den Holzwürfeln bauen lassen. Dabei sollen Drehungen des Quaders nicht unterschieden werden, z. B. die Lösungen 2-3-6 und 3-6-2 als gleich behandelt werden.
b) Löse die Fragestellung auch für 32 und 34 kleine Würfel.
c) Für welche Würfelanzahlen zwischen 40 und 50 gibt es genau eine Lösung?

23 Die Abbildung zeigt eine Zimmerwand, die für ein Fertighaus angeliefert wird. Skizziere die Vorderansicht der Wand in dein Heft und erläutere, wie durch geschicktes Zerlegen und Ergänzen das Volumen der Wand ermittelt werden kann, wenn Wanddicke und geeignete Längen bekannt sind. Markiere diese Längen in deiner Skizze.

24 Mit jedem Herzschlag werden bei einem Menschen im Ruhezustand etwa 70 mℓ Blut in die Blutbahn gepumpt.

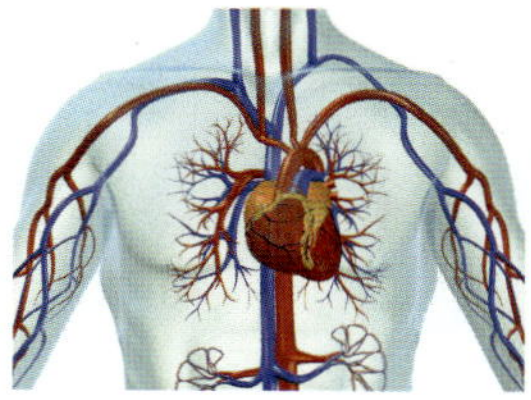

a) Bestimme, wie oft dein Herz pro Minute schlägt und schätze damit die Anzahl der Schläge pro Tag (Monat, Jahr) ab. Wie viel Blut wird dabei gepumpt?

b) Berechne die Blutmenge, die das Herz bisher in deinem Leben (bei deinen Eltern, bei einer 75-Jährigen) ungefähr gepumpt hat.

c) Ein Kind hat etwa 5 ℓ Blut im Körper. Wie lange dauert es, bis das Blut einmal durch den Körper gepumpt wurde? Wie realistisch ist das Ergebnis? Begründe.

25 Berechne die Rauminhalte der abgebildeten Körper.

a)

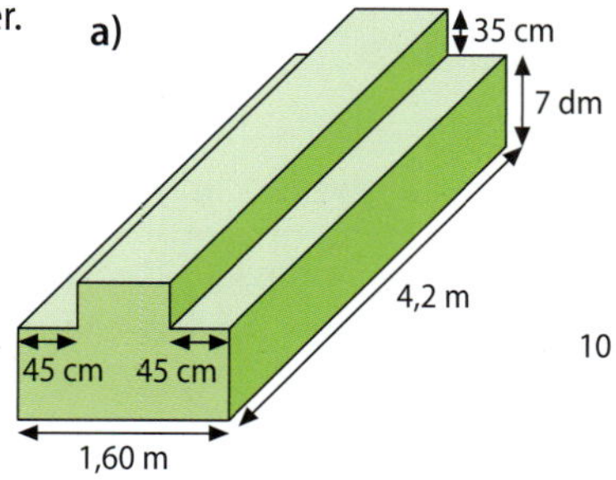

b)

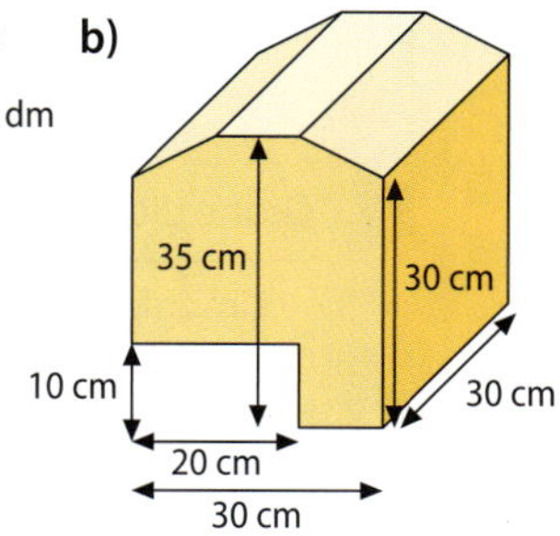

26 Die Firma ZELUGRIT lässt sich für einen Messestand ihren Firmennamen in Großbuchstaben aus Hartschaum schneiden. Alle Buchstaben außer dem I sind 50 cm hoch, 30 cm breit und 15 cm tief. Die Abbildung der Vorderansicht der Buchstaben ist im Maßstab 1:20 gezeichnet. Alle zur Rechnung nötigen Kantenlängen können der Abbildung entnommen werden. 1 dm^3 Hartschaum hat die Masse 120 g.

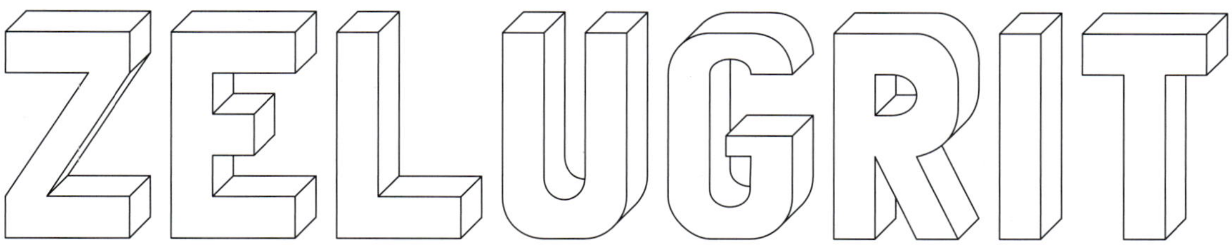

a) Bestimme jeweils die Masse der Buchstaben L, T und E.

b) Erläutere, wie das Volumen des Buchstabens Z bestimmt werden kann.

c) Ermittle näherungsweise jeweils die Masse der Buchstaben U, R und G.

Knobelei

Umfüllaufgaben – Klassiker unter den Denksportaufgaben

Mit einem 4-Liter-Krug und einem 3-Liter-Krug kann man aus einer Regenwassertonne durch geschicktes Füllen und Umfüllen 2 Liter Wasser abmessen. Dabei dürfen an den Krügen keine Markierungen angebracht und keine weiteren Hilfsmittel verwendet werden.

- Überlege, wie man geschickt vorgehen könnte, und beschreibe das Vorgehen.
- Suche einen Weg, mithilfe einer 10-Liter- und einer 6-Liter-Gießkanne 2 Liter Wasser abzumessen.

Eine der ältesten und zugleich schwierigsten Umfüllaufgaben, die bereits im Mittelalter diskutiert wurde, lautet mit heutigen Maßen:

- Beschreibe, wie man 4 Liter Wasser mit einer randvollen 8-Liter-Kanne und zwei leeren Kannen, die 5 Liter und 3 Liter fassen, abmessen kann.

Zu 5.1

1 Bestimme jeweils Volumen und Oberflächeninhalt der Körper.

Beide Körper sind aus Würfeln der Kantenlänge 1 cm aufgebaut.

Beide Körper sind aus Würfeln der Kantenlänge 2 dm aufgebaut.

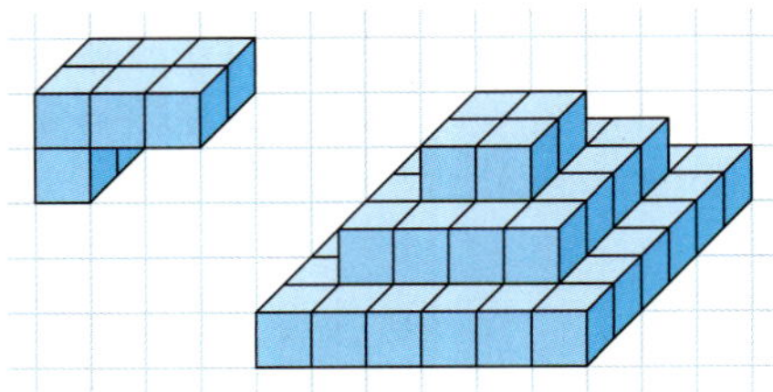

2 Ordne die sechs Volumina jeweils richtig zu.

Limoglas – Badewanne – Bierfass – Saftkrug – Parfümfläschchen – Sahnebecher

1,5 dm³ | 150 cm³ | 30 cm³ | 200 mℓ | $\frac{1}{5}$ m³ | 50 dm³

Smartphone – Laptop – Desktop-PC – Tablet – Smartwatch – Speicherkarte

0,3 dm³ | 50 cm³ | 1,5 cm³ | 6 cm³ | 12 dm³ | 700 cm³

Zu 5.2

3 Erfinde zu jedem Rechenterm eine passende Geschichte. Berechne dann das Ergebnis und formuliere einen Antwortsatz.

a) 10 ℓ : 4 b) 0,8 ℓ – 320 mℓ
c) 3,2 m³ : 0,8 m d) 5000 · 0,08 cm³

a) 10 ℓ : 250 cm³ b) 2 hℓ – 4 · 30 ℓ
c) 120 ℓ : 36 dm²
d) 2,5 dm³ + 0,16 mℓ · 5000

4 Wandle jeweils in die in Klammern stehenden Einheiten um.

a) 23 000 cm³ (dm³, mℓ, ℓ)
b) 5 m³ (dm³, ℓ, hℓ)
c) 10,5 dm³ (cm³, mm³, cℓ)

a) 2300,0 cm³ (dm³, mm³, hℓ)
b) $5\frac{1}{8}$ m³ (dm³, cℓ, km³)
c) 0,0105 dm³ (m³, hℓ, mm³)

5 Übertrage die Zahlenmauern in dein Heft. Der Wert eines Steins ergibt sich aus der Summe der beiden darunter liegenden Steine.

Fülle die Mauer und gib das Volumen auf dem obersten Stein in cm³ und ℓ an.

a)

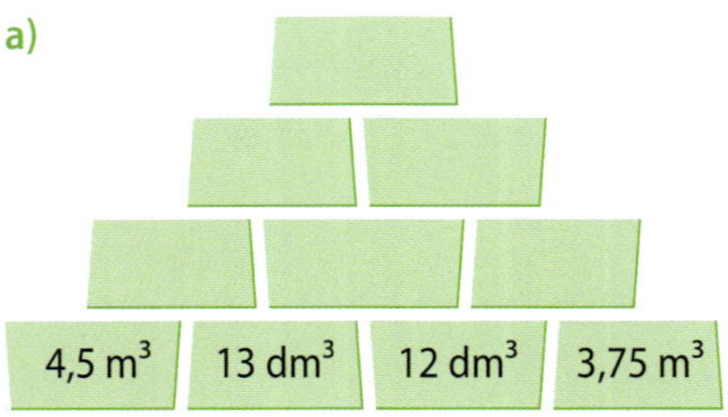

Fülle die Mauer und gib das Volumen auf dem obersten Stein in hℓ und cℓ an.

a)

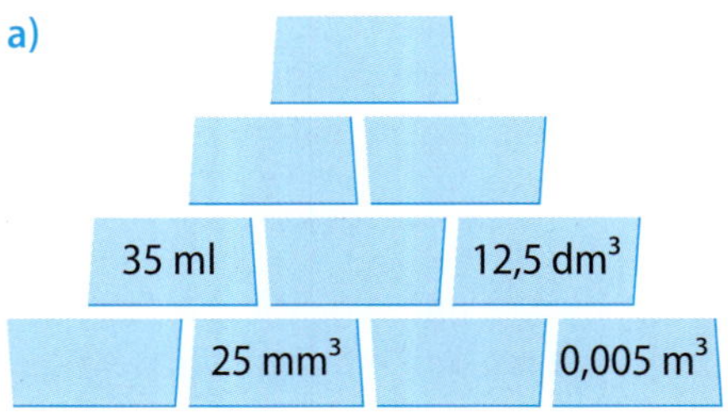

b) Erläutere, wie sich der Wert des obersten Steins ändert, wenn der Wert des rechten Steins in der untersten Reihe verdoppelt wird.

6

a) Verwandle in die nächstkleinere Einheit.
$4\ cm^3$; $7\ dm^3$; $32\ dm^3$; $105\ m^3$; $220\ m^3$; $13{,}5\ dm^3$; $47{,}03\ m^3$; $152{,}017\ cm^3$

b) Verwandle in die nächstgrößere Einheit.
$40\,000\ dm^3$; $100\,000\ mm^3$; $3400\ dm^3$; $17\,070\ cm^3$; $1020\ mm^3$; $2\ cm^3$; $15{,}6\ dm^3$

a) Berechne jeweils das auf $1\ m^3$ fehlende Volumen.
$250\ dm^3$; $500\ cm^3$; $25\ dm^3$; $2000\ cm^3$; $900\,000\ cm^3$

b) Ergänze die Umrechnungen im Heft.
$3000\ dm^3 = \square\ h\ell$ $\quad$ $25\ dm^3 = \square\ \ell$
$5\ m^3 = \square\ \ell$ $\quad$ $5\ h\ell = \square\ dm^3$
$1000\ \ell = \square\ m^3$ $\quad$ $350\ cm^3 = \square\ m\ell$

7 Berechne jeweils den Wert des Terms.

a) $7609\ m^3 + 4500\ m^3 - 867\ m^3$
b) $125\ cm^3 \cdot 6 - 2\ dm^3 : 4$
c) $2{,}5\ m^3 + \frac{1}{8}\ m^3 + 20\ h\ell$
d) $(240\ cm^3 + 100\ m\ell) \cdot 2{,}8$
e) $8709{,}4\ \ell - 3788{,}08\ \ell$

a) $76{,}45\ m^3 + 95\ h\ell - 6{,}7\ m^3 \cdot 2$
b) $25{,}72\ \ell - 800\ m\ell + 0{,}7\ dm^3 : 5$
c) $4{,}5 \cdot 32{,}4\ m^3 + 30\ dm \cdot 25{,}2\ m^2$
d) $28\,014\ h\ell : 87 - 86\frac{1}{2}\ h\ell$
e) $(2{,}4\ \ell - 355\ m\ell : 5) \cdot 2{,}5 - 2{,}06\ dm^3$

8 Berechne jeweils die fehlenden Größen des Quaders.

Zu 5.3

	a)	b)	c)
Länge l	5 cm	6 m	5 dm
Breite b	3 cm		40 cm
Höhe h	8 cm	4 m	
Volumen V		$144\ m^3$	$1\ m^3$
Oberfläche O			

d) Zeichne ein Schrägbild des Quaders a).

	a)	b)	c)
Länge l	2,4 cm	2 cm	
Breite b	30 mm	5 cm	a
Höhe h			a
Volumen V	39,6 ℓ		
Oberfläche O		$104\ cm^2$	$150\ mm^2$

d) Zeichne ein Schrägbild des Quaders b).

9 Die Zeichnungen zeigen die Querschnitte von Eisenträgern für eine Turnhalle. Berechne jeweils das Eisenvolumen, das für die Herstellung eines 20 m langen Stabes mit diesem Querschnitt benötigt wird. Berechne jeweils die Masse des Stabs, wenn $1\ dm^3$ Eisen die Masse 7,9 kg hat.

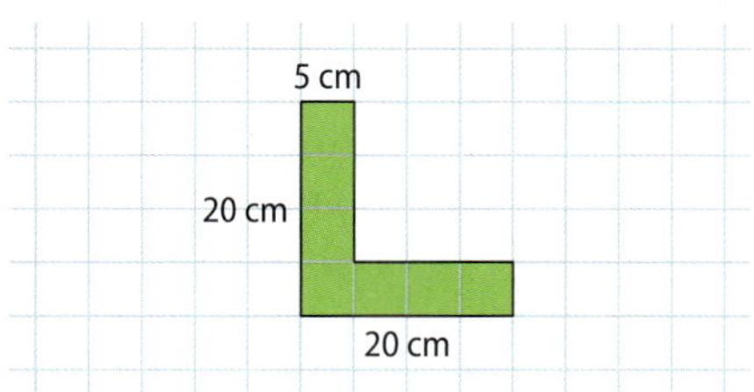

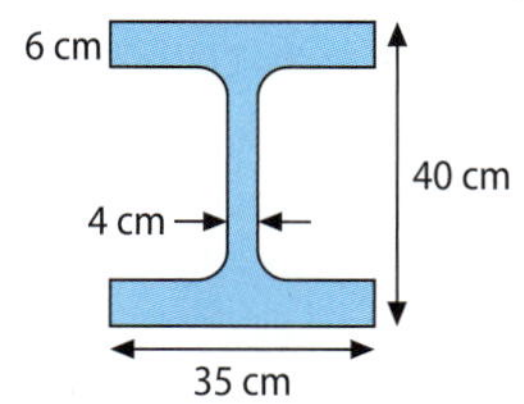

10 Berechne jeweils die fehlenden Größen des Würfels.

	a)	b)	c)
Länge a	5 cm	2,5 m	
Volumen V			$27\ dm^3$
Oberfläche O			

	a)	b)	c)
Länge a			14,7 cm
Volumen V	80 hℓ		
Oberfläche O		$150\ cm^3$	

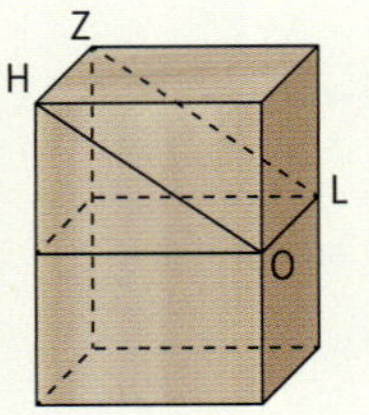

11 Ein Holzquader ist 12 cm lang, 6 cm breit und 8 cm hoch. Er wird zunächst durch einen Sägeschnitt parallel zu seiner Grundfläche halbiert; dann wird oben der Keil (mit der Schnittfläche HOLZ) abgesägt (siehe Abbildung).

a) Berechne das Quadervolumen.

b) Gib den Anteil des Keils am Quadervolumen an und begründe deine Antwort.

c) Gib das Volumen des Keils an.

12 Gib das Volumen jeweils in der nächstgrößeren Einheit an. **Beispiel:** $7843\ dm^3 = 7{,}843\ m^3$

a)	b)	c)	d)	e)
$4531\ dm^3$	$57\,500\ dm^3$	$10\,001\ dm^3$	$\frac{1}{2}\ \ell$	$\frac{1}{10}\ m^3$
$19\,548\ cm^3$	$725\,000\ cm^3$	$575\ cm^3$	$\frac{1}{4}\ \ell$	$4\frac{3}{5}\ cm^3$
$44\,500\ mm^3$	$901\,000\ mm^3$	$15\ mm^3$	$\frac{2}{5}\ \ell$	$6\frac{7}{8}\ m\ell$

13 Eine Kostenschätzung für den Bau eines Hauses kann auf zwei verschiedene Arten mit Daten des statistischen Bundesamtes geschehen: 2016 betrugen die Kosten je m^2 Wohnfläche durchschnittlich 1500 €, die Kosten je m^3 umbauten Raum durchschnittlich 280 €. Schätze mit beiden Werten die Kosten des skizzierten Hauses mit zwei Wohngeschossen und einem nicht ausgebauten Satteldach. Berücksichtige, dass die Wohnfläche durch Mauerwerk und Nutzflächen um 30 % geringer ausfällt, als es die Außenmaße des Hauses ergeben.

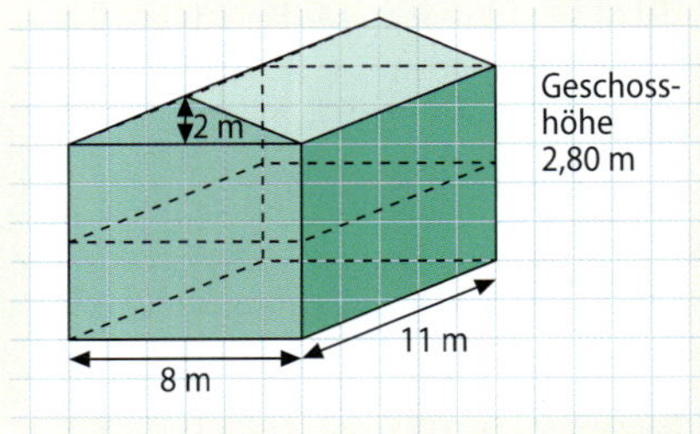

14 Erläutere mithilfe geeigneter Schrägbildskizzen, wie sich das Volumen eines Würfels ändert, wenn …

a) eine Kantenlänge verdoppelt (halbiert) wird.

b) alle drei Kantenlängen verdoppelt (halbiert) werden.

c) eine Kantenlänge halbiert und eine andere verdoppelt wird.

15 Das neue Drei-Liter-Auto verbraucht auf einer Fahrt von 100 km bei idealen Bedingungen nur drei Liter Benzin. Sein Tank fasst 60 Liter.

a) Frage deine Eltern, wie viel Liter Benzin euer Auto pro 100 km verbraucht. Informiere dich, was 1 Liter Benzin (auf ct gerundet) derzeit kostet, und berechne dann die Benzinkosten für eine Fahrt von 250 km mit eurem Auto.

b) Schätze, was das Benzin für eine Fahrt von 250 km mit einem Drei-Liter-Auto kostet.

c) Informiere dich über den Benzinverbrauch verschiedener Pkw-Modelle und stelle die Daten in einem geeigneten Diagramm dar.

16 Für ein Vollbad werden etwa 150 ℓ, für einmal Duschen etwa 60 ℓ Wasser verbraucht. Laura duscht täglich zweimal, Sophie duscht täglich einmal und badet zusätzlich einmal in der Woche, Gregor duscht fünfmal in der Woche und badet zweimal in der Woche, und Lucas badet dreimal in der Woche und duscht viermal in der Woche.

a) Schätze, welches der vier Kinder in einer Woche am wenigsten Wasser zum Baden und Duschen verbraucht.

b) Berechne die Wassermenge, die die vier Kinder in einer Woche insgesamt zum Baden und Duschen verbrauchen.

Volumen und Volumeneinheiten

Seite 128

Die Größe des Raums, den ein Körper einnimmt, nennt man sein **Volumen**.

Das Volumen eines Würfels der Kantenlänge 1 mm (1 cm, 1 dm, 1 m, …) ist die **Volumeneinheit** 1 mm^3 (1 cm^3, 1 dm^3, 1 m^3, …).

Lässt sich ein Körper in n Würfel mit dem Volumen 1 mm^3 (1 cm^3, …) zerlegen, so besitzt er das Volumen n mm^3 (n cm^3, …).

Weitere Volumeneinheiten: 1 ℓ (= 1 dm^3), 1 cℓ, 1 mℓ, 1 hℓ.

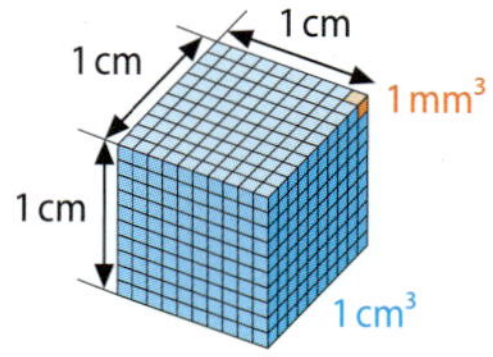

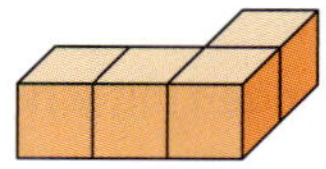

$V = 4 \cdot 1\ cm^3 = 4\ cm^3$

1 mm^3	1 cm^3	1 dm^3	1 m^3
Stecknadelkopf	Zuckerwürfel	Notizzettelblock	Dielenschrank

Umwandlung von Volumeneinheiten

Seite 130

$1\ cm^3 = 1000\ mm^3$ $\quad 1\ dm^3 = 1000\ cm^3$

$1\ m^3 = 1000\ dm^3$

In dieser Ordnung der Volumeneinheiten ist jede Einheit 1000-mal größer als die nächstkleinere Einheit, denn sie lässt sich zerlegen in 10 Schichten aus je 10 Stangen mit je 10 Einheitswürfeln der nächstkleineren Einheit.

$1\ m^3 \xrightarrow[\cdot 1000]{:1000} 1\ dm^3 = 1\ ℓ \xrightarrow[\cdot 1000]{:1000} 1\ cm^3 = 1\ mℓ \xrightarrow[\cdot 1000]{:1000} 1\ mm^3$

Umrechnungsbeispiele:

$230\,000\ cm^3 = 230\ dm^3$

$45\ cm^3 = 45\,000\ mm^3$

$1234{,}5\ dm^3 = 1{,}2345\ m^3$

$80\ cm^3 = 0{,}08\ ℓ = 8\ cℓ$

Volumen von Quader und Würfel

Seite 134

Für das Volumen eines Quaders mit den Seitenlängen a, b und c gilt:

V_{Quader} = Länge · Breite · Höhe = l · b · h

Spezialfall Würfel mit der Kantenlänge a:

$V_{Würfel} = a \cdot a \cdot a = a^3$

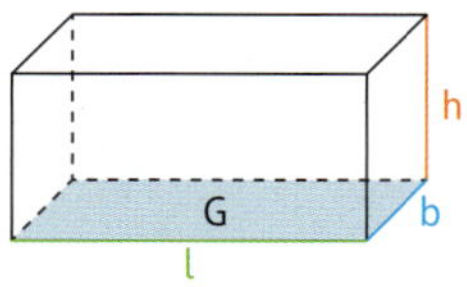

$V_{Quader} = l \cdot b \cdot h = G \cdot h$

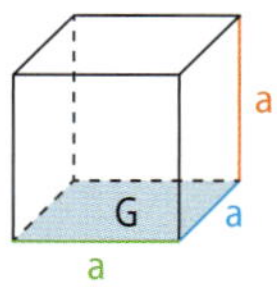

$V_{Würfel} = a \cdot a \cdot a = a^3$

Volumen zusammengesetzter Körper

Seite 134

Das Volumen von Körpern, die aus Würfeln oder Quadern zusammengesetzt sind, lässt sich durch Zerlegen oder Ergänzen der Körper bestimmen.

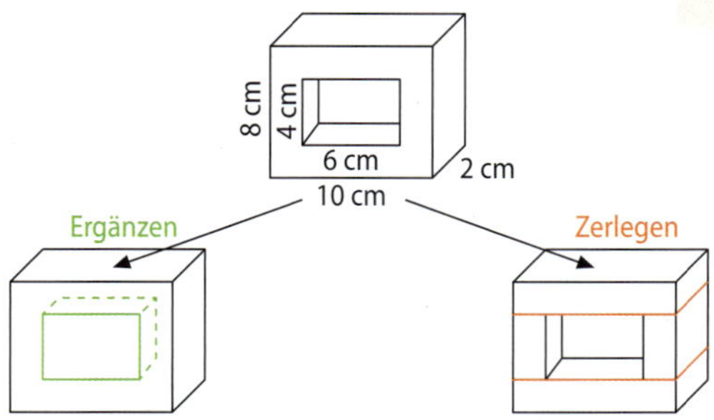

Ergänzung durch einen Quader mit Kantenlängen 6 cm, 2 cm, 4 cm zu einem Quader mit Kantenlängen 10 cm, 2 cm, 8 cm

$V_{Körper} = 10\ cm \cdot 2\ cm \cdot 8\ cm$
$- 6\ cm \cdot 2\ cm \cdot 4\ cm$
$= 160\ cm^3 - 48\ cm^3 = 112\ cm^3$

Zerlegung z. B. in zwei Quader mit Kantenlängen 10 cm, 2 cm, 2 cm und zwei Quader mit Kantenlängen 2 cm, 2 cm, 4 cm

$V_{Quader} = 2 \cdot (10\ cm \cdot 2\ cm \cdot 2\ cm)$
$+ 2 \cdot (2\ cm \cdot 2\ cm \cdot 4\ cm)$
$= 80\ cm^3 + 32\ cm^3 = 112\ cm^3$

Aufgaben zur Einzelarbeit

Überprüfe deine Fähigkeiten und Kompetenzen. Bearbeite dazu die folgenden Aufgaben und bewerte anschließend deine Lösungen mit einem Smiley.

☺	😐	☹
Das kann ich **wirklich gut!**	Das kann ich **fast!**	Das muss ich **noch üben!**

1 Jedes der drei Prismen **1** bis **3** ist aus Würfelchen der Kantenlänge 1 cm gebaut.

1 **2**

3

a) Gib bei jedem dieser Prismen an, aus wie vielen Würfelchen es besteht und wie groß sein Volumen ist.

b) Aus den Würfelchen welches der drei Prismen kannst du (ohne dass Würfelchen fehlen oder übrig bleiben) einen großen Würfel bauen?

c) Gib bei jedem dieser Prismen die Prismenhöhe an und überlege, welche geometrische Figur seine Grund- bzw. Deckfläche darstellt.

2 Wandle jeweils in die nächstgrößere sowie in die nächstkleinere Einheit um.

a) $2600\ cm^3$ b) $1\frac{1}{2}\ \ell$ c) $500\ dm^3$

d) $50{,}6\ dm^3$ e) $3\ \ell\ 400\ m\ell$ f) $3000\ mm^3$

3 Übertrage die Angabe in dein Heft und setze dann dort eines der Zeichen =, < oder > so ein, dass eine wahre Aussage entsteht.

a) $4\ m^3$ ▢ $4150\ dm^3$ b) $1250\ cm^3$ ▢ $12{,}5\ dm^3$

$50\ dm^3$ ▢ $50\ \ell$ $0{,}5\ cm^3$ ▢ $500\ m\ell$

$750\ m\ell$ ▢ $0{,}75\ \ell$ $55\,000\ m^3$ ▢ $550\,000\ h\ell$

4 Berechne.

a) $37{,}05\ \ell \cdot 25{,}8$ b) $25\frac{3}{8}\ h\ell : 2\frac{1}{4}\ h\ell$

c) $5637{,}6\ cm^3 : 8{,}7$ d) $9\frac{4}{5}\ mm^3 \cdot 5{,}6$

e) $5789\ m^3 + 35{,}75\ dm^3 + 4307\ m^3 + 22\,356\ dm^3$

f) $19{,}709\ dm^3 - (251\ cm^3 - 5{,}9\ cm^3) \cdot 8$

g) $7805\ dm^3 + 5{,}47\ m^3 - 45\,000\ cm^3$

5 Bestimme das Volumen und den Oberflächeninhalt.

a)

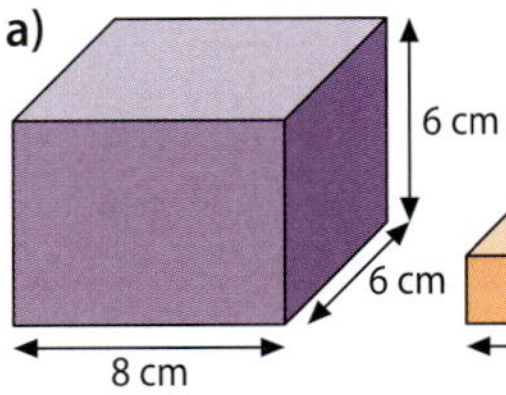

b)

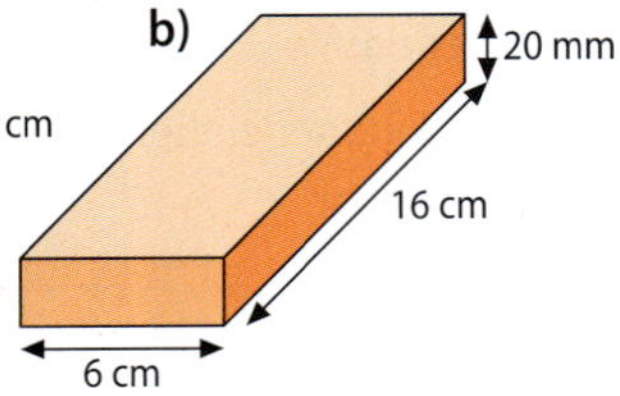

c)

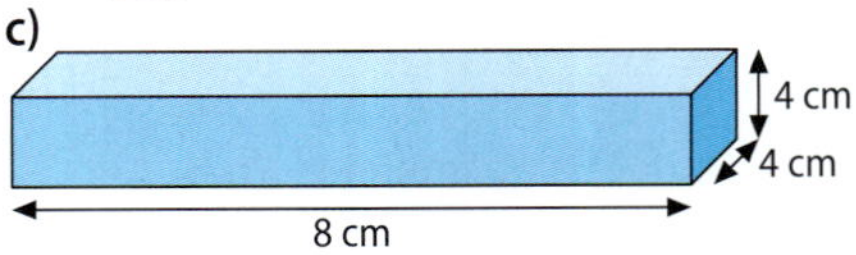

6 Eine Halle ist 23 m breit, 48,5 m lang und 13 m hoch.

a) Wie viel m^3 Luft passen in die Halle?

b) Alle Seitenwände und die Decke werden gestrichen. Ermittle den Flächeninhalt der gestrichenen Fläche, wenn etwa ein Sechstel der Seitenwände Fenster und Türen sind.

7 Aus dem Würfel wurde jeweils ein Körper herausgeschnitten. Bestimme das Volumen des Restkörpers. Überlege dir zuerst eine geschickte Vorgehensweise.

a)

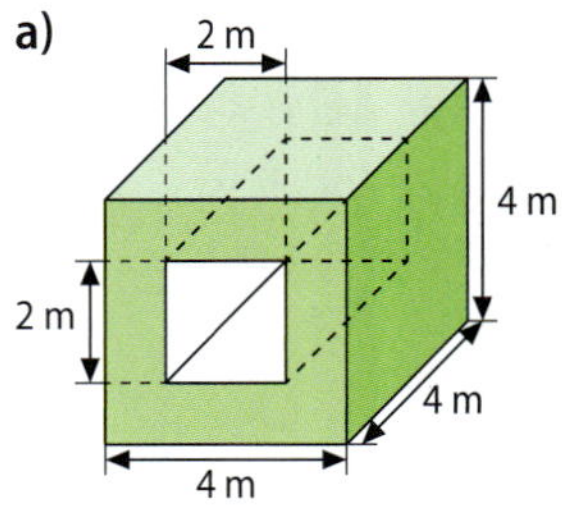

b)

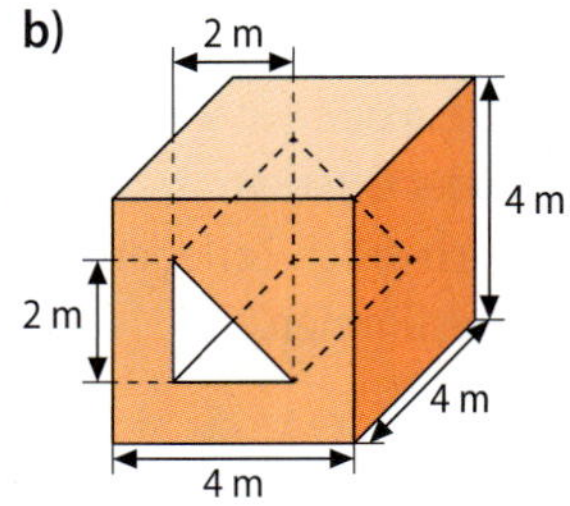

8 a) Mülltonnen fassen 80 ℓ und 120 ℓ. In einem Ortsteil werden wöchentlich 489 große und 189 kleine Tonnen geleert. Berechne das maximale Müllvolumen einer Wochenleerung.

b) Ein Müllwagen fasst etwa $22{,}5\ m^3$ Müll. Ermittle die notwendige Anzahl von Zwischenleerungen, um den Müll des Ortsteils vollständig einsammeln zu können.

Aufgaben für Lernpartner

Arbeitsschritte

1. Bearbeite die folgenden Aufgaben zuerst allein.
2. Suche dir einen Partner oder eine Partnerin und arbeitet zusammen weiter: Erklärt euch gegenseitig eure Lösungen. Korrigiert fehlerhafte Antworten.

Sind folgende Behauptungen richtig oder falsch? Begründe.

A Jeder Quader hat Kanten mit drei verschiedenen Längen und Seitenflächen mit dreierlei verschiedenen Abmessungen.

B Das Netz eines Würfels besteht aus sechs Rechtecken.

C Das Volumen eines Körpers kann man immer durch Auszählen mit kleineren Teilkörpern bestimmen.

D Jeder Quader, dessen Kantenlängen Brüche sind, lässt sich in gleich große Würfel zerlegen.

E Jeder Körper besitzt einen Rauminhalt.

F Das Fassungsvermögen von Flaschen kann man überprüfen, indem man die Flüssigkeit der vollen Flasche in einen Messbecher umschüttet.

G Wenn man von einer kleineren in eine größere Volumeneinheit umwandelt, wird das Komma um drei Stellen nach links verschoben.

H Wie bei den Längeneinheiten m und mm gibt es auch Volumeneinheiten zwischen ℓ und mℓ.

I Wenn man von m^3 in ℓ umwandelt, muss man drei Nullen bei der Maßzahl hinzufügen.

J Beim Umrechnen von m^3 in hℓ muss man mit dem Faktor 10 multiplizieren.

K Durch Wahl geeigneter Einheiten lässt sich immer vermeiden, mit Dezimalbrüchen rechnen zu müssen.

L Das Volumen eines Würfels kann man ebenso wie das eines Quaders berechnen.

M Verdoppelt man alle Seitenlängen eines Quaders, so verachtfachen sich seine Oberfläche und sein Rauminhalt.

N Die Länge eines Quaders ist immer größer als seine Breite und Höhe.

Ich kann …	„Am Ziel!"-Aufgaben	Hilfe
… Eigenschaften von Körpern und ihren Netzen untersuchen.	A, B	S. 208
… Rauminhalte von Körpern durch Abzählen bestimmen.	1, C, D, E, F	S. 128
… mit verschiedenen Einheiten von Rauminhalten rechnen.	2, 3, 4, 5, 8, G, H, I, J, K	S. 130
… die Volumenformel für Quader und Würfel anwenden.	5, 6, 7, 8, L, M, N	S. 134
… meine Kenntnisse in Sachsituationen anwenden.	6, 8, F	S. 128, 130, 134

Startklar!

Aufgabe	Ich kann schon …	Grundwissen
1, 2	… ganze Zahlen, Brüche und Dezimalbrüche der Größe nach ordnen und vergleichen.	S. 39, 59, 204
3	… mit ganzen Zahlen und Bruchzahlen rechnen.	S. 99, 204–206
4, 6	… die Rechengesetze für die Grundrechenarten mit Brüchen anwenden.	S. 72, 76, 90
5, 6	… Sachsituationen mathematisch lösen.	S. 203

1 Übertrage jeweils die Angabe in dein Heft und füge dann dort das Zeichen < oder > so ein, dass eine wahre Aussage entsteht.

a) $28 \ \square \ -45$ **b)** $4{,}39 \ \square \ 4{,}3899$ **c)** $\frac{3}{8} \ \square \ \frac{5}{12}$ **d)** $1{,}76 \ \square \ \frac{9}{4}$

e) $-33 \ \square \ -49$ **f)** $-12{,}34 \ \square \ -10{,}91$ **g)** $\frac{25}{16} \ \square \ 1\frac{1}{4}$ **h)** $-2\frac{7}{12} \ \square \ -2{,}37$

2 Finde jeweils heraus, welche Ziffern durch den Klecks verdeckt sein könnten.

a) $5{,}■ < 5{,}3$; $7{,}14 > 7{,}1■$ **b)** $0{,}483 > 0{,}■82$; $7{,}104 < 7{,}■62$ **c)** $0{,}529 < 0{,}■18$; $0{,}711 > 0{,}■5■$

3 Schätze den Anteil der 20 Termwerte, die du im Kopf berechnen kannst, in Prozent. Bestimme dann die Werte der übrigen Terme.

$34 - 49$ $3 \cdot (-4)$ $28 : (-7)$ $-11 \cdot (-9)$ $1{,}466 + 2{,}94$

$-56 + 17$ $(-25) \cdot 12$ $(-81) : (-9)$ $-(-60) : (-12)$ $14{,}34 - 14{,}034$

$\frac{1}{4} + \frac{5}{6}$ $1\frac{2}{3} - \frac{7}{9}$ $\frac{5}{6} \cdot \frac{12}{25}$ $\frac{18}{7} : \frac{9}{28}$ $1\frac{1}{3} \cdot \frac{15}{16}$

$1{,}2 \cdot 0{,}12$ $1{,}75 - \frac{5}{8}$ $1\frac{1}{26} \cdot 3{,}25$ $94{,}2 : 7{,}85$ $2\frac{3}{7} : 2\frac{1}{7}$

4 Begründe jeweils, dass du Rechenvorteile hast, wenn du das Distributivgesetz anwendest, und berechne den Termwert.

a) $3{,}45 \cdot 1{,}4 + 6{,}55 \cdot 1{,}4 - 13{,}5$ **b)** $160{,}97 : 97 + 227{,}03 : 97$

c) $18{,}28 \cdot 0{,}56 - 8{,}28 \cdot 0{,}56 - 8{,}28 : 2$ **d)** $\frac{4}{9} \cdot \frac{7}{13} - \frac{1}{3} \cdot \frac{1}{13} + \frac{1}{18} \cdot \frac{2}{13}$

5 Noah möchte sich neue Inlineskates für 120 € kaufen. Sein Opa schenkt ihm 40 € und seine Oma die Hälfte des Restes; seine Mutter steuert ein Viertel des dann noch fehlenden Betrages bei.

a) Veranschauliche den Sachverhalt in einer beschrifteten Skizze.

b) Ermittle den Bruchteil des Preises, der Noah noch fehlt.

6 Mit jedem der folgenden Terme kann der Inhalt einer bestimmten Fläche in der abgebildeten Figur berechnet werden. Ordne jedem der Terme die entsprechende Fläche in der Figur zu. Gib für jede Fläche einen weiteren Term an, mit dem ihr Inhalt berechnet werden kann.

1 $\frac{1}{2}\,\text{cm} \cdot \left(\frac{7}{8}\,\text{cm} + 2{,}5\,\text{cm}\right)$ **2** $\frac{7}{8}\,\text{cm} \cdot 1{,}4\,\text{cm} + 1{,}4\,\text{cm} \cdot 2{,}5\,\text{cm}$

3 $\left(1{,}4\,\text{cm} + \frac{1}{2}\,\text{cm}\right) \cdot \left(\frac{7}{8}\,\text{cm} + 2{,}5\,\text{cm}\right)$ **4** $1{,}9\,\text{cm} \cdot 2{,}5\,\text{cm} - 1{,}25\,\text{cm}^2$

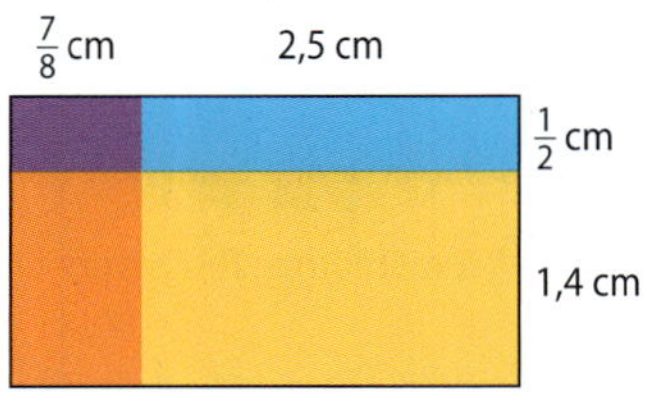

6 Rechnen mit rationalen Zahlen

Einstieg

- Beim Start eines Raumschiffs gibt es einen Countdown. Was bedeutet er?
- Berechne, wie viel Zeit zwischen den Zeitangaben jeweils vergangen ist.
- Welche Bedeutung könnte das Minuszeichen vor der Zeitangabe haben?
- Finde weitere Beispiele aus dem Alltag, in denen ein Minuszeichen vorkommt, und erkläre dessen Bedeutung.

Ausblick

Am Ende dieses Kapitels hast du gelernt, …

- … was rationale Zahlen sind.
- … rationale Zahlen zu addieren und zu subtrahieren.
- … rationale Zahlen zu multiplizieren und zu dividieren.
- … Potenzen mit rationaler Basis zu berechnen.
- … die Rechengesetze beim Rechnen mit rationalen Zahlen geschickt anzuwenden.

Historische Ecke

Mediencode 61046-35

Kap. 6.1

Kalte Schule

Das Dorf Oimjakon in Russland ist der kälteste bewohnte Ort der Welt. Wenn die Temperatur unter −52 °C sinkt, gibt es in der Schule kältefrei. Das Diagramm zeigt die mittlere Temperatur im Jahresverlauf.

- Finde heraus, wo das Dorf Oimjakon liegt.
- In welchen Monaten könnte es kältefrei geben, wenn die Temperatur bis zu 10 °C unter die mittlere Temperatur in den jeweiligen Monaten fallen kann?
- Lies näherungsweise die kälteste und die wärmste Monatsmitteltemperatur ab.
- Oimjakon ist auch der Ort mit den größten Temperaturunterschieden. Am 6. 2. 1933 wurden dort −67,8 °C gemessen, am 28. 7. 2010 +34,6 °C. Berechne diesen Temperaturunterschied.

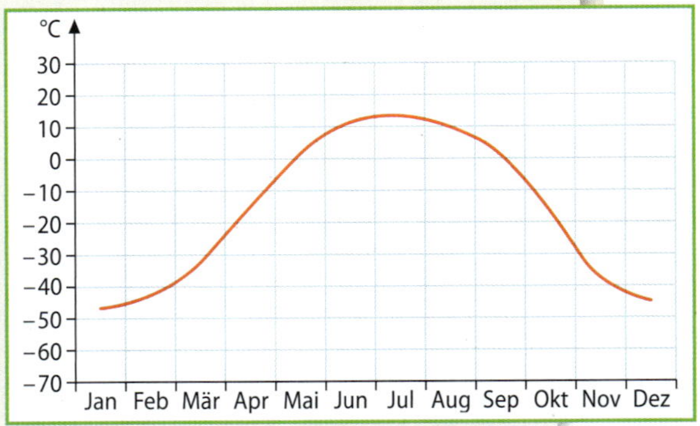

Kap. 6.2 und 6.3

Gletscherschwund

Seit 1850 ist ein deutlicher Rückgang der Gletscher zu beobachten. Dabei nimmt sowohl die Länge der Gletscher als auch die Dicke des Eises ab.
Das Bild zeigt den Pasterze-Gletscher in Österreich; das Schild zeigt die Lage der Gletscherzunge im Jahr 2005.

- Recherchiere Gründe für den Rückgang des Gletschers.
- Im Diagramm siehst du die Abnahme der Dicke des Gletschereises weltweit in Metern seit 1955. Lies näherungsweise ab, um wie viele Meter das Eis zwischen 1970 und 2000 dünner geworden ist.
- Schätze mithilfe des Diagramms ab, welche Abnahme bis heute zu vermuten ist.
- Begründe, dass die Kurve nicht beliebig weit nach unten gehen kann.

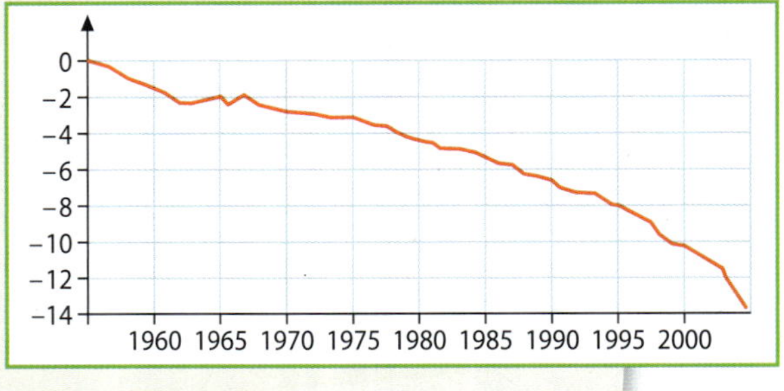

Kap. 6.4

Temperaturmessung

In den USA gibt man die Temperatur nicht in Grad Celsius (°C), sondern in Grad Fahrenheit (°F) an. Auf dem abgebildeten Thermometer sind beide Temperaturskalen angegeben.

- Lies am Thermometer näherungsweise ab, wie viele Grad Fahrenheit 0 °C entsprechen und wie viele Grad Celsius 0 °F.
- Für die genaue Umrechnung von Grad Celsius in Grad Fahrenheit muss die Temperatur in °C mit 1,8 multipliziert und zu diesem Ergebnis 32 addiert werden. Führe die folgenden Umrechnung für die folgenden Temperaturen auf Zehntelgrad genau durch:
  - Siedepunkt von Wasser: 100 °C
  - die tiefste bisher auf der Erde gemessene Temperatur: −89,2 °C (21.7.1983, Antarktis)
  - die höchste bisher in Deutschland gemessene Temperatur: 40,3 °C (5.7.2015, Kitzingen)
  - die höchste bisher auf der Erde gemessene Temperatur: 56,7 °C (10.7.1913 im Death Valley)
- Ein berühmter Roman von Ray Bradbury heißt „Fahrenheit 451". Im Roman ist das die Temperatur, bei der sich Papier von selbst entzündet. Rechne diese Temperatur in °C um.

Kap. 6.6

Luftige Sprünge

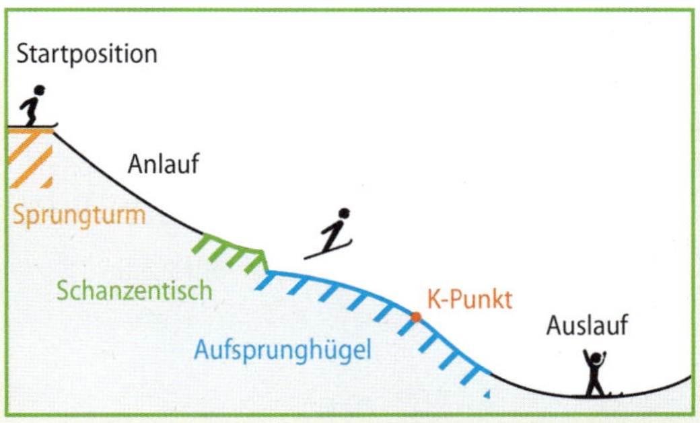

Bei einem Skisprungwettbewerb absolviert jeder Springer zwei Sprünge. Bei jedem Sprung wird die Sprungweite festgestellt, und der Springer bekommt auch Punkte für seine Haltung. Um die Ergebnisse auf verschieden großen Schanzen vergleichbar zu machen, wird auch die Sprungweite in Punkte umgerechnet. Die vier Punktzahlen für die Sprungweiten und die Haltung werden dann zum Gesamtergebnis addiert.
Der Aufsprunghügel einer Schanze wird zunächst immer steiler, ab dem steilsten Punkt, genannt kritischer Punkt oder kurz K-Punkt, wird er wieder flacher. Für einen Sprung auf den K-Punkt bekommt ein Springer 60,0 Weitenpunkte.
Bei der Schattenbergschanze in Oberstdorf liegt der K-Punkt bei 120 m, für jeden Meter weiter gibt es dort 1,8 Punkte zusätzlich, für jeden Meter weniger werden 1,8 Punkte subtrahiert. Die Tabelle rechts zeigt die Sprungweiten einiger Springer bei einem Wettbewerb in Oberstdorf.

	Durchgang	Sprungweite	Haltungspunkte
Freund (GER)	1.	130,5	65,0
	2.	127,5	61,9
Morgenstern (AUT)	1.	132,0	63,4
	2.	134,5	65,7
Amann (SUI)	1.	139,0	60,3
	2.	133,0	64,0
Kasai (JPN)	1.	133,0	66,8
	2.	130,5	65,4
Bardel (NOR)	1.	133,0	64,9
	2.	133,5	65,3

- Erkläre folgende Berechnung der Punktzahl für die Sprungweite 105,5 m: $60 + (120 - 105{,}5) \cdot (-1{,}8)$.
- Bestimme die Punktzahlen für die Sprungweiten und das Gesamtergebnis der Springer.
- Prüfe, ob die Punktzahl für die Sprungweite auch negativ werden kann.

6 6.1 Menge der rationalen Zahlen

Entdecken

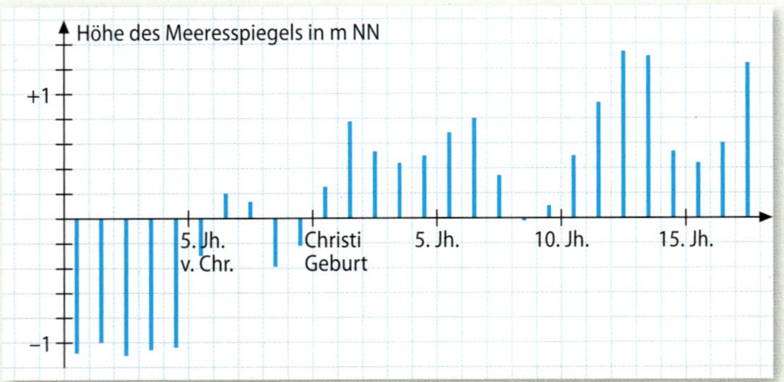

Die Grafik zeigt, wie die Höhe des Meeresspiegels in den letzten 3000 Jahren geschwankt hat. Die Meereshöhe wird dabei in „Normalnull" (NN) angegeben und stellt die mittlere Höhe in diesem Zeitraum dar.

- Erläutere, warum die Höhe des Meeresspiegels auch negative Werte annehmen kann.
- Gib Zeitpunkte an, zu denen der Meeresspiegel bei 0 m NN (bei −0,5 m NN) lag.
- Gib den Unterschied zwischen dem höchsten und dem niedrigsten Stand an.
- Wie vermutest du die weitere Entwicklung? Nenne Argumente für deine Vermutung.

Verstehen

$\mathbb{N} = \{1; 2; 3; 4; \ldots\}$
$\mathbb{Z} = \{\ldots; -2; -1; 0; 1; 2; \ldots\}$

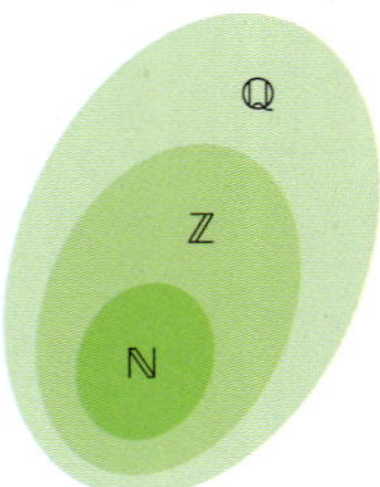

Im Alltag begegnen uns in vielen Situationen negative Zahlen. Diese können ganze Zahlen sein, aber auch Brüche oder Dezimalzahlen.

Jede Zahl, die sich als Bruch $\frac{a}{b}$ mit $a \in \mathbb{Z}$ und $b \in \mathbb{N}$ darstellen lässt, heißt **rationale Zahl.** Alle rationalen Zahlen zusammen bilden **die Menge $\mathbb{Q}$**. Die rationalen Zahlen lassen sich auf der Zahlengeraden darstellen:

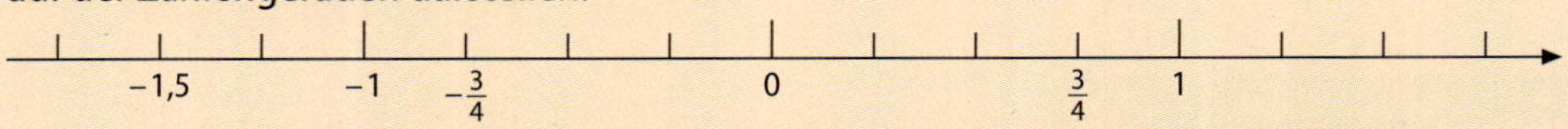

Jede ganze Zahl ist eine rationale Zahl, denn jede ganze Zahl lässt sich als Bruch schreiben: $-2 = \frac{(-2)}{1} = \frac{(-6)}{3}$; $0 = \frac{0}{1} = \frac{0}{3}$; $2 = \frac{2}{1} = \frac{6}{3}$.
Von zwei rationalen Zahlen ist diejenige größer, deren Markierung auf der Zahlengerade weiter rechts liegt, z. B. $-\frac{3}{4} > -1{,}5$.

Beispiele

Svea weiß: Zu jeder Bruchzahl gehören unendlich viele verschiedene Brüche mit gleichem Wert.

I. Markiere die Zahlen $-2{,}8$; $+1{,}2$; $-\frac{3}{5}$ und $-2\frac{1}{5}$ und ihre Gegenzahlen auf einer Zahlengeraden. Gib zu jeder Zahl einen Bruch mit dem gleichen Wert an.
Lösung:

Brüche z. B. $-2{,}8 = -\frac{14}{5}$; $+1{,}2 = \frac{6}{5}$; $-\frac{3}{5} = -\frac{9}{15}$; $-2\frac{1}{5} = -\frac{22}{10} = -\frac{110}{50}$

II. Ordne die Zahlen $1{,}6$; $-\frac{3}{4}$; $\frac{5}{6}$; $-0{,}7$ und $\frac{7}{9}$ der Größe nach, beginne mit der kleinsten. Erkläre dein Vorgehen.
Lösung:

Mache die Brüche gleichnamig.

1 Die Zahl 1,6 ist die einzige Zahl, die größer als 1 ist, somit ist 1,6 die größte Zahl.
2 $\frac{5}{6}$ und $\frac{7}{9}$ sind positiv. $\frac{5}{6} = \frac{30}{36}$ und $\frac{7}{9} = \frac{28}{36}$; da $\frac{30}{36} > \frac{28}{36}$ gilt, ist also: $\frac{5}{6} > \frac{7}{9}$.
3 $-\frac{3}{4}$ und $-0{,}7$ sind negativ. Da der Betrag von $-\frac{3}{4} = -0{,}75$, größer ist als der Betrag von $-0{,}7$, liegt $-0{,}75$ weiter links auf der Zahlengeraden. Somit ist $-\frac{3}{4} < -0{,}7$.
Ergebnis: $-0{,}75 < -0{,}7 < \frac{7}{9} < \frac{5}{6} < 1{,}6$

Nachgefragt

- Begründe, dass die Zahl $\frac{1}{2}$ weder einen Vorgänger noch einen Nachfolger hat.
- Finde mindestens vier Brüche, die zwischen −3 und −2 liegen.

Aufgaben

1 Gib zu den Zahlen jeweils die Gegenzahl an. Markiere dann alle Zahlen und Gegenzahlen einer Teilaufgabe auf einer Zahlengeraden.

Überlege dir zunächst eine geeignete Einteilung der Zahlengeraden.

a) −7,5; 1,5; +8; −2,0; +4,5; −6,5; +0,5; −3; +6,5; −4,5

b) −5,4; +0,5; 2,1; −4,2; 3,6; +0,9; −1,8; +3,7; 0,0; −1,4

c) $\frac{1}{2}$; $-1\frac{1}{3}$; $+\frac{5}{6}$; $\frac{4}{3}$; $\frac{0}{6}$; −1; $+2\frac{2}{3}$; $-1\frac{5}{6}$; $\frac{7}{6}$

d) Ordne die Zahlen der Teilaufgabe c) der Reihe nach. Beginne mit der kleinsten.

2 Gib die markierten Zahlen als vollständig gekürzten Bruch und als Dezimalbruch an.

a)
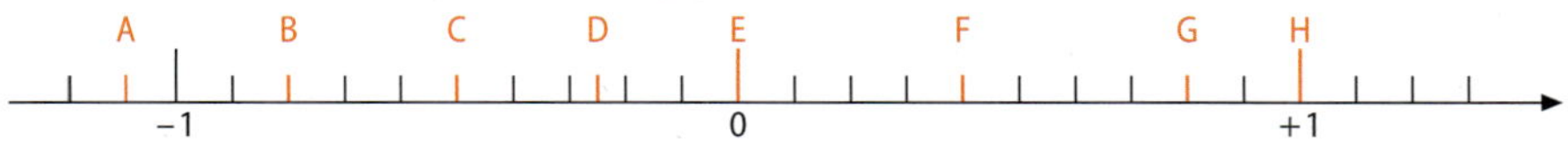

b)

c)

3 Die Thermometer zeigen die Temperaturen in °C an einem Tag in sechs Städten.

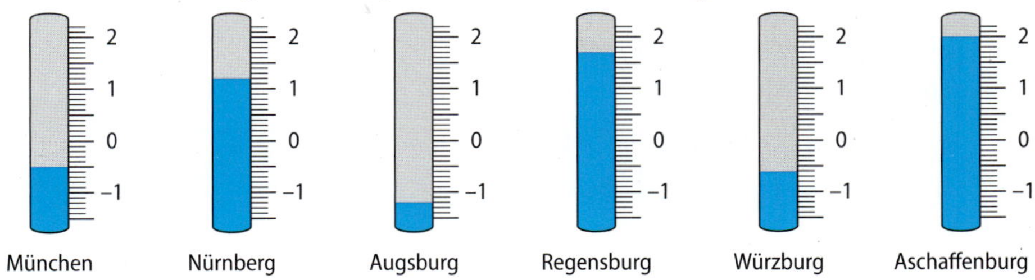

a) Ordne die Temperaturen der Größe nach; beginne mit der höchsten.

b) Zeichne eine Zahlengerade und markiere diese Temperaturen.

c) Gib an, um welchen Monat es sich handeln könnte und begründe deine Wahl.

d) Gib den größten und den kleinsten Wert an und berechne den Unterschied.

4 Begründe oder widerlege folgende Aussagen.

Kehrbruch: *Zähler und Nenner vertauschen*

a) Von zwei rationalen Zahlen ist diejenige kleiner, die den größeren Betrag hat.

b) Der Kehrbruch einer rationalen Zahl ist immer kleiner als der Betrag der Zahl.

5 Gib jeweils fünf rationale Zahlen an, die zwischen den angegebenen Zahlen liegen.

a) $\frac{1}{2}$ und $\frac{7}{8}$ **b)** −2 und 0 **c)** $-\frac{5}{4}$ und $-\frac{9}{5}$ **d)** $-\frac{3}{4}$ und −0,5

6 Ermittle die Zahl, die genau in der Mitte zwischen den beiden angegebenen Zahlen liegt.

Überprüfe deine Lösung auf einer Zahlengeraden.

a) −1,5 und −1,1 **b)** −3,4 und +3,4 **c)** −6,6 und 0 **d)** 10,4 und 8

e) $8\frac{1}{2}$ und $-6\frac{1}{2}$ **f)** $-5\frac{3}{4}$ und $1\frac{1}{4}$ **g)** −3,3 und +2,1 **h)** −5,9 und 7,3

7 Übertrage die Angaben in dein Heft und setze für $\square$ eines der Zeichen >, < bzw. = ein, so dass eine wahre Aussage entsteht. Begründe deine Entscheidung.

a) $\frac{1}{4} \square \frac{1}{6}$ $-\frac{1}{4} \square -\frac{1}{6}$

b) $\frac{1}{4} \square \frac{1}{3}$ $-\frac{1}{4} \square -\frac{1}{3}$

c) $1{,}56 \square 1{,}5555$ $-1{,}56 \square 1{,}5555$

d) $\frac{4}{9} \square \frac{4}{6}$ $-\frac{4}{9} \square -\frac{4}{6}$

e) $0 \square \frac{2}{9}$ $0 \square -\frac{2}{9}$

f) $\frac{1}{3} \square \frac{3}{10}$ $-\frac{1}{3} \square \frac{3}{10}$

g) $\frac{4}{5} \square 0{,}8$ $-\frac{4}{5} \square -0{,}8$

h) $\frac{2}{13} \square \frac{4}{25}$ $\frac{2}{13} \square -\frac{4}{25}$

i) $2{,}5 \square \frac{7}{2}$ $2{,}5 \square -\frac{7}{2}$

j) $\frac{13}{36} \square \frac{4}{9}$ $\frac{13}{36} \square -\frac{4}{9}$

8 **a)** Nenne die benachbarten ganzen Zahlen, zwischen denen die rationalen Zahlen liegen.

1 $3\frac{1}{5}$ **2** $-\frac{1}{9}$ **3** $-\frac{13}{5}$ **4** $-\frac{21}{13}$ **5** $-4{,}3$ **6** $-14{,}23$

b) Gib drei Brüche (Dezimalbrüche) an, die zwischen den angegebenen Zahlen liegen.

1 7 und 8   **2** −9 und −8   **3** −6,5 und −5,5   **4** $-\frac{3}{5}$ und $-\frac{1}{5}$

9 Ordne die Zahlen jeweils aufsteigend der Größe nach und finde so das Lösungswort.

a)	I	0,2	Z	−1,7	E	4,9	A	−4,2	E	0	N	−2,5	G	0,4
b)	S	−0,01	N	0,1	U	$-\frac{1}{10}$	E	1,0	A	$-\frac{1}{1000}$	S	$-\frac{1}{1}$	N	$\frac{1}{100}$
c)	P	$-\frac{1}{6}$	T	$-\frac{1}{9}$	E	$-\frac{5}{8}$	N	$\frac{1}{3}$	K	$-\frac{2}{3}$	E	$\frac{1}{4}$	M	$-\frac{2}{5}$

Die Punkte auf den Koordinatenachsen ordnet man keinem Quadranten zu.

10 Auch in Koordinatensystemen können rationale Zahlen vorkommen.

a) Gib an, in welchem Quadranten die folgenden Punkte liegen. Begründe deine Entscheidungen.

A (−3,5 | +4)   B (1,2 | −5)   C $\left(-0{,}2 \,\middle|\, \frac{1}{2}\right)$

D (1,4 | 2,5)   E $\left(-6{,}6 \,\middle|\, -\frac{16}{5}\right)$ F (7,1 | −0,3)

G (12,8 | 9,4)   H (−17,1 | −7)   I (+15,6 | −8,8)

J (−8,3 | 5,6)   K (−8,5 | −8,5)   L $\left(\frac{1}{100} \,\middle|\, -\frac{1}{9}\right)$

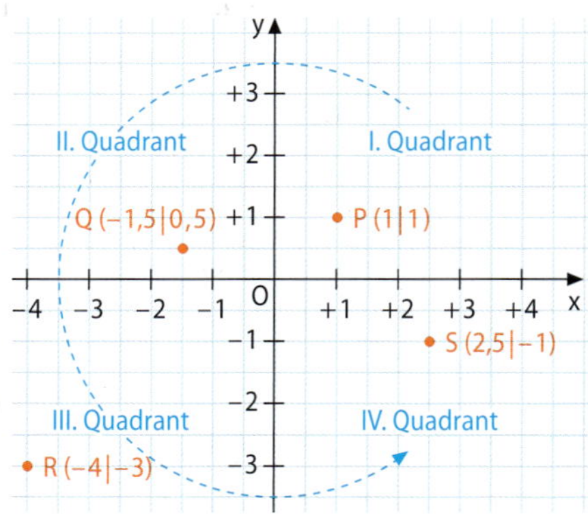

b) Übertrage die Tabelle ins Heft und ergänze, ob die Vorzeichen der Koordinaten positiv oder negativ sind.

	I. Quadrant	II. Quadrant	III. Quadrant	IV. Quadrant
x-Koordinate	positiv			
y-Koordinate				

11 Übertrage die Punkte in ein Koordinatensystem und verbinde sie der Reihe nach. Welche Figur erhältst du?

a) Einheit 2 Kästchen: A (2,5 | 0,5); B (2 | 1); C (1 | 1,5); D (0,5 | 2); E (−1 | 2); F (−0,5 | 1,5); G (−2 | 0,5); H (−2 | 0); I (−3,5 | 1); J (−2,5 | −1,5); K (−2 | −0,5); L (−1 | −0,5); M (1,5 | −0,5); A

b) Einheit 5 Kästchen: A (0 | −0,8); B (0,6 | −0,2); C (−0,2 | −0,8); D (0,2 | 0,4); E (0,6 | 0,6); F (0,2 | 0,6); G (0,4 | 1); H (0 | 0,6); I (−0,2 | 1); J (−0,2 | 0,4); K (−0,6 | 0,8); L (−0,2 | 0,4); M (−0,4 | −0,8); N (−0,6 | −0,4); O (−0,6 | −0,8); A

12 Ermittle jeweils den Kehrbruch sowie die Gegenzahl und ordne diese drei Zahlen dann der Größe nach.

a) $\frac{3}{5}$ **b)** $-2{,}5$ **c)** $-3\frac{1}{3}$ **d)** $12{,}2$ **e)** $-0{,}4$

f) Formuliere jeweils eine Regel:
Die ursprüngliche Zahl ist die größte der drei Zahlen, wenn sie …
Die ursprüngliche Zahl ist die kleinste der drei Zahlen, wenn sie …
Die ursprüngliche Zahl ist die mittlere der drei Zahlen, wenn sie …

13 Im Diagramm ist die Tauchtiefe eines Pottwals in einem bestimmten Zeitraum dargestellt. Bestimme so genau wie möglich:

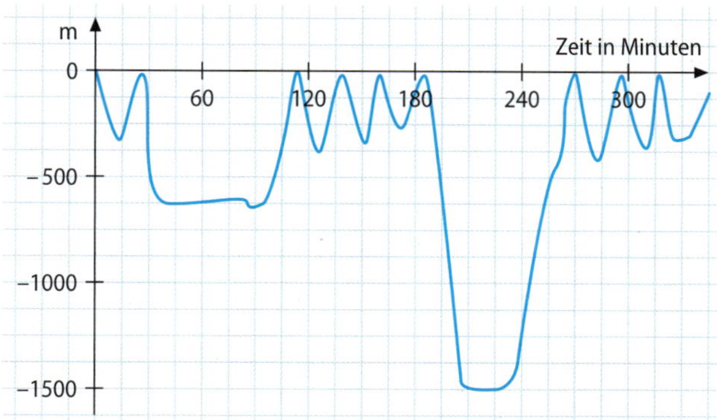

a) die größte Tiefe, die der Pottwal erreicht hat.

b) die Zeitdauer, in der er tiefer als 500 m tauchte.

c) Man unterscheidet bei Pottwalen zwischen Flachtauchen (weniger als 500 m Tauchtiefe) und Tieftauchen (mehr als 500 m Tauchtiefe). Lies die größte Tiefe, die der Wal jedes Mal beim Flachtauchen erreicht hat, ungefähr ab und berechne den Durchschnitt dieser Werte.

Wissen

Über das Zählen von Zahlen

Die natürlichen Zahlen kann man sich – obwohl es unendlich viele davon gibt – leicht in einer Reihe nacheinander aufgeschrieben vorstellen: 1; 2; 3; 4; 5; 6; …; man kann sie also abzählen. Deshalb nennt man die Menge der natürlichen Zahlen **abzählbar**.
Auch die Menge der ganzen Zahlen ist abzählbar. Dazu muss man die ganzen Zahlen in dieser Reihenfolge anordnen: 0; 1; −1; 2; −2; 3; −3; …
Der Mathematiker Georg Cantor hat gezeigt, dass sogar alle rationalen Zahlen abzählbar sind. Dazu hat er die positiven rationalen Zahlen in einer Tabelle angeordnet.

Georg Cantor (1845–1918)

- Beschreibe, nach welchem Schema die Brüche in der Zahlentabelle angeordnet wurden.
- Begründe, warum die nach rechts und unten erweiterte Tabelle alle positiven rationalen Zahlen enthalten muss.
- Schreibe die ersten 25 Brüche der Zahlenreihe in dein Heft. Folge dazu den Pfeilen. Entscheide dann, ob du Bruchzahlen auch doppelt aufgeschrieben hast.

$\frac{1}{1}$	$\frac{1}{2}$	$\frac{1}{3}$	$\frac{1}{4}$	$\frac{1}{5}$	$\frac{1}{6}$	$\frac{1}{7}$	$\frac{1}{8}$	$\frac{1}{9}$	$\frac{1}{10}$ …
$\frac{2}{1}$	$\frac{2}{2}$	$\frac{2}{3}$	$\frac{2}{4}$	$\frac{2}{5}$	$\frac{2}{6}$	$\frac{2}{7}$	$\frac{2}{8}$	$\frac{2}{9}$	$\frac{2}{10}$ …
$\frac{3}{1}$	$\frac{3}{2}$	$\frac{3}{3}$	$\frac{3}{4}$	$\frac{3}{5}$	$\frac{3}{6}$	$\frac{3}{7}$	$\frac{3}{8}$	$\frac{3}{9}$	$\frac{3}{10}$ …
$\frac{4}{1}$	$\frac{4}{2}$	$\frac{4}{3}$	$\frac{4}{4}$	$\frac{4}{5}$	$\frac{4}{6}$	$\frac{4}{7}$	$\frac{4}{8}$	$\frac{4}{9}$	$\frac{4}{10}$ …
$\frac{5}{1}$	$\frac{5}{2}$	$\frac{5}{3}$	$\frac{5}{4}$	$\frac{5}{5}$	$\frac{5}{6}$	$\frac{5}{7}$	$\frac{5}{8}$	$\frac{5}{9}$	$\frac{5}{10}$ …
…									

- Erweitere die Zahlenreihe im Heft so, dass auch die entsprechenden Gegenzahlen in der Reihe auftauchen. Begründe dann: So kann man alle rationale Zahlen abzählen.
- Finde heraus, ob es auch einen anderen Weg durch die Zahlentabelle gibt, der ebenfalls alle positiven rationalen Zahlen erfasst.

Entdecken

In Schleusen können Schiffe Staustufen in einem Fluss überwinden. Als Nulllinie wird die Höhe des höchsten Wasserstands festgelegt. Das rote Dach des Schiffaufbaus in der Zeichnung ragt am Anfang 6,80 m aus dem Wasser.

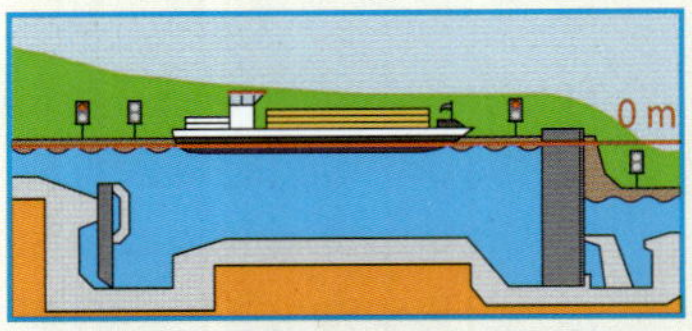

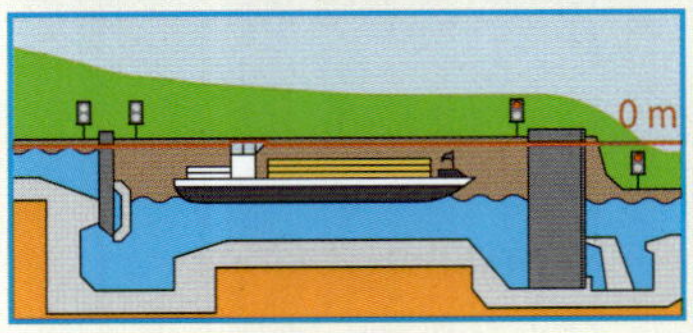

- Erkläre mithilfe der Zeichnung, wie eine Schleuse funktioniert.
- Gib an, wie weit der Wasserstand höchstens abgesenkt wurde, wenn das Dach immer noch über die Nulllinie hinausragt.
- Ermittle jeweils die Höhe, auf der sich das Dach des Schiffaufbaus befindet, wenn sich der Wasserspiegel bei –2,45 m bzw. –8,30 m befindet.

Verstehen

Du weißt bereits, wie man zwei ganze Zahlen addiert. Diese Regel kann nun auch auf alle rationalen Zahlen erweitert werden.

$(-5) + (-3) = -(5 + 3) = -8$
$(-5) + (+3) = -(5 - 3) = -2$

Addition zweier rationaler Zahlen

mit gleichem Vorzeichen:
- Addiere die Beträge beider Summanden und gib dem Ergebnis das gemeinsame Vorzeichen beider Summanden.

mit verschiedenen Vorzeichen:
- Berechne den Unterschied der Beträge beider Summanden und gib dem Ergebnis das Vorzeichen des Summanden mit dem größeren Betrag.

Kommutativgesetz und **Assoziativgesetz** gelten auch für die Addition rationaler Zahlen.

$a + b = b + a$ Kommutativgesetz
$(a + b) + c = a + (b + c)$ Assoziativgesetz $a, b, c \in \mathbb{Q}$

Erklärvideo
Mediencode
61046-36

Beispiele

I. Berechne jeweils den Wert der Summe und erkläre deine Rechnung.

a) $(-4{,}5) + (-2{,}3)$ **b)** $(+2{,}3) + (-4{,}5)$

Lösung:

a) Beide Summanden sind negativ, also addiert man ihre Beträge $(4{,}5 + 2{,}3 = 6{,}8)$ und gibt dem Ergebnis das gemeinsame negative Vorzeichen: $(-4{,}5) + (-2{,}3) = -6{,}8$.

b) Die beiden Summanden haben verschiedene Vorzeichen, also subtrahiert man den kleineren Betrag vom größeren. Der Betrag von –4,5 ist größer als der Betrag von (+2,3), daher ist das Ergebnis negativ: $(+2{,}3) + (-4{,}5) = -(4{,}5 - 2{,}3) = -2{,}2$.

II. Berechne den Termwert möglichst geschickt und nenne das verwendete Rechengesetz.

a) $\left[\left(-\frac{1}{2}\right) + \left(-\frac{1}{4}\right)\right] + \left(-\frac{3}{4}\right)$ **b)** $\left(-\frac{5}{8}\right) + \left(+\frac{1}{7}\right) + \left(-1\frac{3}{8}\right)$

Lösung:

a) $\left[\left(-\frac{1}{2}\right) + \left(-\frac{1}{4}\right)\right] + \left(-\frac{3}{4}\right) \underset{\text{Assoziativgesetz}}{=} \left(-\frac{1}{2}\right) + \left[\left(-\frac{1}{4}\right) + \left(-\frac{3}{4}\right)\right] = \left(-\frac{1}{2}\right) - 1 = -1\frac{1}{2}$

b) $\left(-\frac{5}{8}\right) + \left(+\frac{1}{7}\right) + \left(-1\frac{3}{8}\right) \underset{\text{Kommutativgesetz}}{=} \left(-\frac{5}{8}\right) + \left(-1\frac{3}{8}\right) + \left(+\frac{1}{7}\right) = (-2) + \left(+\frac{1}{7}\right) = -1\frac{1}{7}$

- Kann der Summenwert zweier rationaler Zahlen kleiner sein als der erste Summand?
- Luong behauptet, die Summe aus einer negativen rationalen Zahl und ihrer Gegenzahl hat immer den Wert 0. Begründe, dass Luong Recht hat.

Nachgefragt

Aufgaben

1 Berechne jeweils den Wert der vier Summen.

a) $(-1{,}3) + (+0{,}6)$ $\quad(-3{,}9) + (+5{,}2)$ $\quad(-13{,}7) + (+13{,}7)$ $\quad(-2{,}9) + (-3{,}8)$

b) $\left(-\frac{1}{2}\right) + \left(+\frac{1}{8}\right)$ $\quad\left(-\frac{1}{6}\right) + \left(+\frac{5}{6}\right)$ $\quad\left(-\frac{2}{7}\right) + \left(-\frac{1}{7}\right)$ $\quad\left(-\frac{2}{5}\right) + \left(+\frac{4}{10}\right)$

c) $\left(-\frac{1}{6}\right) + \left(+\frac{7}{18}\right)$ $\quad\left(+\frac{6}{27}\right) + \left(-\frac{4}{18}\right)$ $\quad\left(-\frac{5}{12}\right) + 0$ $\quad\left(-3\frac{1}{2}\right) + (-4{,}5)$

d) $(+1{,}4) + \left(-\frac{4}{3}\right)$ $\quad(-6{,}45) + \left(-5\frac{1}{20}\right)$ $\quad\left(-3\frac{1}{25}\right) + (+0{,}04)$ $\quad\left(-12\frac{1}{2}\right) + \left(-\frac{73}{146}\right)$

Lösungen zu 1:
$-0{,}7$; $-\frac{3}{7}$; 0; -8; $\frac{1}{15}$; $1{,}3$; $\frac{2}{3}$; $\frac{2}{9}$; $-\frac{5}{12}$; $-11{,}5$; -3; $-\frac{3}{8}$; 0; -13; $-6{,}7$; 0

2 Übertrage die Additionstabelle in dein Heft und fülle sie dann dort aus.

+	−12,5	−9,3	−4,8	0	3,25	30,9	
−6,5							−31,45
−4,65							−20,35
0,12	−12,38	−9,18	−4,68	0,12	3,37	31,02	8,27
60,5							370,55

Zur Kontrolle sind am Ende jeder Zeile die Summenwerte angegeben.

3 Übertrage die beiden Zahlenmauern in dein Heft und fülle sie dann dort so aus, dass auf jedem Stein jeweils der Summenwert der Zahlen auf den beiden Steinen direkt darunter steht.

a)
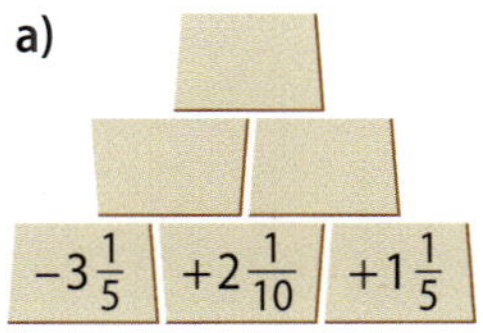

b)

4 Gib bei jeder Teilaufgabe durch Überlegen an, ob der Summenwert positiv, negativ oder gleich null ist, ohne ihn zu berechnen. Begründe jeweils deine Überlegung.

a) $\left(+\frac{2}{3}\right) + \left(-1\frac{1}{5}\right)$ $\quad$ **b)** $\left(-\frac{1}{8}\right) + (+0{,}125)$ $\quad$ **c)** $(-0{,}33) + \left(+\frac{1}{3}\right)$

d) $\left(+\frac{2}{5}\right) + \left(+\frac{2}{7}\right)$ $\quad$ **e)** $\left(-12\frac{2}{3}\right) + (+12{,}6)$ $\quad$ **f)** $\left(-1\frac{2}{3}\right) + \left(+1\frac{9}{10}\right)$

5 Erkläre jeweils die Rechenwege.

(1) $(-1{,}24) + [(+1{,}24) + (-0{,}24)] = (-1{,}24) + 1 = -0{,}24$
$(-1{,}24) + [(+1{,}24) + (-0{,}24)] = [(-1{,}24) + (+1{,}24)] + (-0{,}24) = -0{,}24$

(2) $\left(-\frac{2}{3}\right) + \left(-\frac{1}{5}\right) + \left(-\frac{1}{3}\right) + \left(-\frac{4}{5}\right) = -\frac{13}{15} - \frac{17}{15} = -2$
$\left(-\frac{2}{3}\right) + \left(-\frac{1}{5}\right) + \left(-\frac{1}{3}\right) + \left(-\frac{4}{5}\right) = -1 - 1 = -2$

6 Berechne jeweils den Termwert und nutze dabei möglichst viele Rechenvorteile:

a) $\left(-\frac{2}{3}\right) + \left[2{,}7 + \left[\left(-3{,}2 + \frac{1}{3}\right) + \frac{1}{3}\right]\right]$ $\quad$ **b)** $\left[-\frac{3}{4} + \left(-2{,}75 + 1\frac{1}{2}\right)\right] + \left[2{,}2 + \left(\frac{1}{2} + 1{,}8\right)\right]$

c) $[-12{,}8 + 2{,}07 + (-2{,}2 + 7{,}9)] + 5{,}03$ $\quad$ **d)** $0{,}24 + \{-2{,}9 + [-0{,}0981 + (-0{,}24 + 0{,}0019)]\}$

6.3 Subtrahieren rationaler Zahlen

Entdecken

Mit einem Experiment prüft Tim, ob es stimmt, dass Kochsalzmischungen Temperaturen unter 0 °C haben können. Dazu mischt er zerkleinerte Eiswürfel und Kochsalz im Verhältnis 3 : 1. Dann misst er in Abständen von jeweils einer Minute die Temperatur der Mischung.

t	0 min	1 min	2 min	3 min	4 min	5 min
T	2 °C	−12,6 °C	−15 °C	−15,9 °C	−16,5 °C	−16,8 °C
Änderung pro Minute	/			−0,9 °C		

- Berechne jeweils die Temperaturänderung pro Minute.
- Beschreibe, wie du beim Subtrahieren rationaler Zahlen vorgehst.

Verstehen

Für die Subtraktion zweier rationaler Zahlen gelten die gleichen Rechenregeln wie für die Subtraktion zweier ganzer Zahlen.

$(+5) - (-3) = 5 + 3$
$(-5) - (-3) = -5 + 3$
$(+5) - (+3) = 5 - 3$
$(-5) - (+3) = -5 - 3$

Eine rationale Zahl wird subtrahiert, indem man ihre Gegenzahl addiert.

Man kann also jede Differenz als Summe von rationalen Zahlen schreiben.

Die Summe von rationalen Zahlen schreibt man oft in der Kurzschreibweise. Dabei gelten die folgenden Vereinbarungen:

- Beim ersten Summand darf man die Klammern und ein positives Vorzeichen weglassen.
- Folgt auf ein Rechenzeichen das gleiche Vorzeichen, so ersetzt man die beiden Zeichen durch „+".
- Folgt auf ein Rechenzeichen ein davon verschiedenes Vorzeichen, so ersetzt man die beiden Zeichen durch „−".

Erklärvideo
Mediencode
61046-37

Beispiele

I. Schreibe die Differenz jeweils als Summe und berechne ihren Wert.

a) $(+4{,}5) - (-2{,}3)$ **b)** $(-6{,}7) - (-3{,}8)$ **c)** $\left(-\frac{5}{6}\right) - \left(+\frac{1}{9}\right)$

Lösung:

a) $(+4{,}5) - (-2{,}3) = (+4{,}5) + (+2{,}3) = +(4{,}5 + 2{,}3) = +6{,}8$

b) $(-6{,}7) - (-3{,}8) = (-6{,}7) + (+3{,}8) = -(6{,}7 - 3{,}8) = -2{,}9$

c) $\left(-\frac{5}{6}\right) - \left(+\frac{1}{9}\right) = -\frac{5}{6} - \frac{1}{9} = -\frac{15}{18} - \frac{2}{18} = -\left(\frac{15}{18} + \frac{2}{18}\right) = -\frac{17}{18}$

II. Subtrahiere die Zahl $-0{,}25$ von der Zahl $-\frac{1}{3}$.
Entscheide, ob du mit Dezimalbrüchen rechnen kannst, und berechne den Termwert.

Lösung:

Da $-\frac{1}{3}$ ein periodischer Dezimalbruch ist, rechnet man mit gewöhnlichen Brüchen.

$\left(-\frac{1}{3}\right) - (-0{,}25) = -\frac{1}{3} + \frac{1}{4} = -\frac{4}{12} + \frac{3}{12} = -\left(\frac{4}{12} - \frac{3}{12}\right) = -\frac{1}{12}$

III. Bestimme jeweils diejenige rationale Zahl, die eine Lösung der Gleichung ist.

a) $(-6{,}7) - x = 10{,}7$ **b)** $y - \left(-2\frac{1}{3}\right) = \frac{5}{6}$

Lösung:

a) Umkehraufgabe: $x = (-6{,}7) - 10{,}7$; $x = -17{,}4$

b) $y + 2\frac{1}{3} = \frac{5}{6}$; Umkehraufgabe: $y = \frac{5}{6} - 2\frac{1}{3}$; $y = -\left(1\frac{8}{6} - \frac{5}{6}\right) = -1\frac{3}{6} = -1\frac{1}{2}$

- Entscheide, ob das Ergebnis einer Subtraktion auch größer als der Minuend sein kann. Begründe deine Antwort.
- Theo behauptet: „Wenn ich eine Zahl einmal zu einer zweiten Zahl addiere und einmal von der zweiten Zahl subtrahiere, so liegt die zweite Zahl immer in der Mitte der beiden Rechenergebnisse."
  Entscheide, ob Theo Recht hat, und begründe deine Entscheidung.

Nachgefragt

Aufgaben

1 Berechne jeweils den Wert der vier Differenzen.

a) $(+5{,}7) - (+3{,}9)$ $(-4{,}1) - (+6{,}2)$ $(-22{,}7) - (-22{,}7)$ $(-4{,}9) - (+4{,}9)$

b) $\left(-\frac{1}{4}\right) - \left(+\frac{1}{6}\right)$ $\left(-\frac{5}{12}\right) - \left(+\frac{5}{9}\right)$ $\left(+\frac{2}{11}\right) - \left(-\frac{9}{11}\right)$ $\left(-\frac{3}{7}\right) - \left(-\frac{9}{21}\right)$

c) $\left(-\frac{5}{9}\right) - \left(+\frac{8}{18}\right)$ $\left(+\frac{7}{36}\right) - \left(-\frac{5}{24}\right)$ $0 - \left(+\frac{18}{17}\right)$ $\left(-5\frac{1}{4}\right) - (-3{,}25)$

d) $(+2{,}4) - \left(-\frac{2}{3}\right)$ $(-3{,}18) - \left(+2\frac{1}{50}\right)$ $\left(+8\frac{1}{25}\right) - (+1{,}04)$ $\left(-7\frac{1}{3}\right) - \left(+\frac{26}{39}\right)$

Lösungen zu 1:
$1{,}8$; $-\frac{35}{36}$; 0; -1; -2; $-10{,}3$; $-1\frac{1}{17}$; 7; 0; $-\frac{5}{12}$; $-5\frac{1}{5}$; -8; $-9{,}8$; 1; $\frac{29}{72}$; $3\frac{1}{15}$

2 Übertrage die Subtraktionstabelle in dein Heft und fülle sie dann dort aus.

−		Subtrahend						
		3,5	−9,1	−2,8	0	+3,25	+21,5	
Minuend	−6,5							−55,35
	−4,65							−44,25
	−2,76							−32,91
	60,12							344,37

Zur Kontrolle sind am Ende jeder Zeile die Summenwerte angegeben.

3 Entscheide jeweils ohne Rechnung, ob der Differenzwert positiv, negativ oder gleich null ist und begründe deine Antwort.

a) $\left(+\frac{2}{3}\right) - \left(-1\frac{1}{5}\right)$ b) $\left(-\frac{2}{3}\right) - \left(-1\frac{1}{5}\right)$ c) $\left(-\frac{1}{4}\right) - (+2{,}5)$

d) $\left(-\frac{1}{8}\right) - (-0{,}125)$ e) $(+0{,}33) - \left(+\frac{1}{3}\right)$ f) $\left(-1\frac{1}{3}\right) - \left(+1\frac{2}{3}\right)$

g) $\left(-\frac{2}{5}\right) - \left(+\frac{2}{7}\right)$ h) $(+0{,}75) - \left(+\frac{3}{4}\right)$ i) $\left(-12\frac{2}{3}\right) - (-12{,}6)$

Laura sagt: „Fünf Ergebnisse sind negativ, zwei positiv, und zwei sind gleich null." Hat Laura Recht?

4 Runde die folgenden Zahlen zunächst wie angegeben und berechne dann, um wie viel die gerundete Zahl größer oder kleiner ist als die ursprüngliche Zahl.

1 Runde auf ganze Zahlen: 3,7; −4,9; 16,125; −23,5001; $\frac{2}{3}$

2 Runde auf Hundertstel: 103,72818; −1,942; −17,123456; $\frac{3}{4}$

5 Formuliere jeweils eine passende Frage und und mache dann eine Überschlagsrechnung.

a) Das Thermometer vor Lucas' Fenster zeigte am 24.12. um 10 h eine Temperatur von −8,4 °C, um 18 h eine Temperatur von −12,6 °C an.

b) Lauras Onkel Ralf hat zwar sein Konto bereits um 350,34 € überzogen; er hebt aber trotzdem noch 250 € von seinem Konto ab.

c) Der Baikalsee liegt 455 m über NN (über dem Meeresspiegel) und ist mit einer Wassertiefe von bis zu 1637 m der tiefste See der Erde.

6 Übertrage die Rechenstriche in dein Heft und vervollständige die Rechnungen.

a)
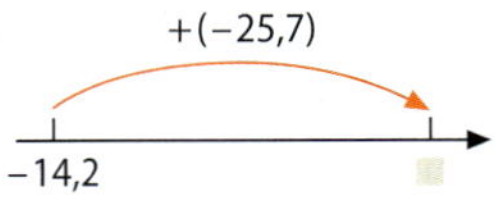

b)
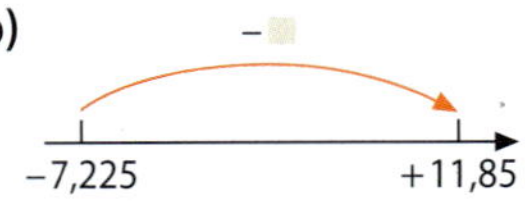

c)
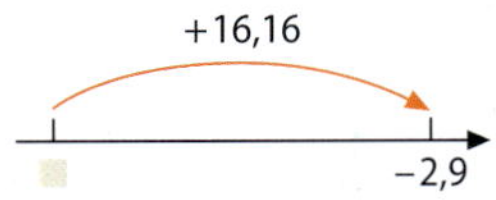

7 Übertrage in dein Heft und setze jeweils die richtigen Vorzeichen ein.

a) □ 14,3 − (□ 12,9) = −1,4 $\quad$ $1\frac{7}{8} - \left(□\, 1\frac{3}{4}\right) = □\, 3\frac{5}{8}$

b) −76,8 − (□ 54,7) = □ 131,5 $\quad$ $□\,\frac{5}{12} - \left(□\,\frac{13}{3}\right) = -\frac{19}{4}$

c) −27,38 + (□ 34,7) = 7,32 $\quad$ □ 0,875 + (□ 0,625) = $1\frac{1}{2}$

8 Begründe ohne zu rechnen, welches der Zeichen <, > und = du einsetzen musst, so dass eine wahre Aussage entsteht.

a) $-\frac{1}{2} - \left(-\frac{1}{3}\right)$ □ $\frac{1}{2} + \left(-\frac{1}{3}\right)$

b) $\frac{1}{2}$ + (−0,7) □ 0,2

c) −2,5 □ 2,1 + (−4,8)

d) 0 □ $-\frac{1}{4} - \left(-\frac{1}{8}\right)$

e) $-\frac{1}{3} + \left(-\frac{1}{9}\right)$ □ $-\frac{1}{9} + \left(-\frac{1}{3}\right)$

f) $\frac{2}{5}$ + (+1,32) − $\left(-\frac{4}{5}\right)$ □ 2

9 Stelle jeweils einen passenden Term auf und berechne seinen Wert.

a) Subtrahiere die Summe der Zahlen 3,4 und −7,5 von der Differenz dieser beiden Zahlen.

b) Verkleinere die Differenz aus $-3\frac{1}{4}$ und $-6\frac{2}{3}$ um die Summe aus der größten einstelligen natürlichen Zahl und $-5\frac{1}{6}$.

c) Addiere zu $-3\frac{1}{3}$ die beiden Zahlen, die um 1,2 und 2,8 größer sind als $-3\frac{1}{3}$.

10 Prüfe, welche Rechengesetze du nutzen kannst, und berechne dann den Termwert.

a) $4\frac{8}{13} - \left(-2\frac{1}{8}\right) - \left(-6\frac{15}{39}\right) + 0{,}875$

b) −1,2 − (−2,4) − (−2,6) + (−2,8)

11 Die Tabelle zeigt die Schmelz- und Siedetemperaturen einiger Stoffe.

Stoff	$T_{Schmelz}$	T_{Siede}
Wasser	0 °C	100 °C
Helium	−272,2 °C	−268,934 °C
Alkohol	−114,5 °C	78,3 °C
Eisen	1538 °C	2861 °C
Quecksilber	−38,83 °C	356,73 °C

a) Informiere dich, was Schmelz- und Siedetemperatur bedeuten. Beschreibe die Eigenschaft, die ein Stoff hat, wenn sich seine Temperatur zwischen seinem Schmelz- und Siedepunkt befindet.

b) Ordne die Stoffe in der Reihenfolge ihrer Schmelztemperaturen. Beginne mit dem Stoff, dessen Schmelztemperatur die niedrigste ist.

c) Begründe, warum es schwierig ist, alle Temperaturen z. B. in einem Säulendiagramm grafisch darzustellen.

d) Berechne für jeden Stoff die Differenz zwischen seiner Schmelz- und seiner Siedetemperatur. Entscheide dann, welcher Stoff über die größte Temperaturspanne flüssig ist.

e) Teile die Stoffe in drei Gruppen ein, je nachdem ob sie bei Raumtemperatur (20 °C) fest, flüssig oder gasförmig sind.

f) In den Naturwissenschaften und in der Technik werden Temperaturen in Kelvin angegeben. Diese Skala beginnt bei der tiefsten möglichen Temperatur, dem absoluten Nullpunkt. Die Einheiten werden so umgerechnet: 0 Kelvin = −273,16 °C und 273,16 Kelvin = 0 °C. Rechne alle Temperaturen aus der Tabelle in Kelvin um.

g) Die Temperatur in der Sonne beträgt etwa 15,6 Millionen Grad Celsius. Begründe, warum es unerheblich ist, ob sie in Kelvin oder in Grad Celsius angegeben wird.

William Thomson, Lord Kelvin (1824 – 1907)

12 An der Nordsee schwankt der Wasserstand durch Ebbe und Flut. Die Tabelle zeigt den höchsten Wasserstand (Hochwasser, HW) und den niedrigsten Wasserstand (Niedrigwasser, NW) vor Helgoland im Verlauf von zwei Tagen.

a) Bestimme jeweils die Änderung des Wasserstandes zwischen zwei aufeinanderfolgenden Messwerten. Nutze die Vorzeichen, um die Art der Änderung zu kennzeichnen.

b) Stelle den Verlauf der Änderungen in einem Diagramm dar.

Datum	Zeit		Pegel
Do	HW	02.51	3,2 m
Do	NW	09.37	0,5 m
Do	HW	15.13	3,1 m
Do	NW	21.49	0,6 m
Fr	HW	03.25	3,1 m
Fr	NW	10.11	0,5 m
Fr	HW	15.48	2,9 m
Fr	NW	22.19	0,7 m

13 Herr Neureich hat ein Konto, das er überziehen darf, d. h. der Kontostand kann auch negativ sein. Er hat dann Schulden bei der Bank. Die Tabelle zeigt die Einzahlungen und Auszahlungen an. Zu Beginn beträgt sein Guthaben 513,78 €.

a) Berechne den Kontostand nach jeder Ein- bzw. Auszahlung. Hat Herr Neureich am Ende ein Guthaben oder Schulden?

Einzahlung	Auszahlung
192,44 €	
	834,98 €
67,45 €	
	237,67 €
	45,78 €
516,81 €	

b) Beschreibe, wie du durch eine einfache Überschlagsrechnung herausfinden kannst, ob Herr Neureich am Ende mehr oder weniger Geld als am Anfang besitzt.

14 Berechne jeweils den Termwert.

a) $-3\frac{2}{9} + \left(-6\frac{1}{8}\right) - \left(-3\frac{2}{9}\right) - 2\frac{7}{8}$

b) $\left(-6\frac{1}{5}\right) + \left[-3{,}4 - \left(-4\frac{2}{5} + 1{,}8\right)\right] - 2{,}25 + \left(-5\frac{3}{4}\right)$

c) $-(-12{,}7) + 5{,}1 - 1{,}09 - 4{,}1 + 2{,}09 + (-3{,}7) - \left(15{,}125 - \frac{1}{8}\right)$

Geocaching

Die Lage eines Ortes P auf der Erde wird durch zwei Winkel angegeben:
Der Breitengrad φ wird vom Äquator aus nach Norden oder Süden gemessen. Für Bayern gilt ungefähr: $47° \leq \varphi \leq 50{,}5°$.
Der Längengrad λ wird vom Nullmeridian, der durch London geht, aus nach Osten oder Westen gemessen. Für Bayern gilt ungefähr: $9° \leq \lambda \leq 14°$.
Beim Geocaching muss man wissen, wo man sich befindet und wo der Schatz ist. Dann kann man berechnen, wie weit man sich in welche Himmelsrichtung bewegen muss, um den Schatz zu finden.

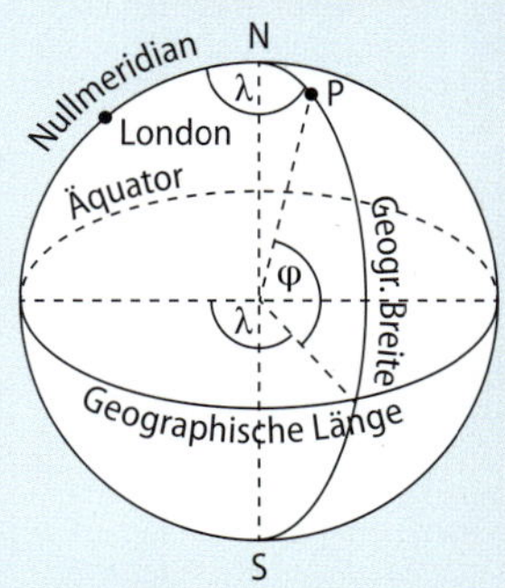

φ: Winkel des Breitengrads
$\varphi > 0$: nördlich des Äquators
$\varphi < 0$: südlich des Äquators
λ: Winkel des Längengrads
$\lambda > 0$: östlich des Nullmeridians
$\lambda < 0$: westlich des Nullmeridians

Emmi und Lukas machen Geocaching mit einem Atlas, so können sie die ganze Welt bereisen.

- Sie starten jeweils in Kipfenberg ($\varphi = 48{,}949°$; $\lambda = 11{,}395°$), das als Mittelpunkt Bayerns gilt. Berechne jeweils, um wie viele Breiten- bzw. Längengrade sich ihre Position in Nord-Süd- bzw. Ost-West-Richtung verändert hat, wenn sie die folgenden Orte erreichen. Gib dabei die Himmelsrichtungen (Ost/West; Süd/Nord) durch Vorzeichen an.

Marienplatz, München	Verbotene Stadt, Beijing	Christusstatue, Rio de Janeiro	Ayers Rock, Australien
$\varphi = 48{,}137°$ $\lambda = 11{,}576°$	$\varphi = 39{,}916°$ $\lambda = 116{,}391°$	$\varphi = -22{,}952°$ $\lambda = -43{,}210°$	$\varphi = -25{,}344°$ $\lambda = -131{,}034°$

- Der Große Brombachsee liegt 0,183° nördlich und 0,466° westlich von Kipfenberg. Bestimme die Koordinaten, bei denen Emmi und Lukas den Großen Brombachsee finden. Ermittle entsprechend die Koordinaten: Mt. Everest: 20,961° südlich, 75,530° östlich; Kap Hoorn: 104,945° südlich, 78,612° westlich.
- Begründe, warum beim Nord- und beim Südpol kein Längengrad angegeben werden kann. Gib für diese Punkte den Breitengrad an.

Entdecken

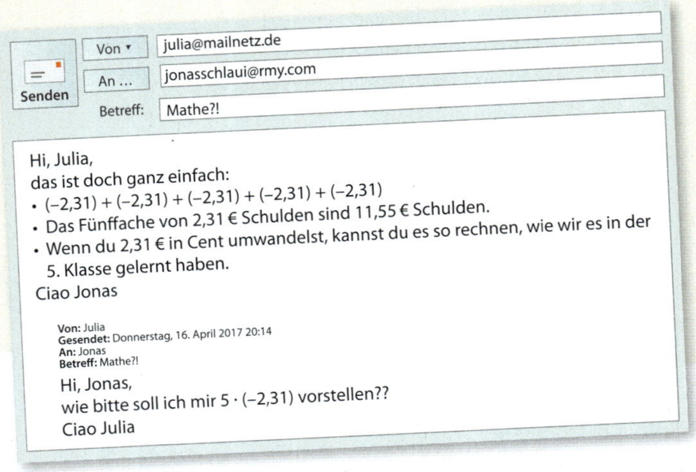
Senden
Von: julia@mailnetz.de
An ...: jonasschlaui@rmy.com
Betreff: Mathe?!

Hi, Julia,
das ist doch ganz einfach:
- (−2,31) + (−2,31) + (−2,31) + (−2,31) + (−2,31)
- Das Fünffache von 2,31 € Schulden sind 11,55 € Schulden.
- Wenn du 2,31 € in Cent umwandelst, kannst du es so rechnen, wie wir es in der 5. Klasse gelernt haben.

Ciao Jonas

Von: Julia
Gesendet: Donnerstag, 16. April 2017 20:14
An: Jonas
Betreff: Mathe?!

Hi, Jonas,
wie bitte soll ich mir 5 · (−2,31) vorstellen??
Ciao Julia

- Welche Erklärung findest du am besten?
- Begründe in ähnlicher Weise: $3 \cdot (-4{,}1)$; $4 \cdot \left(-\frac{3}{8}\right)$; $(-2) \cdot \left(-3\frac{4}{7}\right)$.

Verstehen

Für die Multiplikation zweier rationaler Zahlen gelten die gleichen Rechenregeln wie für die Multiplikation von Brüchen, Dezimalbrüchen und ganze Zahlen.

Vorzeichentabelle für die Multiplikation:

·	+	−
+	+	−
−	−	+

Zwei rationale Zahlen werden multipliziert, indem man zunächst nur ihre Beträge multipliziert; das Ergebnis erhält
- ein **positives Vorzeichen**, wenn beide Faktoren das gleiche Vorzeichen besitzen.
- ein **negatives Vorzeichen**, wenn die beiden Faktoren verschiedene Vorzeichen besitzen.

Kommutativ- und **Assoziativgesetz** gelten beim Rechnen mit rationalen Zahlen genauso wie beim Rechnen mit ganzen Zahlen.

Erklärvideo
Mediencode
61046-38

Beispiele

I. Berechne jeweils den Termwert und erkläre deinen Rechenweg.

a) $125{,}6 \cdot (-12{,}4)$ b) $-\frac{12}{78} \cdot \left(-\frac{13}{18}\right)$ c) $\left(-\frac{2}{3}\right)^3$

Lösung:
Man multipliziert zunächst die Beträge und ergänzt dann das Vorzeichen des Ergebnisses mithilfe der Vorzeichenregel.

a) Die beiden Faktoren haben verschiedene Vorzeichen, daher ist das Ergebnis negativ:
$125{,}6 \cdot (-12{,}4) = -(125{,}6 \cdot 12{,}4) = -1557{,}44$

b) Die beiden Faktoren haben das gleiche Vorzeichen, daher ist das Ergebnis positiv:
$-\frac{12}{78} \cdot \left(-\frac{13}{18}\right) = +\frac{12 \cdot 13}{78 \cdot 18} = \frac{1}{9}$

c) Die drei Faktoren haben jeweils ein negatives Vorzeichen, daher ist das Ergebnis negativ:
$\left(-\frac{2}{3}\right)^3 = -\frac{2 \cdot 2 \cdot 2}{3 \cdot 3 \cdot 3} = -\frac{8}{27}$

II. Berechne den Termwert geschickt und gib das verwendete Rechengesetz an.

a) $\left(-\frac{2}{10}\right) \cdot \left(+\frac{18}{19}\right) \cdot 2{,}5$ b) $\left(-\frac{1}{2}\right) \cdot \left(-\frac{1}{3}\right) \cdot (-1{,}2)^2 \cdot (+6)$

Lösung:

a) $\left(-\frac{2}{10}\right) \cdot \left(+\frac{18}{19}\right) \cdot 2{,}5 \overset{KG}{=} \frac{18}{19} \cdot \left(-\frac{2}{10}\right) \cdot \frac{5}{2} \overset{AG}{=} \frac{18}{19} \cdot \left[\left(-\frac{2}{10}\right) \cdot \frac{5}{2}\right] = \frac{18}{19} \cdot \left(-\frac{1}{2}\right) = -\frac{9}{19}$

b) $\left(-\frac{1}{2}\right) \cdot \left(-\frac{1}{3}\right) \cdot (-1{,}2)^2 \cdot (+6) = \frac{1}{6} \cdot 1{,}44 \cdot 6 \overset{KG}{=} \frac{1}{6} \cdot 6 \cdot 1{,}44 = 1 \cdot 1{,}44 = 1{,}44$

Nachgefragt

- Entscheide, ob der Wert eines Produktes kleiner als der kleinste Faktor sein kann. Begründe deine Antwort.
- Begründe, dass auch bei negativen Brüchen jedes Produkt aus einem Bruch und seinem Kehrbruch den Wert 1 hat.

Aufgaben

1 Gib jeweils das fehlende Vorzeichen an und begründe deine Antwort.

a) $(-3{,}4) \cdot (-27{,}6) = \square\, 93{,}84$
$(+17{,}2) \cdot (-21{,}6) = \square\, 371{,}52$

b) $(\square\, 11{,}7) \cdot (-7{,}3) = 85{,}41$
$(-1{,}7) \cdot (-0{,}2) \cdot (+2) = \square\, 0{,}68$

2 Berechne jeweils die Termwerte. Rechne möglichst im Kopf.

a) $\left(-\frac{1}{2}\right) \cdot \left(+\frac{3}{4}\right)$
$\left(-\frac{4}{5}\right) \cdot \left(-\frac{3}{2}\right)$
$\left(+\frac{6}{7}\right) \cdot \left(-\frac{21}{12}\right)$

b) $(-3{,}6) \cdot (-5)$
$(-1{,}2) \cdot (+0{,}3)$
$(+4{,}7) \cdot (+0{,}02)$

c) $\left(+2\frac{1}{3}\right) \cdot (-9)$
$\left(-3\frac{1}{2}\right) \cdot \left(-\frac{1}{7}\right)$
$\left(-5\frac{3}{7}\right) \cdot 0$

d) $(+0{,}5) \cdot (+12{,}4)$
$(+0{,}7) \cdot (-0{,}8)$
$(-0{,}02) \cdot (-0{,}03)$

Lösungen zu 2:
-21; $1\frac{1}{5}$; $-0{,}56$; $0{,}094$; $-\frac{3}{8}$; $6{,}2$; $0{,}0006$; $-1\frac{1}{2}$; 18; $-0{,}36$; $\frac{1}{2}$; 0

3 Übertrage jeweils die Multiplikationstabelle in dein Heft und fülle sie dort aus.

a)

·	+4,5	−3,2	−10	2,9	
−2,1					12,18
5,6					−32,48

b)

·	$\frac{3}{4}$	$-\frac{1}{6}$	$-\frac{3}{10}$	$1\frac{1}{2}$	
$\frac{2}{3}$					$1\frac{17}{90}$
$-\frac{5}{6}$					$-1\frac{35}{72}$

Zur Kontrolle sind am Ende jeder Zeile die Summenwerte angegeben.

4 Gib alle Produkte an, die man aus je zwei Elementen der Menge $\left\{-2; -\frac{3}{2}; -1; 0; \frac{1}{2}; 1\frac{1}{2}\right\}$ bilden kann und deren Wert

a) nicht negativ ist. **b)** ganzzahlig ist. **c)** −1 ist.

5 Bestimme jeweils die Lösung der Gleichung.

a) $x \cdot (-2{,}5) = -10$
$x \cdot 1{,}2 = -1{,}8$

b) $\left(-\frac{2}{3}\right) \cdot x = 4$
$x \cdot \frac{4}{5} = -1$

c) $-1{,}65 \cdot x = 4{,}95$
$x \cdot \left(-\frac{5}{4}\right) = \frac{5}{8}$

d) $-0{,}6 \cdot x = -0{,}36$
$\left(-\frac{14}{17}\right) \cdot x = 0$

6 Berechne jeweils den Termwert.

a) $(-0{,}5)^3$ **b)** $(-0{,}2)^4$ **c)** $-\left(-\frac{5}{6}\right)^3$ **d)** $\left(-\frac{3}{5}\right)^2$ **e)** $(-0{,}2)^3 + \left(-\frac{1}{2}\right)^4$ **f)** $\left(-\frac{1}{2}\right)^8 - \left(-\frac{1}{2}\right)^9$

7 Ein Produkt besteht aus drei Faktoren, von denen keiner eine ganze Zahl ist. Begründe oder widerlege folgende Aussagen.

a) Wenn die drei Faktoren negativ sind, dann ist der Wert des Produkts negativ.
b) Der Wert des Produkts kann nicht null sein.
c) Der Wert des Produkts kann keine ganze Zahl sein.

8 Erkläre, warum es bei folgenden Termen geschickt ist, das Kommutativ- und das Assoziativgesetz anzuwenden. Notiere die neue Rechenreihenfolge und berechne die Termwerte möglichst im Kopf.

a) $(-4) \cdot (-11{,}2) \cdot (+2{,}5) \cdot 5$

b) $-\frac{5}{24} \cdot \left(-\frac{3}{14}\right) \cdot \left(+\frac{3}{10}\right) \cdot \frac{7}{9}$

c) $2{,}8 \cdot \left(-2\frac{1}{5}\right) \cdot 13{,}25 \cdot \left(-\frac{4}{11}\right) \cdot \left(-\frac{5}{7}\right)$

d) $(-6{,}5) \cdot \frac{1}{1001} \cdot \left(-3\frac{1}{2}\right) \cdot \frac{1}{17} \cdot \left(-3\frac{2}{3}\right) \cdot 5\frac{2}{3}$

Entdecken

Der Kontostand von Herrn und Frau Moneta ist −1050 €.
Frau Moneta überlegt: „Wenn wir jeden Monat 175 € zurückzahlen, dann haben wir in 6 Monaten keine Schulden mehr: (−1050 €) : (−150 €) = 6."
Herr Moneta überlegt: „Wenn wir in 8 Monaten schuldenfrei sein wollen, müssen wir im Monat 132,25 € zurückzahlen: (−1050 €) : 8 = −132,25 €."

- Überlege dir passende Situationen zu folgenden Quotienten:
  1 (−1146 €) : 12 **2** (−246 €) : 1,5 **3** (−15,60 €) : (−3,90 €)

Verstehen

Für die Division rationaler Zahlen gelten die gleichen Rechenregeln wie für die Division von positiven Bruchzahlen und von ganzen Zahlen.

Vorzeichentabelle für die Division:

:	+	−
+	+	−
−	−	+

Zwei Brüche werden dividiert, indem man den Dividenden mit dem Kehrbruch des Divisors multipliziert.

Zwei rationale Zahlen werden dividiert, indem man zunächst ihre Beträge dividiert.
Das Ergebnis erhält:
- ein **positives Vorzeichen**, wenn Dividend und Divisor das gleiche Vorzeichen besitzen.
- ein **negatives Vorzeichen**, wenn Dividend und Divisor verschiedene Vorzeichen besitzen.

Ist der Dividend die Zahl Null, dann ist der Wert des Quotienten null.
Die Division durch die Zahl Null ist nicht erklärt; man kann also durch die Zahl Null nicht dividieren.

Erklärvideo
Mediencode
61046-39

Beispiele

I. Bestimme jeweils den Quotientenwert und erkläre deinen Rechenweg.

a) $\left(+\frac{3}{4}\right) : \left(-\frac{9}{16}\right)$ **b)** (−2,2) : (−0,22)

Lösung: Man dividiert zunächst den Betrag des Dividenden durch den Betrag des Divisors und ergänzt dann das Vorzeichen des Ergebnisses mithilfe der Vorzeichenregel.

a) Quotient der Beträge: $\frac{3}{4} : \frac{9}{16} = \frac{3}{4} \cdot \frac{16}{9} = \frac{(3 \cdot 16)}{(4 \cdot 9)} = \frac{4}{3} = 1\frac{1}{3}$

Da Dividend und Divisor unterschiedliche Vorzeichen besitzen, ist der Wert des Quotienten negativ: $\left(+\frac{3}{4}\right) : \left(-\frac{9}{16}\right) = -1\frac{1}{3}$

b) Quotient der Beträge: 2,2 : 0,22 = 220 : 22 = 10
Da Dividend und Divisor das gleiche Vorzeichen besitzen, ist der Wert des Quotienten positiv: 2,2 : 0,22 = 10

II. Damla rechnet: $\left(-\frac{3}{4}\right)^{-2} \underset{1}{=} \frac{1}{\left(-\frac{3}{4}\right)^2} \underset{2}{=} 1 : \frac{9}{16} \underset{3}{=} 1 \cdot \frac{16}{9} = 1\frac{5}{9}$.

Begründe, dass die Rechenschritte **1**, **2** und **3** richtig sind.

Lösung:

1 Für Potenzen mit negativen Exponenten ist festgelegt, dass $a^{-n} = \frac{1}{a^n}$.

2 $\left(-\frac{3}{4}\right)^2 = \left(-\frac{3}{4}\right) \cdot \left(-\frac{3}{4}\right) = \frac{9}{16}$; ein Bruch kann als Quotient geschrieben werden.

3 Durch einen Bruch wird dividiert, indem man mit dem Kehrbruch multipliziert.

- Begründe oder widerlege folgende Aussage: Der Kehrbruch jedes Bruches, der kleiner als 1 ist, ist größer als 1.
- Nenne, falls möglich, zu jeder der Zahlen $\frac{2}{5}$, $-\frac{8}{9}$, -2 und 0 die Gegenzahl und den Kehrbruch.

Nachgefragt

Aufgaben

1 Berechne jeweils den Termwert und vereinfache ihn dann so weit wie möglich.

a) $\left(-\frac{1}{2}\right) : \left(+\frac{1}{8}\right)$ $\quad$ $\left(-\frac{2}{6}\right) : \left(-\frac{3}{5}\right)$ $\quad$ $0 : \left(+\frac{2}{5}\right)$ $\quad$ $(-0{,}12) : 1$

b) $\left(+\frac{3}{20}\right) : (+10)$ $\quad$ $(-1{,}34) : (-0{,}2)$ $\quad$ $0 : \left(+\frac{13}{19}\right)$ $\quad$ $\left(+\frac{2}{5}\right) : \left(-\frac{1}{2}\right)$

c) $\left(+\frac{5}{12}\right) : \left(-\frac{1}{3}\right)$ $\quad$ $\left(-\frac{2}{3}\right) : \left(-\frac{3}{2}\right)$ $\quad$ $\left(-\frac{5}{12}\right) : 2\frac{2}{5}$ $\quad$ $1 : \left(-\frac{6}{7}\right)$

d) $\left(-\frac{5}{12}\right) : \left(-\frac{4}{15}\right)$ $\quad$ $\left(-\frac{7}{10}\right) : \left(+1\frac{1}{2}\right)$ $\quad$ $\left(-\frac{11}{8}\right) : \left(+\frac{33}{24}\right)$ $\quad$ $(-3{,}6) : (+1{,}8)$

e) $\left(+1\frac{1}{2}\right) : (+1{,}5)$ $\quad$ $\left(-1\frac{1}{3}\right) : 4$ $\quad$ $(+4{,}1) : (-0{,}01)$ $\quad$ $(+0{,}1) : (-2{,}5)$

Lösungen zu 1 a) – c):
0; -4; $6{,}7$; $-0{,}12$; $-\frac{4}{5}$; $-1\frac{1}{4}$; $-1\frac{1}{6}$; $\frac{4}{9}$; $-\frac{25}{144}$; $\frac{3}{200}$; $\frac{5}{9}$

2 Überschlage, welche Termwerte größer als 1 sind und berechne nur diese.

a) $\left(+\frac{2}{3}\right) : \left(-1\frac{1}{5}\right)$ $\quad$ b) $\left(-\frac{2}{3}\right)^2$ $\quad$ c) $\left(-\frac{1}{3}\right) : \left(-\frac{1}{9}\right)$ $\quad$ d) $2 : \left(+\frac{1}{2}\right)$

e) $\left(-\frac{1}{8}\right) \cdot (-8)$ $\quad$ f) $\left(-\frac{2}{5}\right) : \left(-\frac{1}{3}\right)$ $\quad$ g) $\left[\left(-12\frac{2}{3}\right) : (+8)\right] \cdot 0$ $\quad$ h) $\left(-\frac{4}{3}\right)^2$

Sophie überlegt: „Ich muss nur fünf Termwerte berechnen." Hat sie Recht?

3 David behauptet: Ist der Dividend 1, so ist der Wert des Quotienten gleich dem Kehrbruch des Divisors. Begründe oder widerlege Davids Behauptung.

4 Berechne jeweils die Termwerte und erläutere deine Rechenschritte.

a) $(-2)^3$ $\quad$ $(-2)^{-3}$ $\quad$ -2^3 $\quad$ $\left(-\frac{1}{2}\right)^3$ $\quad$ $\left(-\frac{1}{2}\right)^{-3}$ $\quad$ $(-2{,}25)^{-3}$

b) $-\left(\frac{2}{3}\right)^{-1}$ $\quad$ $\left(-\frac{2}{3}\right)^{-1}$ $\quad$ $-\left(-\frac{2}{3}\right)^{-4}$ $\quad$ $\left(-3\frac{1}{4}\right)^{-2}$ $\quad$ $(-1{,}4)^{-2}$ $\quad$ $-1{,}4^2$

5 Gib alle Quotienten an, die man aus je zwei Elementen der Menge $\left\{-2; -\frac{3}{2}; -1; 0; \frac{1}{2}; 1\frac{1}{2}\right\}$ bilden kann und deren Wert …

a) nicht negativ ist. $\quad$ b) ganzzahlig ist. $\quad$ c) -1 ist. $\quad$ d) größer als der Dividend ist.

6 Löse jeweils die Gleichung.

a) $x : \frac{2}{3} = -\frac{3}{4}$ $\quad$ b) $\left(-\frac{2}{3}\right) : y = -\frac{3}{4}$ $\quad$ c) $\left(-\frac{2}{3}\right) \cdot z = \frac{3}{4}$ $\quad$ d) $u \cdot \left(-\frac{1}{2}\right)^{-2} = \left(-\frac{1}{2}\right)^{-3}$

7 Berechne die Termwerte möglichst geschickt und erkläre dein Vorgehen.

a) $\left(-\frac{7}{9}\right) : 1{,}2$ $\quad$ b) $4{,}88 : \left(-\frac{2}{3}\right)$ $\quad$ c) $\left(-\frac{1}{4}\right) : (-0{,}5)^2$ $\quad$ d) $\left(-\frac{1}{3}\right)^{-2} : 0{,}3$

8 Mischt man $\frac{1}{3}$ ℓ Wasser der Temperatur 20 °C mit $\frac{2}{3}$ ℓ Wasser der Temperatur 50 °C, so erhält man insgesamt 1 ℓ Wasser mit der Temperatur $\frac{1}{3} \cdot 20\,°C + \frac{2}{3} \cdot 50\,°C = 40\,°C$. Löst man in Wasser viel Salz auf, so bleibt es bis etwa −21 °C flüssig.

a) $\frac{1}{4}$ ℓ Salzwasser der Temperatur −15 °C wird mit $\frac{3}{4}$ ℓ Salzwasser der Temperatur −5 °C gemischt. Berechne die Mischtemperatur.

b) $\frac{1}{6}$ ℓ Salzwasser hat −21 °C. Berechne die Temperatur des Salzwassers, das dazu geschüttet werden muss, um 1 Liter Salzwasser mit der Temperatur 0 °C zu erhalten.

Entdecken

1 ♥ = −6 ❀ = +8 ☾ = −17

2 ♥ = 2,5 ❀ = $-\frac{1}{3}$ ☾ = $-1\frac{1}{2}$

A ❀ · ☾ + ❀ · ♥ **B** ♥ · ☾ + ♥ · ❀ **C** ♥ · (☾ · ❀)

D ❀ · ☾ + ♥ · ☾ **E** ❀ · (☾ + ♥) **F** (❀ + ♥) · ☾

- Setze jeweils die gegebenen Zahlen ein und berechne die Termwerte.
- Begründe, welche Terme immer denselben Wert ergeben, unabhängig davon, welche Zahlen eingesetzt wurden. Überprüfe deine Aussage, indem du weitere Zahlenwerte einsetzt.
- Beschreibe die zugrunde liegende Regel in deinen Worten.

Verstehen

Alle Rechenregeln und Rechengesetze, die du vom Rechnen mit natürlichen Zahlen, ganzen Zahlen und positiven Bruchzahlen kennst, gelten auch für das Rechnen mit rationalen Zahlen.

ausmultiplizieren →

(0,5 + 0,7) · (−0,8)
= 0,5 · (−0,8) + 0,7 · (−0,8)

← ausklammern

Beim Rechnen mit rationalen Zahlen hält man sich an die bekannten Vereinbarungen:
- Rechnungen werden von links nach rechts ausgeführt.
- Rechnungen in Klammern werden zuerst ausgeführt. Dabei beginnt man stets mit der innersten Klammer.
- Potenzen werden vor Punkt- und vor Strichrechnung ausgeführt.
- Punktrechnungen werden vor Strichrechnungen ausgeführt.

Die letzte Rechnung, die man ausführt, bestimmt die Art des Terms.

Das **Distributivgesetz** gilt auch für alle rationalen Zahlen a, b und c:
$(a + b) \cdot c = a \cdot c + b \cdot c$ $(a + b) : c = a : c + b : c \quad (c \neq 0)$
Dies gilt auch für Differenzen $a - b$ entsprechend.

Erklärvideo
Mediencode
61046-40

Beispiele

I. Berechne den Wert des Terms. Nenne die Rechenregeln und gib die Termart an.
$3{,}8 : [1{,}3 - (4{,}38 + 0{,}5 \cdot 1{,}2^2)]$

Lösung:
$3{,}8 : [1{,}3 - (4{,}38 + 0{,}5 \cdot 1{,}2^2)]$ — in der Klammer Potenz zuerst
$= 3{,}8 : [1{,}3 - (4{,}38 + 0{,}5 \cdot 1{,}44)]$ — in der Klammer Punkt vor Strich
$= 3{,}8 : [1{,}3 - (4{,}38 + 0{,}72)]$ — Klammern von innen nach außen
$= 3{,}8 : [1{,}3 - 5{,}1]$
$= 3{,}8 : (-3{,}8) = -1$ — Der Term ist ein Quotient.

II. Gib an, wie $-5{,}6 \cdot 2{,}4$ mithilfe des Distributivgesetzes berechnet werden kann.

Wähle die Möglichkeit, die dir am geschicktesten erscheint.

Lösungsmöglichkeiten:

1 $-5{,}6 \cdot 2{,}4$
$= (-6 + 0{,}4) \cdot 2{,}4$
$= -6 \cdot 2{,}4 + 0{,}4 \cdot 2{,}4$
$= -14{,}4 + 0{,}96$
$= -13{,}44$

2 $-5{,}6 \cdot 2{,}4$
$= [-5 + (-0{,}6)] \cdot 2{,}4$
$= -5 \cdot 2{,}4 + (-0{,}6) \cdot 2{,}4$
$= -12 - 1{,}44$
$= -13{,}44$

3 $-5{,}6 \cdot 2{,}4$
$= -5{,}6 \cdot (2 + 0{,}4)$
$= -5{,}6 \cdot 2 + (-5{,}6) \cdot 0{,}4$
$= -11{,}2 - 2{,}24$
$= -13{,}44$

III. Berechne den Wert des Terms $(-2)^{-5} - \frac{1}{2} \cdot \left(-\frac{1}{2}\right)^4$.

Lösung: $(-2)^{-5} - \frac{1}{2} \cdot \left(-\frac{1}{2}\right)^4 = \frac{1}{(-2)^5} - \frac{1}{2} \cdot \frac{1}{16} = -\frac{1}{32} - \frac{1}{32} = -\frac{1}{16}$

- Lässt sich jeder Quotient auch als Produkt schreiben und jedes Produkt auch als Quotient? Begründe deine Antwort.
- Für welche Zahlen ist die Gegenzahl größer als der Kehrbruch? Bei welchen ist es umgekehrt?

Nachgefragt

Aufgaben

Lösungen zu 1:
$-54{,}8$; $-18{,}96$; $0{,}4$; $-\frac{3}{14}$; $3{,}42$; $5{,}3$

1 Berechne die Termwerte.

a) $\left(-\frac{2}{10}\right) \cdot (1{,}9 - 3{,}9)$

b) $1{,}22 - (-1{,}2) - [1{,}2 : (-1{,}2)]$

c) $-\frac{3}{14} + \frac{3}{7} \cdot [0 : (-2)]$

d) $40 : (-0{,}8) + 1{,}6 \cdot (-3)$

e) $1{,}55 + (-7{,}1) \cdot 3 - 2{,}37 : (-3)$

f) $[(-6{,}3) - 3{,}3 : (-3)] - 1{,}5 \cdot (-7)$

2 Bilde jeweils den passenden Term, erstelle einen Rechenbaum und berechne dann den Termwert.

a) Bilde die Summe aus dem Produkt der Zahlen -1 und $\frac{3}{10}$ und dem Quotienten mit dem Dividenden $\frac{1}{5}$ und dem Divisor $-\frac{1}{50}$.

b) Multipliziere den Quotienten aus dem Dividenden 0,289 und dem Divisor $-0{,}17$ mit der Summe der Zahlen 100 und $-98{,}3$.

3 Begründe jeweils ohne zu rechnen, dass die beiden Terme den gleichen Wert haben. Beschreibe, wodurch sich die Rechenwege unterscheiden und begründe, welcher Rechenweg dir vorteilhafter erscheint.

a) $\frac{24}{25} \cdot \left(\frac{1}{6} + \frac{1}{12}\right)$
$\frac{24}{25} \cdot \frac{1}{6} + \frac{24}{25} \cdot \frac{1}{12}$

b) $\left(-\frac{1}{8} - \frac{7}{8}\right) : \frac{5}{8}$
$\left(-\frac{1}{8}\right) : \frac{5}{8} - \frac{7}{8} : \frac{5}{8}$

c) $\left(\frac{7}{8} - 2{,}2\right) \cdot 0{,}1$
$\frac{7}{8} \cdot 0{,}1 - 2{,}2 \cdot 0{,}1$

4 Berechne jeweils den Termwert geschickt und nenne die Rechengesetze, die du angewendet hast.

a) $25 \cdot (-2{,}3) \cdot (-4)$ $\quad$ $0{,}4 \cdot (-1{,}8) + 0{,}4 \cdot (-0{,}2)$ $\quad$ $3{,}8 \cdot (-0{,}7) + 6{,}2 \cdot (-0{,}7)$

b) $0{,}7 : 15 - 0{,}2 : 15$ $\quad$ $125 \cdot (-4) \cdot (-8) \cdot 25$ $\quad$ $\frac{3}{7} \cdot (-49) \cdot 0 \cdot (-2)$

c) $-28 \cdot \left[\left(\frac{7}{4}\right) + \left(-\frac{4}{7}\right)\right]$ $\quad$ $\left[(-0{,}4) + \frac{3}{4}\right] \cdot 100$ $\quad$ $\frac{4}{5} \cdot 2{,}6 - \frac{4}{5} \cdot (-4{,}6)$

d) Wähle aus den Teilaufgaben a), b) oder c) eine Summe, eine Differenz und ein Produkt aus und zeichne den passenden Rechenbaum.

5 Berechne die Termwerte.

a) $(35{,}2 - 17{,}3) \cdot (77{,}3 - 86{,}3)$

b) $(34{,}7 - 43{,}8) \cdot (43{,}8 - 34{,}7)$

c) $(-21{,}9) \cdot \frac{1}{3} + (-21{,}9) \cdot \frac{1}{3}$

d) $(48{,}3 - 49{,}3) : (7{,}2 + 2{,}8)$

e) $(-4{,}802 + 23{,}902) : (2{,}1 - 0{,}4)$

f) $\left[\left(-\frac{1}{2}\right)^3 + (-1)^2 + \frac{1}{16}\right] : \frac{15}{16}$

g) $\left\{\left[(-1) + \frac{1}{2} \cdot (-3)\right] \cdot 4 + 4\right\} : \left(-\frac{1}{6}\right)$

h) $6{,}75 : (-0{,}25) - 1{,}8 : (0{,}25)$

6 In Europa lebt ein Zehntel der Weltbevölkerung, in Deutschland jeder zehnte Europäer. Der Anteil Bayerns an der Bevölkerung Deutschlands beträgt $\frac{4}{25}$. Berechne den Anteil Bayerns an der Weltbevölkerung.

7 Veranschauliche den Sachverhalt jeweils an einer beschrifteten Skizze und ermittle dann den gesuchten Anteil.

a) Sieben Zehntel der Erdoberfläche sind mit Wasser bedeckt. Der Atlantische Ozean nimmt etwa ein Viertel dieser Wasserfläche ein. Ermittle den Anteil des Flächeninhalts des Atlantischen Ozeans an der gesamten Erdoberfläche.

b) Nur ein Vierzigstel des gesamten Wassers auf der Erde ist Süßwasser, davon befindet sich ein Fünftel im Amazonasbecken. Bestimme den Anteil des Süßwassers außerhalb des Amazonasbeckens am gesamten Wasser auf der Erde.

8 Sophie hat das Ergebnis ihrer Rechnung in das Feld B3 geschrieben. Kontrolliere, ob sie richtig gerechnet hat, und finde heraus, in welchen Feldern die Ergebnisse von Gregors, Lauras und Lucas' Aufgaben stehen.

4	−1,5	2	0	10
3	1,2	−2	0,5	0,24
2	−10	0,4	$\frac{5}{7}$	1,6
1	−1,2	22	$\frac{4}{5}$	$\frac{3}{2}$
	A	B	C	D

a) Sophies Aufgabe: $-11\frac{3}{7} : 6 + \left(-\frac{4}{7}\right) : 6$

b) Gregors Aufgabe: $[(-1{,}2)^2 - 0{,}44] : \frac{2}{3}$

c) Lauras Aufgabe: $\left[8 \cdot \left(-\frac{3}{4}\right) + \left(-\frac{1}{3}\right) \cdot (-12)\right] : (-5)$

d) Lucas' Aufgabe: $2{,}05 - 1{,}8 \cdot 0{,}5^2$

e) Finde einen Term mit allen vier Grundrechenarten, dessen Wert im Feld C3 steht.

9 Genau einer der folgenden Terme hat den Wert $\frac{19}{36}$. Finde heraus, welcher Term das ist, indem du für jeden der anderen Terme begründest, weshalb er nicht den Wert $\frac{19}{36}$ haben kann.

1 $-4{,}1 \cdot \left(-\frac{17}{42}\right) : (-8{,}127)$

2 $1{,}6 \cdot \left(17{,}3 - \frac{129}{7}\right)^2$

3 $\frac{1}{7} - \frac{1}{6} + \frac{1}{5} - \frac{1}{4}$

4 $\left(-\frac{5}{9}\right) \cdot \left(-\frac{3}{4}\right) + \left(\frac{1}{3}\right)^2$

5 $1 - \left(\frac{18}{47} - 0{,}928\right)$

6 $(3^4 - 4^3) \cdot 0{,}5^{10}$

10 Übertrage jede der beiden Zahlenmauern in dein Heft, trage dann dort in die leeren Steine je eine rationale Zahl ein, so dass dann auf jedem Stein der Summenwert der Zahlen steht, die sich auf den beiden Steinen direkt darunter befinden.

a)

b)

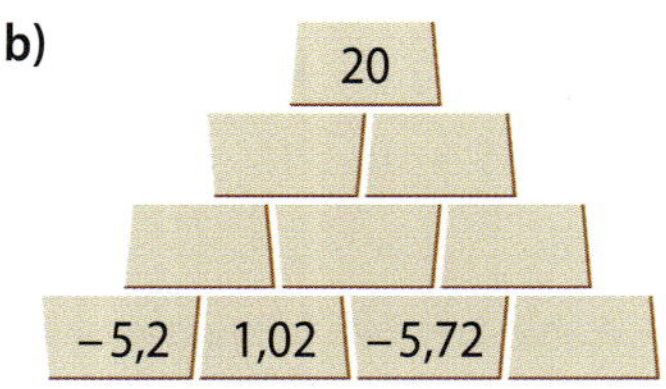

11 Bilde jeweils den passenden Term und berechne dann seinen Wert.

a) Dividiere die Summe der Zahlen 66,8 und 21,2 durch die Zahl −0,88.

b) Aus den Zahlen $\frac{3}{4}$ und $\frac{4}{5}$ kannst du zwei Differenzen bilden. Dividiere die Differenz mit dem größten Differenzwert durch die Zahl $\frac{1}{40}$.

c) Addiere das Produkt der Zahlen $\frac{1}{7}$ und $\frac{343}{2}$ zur größten zweistelligen negativen Zahl.

d) Dividiere die Differenz mit dem Minuenden $\frac{1}{5}$ und dem Subtrahenden $\frac{3}{8}$ durch das Quadrat der Zahl $-\frac{1}{2}$.

12 Stelle den passenden Term auf. Begründe, warum du ohne weitere Rechnung den Termwert angeben kannst.
Multipliziere den Quotienten aus $2\frac{3}{17}$ und −24,16 mit der Differenz aus −1,4 und $-\frac{7}{5}$.

13 Peter hat sich über einige Monate aufgeschrieben, ob er mehr Geld ausgegeben („Minus“) oder erhalten („Plus“) hat.

Monat	März	April	Mai	Juni	Juli
„Minus“/„Plus“	+3,12 €	−4,28 €	+2,84 €	−1,03 €	+3,49 €

a) Erkläre die Bedeutung der Plus- und Minuszeichen.
b) Berechne, wie viel Geld Peter zu Beginn mindestens gehabt haben muss, damit sein Geld immer gereicht hat.
c) Berechne das durchschnittliche „Minus“ oder „Plus“ pro Monat.
d) Überschlage, wie viel „Minus“ oder „Plus“ Peter von März bis Dezember haben wird, wenn dieser durchschnittliche Wert gleich jenem aus Teilaufgabe c) gleich bleibt. Berechne dann den genauen Wert.

14 Fertige jeweils vor der Rechnung eine Skizze an und schreibe die gegebenen Maße und Bruchteile daneben.

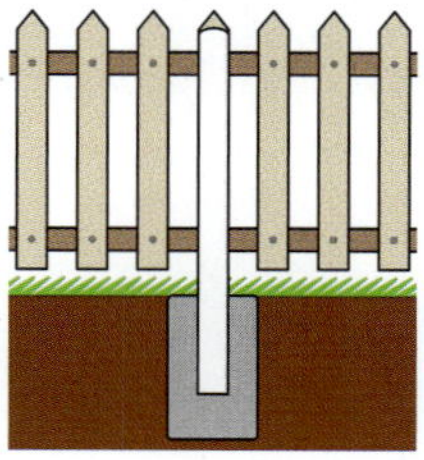

a) Die unteren 33 cm eines Pfostens für einen Gartenzaun sind in einem Betonblock eingegossen, das sind $\frac{2}{5}$ seiner Länge. Ermittle, wie weit der Pfosten aus dem Beton herausragt.
b) Bei einem anderen Pfosten sind 1,20 m zu sehen, $\frac{2}{7}$ stecken im Boden. Ermittle die Länge des Pfostens.

15 Zeichne ein Rechteck mit den Seitenlängen 16 cm und 12 cm. Verbindest du die Seitenmitten, so erhältst du eine Raute (blau). Verbindest du auch bei der Raute die Seitenmitten, so entsteht wieder ein Rechteck. So erhältst du abwechselnd Rechtecke und Rauten.

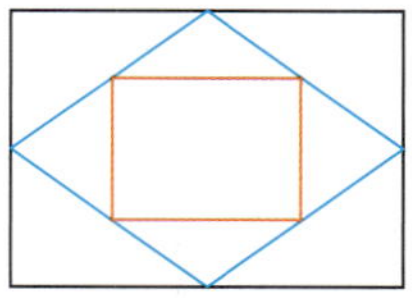

a) Ergänze die Zeichnung bis zur dritten Raute.
b) Miss jeweils die Seitenlängen und berechne daraus die Umfangslänge der einzelnen Rechtecke und Rauten. Schreibe die Ergebnisse übersichtlich in eine Tabelle.
c) Berechne jeweils den Wert des Quotienten

$$\frac{\text{Umfangslänge eines Rechtecks}}{\text{Umfangslänge der nächst kleineren Raute}} \text{ und } \frac{\text{Umfangslänge einer Raute}}{\text{Umfangslänge des nächst kleineren Rechtecks}}.$$

Beschreibe das Ergebnis in Worten.
d) Beschreibe, wie du aus der Umfangslänge eines Rechtecks (einer Raute) die Umfangslänge des nächstkleineren Rechtecks (der nächstkleineren Raute) berechnen kannst.

16 Im Verlauf einer Woche wurden auf der Zugspitze folgende Temperaturen gemessen:

Tag	Do	Fr	Sa	So	Mo	Di	Mi
Tageshöchstwert	−0,4°	1,1°	−1,2°	−0,9°	4,2°	6,7°	5,8°
Tagestiefstwert	−5,3°	−1,0°	−2,6°	−5,3°	−3,1°	2,0°	1,0°

a) Übertrage die Tabelle in dein Heft und stelle die Höchst- und Tiefstwerte in einem gemeinsamen Säulendiagramm dar.
b) Berechne den durchschnittlichen Tageshöchstwert und den durchschnittlichen Tagestiefstwert. Runde beide Werte sinnvoll.
c) Berechne für jeden Tag die Differenz aus dem Höchst- und Tiefstwert sowie den Durchschnitt dieser Werte und runde ihn sinnvoll. Vergleiche das Ergebnis mit der Differenz der beiden Durchschnittswerte in der Teilaufgabe b). Formuliere deine Beobachtung in eigenen Worten.

17 Brüche der Form $2 + \cfrac{2}{2 + \cfrac{2}{2 + \frac{1}{2}}}$ nennt man Kettenbrüche.

a) Berechne den Wert des oben angegebenen Bruchs.

b) Ergänze die folgenden drei Kettenbrüche um zwei weitere und berechne ihre Werte:
$\left(1 + \frac{1}{2}\right)^2$; $\left(1 + \cfrac{1}{2 + \frac{1}{2}}\right)^2$; $\left(1 + \cfrac{1}{2 + \cfrac{1}{2 + \frac{1}{2}}}\right)^2$.

c) Welchem Wert scheinen sich die Ergebnisse von b) immer mehr zu nähern?

d) Ermittle, ob die Abweichung von dieser Zahl beim nächsten Bruch weniger als $\frac{1}{10\,000}$ beträgt.

18 Bei Windkraftanlagen vor der Küste steckt ein Teil des Masts im Meeresgrund und ein weiterer Teil ist von Wasser bedeckt. Bei einem solchen Mast sind 63 m über Wasser zu sehen, das sind $\frac{3}{4}$ der Gesamtlänge. Der Anteil der Gesamtlänge im Meeresgrund beträgt $\frac{1}{8}$. Bestimme die Tiefe des Wassers an dieser Stelle.

19 Berechne jeweils den Wert des Terms.

a) $(-3)^3 - (-3) \cdot \left(-\frac{1}{3}\right)^{-3} - 20 : \left(-\frac{1}{3}\right)$

b) $\left(-\frac{1}{4}\right) \cdot \left(-\frac{1}{5}\right)^{-2} - (-5)^2 : (-2^2)$

c) $\left[\frac{2}{3} - \frac{1}{3} \cdot \left(-\frac{6}{7}\right)\right]^{-2} \cdot \left(-\frac{20}{21}\right)$

d) $-1{,}5^{-2} + 18 \cdot \left(\frac{1}{6} - \frac{1}{3}\right)^2$

e) $\left(4\frac{5}{12} + 11\frac{11}{15}\right) : \left(7\frac{4}{15} - 7\frac{18}{25}\right)$

f) $\left[\frac{1}{3} + \left(1\frac{5}{7} - 2\frac{4}{7} \cdot \frac{1}{2}\right)\right] : \left[\left(0{,}5 \cdot 2\frac{1}{3} - 2\frac{2}{3}\right) - \frac{11}{42}\right]$

g) $\left(0{,}3 - \frac{7}{12} \cdot 2\frac{4}{7}\right)^2 - \left(-1\frac{1}{5} - 0{,}4\right)^2$

h) $\left(7\frac{1}{4} - 8{,}75\right)^3 \cdot \left[4\frac{2}{9} - \left(-1\frac{1}{3}\right)^2\right]$

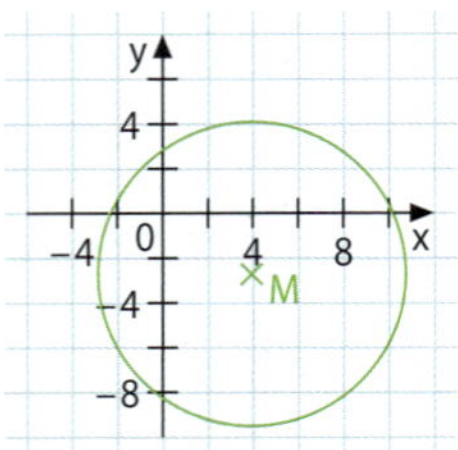

20 In einem Koordinatensystem ist um den Punkt P (3,9 | −2,7) ein Kreis mit dem Radius 6,8 cm gezeichnet worden.

a) Berechne die Koordinaten derjenigen Punkte des Kreises, die am weitesten links, rechts, oben und unten liegen.

b) Berechne die Koordinaten der vier Punkte Q, U, A und D, die jeweils in der Mitte von zwei nebeneinander liegenden Punkten von Teilaufgabe a) liegen. Erkläre anhand der Koordinaten, dass das Viereck QUAD ein Quadrat ist und ermittle den Flächeninhalt dieses Quadrats.

21 Im Bergwerk von Kiruna wird Eisenerz gefördert. Es ist mit so genanntem tauben Gestein vermischt, das etwa ein Drittel des gesamten geförderten Materials ausmacht und vom Erz abgetrennt werden muss. Jedes Jahr werden $3{,}3 \cdot 10^7$ Tonnen Erz verkauft.

Kiruna in Schweden mit Bergwerk

a) Berechne die Masse des tauben Gesteins, das pro Jahr anfällt.

b) Das Erz wird in Eisenbahnwaggons, die jeweils 100 Tonnen transportieren können, abtransportiert. Jeder Zug besteht aus 68 Waggons. Berechne, wie viele solcher Züge pro Jahr fahren müssen.

c) 1900 begann der Erzabbau auf der Spitze des Berges Kirunavaara (Schneehuhnberg), die damals 749 Meter über dem Meeresspiegel lag. Pro Jahr wird die Abbaustelle etwa 12,5 Meter nach unten verlagert. Berechne, in welcher Meereshöhe der Abbau jetzt erfolgt.

d) Vermutlich reicht die Erz führende Schicht mindestens bis etwa 2 Kilometer unter den Meeresspiegel. Berechne, wie lange bei gleicher Abbaugeschwindigkeit wohl noch gefördert werden kann.

22 Drei Piraten stranden auf einer Insel. Sie sammeln Kokosnüsse und legen sich schlafen. Nachts wacht einer der Piraten auf. Da er Angst hat, beim Teilen von den anderen betrogen zu werden, versteckt er ein Drittel der Nüsse, lässt den Rest liegen und schläft weiter. Später wacht der zweite Pirat auf und macht es genauso, der dritte Pirat dann auch. Am Morgen teilen sie die restlichen Nüsse gleichmäßig und jeder bekommt 40 Stück.

a) Schätze, wie viele Nüsse sie gesammelt hatten, und berechne den genauen Wert.

b) Berechne, wie viele Nüsse jeder insgesamt bekommen hat und welcher Anteil an der Gesamtzahl das ist.

Technik

Zahnräder und Getriebe

Im rechts abgebildeten Getriebe muss sich das kleine Zahnrad zweimal drehen, damit sich das große einmal dreht: Das Getriebe hat die Übersetzung $-\frac{1}{2}$. Das Minuszeichen gibt an, dass sich das zweite Zahnrad in die entgegengesetzte Richtung wie das erste dreht.

Antrieb (links): 21 Zähne
Abtrieb (rechts): 42 Zähne

- Bei der Kettenschaltung deines Fahrrads wird die Kraft vom vorderen Zahnrad („Kettenblatt") durch die Kette auf die Zahnräder des Hinterrads („Ritzel") übertragen. Wie oft dreht sich das Ritzel (12 Zähne), wenn das Kettenblatt (36 Zähne) einmal gedreht wird? Begründe, warum das Übersetzungsverhältnis hier positiv ist.
- Bestimme die Übersetzungsverhältnisse für die Getriebe **1**, **2** und **3** (Antrieb links).

- Zwei Getriebe haben die Übersetzungsverhältnisse $-\frac{13}{5}$ bzw. $-1\frac{4}{9}$. Gib für jedes Getriebe drei Möglichkeiten an, wie viele Zähne die Zahnräder jeweils haben können.
- Bei vielen Getrieben greifen drei oder mehr Zahnräder ineinander (Abbildung rechts).
  - Gib an, welches Zahnrad sich in dieselbe Richtung dreht wie das angetriebene.
  - Beschreibe, wie das Übersetzungsverhältnis des Getriebes berechnet werden kann.

- Bei dem unten abgebildeten Getriebe beträgt das Übersetzungsverhältnis von einem Zahnrad zum nächsten $-\frac{14}{120}$. Das linke Zahnrad wird in 6,5 Sekunden einmal gedreht, das rechte ist in einem Stein befestigt. Wie kann das sein?
  - Berechne das Übersetzungsverhältnis vom ersten zum vierten Zahnrad.
  - Berechne, in wie vielen Stunden sich das fünfte Zahnrad genau einmal gedreht hat.
  - Schätze, wie lange das zehnte Zahnrad für eine Umdrehung benötigt. Kannst du erklären, warum das Getriebe „Unendlichkeitsmaschine" genannt wird?

Zu 6.1

1 Gib die auf der Zahlengeraden markierten Zahlen als Bruch und als Dezimalbruch an.

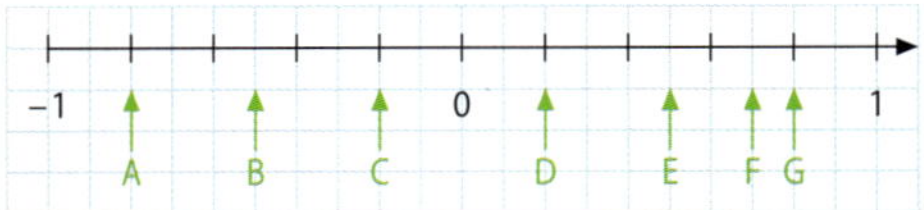

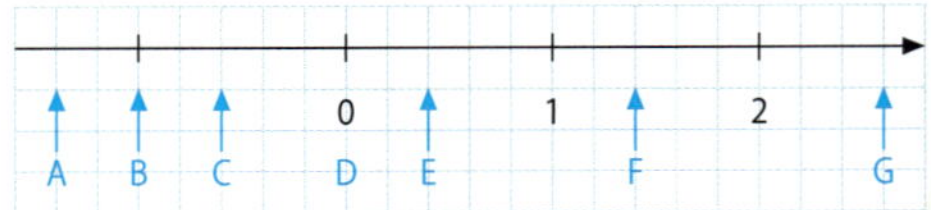

2

Gib jeweils an, zu welcher Menge ℕ, ℤ bzw. ℚ die Zahl gehört.

$-7{,}5;\ \frac{3}{11};\ 5;\ 1{,}8;\ -1000;\ 3\frac{1}{7};\ -\frac{1}{2};\ 0$

Nenne zehn rationale Zahlen, …

a) die auch Element der Menge ℕ (ℤ) sind.

b) die kein Element der Menge ℕ (ℤ) sind.

3 Ordne die Zahlen der Größe nach. Das Ergebnis ergibt ein Lösungswort.

Beginne mit der größten Zahl.

−3	I	−19,3	N	0	Z	$\frac{22}{3}$	V	$-13\frac{4}{7}$	H
4,99	O	$-8\frac{7}{13}$	C	−19,29	E	$\frac{35}{9}$	R	−1,999	E

Beginne mit der kleinsten Zahl.

$49\frac{8}{17}$	T	−0,998	G	−15,01	U	$\frac{99}{20}$	M	0,0009	E
$-29\frac{15}{16}$	G	$29\frac{15}{16}$	H	$\frac{65}{8}$	A	−5,73	T	$14\frac{3}{4}$	C

Zu 6.2 und 6.3

4 Begründe.

a) Jede rationale Zahl kann als Bruch geschrieben werden.

b) Zur Zahl 0 gehören alle Brüche mit dem Zähler 0.

a) Zu jeder rationalen Zahl gehören unendlich viele Brüche.

b) Alle Brüche, bei denen der Nenner positiv ist und der Zähler die Gegenzahl des Nenners ist, stellen die Zahl −1 dar.

5 Erkläre anhand von Beispielen, dass für rationale Zahlen das Kommutativ- und das Assoziativgesetz …

… bei der Addition gelten.

… bei der Subtraktion im Allgemeinen nicht gelten.

6 Übertrage die Zahlenmauern in dein Heft. Ergänze dann dort die fehlenden Zahlen so, dass auf jedem Mauerstein der Summenwert der Zahlen steht, die auf den beiden Steinen direkt darunter stehen.

a)

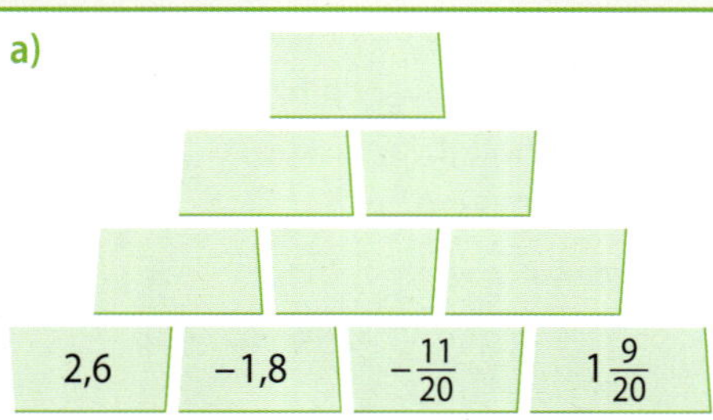

b)

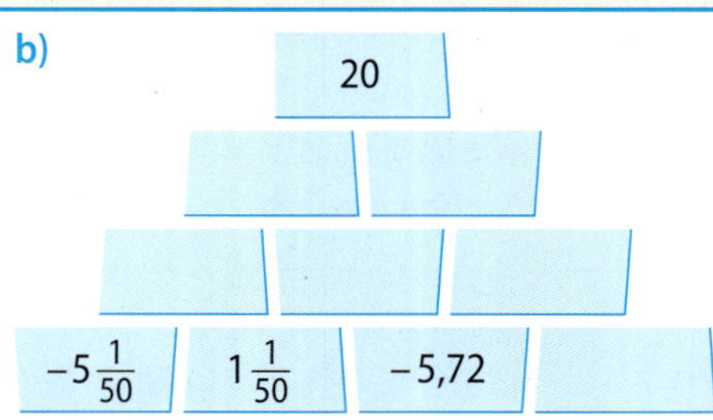

Zu 6.4

7 Gib alle Produkte an, die man aus je zwei der folgenden Zahlen bilden kann und deren Wert

a) nicht negativ ist. b) ganzzahlig ist.

−2	$-\frac{3}{2}$	−1	0	$\frac{1}{2}$	$1\frac{1}{2}$

a) kleiner als −1 ist. b) ganzzahlig ist.

$-2\frac{2}{3}$	1,25	$-\frac{2}{3000}$	0,375	$\frac{4}{5}$	−1

8 Berechne die Termwerte. Denke auch ans Kürzen.

a) $\left(-\frac{2}{6}\right) \cdot \left(+\frac{6}{5}\right)$ b) $\left(-\frac{2}{5}\right) \cdot \left(+\frac{2}{5}\right)$
c) $\left(-\frac{1}{3}\right)^3$ d) $\left(-\frac{5}{12}\right) \cdot 2\frac{2}{5}$
e) $\left(-\frac{7}{10}\right) \cdot \left(-\frac{15}{14}\right)$ f) $\left(+\frac{13}{19}\right) \cdot 0$

a) $\left(-\frac{4}{9}\right) \cdot \left(+2\frac{1}{4}\right)$ b) $(+0{,}12) \cdot (-5{,}1)$
c) $(-2^4) \cdot \left(-\frac{1}{2}\right)^4$ d) $-2 \cdot (-0{,}24) \cdot (-0{,}5)$
e) $\left(-3\frac{4}{15}\right) \cdot (-22{,}5)$ f) $(-0{,}4) \cdot \left(-\frac{5}{6}\right) \cdot 0{,}09$

9

Das Einstein-Gymnasium hat 1120 Schüler, $\frac{3}{7}$ davon sind Mädchen. $\frac{7}{12}$ der Mädchen sind Fahrschülerinnen.

Im Curie-Gymnasium sind $\frac{5}{14}$ aller Schüler Jungen, $\frac{2}{3}$ der 480 Mädchen sind Fahrschülerinnen.

a) Zeichne ein Rechteck, das alle Schülerinnen und Schüler darstellen soll, und trage die Anteile aus dem Text ein.
b) Ermittle den Anteil der Fahrschülerinnen an allen Schülern des Gymnasiums.

10

Zu 6.5

Zeige mit drei Beispielen, dass es ...
a) positive Bruchzahlen gibt, die größer sind als ihr Quadrat.
b) negative Zahlen gibt, die kleiner sind als ihr Kehrbruch.

Finde heraus, welche Bedingungen du an den Zähler und Nenner einer ...
a) positiven Bruchzahl stellen musst, damit das Quadrat der Bruchzahl kleiner als die Bruchzahl ist.
b) negativen Bruchzahl stellen musst, damit ihr Kehrbruch kleiner ist als die Bruchzahl.

11 Berechne die Termwerte.

a) $(-1{,}44) : (+1{,}2)$ b) $\left(+\frac{21}{55}\right) : \left(-\frac{14}{22}\right)$
c) $\left(-\frac{3}{2}\right)^2 : (-2{,}7)$ d) $-4{,}9 : \left(-1\frac{1}{6}\right)^2$
e) $\left(-\frac{4}{5}\right)^{-2}$ f) $-(-0{,}4)^{-4}$

a) $-0{,}125 : (+1{,}5)$ b) $-\left(-1\frac{5}{8}\right) : \left(+\frac{13}{16}\right)$
c) $(-1{,}2)^2 : \left(-5\frac{1}{7}\right)$ d) $2{,}56 : \left(-\frac{2}{3}\right)^4$
e) $\left(-1\frac{1}{2}\right)^{-3}$ f) $-81 : \left(-2\frac{2}{3}\right)^{-4}$

12 Berechne den Wert des Terms und benenne die Rechenregeln, nach denen du vorgehst.

Zu 6.6

a) $100 - 2 \cdot (12{,}5 + 3{,}7)$
b) $12{,}4 - 2 \cdot 3{,}3 - (2{,}3 + 0{,}3 \cdot 2)$

a) $\left(2\frac{1}{2} - 2 \cdot 3\frac{1}{2}\right) \cdot 3 - 3\frac{1}{4}$
b) $\left[\left(33\frac{1}{3} + 4\frac{1}{6}\right) - \left(1\frac{1}{5} + \frac{3}{19}\right)\right] \cdot 2 - \frac{1}{2}$

c) Entscheide bei jedem Term ohne zu rechnen, ob der Termwert größer wird, kleiner wird oder gleich bleibt, wenn die Klammern weggelassen werden. Begründe deine Antwort.

13 Stelle jeweils einen Term auf und berechne dann den Termwert.

a) Dividiere die Summe der Zahlen 4,6 und $-3\frac{1}{4}$ durch $-1{,}7$.
b) Multipliziere die Differenz der Zahlen $-\frac{3}{4}$ und $\frac{4}{5}$ mit ihrer Summe und addiere zum Ergebnis die Hälfte der Zahl $-\frac{69}{200}$.

a) Multipliziere die Summe des Kehrbruchs von 1,8 und der dritten Potenz von $-\frac{1}{3}$ mit der Gegenzahl von 8,1.
b) Dividiere die Summe der Zahlen $\left(-\frac{1}{5}\right)^{-1}$; $\left(-\frac{1}{5}\right)^{-3}$ und $\left(-\frac{1}{5}\right)^{-4}$ durch die hundertfache Differenz aus $(-5)^{-3}$ und $(-5)^{-2}$.

14 a) Übertrage die Tabelle in dein Heft und ordne jede Zahl dem Zahlbereich zu, zu dem sie gehört. Manche Zahlen kannst du mehrfach einordnen.

natürliche Zahl	77; …
ganze Zahl	77; …
Bruchzahl	
rationale Zahl	

$-\frac{9}{13}$; $1\frac{2}{7}$; $+125$; $-\frac{3}{20}$; 0; $12{,}36$; $0{,}45$; -34; $\frac{5}{8}$; 1054; -366; -22; $-0{,}5$; 77; 21; $-1{,}26$; $4\frac{3}{4}$

b) Beschreibe die Zusammenhänge zwischen den Zahlbereichen.

15 Gib die ganzen Zahlen zwischen den beiden angegebenen Zahlen an.

a) $-2\frac{1}{2}$; 0 b) $-4\frac{1}{10}$; $-\frac{1}{2}$ c) $\frac{21}{5}$; $\frac{31}{4}$ d) −1; 2 e) $-\frac{1}{3}$; 1,5

16 In der Tabelle unten findest du alle Ergebnisse; darüber steht jeweils eine Silbe. In der Reihenfolge der Teilaufgaben a) bis m) ergeben diese Silben usw. den Lösungssatz. Bearbeite alle Teilaufgaben und finde den Lösungssatz heraus.

a) $(-3{,}4) + (-5{,}7)$ b) $(-1{,}8) + (+1{,}2)$ c) $0 + \left(+\frac{3}{5}\right)$

d) $(+2{,}7) + (-3{,}8)$ e) $\left(-\frac{3}{10}\right) + \left(-\frac{7}{10}\right)$ f) $\left(-\frac{3}{4}\right) + (+0{,}75)$

g) $\left(-\frac{7}{8}\right) + \left(+\frac{1}{4}\right)$ h) $(+10{,}9) + (+11{,}1)$ i) $\left(-\frac{5}{6}\right) + \left(-\frac{5}{12}\right)$

j) $(-101{,}5) + (+99{,}4)$ k) $0{,}7 + \frac{1}{9}$ l) $\frac{7}{30} + \frac{13}{30}$ m) $\frac{13}{48} + \left(-\frac{1}{48}\right)$

Lä	oh	ver	ist	re	Ein	ne	cheln	ner	lo	ein	Tag.	Tag	(Charlie
−1	$\frac{3}{5}$	$-\frac{5}{4}$	$-\frac{5}{8}$	$\frac{8}{9}$	−9,1	−1,1	0	$\frac{2}{3}$	−2,1	22	$\frac{1}{4}$	−0,6	Chaplin)

17 Vergleiche die Terme und begründe ohne zu rechnen, welcher Term den größeren Wert hat.

a) 1 $(+2{,}5) + (-7{,}5)$ b) 1 $\frac{3}{4}$ von $\frac{7}{8}$ c) 1 $\left(-\frac{8}{3}\right) + \left(+\frac{1}{3}\right)$

2 $(-2{,}5) - (-7{,}5)$ 2 $\frac{3}{4} : \frac{7}{8}$ 2 $\left(-\frac{8}{3}\right) + \left(-\frac{1}{3}\right)$

18

alter Kontostand	−546,22 €	−267,13 €	+875,22 €		
Buchung	−127,65 €			+345,89 €	−726,78 €
neuer Kontostand		−56,78 €	−156,29 €	−425,12 €	−381,43 €

a) Übertrage die Tabelle in dein Heft und ergänze die fehlenden Einträge.

b) Addiere alle Buchungen.

c) Überschlage, wie viele Monate es jeweils dauert, bis der neue Kontostand wieder im Plus ist, wenn jeden Monat 75 € auf das Konto eingezahlt werden.

19 Berechne jeweils den Wert des Terms.

a) $14\frac{1}{3} \cdot \left(-\frac{1}{86}\right)$ b) $(-10{,}25) : 5\frac{1}{8}$ c) $\frac{4}{5} : \left(\frac{1}{5} - \frac{1}{4}\right)$

d) $(-0{,}52 + 0{,}88 \cdot 0{,}25) \cdot \frac{10}{3}$ e) $\frac{13}{7} - \frac{15}{28} \cdot (-2)^2$ f) $1\frac{1}{5}\left(2\frac{1}{3} - 0{,}25\right) - 12\frac{1}{3}$

g) $\frac{(1-0{,}1)^2 - 1{,}9^2}{(0{,}3-1)(1-0{,}8)^3}$ h) $\frac{1}{2} : \left[\left(\frac{1}{2} : \frac{1}{3}\right) : \left(-\frac{1}{2}\right)^{-3}\right]$ i) $\frac{1}{3} - \frac{1}{3} \cdot \left(-\frac{1}{3}\right)^{-2} \cdot \left(-\frac{1}{3}\right)^3$

Die Menge der rationalen Zahlen

Seite 150

Die **Menge $\mathbb{Q}$ der rationalen Zahlen** besteht aus allen Zahlen, die sich als Bruch $\frac{a}{b}$ mit $a \in \mathbb{Z}$ und $b \in \mathbb{N}$ darstellen lassen.

Von zwei rationalen Zahlen ist diejenige größer, die auf der Zahlengeraden weiter rechts liegt.

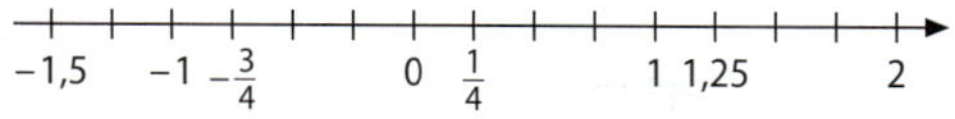

$-2 \in \mathbb{Z}$ und $-2 \in \mathbb{Q}$, da $-2 = \frac{-2}{1}$

$0 \in \mathbb{Z}$ und $0 \in \mathbb{Q}$, da $0 = \frac{0}{1}$

$2 > 1{,}25 > \frac{1}{4} > -\frac{3}{4} > -1{,}5$

Addieren rationaler Zahlen

Seite 154

Bei gleichem Vorzeichen:
Addiere die Beträge und gib dem Ergebnis das Vorzeichen der beiden Summanden
Bei verschiedenen Vorzeichen:
Berechne den Unterschied der Beträge und gib dem Ergebnis das Vorzeichen des Summanden, der den größeren Betrag hat.

$\left(+\frac{5}{6}\right) + \left(+1\frac{1}{3}\right) = +\left(\frac{5}{6} + 1\frac{2}{6}\right) = +2\frac{1}{6}$

$(-5{,}7) + (-3{,}6) = -(5{,}7 + 3{,}6) = -9{,}3$

$\left(-\frac{5}{6}\right) + \left(+1\frac{1}{3}\right) = +\left(\frac{8}{6} - \frac{5}{6}\right) = +\frac{1}{2}$

$(+3{,}6) + (-5{,}7) = -(5{,}7 - 3{,}6) = -2{,}1$

Subtrahieren rationaler Zahlen

Seite 156

Eine rationale Zahl wird subtrahiert, indem man ihre Gegenzahl addiert.

In der Kurzschreibweise kannst du Vor- und Rechenzeichen durch ein Zeichen ersetzen.

$\left(+\frac{5}{6}\right) - \left(+1\frac{1}{3}\right) = \left(+\frac{5}{6}\right) + \left(-1\frac{1}{3}\right) = -\frac{1}{2}$

$(-3{,}6) - (-5{,}7) = (-3{,}6) + (+5{,}7) = 2{,}1$

$\left(-\frac{5}{6}\right) - \left(+1\frac{1}{3}\right) = -\frac{5}{6} - 1\frac{1}{3} = -2\frac{1}{6}$

$(+3{,}6) - (-5{,}7) = 3{,}6 + 5{,}7 = 9{,}3$

Multiplizieren und Dividieren rationaler Zahlen

Seiten 160, 162

Mit gleichem Vorzeichen:
Multipliziere bzw. dividiere die Beträge; das Ergebnis ist positiv.

$(-5{,}6) \cdot (-2{,}4) = +(5{,}6 \cdot 2{,}4) = 13{,}44$

$-\frac{12}{78} : \left(-\frac{18}{13}\right) = +\left(\frac{12}{78} \cdot \frac{13}{18}\right) = +\frac{1}{9}$

Mit verschiedenen Vorzeichen:
Multipliziere bzw. dividiere die Beträge; das Ergebnis ist negativ.

$5{,}6 \cdot (-2{,}4) = -(5{,}6 \cdot 2{,}4) = -13{,}44$

$-\frac{12}{78} : \frac{13}{18} = -\left(\frac{12}{78} \cdot \frac{13}{18}\right) = -\frac{1}{9}$

Rechengesetze

Seiten 154, 160

Die bekannten Rechengesetze

- Kommutativgesetz
- Assoziativgesetz und
- Distributivgesetz

gelten auch für rationale Zahlen.

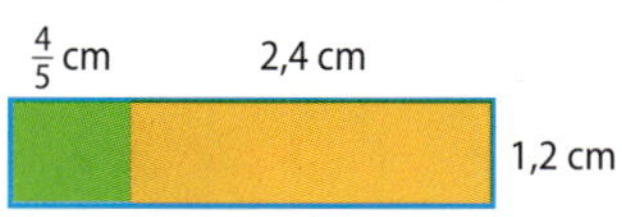

$\frac{4}{5}\,\text{cm} \cdot 1{,}2\,\text{cm} \underset{KG}{=} 1{,}2\,\text{cm} \cdot \frac{4}{5}\,\text{cm}$

$\left(\frac{4}{5}\,\text{cm} + 2{,}4\,\text{cm}\right) \cdot 1{,}2\,\text{cm} \underset{DG}{=} \frac{4}{5}\,\text{cm} \cdot 1{,}2\,\text{cm} + 2{,}4\,\text{cm} \cdot 1{,}2\,\text{cm}$

Rechenregeln für Terme

Seite 164

- Klammern zuerst, beginne mit der innersten
- Potenz- vor Punktrechnung
- Punkt- vor Strichrechnung

$3{,}2 - \left[0{,}5 + \left(\frac{3}{4}\right)^2 \cdot \frac{8}{9}\right] =$

$= 3{,}2 - \left[0{,}5 + \frac{9}{16} \cdot \frac{8}{9}\right] =$

$= 3{,}2 - \left[0{,}5 + \frac{1}{2}\right] = 3{,}2 - 1 = 2{,}2$

Aufgaben zur Einzelarbeit

Überprüfe deine Fähigkeiten und Kompetenzen. Bearbeite dazu die folgenden Aufgaben und bewerte anschließend deine Lösungen mit einem Smiley.

☺	😐	☹
Das kann ich **wirklich gut!**	Das kann ich **fast!**	Das muss ich **noch üben!**

1 Lies die markierten Zahlen ab.

a) 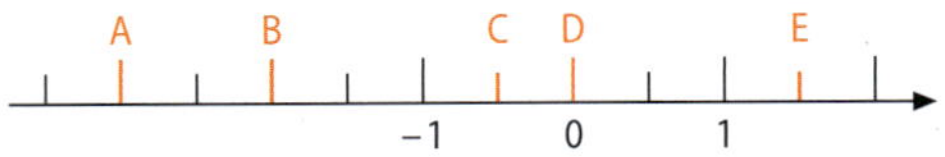

b) 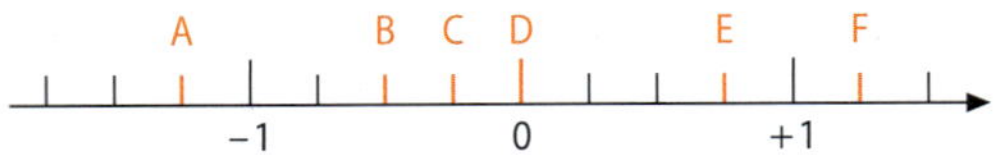

2 Zeichne eine Zahlengerade und markiere die Zahlen und ihre Gegenzahlen.

$2{,}4;\ -1{,}9;\ \frac{2}{10};\ -\frac{8}{5};\ -0{,}8;\ +1{,}4;\ -1{,}2$

3 Übertrage die Angabe in dein Heft und setze <, > oder = so ein, dass eine wahre Aussage entsteht.

a) $0{,}235 \ \square\ -0{,}235$

$-0{,}235 \ \square\ \frac{47}{200}$

b) $\frac{5}{15} \ \square\ 0{,}\overline{3}$

$-0{,}\overline{5} \ \square\ -\frac{4}{7}$

4 Übertrage die Tabelle in dein Heft und ergänze die fehlenden Zahlen.

	a)	b)	c)	d)
x	$-\frac{2}{5}$	0,88	$1\frac{7}{9}$	
y	$-\frac{1}{3}$		5,375	$-1\frac{2}{3}$
x + y		−0,225		
x · y				7,5
x : y				
1,5 · (x − y)				

5 Bilde jeweils einen Term, in dem jede der vier Grundrechenarten mindestens einmal auftritt und dessen Wert …

a) 1 beträgt.
b) ein Stammbruch ist.
c) 0 ist, ohne dass 0 vorkommt.
d) −2,5 ist und alle Zahlenwerte verschiedene Zahlen sind.
e) −1 ist und alle Zahlenwerte echte Brüche sind.

6 Berechne jeweils Termwert. Nutze, wenn möglich, Rechenvorteile.

a) $(-1{,}3) + 2 \cdot \left(-\frac{1}{4}\right)$

b) $2\frac{1}{3} - \left(-1\frac{2}{5}\right) : 0{,}7$

c) $(-2{,}5) \cdot 3\frac{1}{5} + 2\frac{1}{2} \cdot \frac{4}{5}$

d) $\frac{1}{9} \cdot (-0{,}6)^3$

e) $2{,}4 + 1\frac{2}{3} \cdot \left(-\frac{1}{3}\right)^{-2}$

f) $\dfrac{1 + \left(-\frac{1}{2}\right)^{-5}}{-(-2)^4 + 75 \cdot (-5)^{-1}}$

g) $\left[2\frac{3}{4} + \frac{1}{4} : \left(-\frac{3}{2}\right) - 0{,}75\right] \cdot \frac{4}{13}$

h) $\left[-\left(\frac{1}{5}\right)^{-2} \cdot 0{,}2^2\right]^{-4} - \left(-\frac{1}{3}\right) \cdot \left(-\frac{2}{5}\right) \cdot (-3)$

7 a) Marie spart ein Drittel ihres Taschengeldes, ein Viertel vom Rest hat sie schon ausgegeben. Ermittle den Anteil an ihrem Taschengeld, den sie ausgegeben hat.

b) Formuliere eine Sachaufgabe, die zu folgender Skizze passt, und löse die Aufgabe.

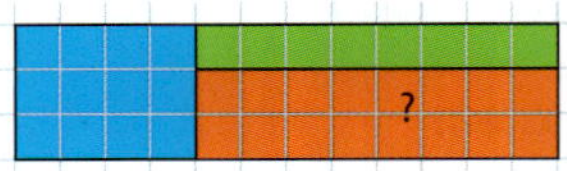

8 Kunststofffolien kann man sehr dünn herstellen, z. B. mit einer Dicke von 0,025 mm. Faltet man sie einmal zusammen, so wird der Stapel doppelt so dick, nimmt aber nur die Hälfte der Fläche ein. Eine typische Foliengröße ist 5 m auf 4 m.

a) Ermittle die Höhe und die Seitenmaße des Stapels, wenn eine Folie viermal über die längere Seite gefaltet wurde.
b) Sonja sagt: „Nach 10 Faltungen ist der Stapel schon 10 cm hoch." Zeige durch Rechnung, dass sie nicht Recht hat, und bestimme die Anzahl der Faltungen, die tatsächlich nötig sind.
c) Schätze, wie oft du falten musst bis der Folienstapel 1 m hoch ist. Bestätige oder widerlege dann deine Schätzung durch Rechnung.
d) Hältst du es für möglich eine Höhe von 1 km zu erreichen? Welche Schwierigkeiten könnten sich dabei ergeben?

Aufgaben für Lernpartner

Arbeitsschritte

1. Bearbeite die folgenden Aufgaben zuerst allein.
2. Suche dir einen Partner oder eine Partnerin und arbeitet zusammen weiter: Erklärt euch gegenseitig eure Lösungen. Korrigiert fehlerhafte Antworten.

Sind folgende Behauptungen richtig oder falsch? Begründe.

A Auf der Zahlengeraden ist diejenige Zahl größer, die weiter rechts liegt.

B Jede ganze Zahl ist auch eine rationale Zahl.

C Jede rationale Zahl ist auch eine ganze Zahl.

D Ist eine Zahl kleiner als eine andere, so ist auch ihr Betrag kleiner als der der anderen Zahl.

E Beim Multiplizieren rationaler Zahlen genügt es, deren Beträge zu multiplizieren.

F Statt eine rationale Zahl zu addieren, kann man auch ihre Gegenzahl subtrahieren.

G Ist der Exponent einer Potenz positiv, so ist auch der Wert der Potenz positiv.

H Das Produkt aus einer Zahl und ihrem Kehrbruch kann auch negativ sein.

I Sind in einem Produkt mehr als drei Faktoren negativ, so ist der Wert des Produkts negativ.

J Bei Potenzen darf man Basis und Exponent vertauschen, ohne dass sich der Wert der Potenz ändert.

K Die Summe zweier rationaler Zahlen kann auch negativ sein.

L Der Quotient zweier rationaler Zahlen kann eine natürliche Zahl sein.

M Ist der Exponent einer Potenz negativ, so kann der Wert der Potenz keine ganze Zahl sein.

N Den Anteil eines Anteils berechnet man, indem man die Anteile multipliziert.

O Der Anteil an einem Ganzen kann auch größer als eins sein.

P Bildet man von der Basis einer Potenz den Kehrbruch und vom Exponenten die Gegenzahl, so ändert sich der Wert der Potenz nicht.

Q Statt zwei rationale Zahlen zu multiplizieren, kann man auch durch den Kehrbruch des zweiten Faktors dividieren.

Ich kann …	„Am Ziel!"-Aufgaben	Hilfe
… rationale Zahlen erkennen, sie am Zahlenstrahl einordnen und der Größe nach ordnen.	1, 2, 3, A, B, C, D	S. 150
… rationale Zahlen addieren und subtrahieren.	4, F, K	S. 154, 156
… rationale Zahlen multiplizieren und dividieren.	4, 7, 8, E, H, I, L, O, Q	S. 160, 162
… Potenzen mit rationalen Basen und ganzzahligen Exponenten berechnen.	6, 8, G, J, M, P	S. 162, 164
… Rechengesetze bei rationalen Zahlen anwenden.	5, 6, J	S. 164

7 Startklar!

Aufgabe	Ich kann schon …	Grundwissen
1, 2	… Bruchzahlen in Prozent angeben sowie Prozente als Dezimalbruch und als Bruch angeben.	S. 39, 59
3, 4	… mit einfachen Prozentangaben rechnen.	S. 34
5	… einfache Gleichungen lösen.	S. 203
6	… alle Grundrechenarten mit rationalen Zahlen ausführen.	S. 173
7, 8	… Diagramme erstellen und interpretieren.	S. 211

1 Gib die folgenden Bruchzahlen in Prozent an.

a) $\frac{1}{100}$; $\frac{4}{50}$; $\frac{3}{20}$ **b)** $\frac{3}{15}$; $\frac{9}{30}$; $\frac{9}{9}$ **c)** $\frac{3}{4}$; $\frac{3}{6}$; $\frac{1}{8}$ **d)** $\frac{1}{4}$; $\frac{4}{25}$; $\frac{25}{20}$ **e)** $\frac{7}{35}$; $\frac{36}{48}$; $\frac{32}{128}$

2 Gib die Prozentangaben als Hundertstelbruch, als Dezimalbruch und als gekürzten Bruch an.

a) 20 %; 50 %; 60 %; 100 % **b)** 1 %; 33 %; 75 %; 200 % **c)** 28 %; 8 %; 85 %; 150 % **d)** 5 %; 15 %; 25 %; 325 %

3 Gib jeweils den Anteil bzw. die Anteile in Prozent an.

a) Anna, Benedikt, Chiara und Denis teilen 200 € gleichmäßig unter sich auf.

b) Jede vierte Frau besitzt mehr als fünf Hosen. **c)** Svenja spart von ihren 24 € Taschengeld 3 €.

4 **a)** Bei einer Umfrage unter 80 Kindern geben 45 % der Kinder Fußball und 15 % der Kinder Leichtathletik als Lieblingssport an. Die Hälfte der restlichen Kinder mag gar keinen Sport. Berechne jeweils, wie viele Kinder das sind.

b) Zwölf Mädchen, das ist jedes vierte der befragten Mädchen, reiten gerne. Ermittle, wie viele Mädchen an der Umfrage teilgenommen haben.

5 Bestimme jeweils mithilfe der Umkehraufgabe die Lösung der Gleichung.

a) $12 \cdot a = 16$ **b)** $2{,}5 \cdot b = 4{,}5$ **c)** $c \cdot (-18) = 324$ **d)** $\frac{5}{8} \cdot d = 2\frac{3}{4}$ **e)** $e \cdot 1{,}2 = \frac{12}{13}$

6 Berechne jeweils den Wert des Terms und gib seine Art an.

a) $\frac{1}{5} - \frac{2}{16} + 0{,}5$ **b)** $\frac{1}{4} \cdot 0{,}5 - \frac{1}{4}$ **c)** $\frac{4}{5} - 0{,}8 - \frac{8}{1}$ **d)** $\frac{1}{4} : \left(0{,}5 - \frac{7}{6}\right)$

7 Auf Lebensmittelverpackungen findet man oft Grafiken, die den Anteil von Fett, Zucker und Salz in dem Nahrungsmittel anzeigen. Schätze die Anteile der Bestandteile einzeln in Prozent ab.

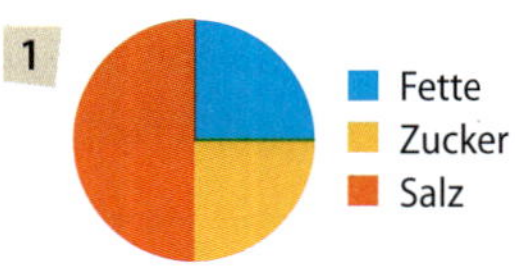

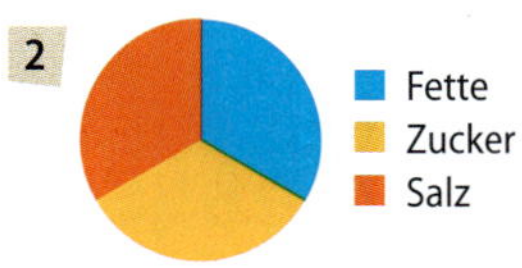

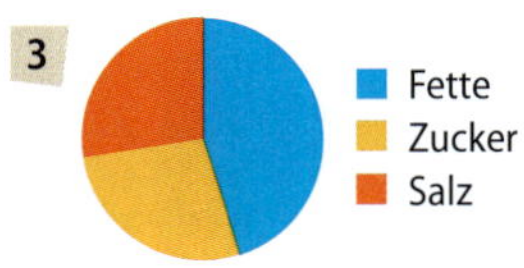

8 Die Diagramme zeigen die Notenverteilungen der zweiten Mathematikschulaufgabe der Klassen 6b und 6d. Erstelle eine Tabelle, aus der man die Verteilung der Noten in der Klasse 6b in Bruchteilen und in Prozent ablesen kann. Überlege dir, welche der beiden Klassen den besseren Notendurchschnitt hat. Begründe deine Antwort.

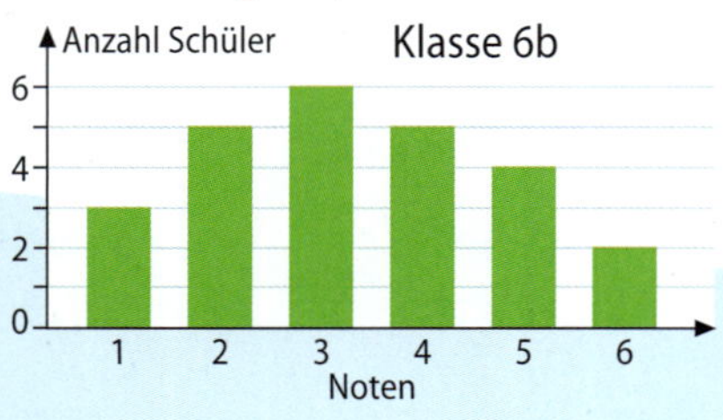

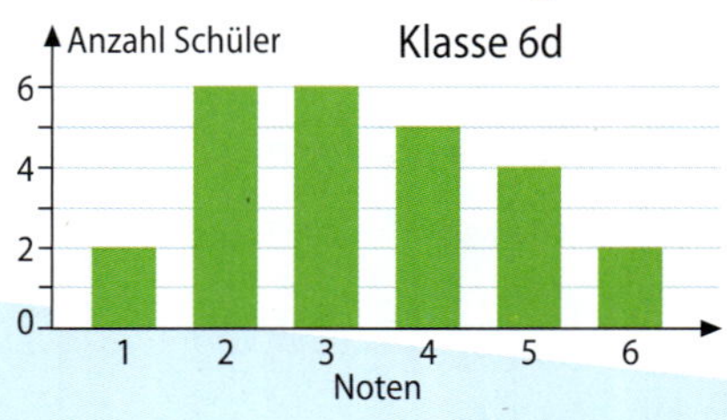

7 Prozentrechnung, Daten und Diagramme

Einstieg

- Beschreibe, was die abgebildeten Angebote im Supermarkt bedeuten.
- Spart man bei dem Nachlass auf Osterartikel oder dem Angebot aus der Getränkeabteilung mehr? Begründe deine Antwort.
- Erfinde Aufgaben, die man mithilfe des Angebots stellen kann, und löse sie.

Ausblick

Am Ende dieses Kapitels hast du gelernt, …

- … die Grundaufgaben der Prozentrechnung zu lösen.
- … aus Texten mit Prozentangaben mathematische Informationen zu entnehmen und diese auf ihre Richtigkeit zu prüfen.
- … Daten zu erheben, darzustellen und auszuwerten.
- … relative Häufigkeiten zu berechnen.
- … die Prozentrechnung auch im Zusammenhang mit Diagrammen anzuwenden.
- … irreführende Diagramme zu erkennen und zu interpretieren.

Historische Ecke
Mediencode 61046-41

Kap. 7.1

Keine alten Hüte

Das Bekleidungsgeschäft *ClaMotta* verkauft die neuesten Modetrends für Jungen und Mädchen. Im Aktionsverkauf werden Produkte günstiger angeboten, um Platz für neue Ware zu schaffen.

- Nenne Beispiele, wie man solche Vergünstigungen angeben kann.
- *ClaMotta* hat zwei Angebote im Schaufenster.
  Können Jungen oder Mädchen bei diesem Angebot mehr sparen? Begründe deine Antwort.

T-Shirt für Jungs
~~24 €~~ → 17,80 € Du sparst **7,20 €!**

T-Shirt für Mädchen
~~36 €~~ → 27 € Du sparst **9 €!**

- Bei Schuhen wirbt *ClaMotta* mit besonders hohem Rabatt. Findest du die Werbung passend?

Kap. 7.2

Immer dieses Kleingedruckte …

Die Mitarbeiter des Bekleidungsgeschäfts *ClaMotta* überlegen sich Werbesprüche, mit denen sie Kunden anlocken können. Nimm kritisch Stellung zu den Ideen.

Bei uns sparen Sie 50 %! *
* 8 Teile kaufen, 4 Teile zahlen,
die günstigsten Stücke sind umsonst.

Bei uns sparen Sie 100 €! *
* ab einem Einkauf von 500 €.

Jedes vierte Teil ist umsonst! *
* an der Kasse 25 % Rabatt auf den Gesamtpreis.

Auf diese Jacke 20 % Rabatt, das sind 10 €! *
* Originalpreis: 49,90 €.

Kap. 7.3

Umfrage in der Klasse

Jenny hat für ihre Mitschülerinnen und Mitschüler eine Umfrage vorbereitet.

- Einige Kinder haben Schwierigkeiten, Jennys Umfage auszufüllen. Erläutere mögliche Schwierigkeiten und gib Verbesserungsvorschläge an.
- Formuliere selbst drei Fragen für eine Umfrage und gib fünf sinnvolle Auswahlalternativen an.
- Jenny wollte auch nach der Höhe des monatlichen Taschengelds fragen, aber Matilda war damit nicht einverstanden, da ihr die Frage zu persönlich war. Erläutere Matildas Sichtweise.
- Informiere dich über das Thema „Datenschutz".

Bitte kreuze jeweils an!

1. Wie viel sparst du durchschnittlich im Monat?
○ 0 € ○ 2 € ○ 4 €
○ 6 € ○ mehr als 8 €

2. Was kaufst du von deinem Taschengeld?
○ Süßigkeiten ○ Spielsachen
○ Sachen zum Lesen ○ nichts, ich spare es ○ sonstiges

3. Wie oft pro Monat gehst du ins Kino?
○ einmal ○ zweimal ○ dreimal
○ viermal ○ mehr als viermal

Danke fürs Mitmachen! Deine Jenny

Kap. 7.3

Alle durchschnittlich?

Die Kinder der Klasse 6b haben in einer nach Geschlecht getrennten Liste notiert, wie viele Minuten sie am vergangenen Sonntag das Internet genutzt haben. Dabei haben sie die Nutzungsdauer jeweils auf 15 Minuten genau angegeben.

Junge	1	2	3	4	5	6	7	8	9	10	11	12	13	14	15
Zeit (min)	0	30	45	45	60	60	75	90	90	105	120	120	135	180	180
Mädchen	1	2	3	4	5	6	7	8	9	10	11	12			
Zeit (min)	0	0	30	45	60	60	75	75	90	105	120	120			

- Addiere nach Geschlecht getrennt die Nutzungsdauern und dividiere das Ergebnis durch die Anzahl der Jungen bzw. Mädchen. Beschreibe, was diese Werte aussagen.
- Untersuche, ob die Aussagen richtig sind.

- Erläutere, welche Überlegungen du anstellen musst, wenn du die Nutzungsdauern in einem Diagramm darstellen möchtest.

Entdecken

Omar sagt: „Bei Klasse 6b ist die Chance für einen Treffer größer, dort ist die Anzahl der Gewinnlose größer."
Marie sagt: „Bei Klasse 6a ist die Chance für einen Treffer größer, dort ist der Anteil der Gewinnlose größer."

- Bei welcher Klasse würdest du dir Lose kaufen? Begründe deine Antwort.

Verstehen

Will man Anteile vergleichen, so ist es oft hilfreich, die Anteile in Prozent anzugeben.
Da die Prozentschreibweise nur eine andere Schreibweise für Brüche mit dem Nenner 100 ist, kann man mit Prozenten wie mit Brüchen rechnen.

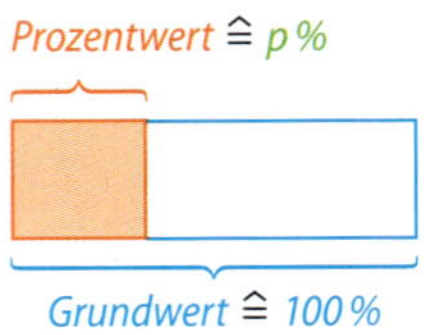

Beim Prozentrechnen verwendet man die drei Fachbegriffe Grundwert G, Prozentwert P und Prozentsatz p.

- Der Grundwert G ist das Ganze, dessen Anteile verglichen werden.
- Der Prozentwert P ist der Bruchteil des Ganzen, also die Anzahl oder Größe, die ein Teil des Ganzen ist.
- Der Prozentsatz p gibt den Anteil der Anzahl oder Größe am Ganzen an.
  Man berechnet daher den Prozentsatz, indem man den Prozentwert durch den Grundwert dividiert: $\mathbf{p = \frac{P}{G}}$.

Beispiel: In der dritten Mathematikschulaufgabe erhielten
7 von 25 Schülern die Note 3, das sind $\frac{7}{25} = \frac{28}{100} = 28\,\%$.
Prozentwert (7) Grundwert („das Ganze") (25) Prozentsatz (Anteil) (28 %)

- Ändert sich der Prozentsatz z. B. von 4 % auf 5 %, so spricht man von einer Zunahme um einen **Prozentpunkt**.

Erklärvideo
Mediencode
61046-42

Beispiele

I. Gib den Grundwert, den Prozentsatz und den Prozentwert an: Franziska verbringt in der Regel 18,75 % eines Wochentages in der Schule, das sind 4,5 Stunden.
Lösung: Grundwert: 24 Stunden; Prozentwert: 4,5 Stunden; Prozentsatz: 18,75 %

II. In einer Packung sind 14 rote, 12 grüne, 8 gelbe und 6 weiße Gummibärchen. Bestimme die Prozentsätze der einzelnen Farben.
Lösung:

Farbe	Rot	Grün	Gelb	Weiß
Prozentsatz	$p = \frac{14}{40} = 35\,\%$	$p = \frac{12}{40} = 30\,\%$	$p = \frac{8}{40} = 20\,\%$	$p = \frac{6}{40} = 15\,\%$

III. Verena rechnet: „7,15 € von 21,45 € sind $\frac{715}{2145} = \frac{1}{3}$, also rund 33 %."
Formuliere eine Sachaufgabe, zu der die Rechnung passt.
Lösungsmöglichkeit: Der Preis eines T-Shirts (21,45 €) wird um 7,15 € reduziert. Berechne den Prozentsatz des Preisnachlasses auf Prozent gerundet.

Nachgefragt

- Nenne Beispiele für Angaben in Prozent, die in deinem Alltag vorkommen.
- Erläutere die Aussage „Max erledigt alles 150-prozentig."

Aufgaben

1 Gib an, wie viel Prozent der Figur eingefärbt wurden. Benenne Grund- und Prozentwert.

a) 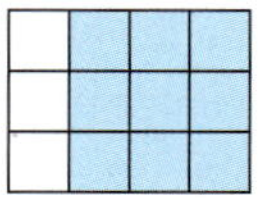 b) 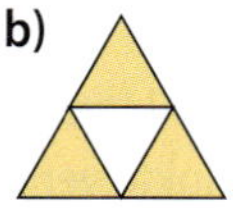 c) 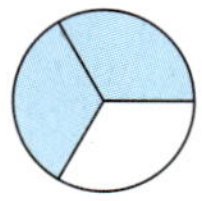 d) 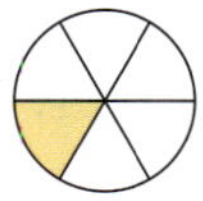 e) 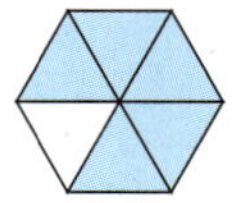

2 Ordne die Begriffe Grundwert, Prozentwert und Prozentsatz den Angaben im Text zu.

a) Die Klasse 7c besteht aus 30 Schülern. 12 von ihnen haben einen Hund als Haustier, das entspricht 40 % der Schüler.

b) Ein Pfahl steckt zu 30 % im Boden. Bei einer Länge von 1,20 m sind das 36 cm.

c) Ein Grundstück ist 600 m^2 groß. Familie Heiner plant 360 m^2 davon mit einem Haus zu bebauen, das sind 60 % der Fläche des Grundstücks.

d) Schokomilch besteht zu 90 % aus Milch, der Rest ist Kakaosirup. In einem Glas mit 200 mℓ sind das 180 mℓ Milch.

e) Ein Neugeborenes schläft etwa 75 % des Tages. Das sind 18 Stunden.

3 Schreibe jeweils als Dezimalbruch.

a) 5 %; 2,5 %; 33 %; 99 %; 1,1 %

b) $\frac{2}{5}$; 11 %; $\frac{7}{14}$; $\frac{3}{12}$; 28,5 %

4 Schreibe die Zahlen als Prozentsätze und ordne diese dann jeweils in Form einer steigenden Ungleichungskette.

a) $\frac{1}{2}$; $\frac{4}{50}$; $\frac{3}{100}$; $\frac{9}{12}$; $\frac{3}{15}$

b) $\frac{9}{20}$; $\frac{7}{25}$; $\frac{1}{8}$; $\frac{23}{50}$; $\frac{11}{100}$

Prozentsätze zu 4:
3 %; 8 %; 11 %; 12,5 %; 20 %; 28 %; 45 %; 46 %; 50 %; 75 %

5 Tabea erhielt in diesem Schuljahr bei der Wahl zur Schülersprecherin 65 % der Stimmen. Bei der Wahl im letzten Schuljahr hatte sie nur 44 % der Stimmen erhalten.

a) Gib an, um wie viele Prozentpunkte Tabea ihren Stimmenanteil verbessern konnte.

b) Prüfe jeweils, ob die Aussage richtig ist, und begründe deine Antwort.
Im Vergleich zur letzten Wahl …

1 hat Tabea bei 100 abgegebenen Stimmen 21 Stimmen mehr erhalten.

2 hat sich Tabeas Stimmenanteil etwa um die Hälfte erhöht.

6 Birgit hat ihre Lieblingsschuhe mit einem Rabatt von 25 % gekauft. Ursprünglich hätten die Schuhe 40 € gekostet. Berechne im Kopf, wie viel sie für die Schuhe bezahlt hat und ordne die drei Fachbegriffe den Zahlen zu.

7 Erfinde einen kurzen Sachverhalt zu folgenden Angaben.

a)	Grundwert 48 min	Prozentwert 2,4 min	Prozentsatz 5 %
b)	Grundwert 79 €	Prozentwert 15,80 €	Prozentsatz 20 %
c)	Grundwert 15 m	Prozentwert 2,25 m	Prozentsatz 15 %

8 a) Ersetze den Platzhalter □ durch eine ganze Zahl, sodass eine wahre Aussage entsteht.

A $-4 < □ < 4$ **B** $-3 < □ + 2 < 3$ **C** $0 < □ - 4 < 5$ **D** $-2 < □ \cdot (-1) < 5$

b) Gib jeweils die Menge aller möglichen ganzen Zahlen für den Platzhalter □ in a) an.

Teillösungen zu 8 b):
{5; 6; 7; 8}
{−4; −3; −2; −1; 0}

Palindromzahlen: 121; 12721; 3443

9 Finde jeweils heraus, wie viel Prozent der Zahlen von 1 bis 100 …
a) gerade Zahlen sind. b) Primzahlen sind. c) Palindromzahlen sind.
d) Quadratzahlen sind. e) den Quersummenwert 5 besitzen.

10 Bei einer Wahl erhielt die Partei RED $\frac{2}{5}$ der gültigen Stimmen, ungefähr jede dritte gültige Stimme entfiel auf die Partei GREEN. Die übrigen gültigen Stimmen erhielt die Partei BLUE.
a) Ermittle, wie viel Prozent der gültigen Stimmen jede der Parteien erhalten hat.
b) Im Vergleich zur letzten Wahl hat GREEN 3 Prozentpunkte und RED 4 Prozentpunkte gewonnen. Begründe, dass BLUE daher 7 Prozentpunkte verloren haben muss.

11 Berechne den Wert jedes der vier Terme und gib dann an, wie viel Prozent der vier Termwerte nicht negativ sind.
a) $\left(\frac{1}{2} : \frac{1}{3} + 2{,}5 : 0{,}5\right) - 13 \cdot \frac{1}{2}$
b) $\left[\left(\frac{1}{2}\right)^2 : \left(\frac{1}{2}\right)^3 + \left(\frac{1}{2}\right)^4\right] : \frac{7}{32} - 5$
c) $\left(\frac{1}{7} + 0{,}7\right) \cdot 70 - 2{,}\overline{9}$
d) $\left[\frac{0}{3} + \left(\frac{1}{3}\right)^2 + \left(\frac{2}{3}\right)^3\right] \cdot 0{,}45 + \frac{19}{60}$

12

Immer mehr Radfahrer tragen einen Helm

Eine Untersuchung zeigt, dass immer mehr Radler mit Helm fahren. Während vor einigen Jahren nur jeder zehnte Radfahrer einen Helm trug, fährt heute jeder fünfzehnte Radfahrer mit Helm. Eine Quote von 15 % ist aber immer noch zu gering. Bei Kindern und Jugendlichen ist die Quote höher. So tragen von den 11- bis 16-Jährigen rund 30 % beim Radfahren einen Helm. Diese Quote sinkt jedoch bei den 16- bis 21-Jährigen um 20 % auf 10 %.

a) Beurteile den Zeitungsartikel kritisch und stelle falsche Aussagen richtig.
b) Informiere dich über die Risiken, wenn du ohne Helm Fahrrad fährst.

13 Jeder der beiden Körper ist aus Würfelchen der Kantenlänge 1 cm zusammengesetzt.

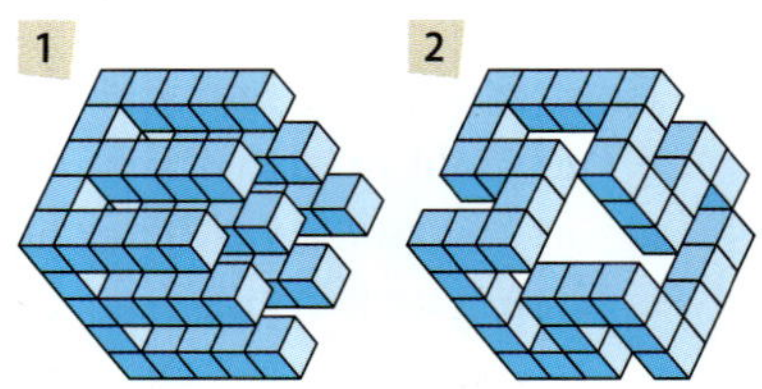

a) Ermittle das Volumen jedes der beiden Körper und gib jeweils an, wie viel Prozent des Volumens eines $5 \times 5 \times 5$-Würfels es ausmacht.
b) Berechne den Oberflächeninhalt jedes der beiden Körper und gib jeweils an, um wie viel Prozent er größer bzw. kleiner als der Oberflächeninhalt eines $5 \times 5 \times 5$-Würfels ist.

14 Die Masse deiner Schultasche sollte höchstens 10 Prozent deiner eigenen Masse betragen.
a) Bestimme deine eigene Masse und berechne 10 Prozent deiner Masse.
b) Bestimme eine Woche lang die Masse deiner Schultasche. Schreibe die Daten in dein Heft. Stelle fest, ob (und an welchen Tagen) deine Schultasche „überladen" war. Suche Gründe dafür und denke nach, wie du dies ändern könntest.
c) Übertrage die Tabelle in dein Heft und ergänze sie.

In meine Klasse gehen ________ Schüler/Schülerinnen					
überladene Schultasche am	Mo.	Di.	Mi.	Do.	Fr.
Anzahl					
Prozentsatz (gerundet auf %) meiner Klasse					

15 Die Weltbevölkerung beträgt rund 7400 Mio. Menschen (Stand 2016). Die Tabelle zeigt dir ungefähr, wie viele Menschen welche Sprache als Muttersprache sprechen.

a) Mit ungefähr wie viel Prozent der Menschen könntest du dich in ihrer Muttersprache unterhalten? Welche Sprachen sind das?

b) Mindestens wie viele Sprachen (und welche Sprachen) müsstest du sprechen, um dich mit etwa einem Viertel (der Hälfte) der Menschen in ihrer Muttersprache unterhalten zu können?

1	Chinesisch	1034 Mio.
2	Englisch	500 Mio.
3	Hindi	478 Mio.
4	Spanisch	413 Mio.
5	Russisch	280 Mio.
6	Arabisch	230 Mio.
7	Bengali	204 Mio.
8	Portugiesisch	186 Mio.
9	Indonesisch	164 Mio.
10	Französisch	126 Mio.
11	Japanisch	126 Mio.
12	Deutsch	124 Mio.

16 Lucas schreibt alle natürlichen Zahlen von 2 bis 55 nebeneinander und erhält so die Riesenzahl 234567891011 … 5455.

a) Finde heraus, wie viele Ziffern die Riesenzahl hat und ermittle ihre Quersumme.

b) Gib an, wie viel Prozent der Ziffern der Riesenzahl Einsen (Nullen) sind.

17 Die Klasse 6c bietet am Schulfest ein Spiel an und spendet den Gewinn an die Kindernothilfe. Man dreht am abgebildeten Glücksrad. Dreht man die Zahl 3, gewinnt man 3 €, bei allen anderen Zahlen spendet man 1 €.

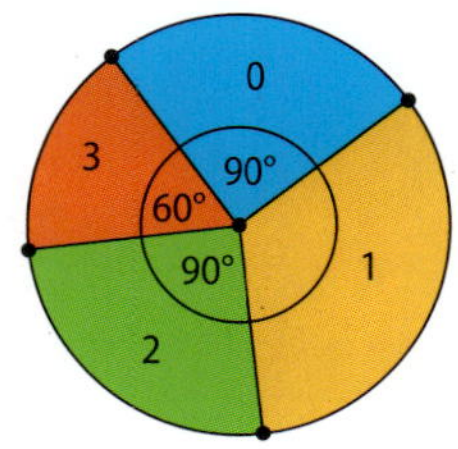

a) Vervollständige die Tabelle in deinem Heft. Runde sinnvoll.

Zahl	0	1	2	3
Größe des Mittelpunktswinkels			90°	
Anteil des Kreissektors am Kreis			25 %	

b) Erläutere die Aussage: „Der Anteil des Kreissektors gibt an, welche Chance man hat, die Zahl auf dem Kreissektor zu drehen." Ermittle mithilfe der Tabelle die Chance (in Prozent), dass ein Spieler einen Euro spendet.

c) Schätze, wie viel Geld die Klasse 6c vermutlich an die Kindernothilfe spenden kann, wenn genau 360 Leute mitspielen. Erkläre deine Idee.

Alltag

Steigung

Unter der Steigung einer Rampe oder einer Straße versteht man den Wert des Quotienten $\frac{h}{d}$ (siehe Abbildung). Dabei ist h die Höhe, die auf der horizontalen Entfernung d überwunden wird. Die Steigung wird in Prozent angegeben.

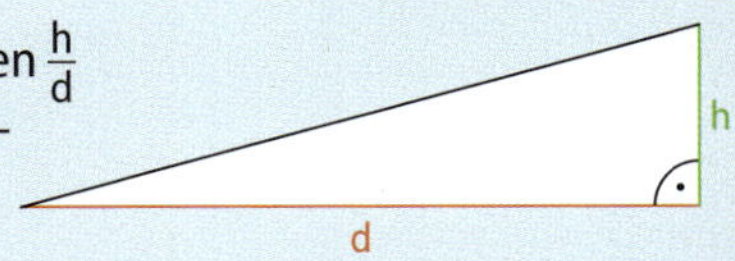

- Im Straßenverkehr weisen Warnschilder auf Steigungen hin.

a) Erläutere die Aussage: „Bei einer Steigung von x % überwindet man auf 100 m horizontaler Entfernung x Höhenmeter."

b) Berechne die Höhenunterschiede für eine Steigung von 8 % (11 %; 15 %), bei einer horizontalen Entfernung von 200 m (1 km; 1,8 km).

c) Ermittle die durchschnittliche Steigung, wenn bei einer Wanderung auf 900 m horizontale Entfernung 200 Höhenmeter überwunden werden.

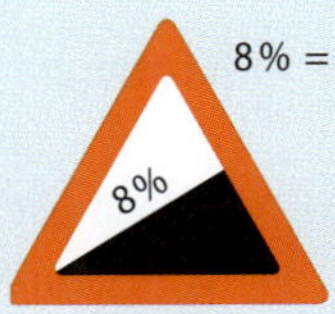

$8\,\% = \frac{8}{100} = \frac{\text{8 Höhenmeter}}{\text{auf 100 m „in der Ebene"}}$

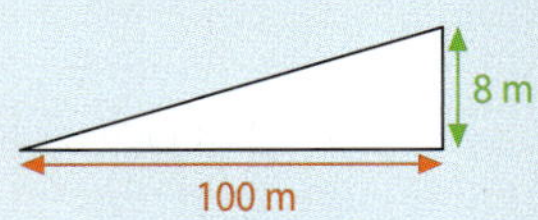

- An Rampen für Rollstuhlfahrer, die steiler als 6 % sind, müssen Warnschilder angebracht werden.

a) Bestimme mit einer Zeichnung die Länge einer Rampe, die bei einer Steigung von 6 % zur Überwindung einer Höhe von 36 cm nötig ist.

b) Ermittle die Steigung der Rampe auf dem Foto.

Entdecken

Sabine sagt: „Mir fehlen für mein neues Fahrrad nur noch 30 % des Fahrradpreises von 360 €.“ Ihr Mutter sagt: „Nimm doch auch noch den neuen Gel-Sattel dazu.“

- Finde heraus, wie viel Geld Sabine für das Fahrrad noch fehlt und wie viel sie für den Gel-Sattel zusätzlich sparen muss.

Verstehen

Häufig sind der Prozentsatz und eine der beiden Größen Grundwert oder Prozentwert bekannt und man möchte die jeweils andere Größe bestimmen.

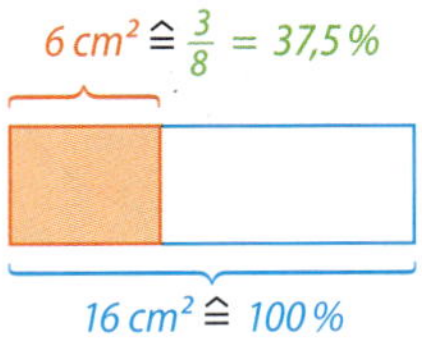

Prozentaufgaben aus dem Alltag löst man mit der **Grundgleichung der Prozentrechnung** **P = p · G** oder mit einem **Dreisatz** (Schlussrechnung).

- **Berechnung des Prozentwertes**
  Man berechnet den Prozentwert genauso wie den Teil einer Größe, indem man den Prozentsatz mit dem Grundwert multipliziert: P = p · G.
- **Berechnung des Grundwertes**
  Wenn man z. B. weiß, dass 19 % eines Geldbetrags 7,60 € sind, berechnet man den Grundwert
  mit dem **Dreisatz:** oder mit der **Grundgleichung:**

	Prozentsatz		**Wert**	
: 19	19 %	≙	7,60 €	: 19
· 100	1 %	≙	0,40 €	· 100
	100 %	≙	40 €	

0,19 · G = 7,60 €
G = 7,60 € : 0,19 = 40 €

Erklärvideos
Mediencode
61046-43
61046-44

Beispiele

I. Felix möchte sich ein Snowboard für 450 € kaufen. Er hat bereits 58 % des Kaufpreises gespart. Ermittle, wie viel Geld er noch sparen muss. Stelle dazu einen Term auf und erkläre deinen Ansatz.

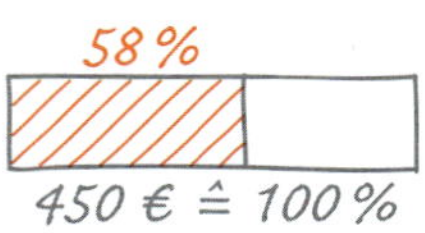

Lösung:
450 € – 58 % von 450 € = 450 € – 0,58 · 450 € = 450 € – 261 € = 189 €
Felix muss noch 189 € sparen.
Vom Grundwert muss der Prozentwert, das ist der Betrag, den Felix bereits gespart hat, subtrahiert werden. Den Prozentwert berechnet man mithilfe der Grundgleichung.

II. Tharsika erhält auf ihrem Konto für ihr Guthaben 1,5 % Jahreszinsen, das sind 90 €. Ermittle, wie hoch ihr Guthaben ist.

Lösung:

: 1,5	1,5 %	≙	90 €	: 1,5
· 100	1 %	≙	60 €	· 100
	100 %	≙	6000 €	

Tharsika besitzt ein Guthaben von 6000 €.

- Erkläre den Unterschied zwischen Prozentsatz und Prozentwert.
- Kann ein Prozentsatz größer als 100 % sein? Begründe deine Antwort.
- Berechne 10 % von 10 %.

Nachgefragt

Aufgaben

1 Berechne jeweils den Prozentwert (möglichst) im Kopf.

a) 15 % von 60 €	**b)** 5 % von 40 min	**c)** 4 % von 640 g	**d)** 100 % von 2 km^2
16 % von 120 €	30 % von 360°	28 % von 160 km	120 % von 600 m^2
20 % von 48 €	0,5 % von 24 h	18 % von 5 kg	150 % von 150 €
8 % von 250 €	12,5 % von 400 ha	13 % von 130 m	200 % von 5 hℓ

Lösungszahlen zu 1:
a) 19,2; 20; 9,6; 9
b) 0, 12; 50; 108; 2
c) 0, 9; 44,8; 25,6; 16,9
d) 10; 720; 2; 225

2 Berechne jeweils den Grundwert (möglichst) im Kopf.

a) 9 % entsprechen 45 €	16 % entsprechen 400 €	1 % entspricht 8 ct
b) $33\frac{1}{3}$ % entsprechen 25 €	$66\frac{2}{3}$ % entsprechen 100 €	
c) 10 € entsprechen 50 %	10 € entsprechen 4 %	10 € entsprechen 20 %
d) 18 € entsprechen 25 %	7 € entsprechen 20 %	44 € entsprechen 11 %

Lösungszahlen zu 2:
a) 800; 500; 2500
b) 150, 75
c) 250, 50; 20
d) 400; 35; 72

3 **a)** Erläutere, in welchen Fällen der Prozentwert größer als der Grundwert ist. Belege deine Aussage an geeigneten Zahlenbeispielen.
b) Erläutere, dass eine Erhöhung um einen Prozentpunkt eine Erhöhung um 50 % bedeuten kann.

4 **a)** Axel muss monatlich 756 €, das sind 21 % seines Gehalts, für Miete bezahlen. Berechne Axels monatliches Gehalt.
b) Beim Abheben am Geldautomaten einer fremden Bank zahlt Hasan 5 % Gebühren, das sind 3,75 €. Berechne, wie viel Hasan abgehoben hat.
c) Etwa 17 % der Kinder der Klasse 6d, das sind fünf Kinder, sprechen Französisch. Ermittle die Klassenstärke der Klasse 6d. Runde geeignet.

5 **a)** Julians monatliches Taschengeld von 12 € wurde um 6 % erhöht. Ermittle, wie viel Taschengeld er jetzt pro Halbjahr erhält.
b) Pommes frites enthalten etwa 14,5 % Fett. Bestimme den Fettgehalt einer 200-g-Portion Pommes frites in Gramm.
c) 500 g Erdbeeren kosteten im Mai 1,20 €; im Dezember lag der Preis um 350 % höher. Berechne, was 1 kg Erdbeeren an Weihnachten kostete.

6 Die beiden Freunde Enrico und Pablo bekamen zu ihrer Konfirmation jeweils 500 € geschenkt. Beide haben diesen Betrag bei einer Bank für zwei Jahre fest angelegt.

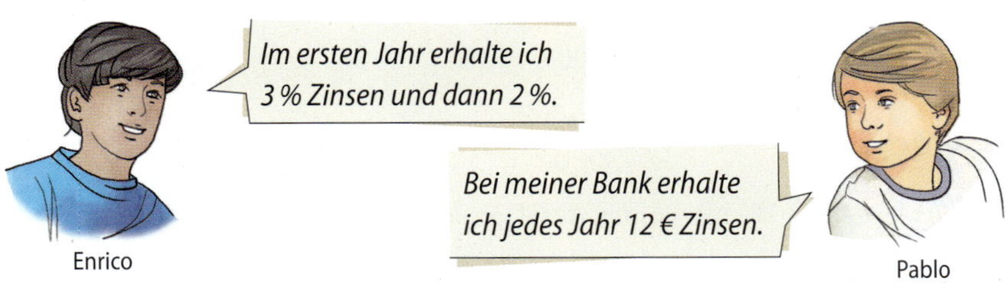

Begründe, welcher der beiden die bessere Anlageform gewählt hat.

7 Bei der Wahl zur Bürgermeisterin entfielen 2894 der 4466 gültigen Stimmen auf Frau Kröner. Bei der letzten Wahl vor sechs Jahren hatte Frau Kröner rund 56,9 % der gültigen Stimmen erhalten. Ermittle, um wie viele Prozentpunkte Frau Kröner ihren Stimmenanteil verbessern konnte.

8 Berechne die fehlenden Werte. Die Zinsen sind Jahreszinsen.

	a)	b)	c)	d)	e)	f)	g)
K	2445 €	6250 €		5000 €	26 540 €	7436 €	
p %	5 %		4,5 %	3 %			11 %
Z		125 €	162 €		2388,60 €	55,77 €	9964,68 €

9 Die Bäuerin Anna hat auf 9 von 20 ihrer Äcker, also auf 18 ha, Weizen, auf 13 % ihrer Äcker Gerste und auf dem Rest Kartoffeln angebaut. Berechne die Flächeninhalte der Äcker, auf denen sie Gerste bzw. Kartoffeln angebaut hat.

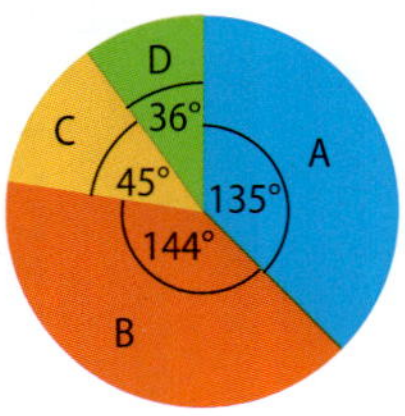

10 Bei einer Wahl gaben 65 % der etwa 8 Millionen Wahlberechtigten gültige Stimmen ab. Das Kreisdiagramm veranschaulicht das Wahlergebnis.

a) Gib bei jeder Partei A, B bzw. C an, wie viel Prozent der gültigen Stimmen sie erhielt.

b) Berechne, wie viel Prozent der insgesamt abgegebenen gültigen Stimmen der Partei B zur absoluten Mehrheit fehlen.

c) Besitzen zwei der Parteien zusammen eine Zweidrittelmehrheit?

11 In einer Firma erhalten die Mitarbeiterinnen eine monatliche Gehaltserhöhung um 5 %, wobei jede Mitarbeiterin mindestens 100 € mehr erhalten soll. Monatlich verdient Frau Roth 3500 € und Frau Weyss 1500 €.

a) Finde heraus, welche Gehaltserhöhung Frau Roth und Frau Weyss erhalten.

b) Überlege dir, ob du diese Form der Gehaltserhöhung für gerecht hältst. Begründe deine Entscheidung.

Fixkosten von Herrn Huber (in %):

Miete	18 %
Versicherung	12 %
Sparkonto	7 %
Restgeld	**932,40 €**

12 Berechne anhand der Abbildung links, wie hoch das Gehalt von Herrn Huber ist. Die Aufstellung gibt die prozentualen Fixkosten, also die festen Kosten in Prozent bezogen auf das Gehalt von Herrn Huber, wieder. Das Restgeld ist der Betrag, der Herrn Huber nach Abzug der Fixkosten von seinem Gehalt übrig bleibt.

13 Für eine gemeinsame Urlaubsreise spart Tom monatlich 120 €; Tina legt 125 € zurück. Nach einem Vierteljahr haben Tom und Tina 35 % der Reisekosten angespart. Ermittle, mit welchen Gesamtkosten sie für ihre Reise rechnen.

14 Finde zu jedem der sechs Ansätze eine passende Aufgabe.

A $Z = \frac{1200\,€ \cdot 5}{100}$ B $K = 10\,000\,€ \cdot 1{,}05^4$ C $K = 1200\,€ - 1200\,€ \cdot \frac{5}{100}$

D $P = 90\,€ \cdot 1{,}19$ E $P = \frac{48\text{ km}}{192\text{ km}}$ F $G = \frac{360\text{ kg}}{0{,}24}$

Ordne die Maßzahlen **1** bis **6** den Ansätzen **A** bis **F** zu.

1 1140 2 0,25 3 60 4 107,10 5 1500 6 12 155

15 Der Waschmittelhersteller WashXtrem wirbt damit, dass sein Feinwaschmittel jetzt 10 % mehr Inhalt hat und der Preis um 20 % reduziert wurde. Frau Weiß ist begeistert: „Die Ersparnis beträgt ja 30 %." Was meinst du zu der Aussage von Frau Weiß?

16 Herr Vetter hat in seinem Garten einen Pool angelegt. Das Becken ist 2,5 m breit, 5,0 m lang und 1,8 m tief. Er befüllt das Becken bis 20 cm unter den Rand mit Wasser.

a) Berechne das Wasservolumen im Pool.

b) In den Sommermonaten Juni, Juli und August verdunstet durch die Hitze etwas Wasser aus dem Pool. Herr Vetter schätzt, dass die Wasserhöhe monatlich um etwa 2 cm sinkt. Ermittle den prozentualen Wasserverlust in den Sommermonaten.

17 Ein rechteckiges Bild (Maße: 15 cm × 20 cm) wird mit dem Kopierer (Einstellung „120 %") vergrößert, so dass jede seiner Seiten um 20 % ihrer ursprünglichen Länge verlängert wird.

a) Schätze, um wie viel Prozent der neue Flächeninhalt größer ist als der ursprüngliche. Ermittle anschließend den Wert rechnerisch und vergleiche die beiden Werte.

b) Ermittle die Seitenlänge eines verkleinerten Bildes, wenn der Flächeninhalt um 36 % kleiner geworden ist.

Alltag

Prozentrechnung im täglichen Leben

1. Zinsen – der Preis für Geld

Wenn man Geld bei einer Bank oder Sparkasse anlegt, erhält man dafür **Zinsen**. Wenn man sich bei einer Bank Geld leiht, dann muss man Zinsen an die Bank bezahlen. Die Zinsrechnung ist eine Anwendung der Prozentrechnung.

Zinssatz für Kredit **6,0 % p. a.**	
Darlehen 01.05.2019	5600,00 €
Sollzinsen p. a.	336,90 €
Fälliger Betrag 30.04.2020	**5936,00 €**

Prozentrechnung	Zinsrechnung	
Grundwert G	Kapital K	(auch: Guthaben, Darlehen, Kreditbetrag, …)
Prozentwert P	Zinsen Z	(auch: Jahreszinsen, Dividende, …)
Prozentsatz p %	Zinssatz p %	(auch: Verzinsung, Zinsfuß, …)

Beispiel: Zinsen auf dem Festgeldkonto

Johanna hat zum 12. Geburtstag ein Festgeldkonto mit 1500 € Startguthaben geschenkt bekommen. Berechne, z. B. mithilfe eines Tabellenkalkulationsprogramms, wie viel Zinsen Johanna nach fünf Jahren erhält, wenn das Konto mit einem Zinssatz von 1,0 % pro Jahr verzinst wird und die Zinsen am Ende jedes Jahres auf dem Festgeldkonto bleiben.

2. Der Staat verlangt einen **Preisaufschlag** auf alle Waren und Dienstleistungen:

die **Mehrwertsteuer (MwSt.)**. In Verkaufspreisen ist diese Steuer bereits eingerechnet, sie muss aber auf den Rechnungen und Quittungen ausgewiesen werden.

Rechnung	
Socken	9,95 €
Mütze	8,90 €
Schal	10,90 €
Gesamt:	**29,75 €**
MwSt.	**4,75 €**

a) „Bei uns sparen Sie die Mehrwertsteuer – wir reduzieren den Preis um 19 %". Beurteile den Werbespruch.

b) Auf der abgebildeten Rechnung für ein Tablet ist nur der Endpreis inklusive Mehrwertsteuer angegeben. Ermittle den Preis des Tablets ohne Mehrwertsteuer.

Firma Heini & Co.
26.02.2018
Rechnung für Tablet
(Preis inkl. 19 % MwSt.)
249,90 €

Entdecken

Luke und Pia haben untersucht, wie viele Fahrradfahrer und Fahrradfahrerinnen der Klassen 6a und 6b mit und wie viele ohne Helm fahren.

Lukes Tabelle:

Mädchen mit Helm	Mädchen ohne Helm	Jungen mit Helm	Jungen ohne Helm
卌 卌 卌 ||	卌 |	卌 卌 卌 |||	卌 ||||

Pias Tabelle:

JH	JH	MH	MH	MH	MH	MO	MH	JO	JH
JO	JO	JO	MH	MH	MH	MO	MO	JO	JO
JH	JH	JO	JH	MH	MO	MH	MO	MH	JH
JH	JH	JH	MH	MH	JO	JH	JH	JH	MH
MO	MH	MH	JO	MH	JH	JH	JH	JH	JH

MH: Mädchen mit Helm
JH: Junge mit Helm
MO: Mädchen ohne Helm
JO: Junge ohne Helm

- Beurteile die beiden Tabellen.
- Stelle die Daten von Luke und Pia auf mehrere Arten in Diagrammform dar.

Verstehen

Mit Umfragen, Beobachtungen oder Messungen sammelt man Informationen (Daten) zu einem Thema. Dabei muss man auf den Schutz von persönlichen Daten achten.

Latein-Test (20 Schüler)

Merkmal	Ausprägungen					
Note	1	2	3	4	5	6
Anzahl	4	6	7	2	1	0

Note 2:
absolute Häufigkeit: 6
relative Häufigkeit: $\frac{6}{20}$

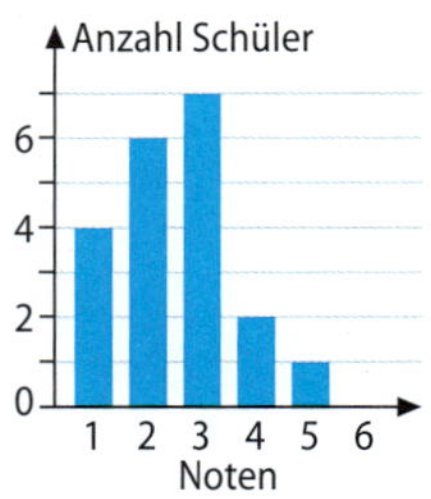

Bei der **Erhebung von Daten** betrachtet man **Merkmale** (z. B. das Alter) und deren **Ausprägung** (z. B. 11 Jahre). Die Ergebnisse kann man in Listen festhalten oder durch Diagramme veranschaulichen.

Bei der **Auswertung von Daten** interessiert man sich häufig dafür, wie oft eine bestimmte Ausprägung vorkommt. Dies Anzahl nennt man **absolute Häufigkeit.**

Setzt man die absolute Häufigkeit einer bestimmten Ausprägung ins Verhältnis zur Gesamtanzahl, so erhält man die **relative Häufigkeit**, also den Anteil dieser Ausprägung an der Gesamtanzahl. Somit gilt:

$$\textbf{relative Häufigkeit} = \frac{\textbf{absolute Häufigkeit der Ausprägung}}{\textbf{Gesamtanzahl}}$$

Zur Veranschaulichung von absoluten oder relativen Häufigkeiten bieten sich Kreis-, Säulen- und Streifendiagramme an.

Das **arithmetische Mittel** ist der Durchschnittswert. Man erhält diesen Wert, indem man die Summe der Einzelwerte durch die Anzahl der Einzelwerte dividiert.

Beispiel: Notendurchschnitt des Latein-Tests: $\frac{4 \cdot 1 + 6 \cdot 2 + 7 \cdot 3 + 2 \cdot 4 + 1 \cdot 5}{20} = 2{,}5$

Erklärvideo
Mediencode
61046-45

Beispiele

I. Ein Computerprogramm analysiert, wie häufig der Buchstabe „e" in einem Buch vorkommt.

Anzahl der Buchstaben	100	200	500	1000	2000	5000
Absolute Häufigkeit von „e"	21	39	93	178	352	876

Berechne jeweils die relative Häufigkeit des Buchstaben „e" und stelle eine Vermutung auf.

Lösung:

Anzahl der Buchstaben	100	200	500	1000	2000	5000
Relative Häufigkeit	$\frac{21}{100}$ = 21,0 %	$\frac{39}{200}$ = 19,5 %	$\frac{93}{500}$ = 18,6 %	$\frac{178}{1000}$ = 17,8 %	$\frac{352}{2000}$ = 17,6 %	$\frac{876}{5000}$ = 17,5 %

Der Anteil scheint sich mit zunehmender Seitenzahl zu „stabilisieren".

II. Julia, eine Redakteurin der Schülerzeitung, hat eine Umfrage über den Datenschutz in sozialen Netzwerken durchgeführt und folgenden Artikel verfasst:

Darüber sollten wir nachdenken!

Unsere Umfrage hat ergeben, dass drei Viertel der Befragten den Schutz persönlicher Daten in sozialen Netzwerken für sehr wichtig halten. Nur jeder 10. hält dies für völlig unwichtig. Der Rest gab je zur Hälfte an, dass der Datenschutz für sie eher wichtig bzw. eher unwichtig ist. Obwohl also Datenschutz vielen wichtig ist, schützt nur jeder Zweite seine Daten durch entsprechende Einstellungen in sozialen Netzwerken, 20 % nutzen die Privatsphären-Einstellung selten, die anderen verzichten vollkommen darauf.

a) Ermittle für alle Ausprägungen der beiden Merkmale die relativen Häufigkeiten und zeichne jeweils ein Kreis- und ein Streifendiagramm (Länge des Streifens: 10 cm).

b) Beurteile die Verständlichkeit des Zeitungsartikels kritisch.

Lösung:

a) Das Ergebnis kann man übersichtlich in einer Tabelle darstellen.

Merkmal 1: Wichtigkeit des Schutzes persönlicher Daten	Ausprägungen			
	sehr wichtig	eher wichtig	eher unwichtig	völlig unwichtig
relative Häufigkeit	75 %	[100 % – (75 % + 10 %)] : 2 = 7,5 %	[100 % – (75 % + 10 %)] : 2 = 7,5 %	10 %
Mittelpunktswinkel	270°	27°	27°	36°
Länge des Abschnitts	7,5 cm	$\frac{3}{4}$ cm	$\frac{3}{4}$ cm	1 cm

Merkmal 2: Nutzung der „Privatsphären-Einstellung"	Ausprägungen		
	immer	selten	nie
relative Häufigkeit	50 %	20 %	30 %
Mittelpunktswinkel	180°	72°	108°
Länge des Abschnitts	5 cm	2 cm	3 cm

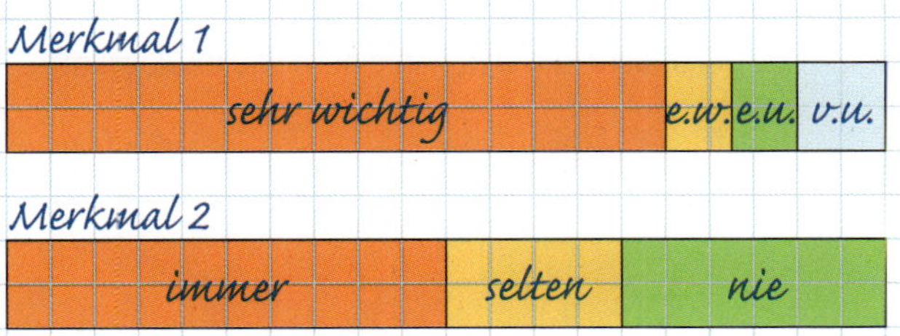

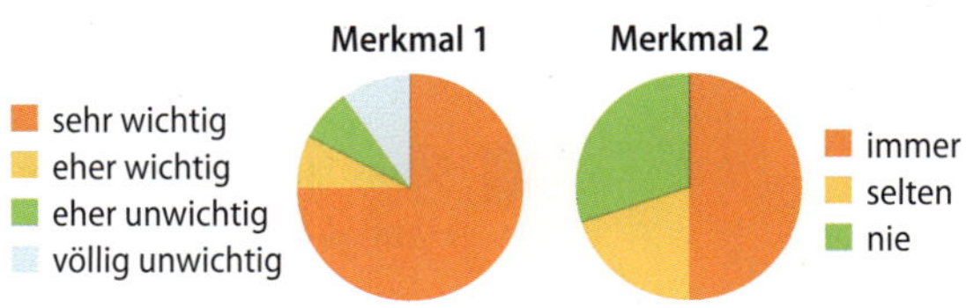

b) Dadurch, dass die relativen Häufigkeiten der Ausprägungen unterschiedlich beschrieben werden, sind sie nur schwer vergleichbar. Günstiger wäre es gewesen, alle relativen Häufigkeiten einheitlich in Prozent anzugeben.

III. Beurteile das Diagramm zur Entwicklung des Kindergeldes.

Lösung:

Die y-Achse beginnt bei 140 € und die Kinderwägen sind in zwei Richtungen vergrößert. Die Erhöhung des Kindergeldes wirkt dadurch größer, als sie in Wirklichkeit ist.

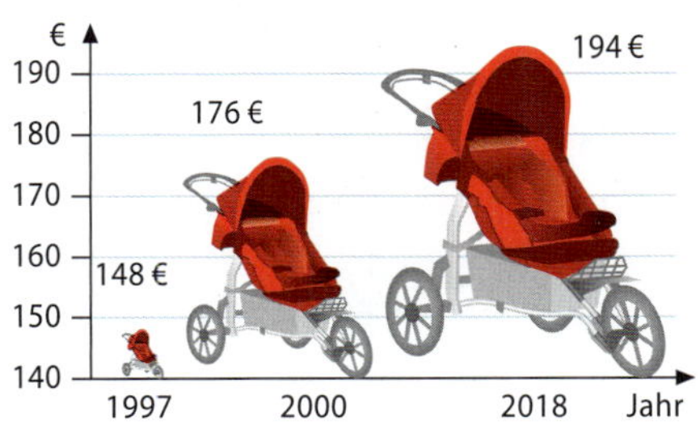

Wird ein Diagramm absichtlich so erstellt, dass beim Betrachter ein falscher Eindruck entsteht, spricht man von Manipulation.

Nachgefragt

- Begründe, dass verschiedene statistische Erhebungen zum gleichen Sachverhalt nicht immer dasselbe Ergebnis liefern müssen.
- Untersuche, ob die relative Häufigkeit die Werte −1; 0; 1 oder 2 haben kann.
- Nenne Situationen, in denen jemand ein irreführendes Diagramm verwendet. Welche Absicht wird mit der Manipulation verfolgt?

Aufgaben

1 Ordne jedem Merkmal (linke Liste) eine passende Ausprägung (rechte Liste) zu.

Bestand einer Firma an Autos
Lieblingsfarbe
Note in der letzten Deutschschulaufgabe
Anzahl der Geschwister
Masse eines Apfels
Fettgehalt des Joghurts
Operationsdauer
Berufswunsch
Haarfarbe
Zeitpunkt des Schlafengehens
Straßensteigung
Staatsangehörigkeit
Lieblingssportart

Rot
13,5 %
1
Physiker(in)
schwarz
3
Inline-Skaten
800
3,5 %
2,5 h
21.30 Uhr
153 g
deutsch

2	1	0	0	1
0	1	0	1	3
0	0	2	1	1
1	0	1	0	1
2	0	1	1	1

2 René hat in seiner Klasse eine Erhebung durchgeführt und das Merkmal „Anzahl der Geschwister" untersucht. Seine Daten sind links dargestellt.

a) Veranschauliche Renés Daten in einem Kreisdiagramm. Erkläre, welche Rechenschritte dazu notwendig sind.

b) Vergleiche Renés Ergebnisse mit Zahlen des Statistischen Bundesamtes.

3 Sophia hat an zwölf aufeinanderfolgenden Tagen untersucht, zu welcher Uhrzeit ihr Bus ankommt. Laut Fahrplan sollte dieser um 7.03 Uhr ankommen.

6.59; 7.05; 7.06; 7.10; 7.04; 7.17; 7.05; 7.08; 6.57; 7.05; 7.04; 7.05

Bestimme die Abweichungen in Minuten (zu früh mit negativem Vorzeichen), erstelle daraus eine Häufigkeitstabelle und veranschauliche die Daten in einem Säulendiagramm.

4 Sebastian würfelt 200-mal mit einem Spielwürfel. Bestimme die absolute und relative Häufigkeit der Augenzahl 6.

Augenzahl	1	2	3	4	5	6
relative Häufigkeit	0,18	0,11	0,23	0,16	0,17	

5 In den Herbstferien (5 Ferientage) und in den Weihnachtsferien (12 Ferientage) war jeweils an drei Tagen schönes Wetter. Sophie sagt: „In den Herbstferien hatten wir mehr Glück mit dem Wetter als in den Weihnachtsferien." Nimm zu Sophies Aussage Stellung.

6 Im Sportunterricht dürfen die Schülerinnen und Schüler darüber abstimmen, was in der nächsten Stunde gemacht wird. Mindestens 20 % der Schülerinnen und Schüler müssen dafür sein. Ermittle, welche Sportarten in der nächsten Sportstunde ausscheiden.

Fußball	𝍸 𝍸 I
Basketball	𝍸 II
Turnen	𝍸 I
Schwimmen	𝍸 III

7 Gib jeweils das arithmetische Mittel M bzw. den fehlenden Datenwert an.

a) 2; 4; 6; 8; 10 M = ▢
b) 1; 3; 5; 7; 9; 11 M = ▢
c) 7; 11; 90; 40; 2 M = ▢
d) 6; 7; 6; 7; 6; 7 M = ▢
e) 2; 3; ▢; 5; 1 M = 3
f) 2; 2; 2; 2; ▢ M = 3
g) 1; 6; ▢; 19; 4 M = 7
h) ▢; 13; 18; 14; 9 M = 12

Reka: „Mithilfe einer Tabellenkalkulation kann ich leicht prüfen, ob meine Ergebnisse richtig sind!"

8 Berechne jeweils den Durchschnittswert.

a) Beim Hochsprungtraining erreichte Fatima die Höhen 1,18 m, 1,24 m, 1,00 m, 1,20 m, 1,30 m und 1,22 m.

b) Eine Fernsehsendung wurde von einer Zuschauertestgruppe mit +1; 0; +3; −2; −4; +5; 0; −3; +2 und +2 Punkten bewertet.

9 Aus den Tabellen kannst du die (auf Millionen km^2 gerundeten) Flächeninhalte der Erdteile und Ozeane (in Millionen km^2) entnehmen.

Erdteil	Afrika	Antarktis	Asien	Australien	Europa	Nordamerika	Südamerika
Flächeninhalt	30	14	44	8	10	24	18

Ozean	Atlantischer Ozean	Indischer Ozean	Pazifischer Ozean
Flächeninhalt	106	74	180

a) Stelle die Flächeninhalte der Erdteile in einem beschrifteten Streifendiagramm dar (Streifenbreite 2 cm; 1 Mio km^2 entspricht 1 mm).

b) Stelle die Flächeninhalte der Ozeane in einem Kreisdiagramm dar.

10 Mary aus London hat Paula eine Aufgabe geschickt. Bearbeite sie auf Englisch.
This pictogram shows the number of books read by 5 students during the summer holidays.

a) How many books did Catherine read?

b) How many books did these students read altogether?

c) What was the average number of books these students read? Make a bar diagram using the information from the pictogram.

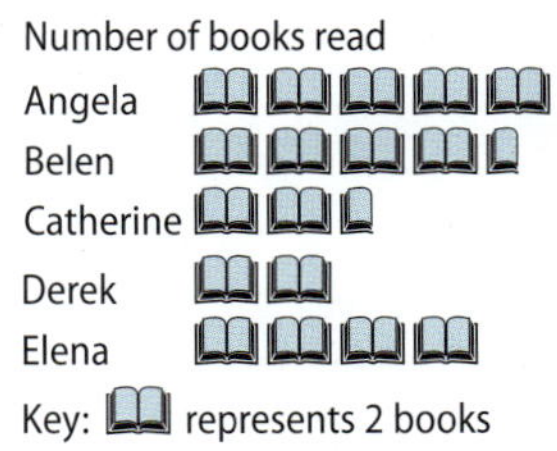

Verschlüsselung

Relative Häufigkeiten von Buchstaben und die Cäsar-Verschlüsselung

- Wähle einen beliebigen einseitigen Text aus (oder schreibe eine eigene Geschichte) und ermittele die absoluten und relativen Häufigkeiten aller Buchstaben.

Der römische Kaiser Julius Cäsar (100 v. Chr. bis 44 v. Chr.) erfand eine Methode zur Verschlüsselung von Botschaften. Du kannst dir die **Cäsar-Scheibe** selbst basteln.
Bei der Cäsar-Verschlüsselung ersetzt man jeden Buchstaben einer Nachricht durch den Buchstaben, der im Alphabet z. B. drei Stellen danach kommt. So wird aus dem Wort **MATHEMATIK** durch diese Verschlüsselung **PDWKHPDWLN**.

A	B	C	D	E	F	G	H	I	J	K	L	M	N	O	P	Q	R	S	T	U	V	W	X	Y	Z
D	E	F	G	H	I	J	K	L	M	N	O	P	Q	R	S	T	U	V	W	X	Y	Z	A	B	C

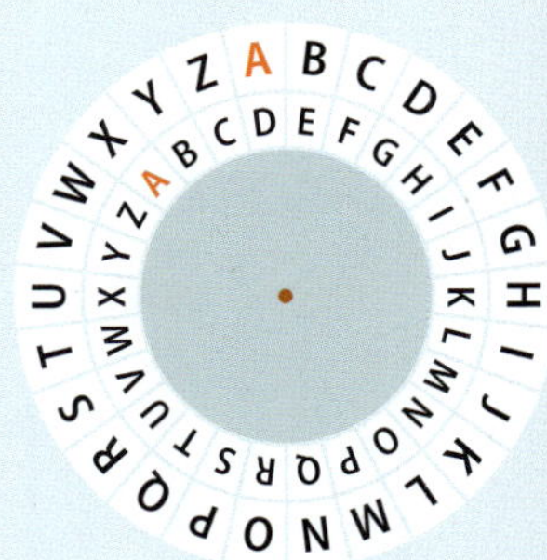

Cäsar-Scheibe

- Schreibe einen Satz, verschlüssele ihn, verrate deiner Nachbarin oder deinem Nachbarn den Code und lasse den Text entschlüsseln.
- Warum kann man mit dieser Methode keine längeren Texte sicher verschlüsseln?

11 Das Schaubild soll die Entwicklung der Preise von 1980 bis 2010 darstellen.

a) Vergleiche durch Abmessen die Seitenlängen der Geldscheine miteinander. Überlege dir, wie sich demnach die Preise zwischen 1980 und 2010 tatsächlich entwickelt haben.

Preise 1980

Preise 2010

b) Ermittle die Flächeninhalte der abgebildeten Geldscheine und vergleiche diese miteinander. Erkläre, welche Vermutung über die Preisentwicklung dabei entsteht.

c) In unserer Wahrnehmung vergleichen wir eher Flächen als Strecken miteinander. Beschreibe, welche Manipulation bei der Darstellung vorliegt.

12 Lea hat in der 6. Jahrgangsstufe eine Umfrage zum Thema „Wie gut schmeckt dir das Essen in der Schulmensa?" gemacht. Sie behauptet, dass das Essen wirklich gut ankommt und belegt das mit einem Kreisdiagramm.

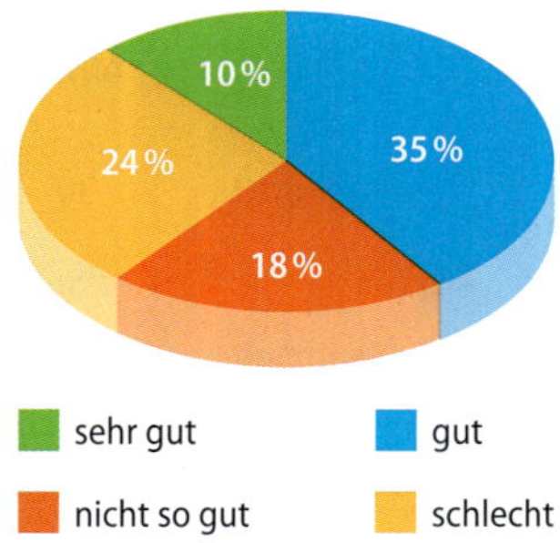

a) Beurteile Leas Grafik kritisch.

b) Die Jahrgangsstufe 6 hat 150 Schüler. Erstelle eine Tabelle mit den Schülerzahlen und den jeweiligen Prozentsätzen. Berücksichtige auch die restlichen Schüler, die „keine Meinung" angegeben haben. Zeichne ein korrektes Säulendiagramm.

Antwort	Anzahl
ja	420
keine Meinung	380
nein	250

13 Am Donau-Gymnasium wurde bei einer Umfrage zum Pausenverkauf unter anderem gefragt, ob auch Cola zum Verkauf angeboten werden soll (siehe Tabelle).

a) Tobias ist für den Verkauf von Cola. Erstelle ein Diagramm aus seiner Sicht.

b) Nadja ist gegen den Verkauf von Cola. Erstelle ein Diagramm aus ihrer Sicht.

14 Im Schiller Gymnasium gibt es Aufzüge und Rampen für Rollstuhlfahrer. Die Tabelle zeigt die Anteile körperbehinderter Schülerinnen und Schüler.

Prozent	2015	2019
Unterstufe	31,3	32,4
Mittelstufe	27,2	29,8
Oberstufe	18,8	19,6

a) Erstelle ein Kreisdiagramm für das Jahr 2019. Runde dazu die Prozentangaben geeignet.

b) Erstelle ein Streifendiagramm, das die Verteilung der körperbehinderten Schülerinnen und Schüler im Jahr 2015 darstellt.

c) Erstelle ein Säulendiagramm, das den Vergleich der Jahre 2015 und 2019 darstellt.

15 Im Jahr 2016 wurden etwa 30 % des in Deutschland erzeugten Stroms aus erneuerbaren Energien gewonnen. Davon stammen etwa 15 % aus Wasserkraft, 40 % aus Windkraft, $\frac{1}{4}$ aus Biomasse und der Rest aus Photovoltaik und Geothermie. Stelle die Ergebnisse für erneuerbare Energien auf zwei Arten dar und informiere dich über die Energiearten.

16 Der Speicherplatz eines Handys wird mithilfe des abgebildeten Streifendiagramms angezeigt. Die gesamte Speicherkapazität beträgt 16 GB. Zeichne ein passendes Balkendiagramm und erkläre dein Vorgehen.

17 Ein neuer Blog im Internet bewertet Computerspiele nach den Kriterien Grafik, Sound und Spielspaß. Dabei können jeweils 0 bis 5 Punkte vergeben werden. Die Balkendiagramme veranschaulichen die Bewertung.

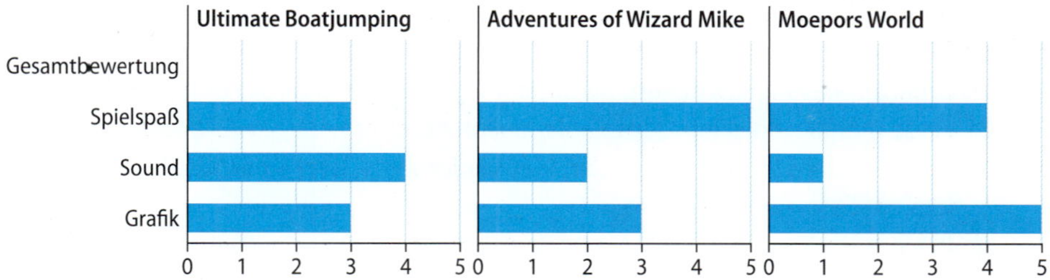

a) Bestimme jeweils das arithmetische Mittel und entscheide, ob es geeignet ist, das „beste" Spiel zu finden.

b) Der Blogbetreiber meint: „Für die Gesamtbewertung sollte der Spielspaß zu 50 % eingehen und der Sound und die Grafik jeweils zu 25 %." Berechne nach dieser Vorgabe die Gesamtbewertung der drei Spiele.

18 Phil hat in den Mathematikschulaufgaben die Noten 1; 4; 2 und 2 erhalten; im Mündlichen steht er auf 2,33. Berechne seine Durchschnittsnote auf zwei Dezimalen genau.

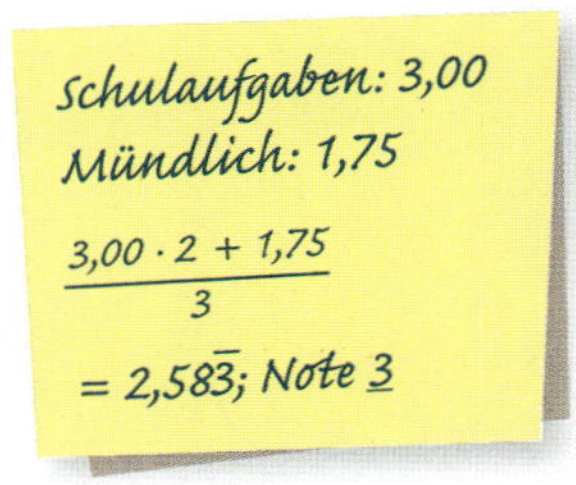

19 In einer Jugendgruppe haben die zwölf Mädchen eine Durchschnittsgröße von 1,61 m, die acht Jungen eine Durchschnittsgröße von 1,76 m. Berechne die Durchschnittsgröße in dieser Jugendgruppe.

20 Ali, Joschka und Tizian vergleichen ihre Testergebnisse: Ali hat 63 von 80 Punkten erhalten, Joschka 67 % richtig und Tizian hat jede fünfte Frage falsch beantwortet.
Ali sagt: „Ich bin der Beste." Beurteile seine Aussage und begründe deine Antwort.

21 Die Firma Superfit möchte ihren neuen Fitnessriegel verbessern. Bisher enthält der Riegel gleich viel Vitamin B_1, C und E, nun werden die Anteile verändert: Vitamin B_1 verdoppelt, Vitamin C verdreifacht, Vitamin E um 40 % erhöht. Die Mitarbeiter bei Superfit diskutieren, wie die Verpackung danach aussieht und welche Seitenlängen die neuen quadratischen Buchstabenfelder haben.

a) Beurteile die abgebildete Darstellung der neuen Verpackung.

b) Ermittle die Flächen der neuen Buchstabenfelder, wenn die Flächen der alten Buchstabenfelder je 1 cm² groß waren.

c) Lege in einem Tabellenkalkulationsprogramm zwei Spalten an (siehe Abbildung). In der linken Spalte steht die Seitenlänge des Quadrats. Gib in die rechte Spalte eine Formel zur Berechnung der Quadratfläche ein.

d) Variiere die Seitenlänge in jeder Zeile und betrachte die Fläche. Notiere die Seitenlänge mit drei Nachkommastellen, bei der die Fläche möglichst nah an die Fläche der neuen Buchstabenfelder herankommt.

Seitenlänge	Quadratfläche
1	1
1,3	1,69
1,95	3,8025
…	…

22 Bei einer telefonischen Umfrage werden 50 Frauen im Alter von 18 Jahren gefragt, ob sie diesen Monat die Zeitschrift „Style & In" gelesen haben. 38 Frauen bejahen dies. Daraufhin wirbt der Verlag mit der abgebildeten Schlagzeile für die Zeitschrift.
Gib mehrere Argumente an, warum die Überschrift in dieser Form falsch ist.

Neuer Rekord:
Fast 80 %
aller Jugendlichen
kaufen „Style & In"

23 Informationen verbreiten sich über die sozialen Medien rasend schnell. Wenn eine Information über dich – auch wenn sie peinlich oder sogar falsch ist – einmal im Umlauf ist, ist es sehr schwer, ihre Verbreitung zu stoppen. Stell dir vor, jemand hat dich unerlaubt fotografiert. Der Fotograf schickt das Bild in einer Stunde an vier Mitschüler. Jeder von ihnen schickt es in der nächsten Stunde erneut an vier andere Mitschüler und so weiter.

a) Schätze, wie lange es dauert, bis mehr als 250 Schüler das Foto erhalten haben.

b) Finde mithilfe eines Tabellenkalkulationsprogramms heraus, wie lange es dauert, bis etwa 6 % der Schüler und Schülerinnen (jeder Vierte, alle) einer Schule mit 1000 Schülern das Foto erhalten haben.

c) In einer Stadt leben 131 000 Menschen. Ermittle mithilfe eines Tabellenkalkulationsprogramms, wie lange es dauern würde, bis jeder Achte dein Foto kennt, wenn jeder das Foto in einer Stunde an beliebige vier Einwohner der Stadt schickt.

24 Nach einer Umfrage verwenden 3 von 4 aller Jugendlichen *Facebook*, 60 % folgen Freunden und Stars bei *Instagram* oder *Twitter* und fast jeder Dritte diskutiert in Foren mit. Ferner wird das Internet für Recherchen verwendet. Dabei suchen 40 % der Jugendlichen nach Informationen zu persönlichen Interessen, 35 % nach solchen zu aktuellen Ereignissen und jeder Vierte recherchiert für die Schule.

a) Man sieht leicht, dass die Summe aller angegebenen Prozentsätze größer als 100 % ist. Kann das stimmen? Finde eine Erklärung.

b) Stelle die angegebenen Daten in einem passenden Diagramm dar.
Welche Diagrammarten erscheinen dir ungeeignet? Begründe deine Antwort.

25 Die Tabelle zeigt die Staatsangehörigkeit der Schüler an deutschen Gymnasien im Schuljahr 2013/14. Für Bayern gilt: Im Schuljahr 2013/14 waren an den Gymnasien 2205 Schülerinnen und Schüler mit türkischer Staatsangehörigkeit. Insgesamt gingen 346 628 Schülerinnen und Schüler auf ein bayerisches Gymnasium, darunter 333 413 Deutsche.
Tino sagt: „Ich hätte etwa 5000 türkische Schülerinnen und Schüler am Gymnasium erwartet." Untersuche, wie Tino zu seiner Aussage kommt.

Staatsangehörigkeit	Anzahl
Deutschland	1 209 168
Türkei	18 140
ehem. Jugoslawien	14 158
Griechenland	5852
Italien	5421
Sonstiges	46 109

26 Das Ergebnis einer anonymen Umfrage in den vier sechsten Klassen nach der Höhe des monatlichen Taschengelds ist in der Tabelle dargestellt.

Höhe des monatlichen Taschengelds	höchstens 18 €	mehr als 18 €, aber höchstens 21 €	mehr als 21 €, aber höchstens 24 €	mehr als 24 €, aber höchstens 27 €	mehr als 27 €
Schüleranzahl	6	42	54	12	6
prozentualer Anteil	%	%	%	%	%

a) Übertrage die Tabelle in dein Heft und ergänze sie dann dort.

b) Alina ist mit der Höhe ihres Taschengelds von 21 € zufrieden. Erkläre, wie sie das Umfrageergebnis darstellen würde.

c) Jannik ist mit der Höhe seines Taschengelds von 22 € nicht zufrieden. Erkläre, wie er das Umfrageergebnis darstellen würde.

Tabellenkalkulation

Mit Tabellenkalkulationsprogrammen kann man viele Aufgaben schnell und einfach bearbeiten.
Nicole hat die Notenverteilung der letzten Mathematikschulaufgabe in einem Tabellenkalkulationsprogramm notiert. Durch den Buchstaben der Spalte (A, B, C, ...) und die Nummer der Zeile (1, 2, 3, ...) ist jede Zelle leicht zu finden. Zellen können Texte, Zahlen oder Rechenwege (Formeln), nach deren Angaben der Inhalt der Zelle berechnet werden soll, enthalten.

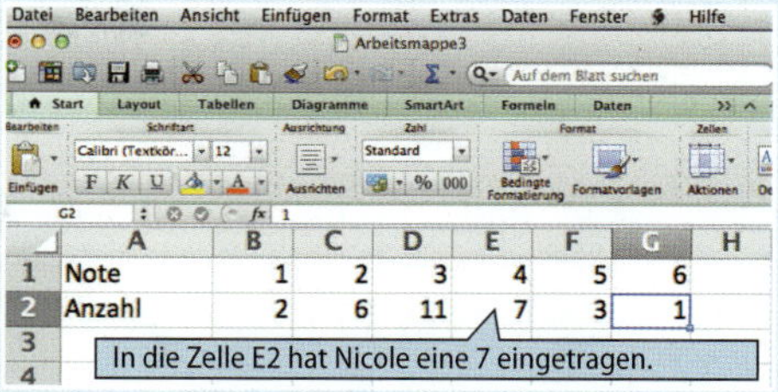

Rechnen mithilfe einer Tabellenkalkulation

Nicole möchte den Notendurchschnitt der Klasse berechnen. Dazu ermittelt sie in der Zelle H2 zunächst die Anzahl der Kinder in ihrer Klasse. Sie setzt den Cursor in die Zelle H2 und anschließend in die Eingabezeile. Dort trägt sie den Rechenweg = B2 + C2 + D2 + E2 + F2 + G2 für die Berechnung ein und drückt Enter. Das Gleichheitszeichen zu Beginn ist wichtig, damit der Computer die Eingabe als Formel erkennt und nicht für einen Text hält.

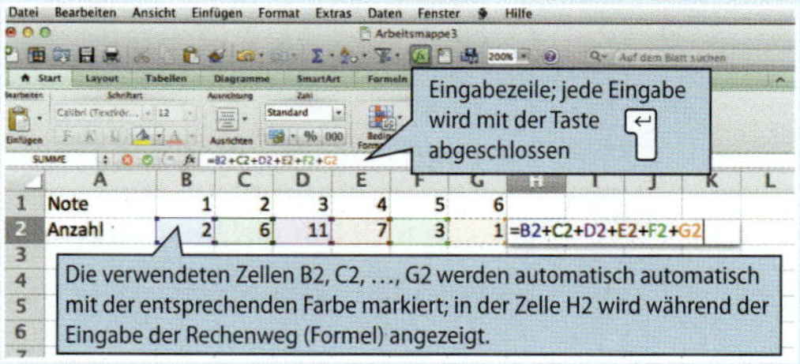

Mit der Eingabe =A4-A5 werden die Inhalte der Zellen A4 und A5 subtrahiert. Mit der Eingabe =(A4+A5)*A6 wird die Summe aus A4 und A5 mit A6 multipliziert, mit der Eingabe =A4/A5 werden die Inhalte der Zellen A4 und A5 dividiert.

- Berechne in der Zelle H3 den Notendurchschnitt der Klasse. Erkläre, warum es vorteilhaft ist, den Inhalt der Zelle H2 zu verwenden.
- Ändere nun den Inhalt der Zelle D2 von 11 auf 8 und begründe, warum sich dann automatisch auch der Inhalt zweier anderer Zellen ändert.
- Ändere die Inhalte der Zellen der Zeile 2 so ab, dass bei einer Klassenstärke von 30 Kindern der Notendurchschnitt 3,00 erreicht wird. Gib hierfür mindestens zwei Möglichkeiten an.

Diagramme mithilfe einer Tabellenkalkulation erstellen

Nicole nutzt die Tabellenkalkulation auch, um ihre Tabelle in ein Diagramm umzusetzen. Sie markiert die Zellen B2, C2, D2, E2, F2 und G2. Nun klickt sie das Diagrammsymbol an (oder geht über das Menü *Einfügen* zum Unterpunkt *Diagramm*). Nicole kann verschiedene Diagrammtypen (z. B. Säulendiagramm, Balkendiagramm, Kreisdiagramm) auswählen.

- Erstelle Nicoles Diagramm selbst am Computer.
- Ändere den Inhalt der Zelle F2 von 3 auf 2 und beschreibe die Veränderungen auf deinem elektronischen Rechenblatt.

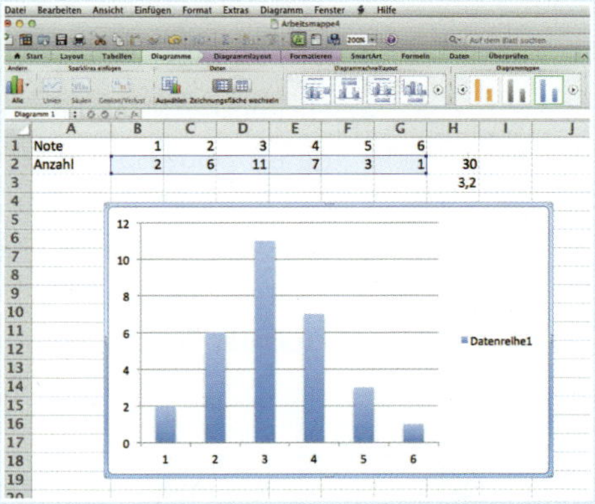

Das Diagramm ist mit den zugrunde liegenden Zahlen verknüpft.
Bei einer Änderung dieser Zahlen (hier in den Zellen B2 bis G2) passt sich das Diagramm automatisch an.
Man kann das Diagramm (z. B. die Farbe der Säulen, die Überschrift) nachträglich verändern.
Das gelingt durch Doppelklick auf die Stelle des Diagramms, die man verändern möchte.

Zu 7.1

1 Gib die Zahlen in Prozent und in Dezimalschreibweise an. Runde gegebenenfalls.

a) $\frac{35}{100}$; $\frac{4}{25}$; $\frac{2}{5}$; $\frac{18}{24}$; $\frac{12}{27}$ b) 8 von 16
c) 5 von 125 d) 10^4 von 10^6

a) $\frac{4}{32}$; $\frac{6}{15}$; $\frac{17}{51}$; $\frac{12}{144}$; $\frac{108}{96}$ b) 3,75 von 7,5
c) 4,9 von 19,6 d) 4^2 von $(5^3 + 35)$

2 Bestimme für jede Farbe den Anteil als Bruch, den der Flächeninhalt an der Gesamtfläche einnimmt.

a) 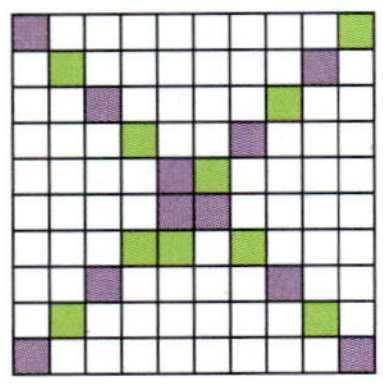

b) 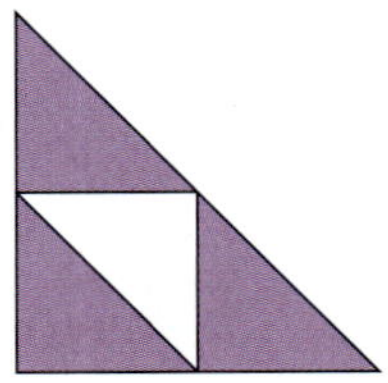

a) 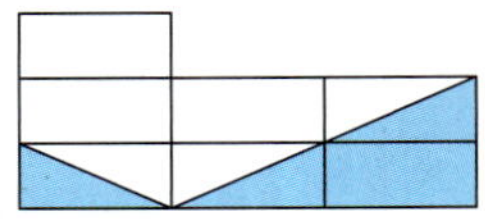

b) 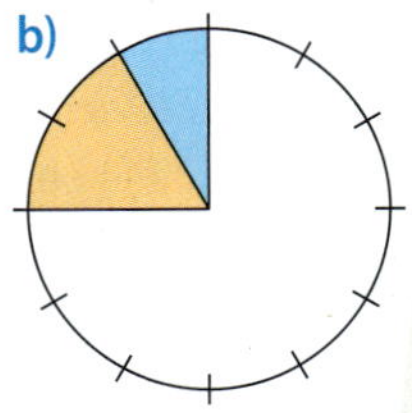

3 Erkläre mithilfe des folgenden Beispiels die Grundbegriffe der Prozentrechnung.

Hassan möchte sich ein Fahrrad für 260 € kaufen. 45 % des Preises hat er gespart.

Die bisherige Miete von 750 € wird auf 780 € erhöht.

Zu 7.2

4 Übertrage die Tabelle in dein Heft und ergänze die fehlenden Werte.

Grundwert	Prozentwert	Prozentsatz
100		5 %
	40	20 %
25	21,5	
	729	27 %
49		16 %
110	108,9	
	72	120 %

Grundwert	Prozentwert	Prozentsatz
375		12 %
	256	16 %
58	52,2	
	646,68	34 %
0,5		55 %
0,5	0,3	
	180,9	225 %

5 Stelle jeweils einen Term auf, mit dem der gesuchte Preis bestimmt werden kann.

a) Ein Pulli (25 €) wurde um 25 % heruntergesetzt, eine Hose (30 €) um 30 %.
Gesamtpreis für Pulli und Hose

b) Mit 398 € sind $66\frac{1}{3}$ % einer Couch angezahlt.
Preis der Couch

a) Ein Bahnticket kostet regulär 13,40 €. Mit der Bahncard25 spart man 25 % des Preises.
Preis des Tickets

b) Herr Meier hat 10 521 € für ein Auto angezahlt, das sind $55\frac{2}{3}$ % des Kaufpreises.
Kaufpreis des Autos

6 Frau Güler erhält auf ein Auto einen Rabatt von 5 %. Das Auto kostete vorher 25 000 €. Berechne, wie viel Frau Güler noch zahlen muss, wenn sie eine Anzahlung von 18 500 € bereits geleistet hat.

Herr Göller kauft eine neue Waschmaschine. Auf den Preis von 340 € erhält er einen Nachlass von 15 %. Die Lieferung der Maschine kostet 10 % vom reduzierten Kaufpreis. Berechne den Preis der Maschine inklusive Lieferung.

7 Mia hat untersucht, wie viele Kinder ihrer Klasse den jeweiligen Film gesehen haben. Dabei waren Mehrfachnennungen möglich. Zu 7.3

Film	Alles steht Kopf	Minions	Die Tribute von Panem	Jurassic World	Cinderella	Star Wars
Jungen	4	4	2	5	0	10
Mädchen	3	8	3	7	2	0

a) Nenne das Merkmal und die Ausprägungen, die Mia untersucht hat.
b) Fasse die Daten für Jungen und Mädchen zusammen und zeichne ein passendes Säulendiagramm.

a) Gib zwei sinnvolle Ausprägungen an, in die die Daten eingeordnet werden können.
b) Erläutere, weshalb sich ein Kreisdiagramm zur Darstellung der Daten nicht eignet.

8 Die Tabelle gibt die Verteilung der Blutgruppen 0, A, B und AB in Deutschland wieder.

Blutgruppe	0	A	B	AB
relative Häufigkeit	41 %	43 %	11 %	5 %

Stelle die Verteilung der Blutgruppen in einem Streifendiagramm dar.

Stelle die Verteilung der Blutgruppen in einem Kreisdiagramm dar.

9 Beurteile das Diagramm und die Schlagzeile.

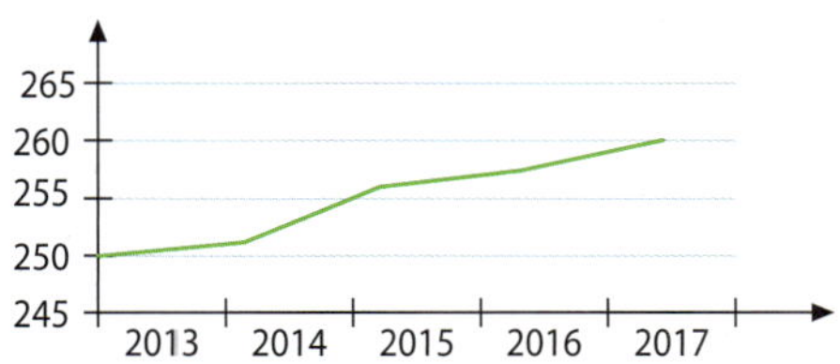

Wir verzeichnen Wahnsinnserfolge seit dem Jahr 2013!

2016

2017

100 % Umsatzsteigerung bei unserem Volksfest im Vergleich zum letzten Jahr!

10 Bei einer Klassenarbeit erzielten die Schülerinnen und Schüler folgende Punkte:
16; 14; 16; 8; 11; 14; 11; 18; 16; 14; 5; 12; 14; 18; 17; 13; 9; 12; 10; 19; 7; 14; 17; 10; 16.
Die Noten werden wie folgt festgelegt:

Punkte	19–20	16–18	13–15	10–12	5–9	0–4
Note	1	2	3	4	5	6

a) Ermittle die durchschnittliche Punktezahl und den Notendurchschnitt der Klassenarbeit.
b) Bestimme die absolute und relative Häufigkeit der einzelnen Noten.
c) Berechne den Anteil der Schülerinnen und Schüler, die die Noten 5 und 6 erhalten haben.

a) Ermittle die durchschnittliche Punktezahl und den Notendurchschnitt der Klassenarbeit.
b) Bestimme die relative Häufigkeit der einzelnen Noten als Bruch und in Prozent.
c) Berechne den Anteil der Schülerinnen und Schüler, die mindestens die Note 4 (2) erhalten haben.

11 Drei Rechtecke besitzen die gleiche Umfangslänge 20 cm.

Rechteck	1	2	3
Länge	8 cm	6 cm	5 cm
Breite			
Flächeninhalt			

a) Übertrage die Tabelle in dein Heft und ergänze sie.
b) Zeichne das Rechteck 1 und färbe 25 % seiner Fläche rot und 25 % blau, sodass eine achsensymmetrische Figur mit genau einer Symmetrieachse entsteht.
c) Zeichne das Rechteck 2 und kennzeichne 50 % seiner Fläche farbig, sodass eine achsensymmetrische Figur mit zwei Symmetrieachsen entsteht.
d) Zeichne das Rechteck 3 und kennzeichne 20 % seiner Fläche farbig, sodass eine achsensymmetrische Figur mit vier Symmetrieachsen entsteht.

12 In einer Zeitung findet man folgende Überschrift. Erkläre die Aussage.

In Deutschland hat jeder Haushalt 1,77 Handys und 0,480 Tablets!

13 Am vergangenen Samstag wurden in einer Buchhandlung vom zweiten Band eines Bestsellers 1404 Exemplare verkauft; das sind 4 % mehr als vom ersten Band.
a) Finde heraus, wie viele Exemplare dort an diesem Tag von beiden Bänden zusammen verkauft wurden.
b) Erläutere an diesem Beispiel den Unterschied zwischen „einem Prozent" und „einem Prozentpunkt".

14 In der Klasse 6c gibt es folgende Verteilung des Taschengeldes (in €):

Jungen				
0–5	6–15	16–25	26–35	> 35
I	II	卌 III	卌	II

Mädchen				
0–5	6–15	16–25	26–35	> 35
	I	卌	IIII	

a) Ermittle die absoluten und die relativen Häufigkeiten der Ausprägungen.
b) Bestimme das durchschnittliche Taschengeld der Jungen und der Mädchen in der 6c.
c) Berechne den Durchschnittswert aus den Werten von b). Begründe, warum dies nicht den Durchschnittswert der Klasse ergibt.

15 Faruk würfelt mehrmals mit zwei zehnseitigen „Würfeln", auf denen die Zahlen von 0 bis 9 abgebildet sind. Er notiert die Summe der beiden Augenzahlen in einer Tabelle.

0	1	2	3	4	5	6	7	8	9	10	11	12	13	14	15	16	17	18
2	3	2	6	4	7	10	9	9	11	7	5	6	5	3	5	2	2	3

a) Berechne das arithmetische Mittel der Augensumme.
b) Faruk meint, dass gerade Augensummen häufiger sind als ungerade, weil es zwischen 0 und 18 mehr gerade als ungerade Zahlen gibt. Begründe, dass dies falsch ist.

16 Eine Tütensuppe kostet regulär 1,19 €. Die Herstellerfirma startet eine Werbeaktion, bei der der Preis auf 0,89 € gesenkt wird und die Tüte zusätzlich 25 % mehr Inhalt enthält.
a) Schätze die Gesamtersparnis durch die Werbeaktion in Prozent.
b) Ermittle den regulären Preis mit 25 % mehr Inhalt.
c) Überprüfe deine Vermutung aus Teilaufgabe a) durch eine Rechnung. Runde sinnvoll.

Grundbegriffe der Prozentrechnung

Seite 180

Der **Grundwert G** ist das Ganze, dessen Anteile verglichen werden.
Der **Prozentwert P** ist der jeweilige Teil des Ganzen, der mit dem Grundwert verglichen wird.
Der **Prozentsatz p** ist der Anteil am Grundwert, der in Prozent angeben wird: $p = \frac{P}{G}$.

Grundwert: $25\ cm^2$
Prozentwert: $18\ cm^2$
Prozentsatz: $\frac{18\ cm^2}{25\ cm^2}$
$= 0{,}72$
$= 72\,\%$

Anwendung der Prozentrechnung

Seite 184

Grundgleichung der Prozentrechnung:
$P = p \cdot G$

Berechnung des **Prozentwerts**:
Den **Prozentwert** berechnet man mit der Grundgleichung in einem Schritt.

Berechnung des **Grundwerts**:
Den **Grundwert** berechnet man mit der Grundgleichung oder mit dem Dreisatz.

Erhält man auf einen Geldbetrag von 300 € 9 % Rabatt, so sind dies 9 % von 300 €.
$\frac{9}{100} \cdot 300\ € = 0{,}09 \cdot 300\ € = 27\ €.$
Der Rabatt beträgt 27 €.

Eine Badewanne ist mit 24 ℓ zu 15 % gefüllt.
Grundgleichung: $15\,\% \cdot G = 24\ \ell$
$G = 24\ \ell : 0{,}15 = 160\ \ell.$

Dreisatz:

	15 %	24 ℓ	
: 15	**1 %**	24 ℓ : 15 = 1,6 ℓ	: 15
· 100	**100 %**	1,6 ℓ · 100 = 160 ℓ	· 100

Die Badewanne fasst 160 ℓ.

Daten erheben und darstellen

Seite 188

Bei der **Erhebung von Daten** betrachtet man Merkmale und deren Ausprägung. Die Ergebnisse kann man in Listen, Tabellen oder mithilfe von Diagrammen darstellen.
Anzahlen werden meist mit **Säulen-, Balken-** oder **Bilddiagrammen** dargestellt.
Bei Anteilen verwendet man zusätzlich **Kreis-** und **Streifendiagramme.**
Diagramme werden gelegentlich auch dazu verwendet, den Betrachter gezielt in die Irre zu führen; das nennt man **Manipulation.**

Merkmal: Inhaltsstoffe von Schokolade
Ausprägung: Zucker, Fett, Eiweiß, Aromen
Tabelle:

Inhaltsstoff	Zucker	Fett	Eiweiß	Aromen
Anteil etwa	50 %	40 %	7 %	3 %

Streifendiagramm:

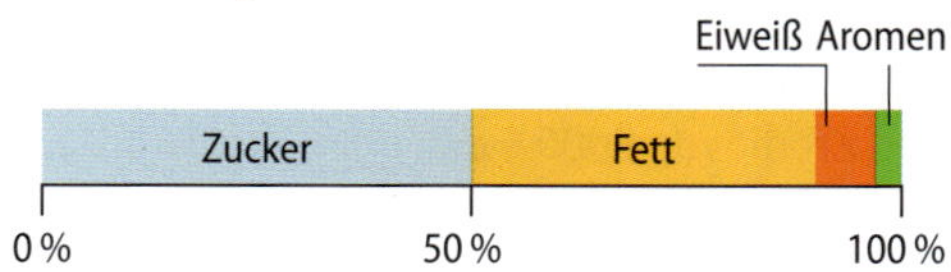

Daten auswerten: relative Häufigkeit und arithmetisches Mittel

Seite 188

Die Anzahl, wie häufig eine bestimmte Ausprägung vorkommmt, nennt man **absolute Häufigkeit.**
Die **relative Häufigkeit** eines Ergebnisses ist der Anteil des Ergebnisses an der Gesamtzahl aller Ergebnisse.
Das **arithmetische Mittel** M ist der Durchschnittswert.

Von 28 Kindern der Klasse 6a essen 21 gerne Nudeln.
relative Häufigkeit: $= \frac{21}{28} = \frac{3}{4} = 75\,\%$

Daten: 2; 4; 1; 15; 17; 8; 1; 20; 7; 5; 13; 6

$M = \frac{\text{Summe der Einzelwerte}}{\text{Anzahl der Einzelwerte}} = \frac{99}{12} = 8{,}25$

Aufgaben zur Einzelarbeit

Überprüfe deine Fähigkeiten und Kompetenzen. Bearbeite dazu die folgenden Aufgaben und bewerte anschließend deine Lösungen mit einem Smiley.

☺	😐	☹
Das kann ich **wirklich gut!**	Das kann ich **fast!**	Das muss ich **noch üben!**

1 Ordne die Begriffe Grundwert, Prozentwert und Prozentsatz jeweils zu. Gib an, welche Angaben gegeben sind und stelle eine passende Frage.
- **a)** Unter 32 Kindern sind 12 Mädchen.
- **b)** Luisas Taschengeld von 20 € wird an ihrem 12. Geburtstag um 10 % erhöht.
- **c)** Der Preis einer Spülmaschine wird um 16 % reduziert. Das sind 240 €.

2 Berechne den Prozentsatz.
- **a)** 1300 von 1625 Eintrittskarten sind bereits verkauft.
- **b)** Elias hat in der dritten Englischschulaufgabe 24 von 40 Punkten erreicht.
- **c)** Beim Sportfest erhielten 135 von 225 Teilnehmern eine Ehrenurkunde.

3 Ein Schwarzweißfoto (13 cm × 18 cm) ist zu 30 % weiß. Es wird auf DIN-A4-Format vergrößert. Ermittle, zu wie viel Prozent das vergrößerte Foto weiß ist.

4 Berechne jeweils den Prozentwert.
- **a)** 5,5 % von 40 kg
- **b)** 0,1 % von 7 hℓ
- **c)** 120 % von 3,50 €
- **d)** 250 % von 2,5 kg

5 Herr Eisen nimmt einen Kredit von 8000 € auf.
- **a)** Berechne die Jahreszinsen bei einem Zinssatz von 7,2 % pro Jahr.
- **b)** Berechne die Zinsen für drei Monate bei einem Zinssatz von 16,2 % pro Jahr.

6 Merlin vergleicht im Internet den Preis für das gleiche Paar Inlineskates:
81 €; 79 €; 91 €; 76 €; 83 €.
Berechne den Durchschnittswert der Preise.

7 Finde **a)** zwei **b)** drei **c)** fünf
verschiedene Zahlen, deren arithmetisches Mittel 12 ist. Erläutere dein Vorgehen.

8 Ermittle jeweils den Grundwert.
- **a)** 12 % des Volumens sind 72 dm^3.
- **b)** 140 % der Masse sind 196 kg.
- **c)** Bei einer Verkehrskontrolle fuhren 106 Fahrzeuge zu schnell. Das sind 2 von 5 der kontrollierten Fahrzeuge.

9 Jeder Einwohner in Deutschland hat 2017 etwa 516 kg Hausmüll verursacht. Davon werden etwa 68 % wiederverwertet.
- **a)** Schätze, wie viel Kilogramm Müll wiederverwertet werden.
- **b)** Finde heraus, wie viel Kilogramm nicht verwertbaren Hausmülls es im Jahr in Deutschland etwa gibt.

10 Ein Spielwürfel wurde vierzigmal geworfen; dabei ergaben sich folgende Ergebnisse:

Augenzahl	1	2	3	4	5	6
absolute Häufigkeit	5	8	9	3	7	8

- **a)** Berechne die folgenden relativen Häufigkeiten als Bruch und als Dezimalbruch.
  - **1** jeder der sechs Augenzahlen
  - **2** aller geraden Augenzahlen zusammen
  - **3** aller Augenzahlen, die Primzahlen sind, zusammen
- **b)** Zeichne ein Kreisdiagramm, das die relativen Häufigkeiten der Augenzahlen veranschaulicht.

11 Das Diagramm zeigt die Anzahl der Besucher eines neu eröffneten Museums.
- **a)** Beschreibe, wie sich die Anzahl der Besucher in den ersten 16 Tagen entwickelt hat.
- **b)** Beurteile die Darstellung.

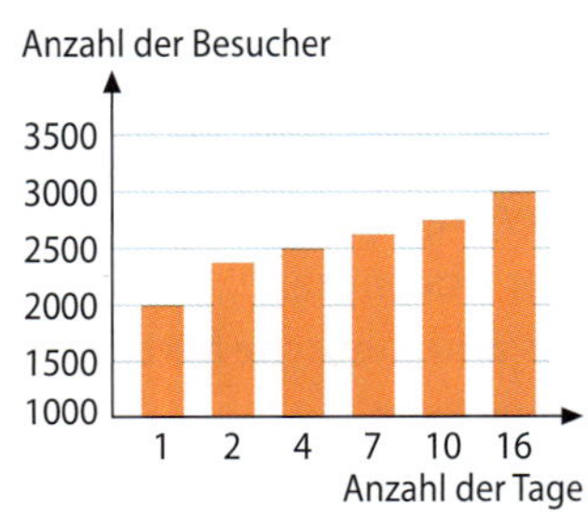

Aufgaben für Lernpartner

Arbeitsschritte

1. Bearbeite die folgenden Aufgaben zuerst allein.
2. Suche dir einen Partner oder eine Partnerin und arbeitet zusammen weiter: Erklärt euch gegenseitig eure Lösungen. Korrigiert fehlerhafte Antworten.

Sind folgende Behauptungen richtig oder falsch? Begründe.

A Anteile lassen sich auf verschiedene Arten schreiben.

B Anteile in Prozent sind oft größer als Anteile, die man als Dezimalbruch schreibt.

C Der Prozentwert gibt den Anteil am Ganzen in Prozent an.

D Ein Prozentwert von 100 % ist dasselbe wie der Grundwert.

E Der Grundwert ist immer der größte Zahlenwert bei den Angaben.

F Rabatte sind Preisaufschläge auf den Rechnungsbetrag.

G 10 % von 20 % sind 2 %.

H 5 % von 50 ha sind 25 a.

I Die Erhöhung einer Größe um 100 % entspricht einer Verdopplung.

J Wenn 20 € einer Ermäßigung um 20 % entsprechen, dann war der Originalpreis 80 €.

K Ein Streifendiagramm muss die Länge 100 mm haben, weil die Länge 100 % entspricht.

L Man kann Unterschiede in einem Diagramm größer darstellen, indem man die y-Achse nicht bei null beginnen lässt.

M Fragt man bei einer Umfrage nach dem Alter, so ist „10 Jahre“ ein mögliches Merkmal.

N Das arithmetische Mittel mehrerer natürlicher Zahlen ist immer eine rationale Zahl.

O Die relative Häufigkeit ist stets größer als 0.

P Fügt man einer Datenreihe eine Zahl hinzu, so ändert sich immer das arithmetische Mittel dieser Zahlen.

Ich kann …	„Am Ziel!“-Aufgaben	Hilfe
… die Grundbegriffe der Prozentrechnung erklären.	1, A, B, C, D, E, F	S. 180
… Prozentsätze, Prozentwerte und Grundwerte berechnen.	2, 3, 4, 5, 8, 9, G, H, I, J	S. 184
… Daten erheben und darstellen.	10, 11, K, L, M	S. 188
… Diagramme interpretieren.	11, L	S. 188
… das arithmetische Mittel einer Datenreihe berechnen.	6, 7, N	S. 188
… relative Häufigkeiten berechnen.	10, O, P	S. 188

Mathematik ist überall

Egal, ob du …
- beim Einkaufen überschlägst, ob dein Geld reicht,
- ausrechnest, wie lange das Fußballspiel noch dauert,
- nachschaust, welche Größe deine Reitstiefel haben,
- eine Bestellung machst, oder
- feststellst, wann dein Bus abfährt:

Überall begegnen dir Zahlen und damit Mathematik.

Manche Probleme sind leicht, du kannst sie sogar im Kopf lösen. Für das Lösen von schwierigeren Aufgaben lernst du im Mathematikunterricht, wie man Rechnungen übersichtlich durchführt, Gleichungen löst, mit Größen rechnet, geometrische Zeichnungen anfertigt, eine Geometrie-App nutzt usw.

Dabei ist es wichtig, dass du präzise und logisch argumentierst. Fachbegriffe, Skizzen und mathematische Strategien helfen dir, das Problem zu erfassen, deine Gedanken zu ordnen und Lösungsideen zu entwickeln.

Haltestelle	Abfahrt		
Bahnhof	07.25	07.45	08.05
Markusplatz	07.31	07.51	08.11
Königstraße	07.36	07.56	08.16
Rathaus	07.42	08.02	08.22
Wilhelmsplatz	07.47	08.07	08.27
Stadion	07.54	08.14	08.34

```
   3 7 5 8
     8 9 5
 + 4 9 4 2
   2 1 1
   9 5 9 5
```

$x + 11 = 24$
$x = 24 - 11 = 13$

Argumentieren

Sicherlich weißt du, was eine optische Täuschung ist. In manchen Situationen können wir uns also nicht auf unsere erste Vermutung verlassen.

Auch mathematische Aussagen müssen immer auf ihre Gültigkeit hin überprüft werden. Trifft eine Aussage zu, muss sie begründet, man sagt auch „bewiesen", werden. Oft probiert man verschiedene Vorgehensweisen, bis man die richtige Begründung gefunden hat. Es gibt aber auch mathematische Aussagen, bei denen man bis heute nicht entscheiden kann, ob sie stimmen oder nicht.

Um eine falsche Aussage zu widerlegen, genügt es, dass du ein einziges **Gegenbeispiel** findest. Da die Aussage dann nicht in allen denkbaren Fällen richtig ist, muss sie falsch sein.

Um eine wahre Behauptung zu beweisen, musst du auf **bereits bewiesene mathematische Erkenntnisse (z. B. Rechengesetze) zurückgreifen**.

Auf diese Art kannst du auch überprüfen, ob ein Lösungsweg, den du gefunden hast, richtig ist.

Widerlegen einer falschen Aussage durch ein Gegenbeispiel:

Behauptung: *Die größte negative ganze Zahl ist −9.*
Gegenbeispiel: −8 ist größer als −9, da −8 auf der Zahlengeraden weiter rechts liegt.
Folgerung: Die Aussage ist falsch, da sie nicht in allen denkbaren Fällen richtig ist.

Beweis einer richtigen Aussage:

Behauptung: *Jedes Parallelogramm ist auch ein Trapez.*
Beweis: Die Aussage ist wahr, da ein Parallelogramm ein Viereck ist, bei dem die gegenüberliegenden Seiten parallel sind. Ein Viereck, bei dem zwei gegenüberliegende Seiten parallel sind, ist aber ein Trapez.

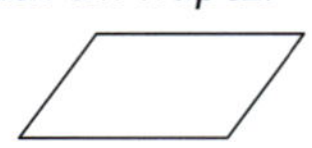

Folgerung: Die Aussage ist also bewiesen, da sie in allen denkbaren Fällen richtig ist.

Strategien zum Problemlösen

Mit der passenden **Strategie** und geeigneten **Hilfsmitteln** zur Veranschaulichung kannst du auch knifflige Aufgaben lösen.

Beim „**systematisches Probieren**" probierst du – am besten nach einem bestimmten System – so lange, bis du die richtige Lösung gefunden hast.

Beim „**Vorwärtsarbeiten**" nutzt du die vorgegebenen Informationen und ermittelst davon ausgehend Schritt für Schritt vorwärts gehend die Lösung.

Beim „**Rückwärtsarbeiten**" nutzt du das Wissen über das Gesuchte und ermittelst davon ausgehend Schritt für Schritt rückwärts gehend die Lösung.

Zur Veranschaulichung kannst du z. B. **Skizzen, Diagramme, Rechenstrich und Tabellen** nutzen.

Bei geometrischen Problemen hilft es oft, die vorgegebenen Figuren mithilfe von **Hilfslinien** in kleinere Figuren **zu zerlegen** oder zu größeren Figuren **zu ergänzen**.

Löse die Gleichung $-2 \cdot x + 3 = 5$.

Systematisches Probieren:

$-2 \cdot 1 + 3 = 1$; $-2 \cdot 0 + 3 = 3$; $-2 \cdot (-1) + 3 = 5$

also $x = -1$

Kommutativgesetz anwenden und **Rückwärtsarbeiten**:

$-2 \cdot x + 3 = 5$

KG: $x \cdot (-2) + 3 = 5$

$x = (5 - 3) : (-2)$

$x = -1$

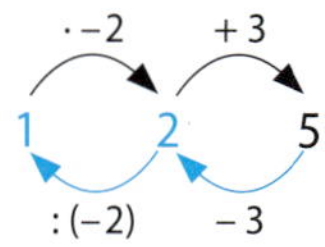

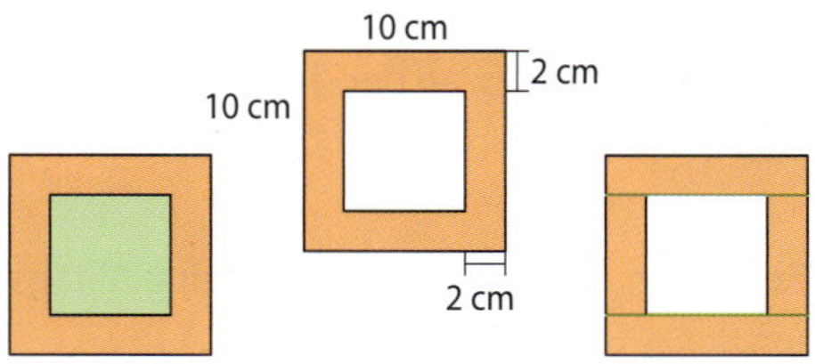

Ergänzung
zu einem Quadrat

$A_{Rahmen} = (10\text{ cm})^2 - (6\text{ cm})^2$
$= 100\text{ cm}^2 - 36\text{ cm}^2$
$= 64\text{ cm}^2$

Zerlegung,
z. B. in vier Rechtecke

$A_{Rahmen} = 2 \cdot [10\text{ cm} \cdot 2\text{ cm} + 6\text{ cm} \cdot 2\text{ cm}]$
$= 2 \cdot 32\text{ cm}^2 = 64\text{ cm}^2$

Sachaufgaben bearbeiten

In Sachaufgaben verstecken sich **mathematische Fragen aus dem Alltag.** Solche Aufgaben kannst du fast immer mit den Strategien und Hilfsmitteln zum Problemlösen (vgl. oben) lösen.
Es empfiehlt sich folgende Vorgehensweise:

1 Lies den Text mehrmals sorgfältig durch.
2 Überlege genau, welche Größe gesucht ist.
3 Notiere alle wichtigen Informationen, die dir vorgegeben sind.
4 Überlege dir eine Lösungsstrategie. Skizzen, Tabellen usw. können dir dabei helfen.
5 Berechne die Lösung z. B. Schritt für Schritt, mit einem Gesamtterm oder einer Gleichung.
6 Überlege dir, ob deine Lösung sinnvoll ist.
7 Formuliere den Antwortsatz.

1 Der Landwirt Anton Mehlhuber erntet 2700 kg Kartoffeln. Den fünften Teil davon lagert er ein; den Rest füllt er in Säcke zu je 12 kg ab.
Ermittle, wie viele Säcke er dazu benötigt.
2 Gesucht ist die Anzahl der Säcke.
3 4 2700 kg, fünfter Teil lagern, Rest in 12 kg-Säcke
5

Schritt für Schritt:	**ODER** Gesamtterm:
Lager: 2700 : 5 = 540	[2700 − (2700 : 5)] : 12 =
Rest: 2700 − 540 = 2160	[2700 − 540] : 12 =
Säcke: 2160 : 12 = 180	2160 : 12 = 180

6 Überschlag:
$3000 : 5 + 200 \cdot 10 = 600 + 2000 = 2600$
Das Ergebnis hat die richtige Größenordnung
7 Landwirt Mehlhuber benötigt 180 Säcke.

Zahlen und Operationen

Die Menge $\mathbb{N} = \{1; 2; 3; 4; \dots\}$ heißt
Menge der natürlichen Zahlen.
Nimmt man die Null zur Menge $\mathbb{N}$ hinzu, so erhält man die Menge $\mathbb{N}_0 = \{0; 1; 2; 3; \dots\}$.

Von zwei natürlichen Zahlen ist jene **größer,** die auf dem Zahlenstrahl **weiter rechts** liegt.

3 ist ein Element der natürlichen Zahlen: $3 \in \mathbb{N}$.
0 ist kein Element der natürlichen Zahlen: $0 \notin \mathbb{N}$.

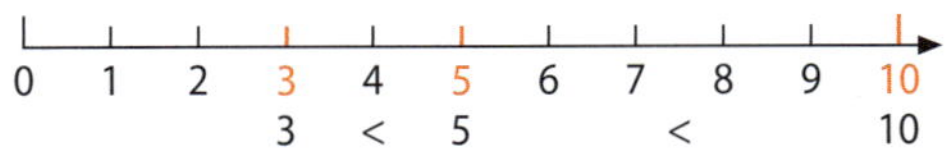

Das **Zehnersystem** (Dezimalsystem) verwendet die **zehn** Ziffern 0; 1; …; 9. Die Zahlen **1, 10, 100, 1000, 10 000, …** nennt man **Stufenzahlen** des Zehnersystems. Der Wert, den eine Ziffer innerhalb einer Zahl hat, hängt von der Stelle ab, an der sie steht (**Stellenwertsystem**).

Millionen			tausend					
HM	ZM	M	HT	ZT	T	H	Z	E
5	7	0	0	1	6	1	0	5
fünfhundertsiebzig Millionen			sechzehntausend			einhundertfünf		

(zwischen benachbarten Stellen jeweils · 10)

Beim **Schätzen** von Anzahlen nutzt man seine Alltagserfahrungen.
Beim **Runden** auf einen Stellenwert geht man nach Regeln vor und betrachtet den nächstkleineren Stellenwert:
Bei den Ziffern **0, 1, 2, 3, 4** wird **abgerundet**,
bei den Ziffern **5, 6, 7, 8, 9** wird **aufgerundet**.

Aufrunden (hier auf Zehner): $238 \approx 240$

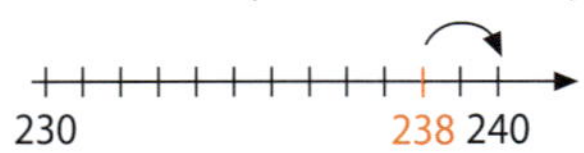

Abrunden (hier auf Hunderter): $238 \approx 200$

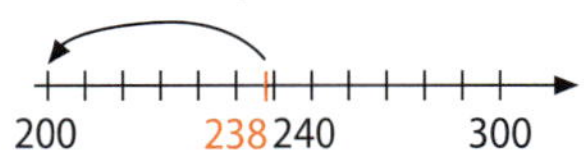

Die Zahlen kleiner als null heißen **negative ganze Zahlen. Negative** Zahlen tragen immer ein **negatives Vorzeichen.** Die Menge $\mathbb{Z} = \{\dots; -2; -1; 0; 1; 2; \dots\}$ heißt **Menge der ganzen Zahlen.**

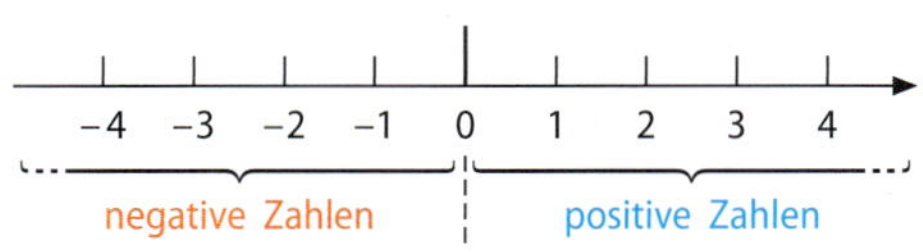

Von zwei ganzen Zahlen ist diejenige **größer**, die auf der Zahlengeraden **weiter rechts** liegt. Eine ganze Zahl und ihre **Gegenzahl** haben auf der Zahlengeraden denselben Abstand zur Null **(Betrag)**.

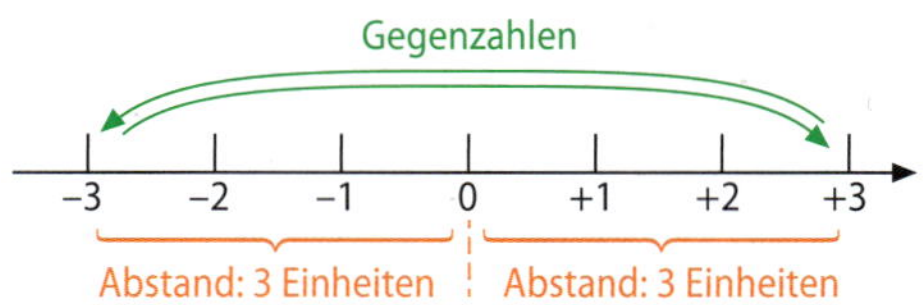

Die Rechenart, bei der Zahlen addiert werden, heißt **Addition**. Die Umkehrung zur Addition ist die **Subtraktion.**
Rechengesetze der Addition:

- **Kommutativgesetz**
  $a + b = b + a$
- **Assoziativgesetz**
  $a + (b + c) = (a + b) + c$

Summe:

12	+	23	=	35
1. Summand		2. Summand		Summenwert

Differenz:

25	–	17	=	8
Minuend		Subtrahend		Differenzwert

Für die **Addition** und **Subtraktion** ganzer Zahlen gilt:

- **Addition bei gleichen Vorzeichen**
  Addiere die Beträge und gib dem Ergebnis das Vorzeichen beider Summanden.
- **Addition bei unterschiedlichen Vorzeichen**
  Berechne den Unterschied der Beträge und gib dem Ergebnis das Vorzeichen des Summanden, der den größeren Betrag hat.
- **Subtraktion:** Eine ganze Zahl wird subtrahiert, indem man ihre Gegenzahl addiert.

$(+5) + (+3) = +(5 + 3) = +8$
$(-5) + (-3) = -(5 + 3) = -8$

$(-5) + (+3) = -(5 - 3) = -2$
$(+5) + (-3) = +(5 - 3) = +2$

$(+5) - (-3) = (+5) + (+3) = +8$
$(+5) - (+3) = (+5) + (-3) = +2$

Vor- und Rechenzeichen kannst du auch durch ein Zeichen ersetzen.

$(+8) + (-5) = 8 - 5 = 3$
$(-8) - (+5) = -8 - 5 = -13$
$(-8) - (-5) = -8 + 5 = -3$
$(+8) + (+5) = 8 + 5 = 13$

Besteht eine Summe aus mehreren gleichen Summanden, so kann man sie als **Produkt** zusammenfassen.

$4 \cdot 6 = 24$
1. Faktor · 2. Faktor = Produktwert
(1. Faktor · 2. Faktor: Produkt)

Kommutativ- und **Assoziativgesetz** gelten auch beim Multiplizieren.

$a \cdot b = b \cdot a$ (Kommutativgesetz)
$a \cdot (b \cdot c) = (a \cdot b) \cdot c$ (Assoziativgesetz)

Zählprinzip: Ist eine gewisse Anzahl von Stellen zu besetzen und gibt es für jede Stelle eine bestimmte Anzahl von Möglichkeiten, so berechnet man die Anzahl der Kombinationen als Produkt aus den einzelnen Anzahlen.

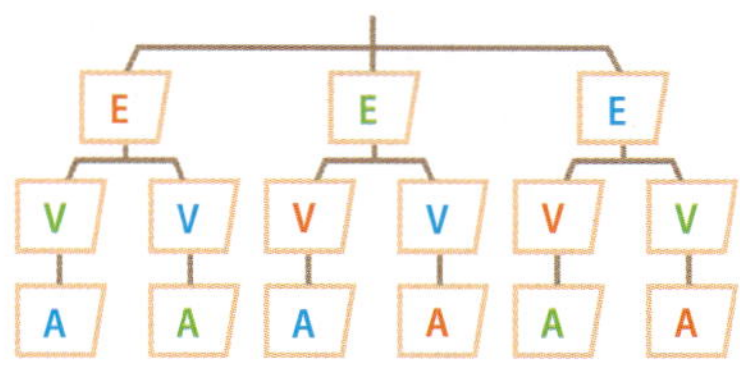

$3 \cdot 2 \cdot 1 = 3! = 6$ Kombinationen

Ein Produkt aus lauter gleichen Faktoren, kann man kürzer als **Potenz** schreiben; die Potenz besteht aus Basis und Exponent.

$2^5 = 2 \cdot 2 \cdot 2 \cdot 2 \cdot 2 = 32$
5 gleiche Faktoren
Basis 2; Exponent 5

Die **Division** ist die Umkehrung der Multiplikation.

$15 : 3 = 5$
Dividend : Divisor = Wert des Quotienten
(Dividend : Divisor: Quotient)

Eine natürliche Zahl ist teilbar durch …

- 2, wenn ihre Endziffer 0, 2, 4, 6 oder 8 ist.
- 5, wenn ihre Endziffer 0 oder 5 ist.
- 10, wenn ihre Endziffer 0 ist.
- 3, wenn ihre Quersumme durch 3 teilbar ist.

12 740 ist durch 2, 5 und 10 teilbar, aber nicht durch 3, da der Wert der Quersumme 14 ist und 14 nicht durch 3 teilbar ist.

Eine natürliche Zahl, die genau zwei Teiler hat, heißt **Primzahl**. Zu jeder natürlichen Zahl, die größer als 1 und keine Primzahl ist, gehört eine eindeutige **Primfaktorzerlegung**.

Primzahlen: 2; 3; 5; 7; …
$36 = 2 \cdot 2 \cdot 3 \cdot 3 = 2^2 \cdot 3^2$;
$75 = 3 \cdot 5 \cdot 5 = 3 \cdot 5^2$

Für die **Multiplikation** und **Division** ganzer Zahlen gilt:

Bei gleichen Vorzeichen:
- Die Beträge werden multipliziert bzw. dividiert.
- Das Ergebnis ist positiv.

$(+5) \cdot (+6) = +(5 \cdot 6) = +30$
$(-5) \cdot (-6) = +(5 \cdot 6) = +30$
$(+32) : (+8) = +(32 : 8) = +4$
$(-32) : (-8) = +(32 : 8) = +4$

·/:	+	–
+	+	–
–	–	+

Bei unterschiedlichen Vorzeichen:
- Die Beträge werden multipliziert bzw. dividiert.
- Das Ergebnis ist negativ.

$(-5) \cdot (+6) = -(5 \cdot 6) = -30$
$(+5) \cdot (-6) = -(5 \cdot 6) = -30$
$(-32) : (+8) = -(32 : 8) = -4$
$(+32) : (-8) = -(32 : 8) = -4$

- Ein Produkt hat den Wert null, wenn mindestens einer der Faktoren null ist.

$(-5) \cdot (+9) \cdot 0 \cdot (+20) = 0$

- Null kann der Dividend eines Quotienten sein, der Wert des Quotienten ist dann null.

$0 : (-5) = 0$

- Die Division durch null ist nicht erklärt; man kann also durch null nicht dividieren.

$(-5) : 0$ ist nicht erklärt.

In jedem Produkt aus ganzen Zahlen a, b und c kann man, ohne dass sich der Wert des Produkts ändert, die Faktoren vertauschen und die Rechenreihenfolge mit Klammern ändern.

$a \cdot b = b \cdot a$ **Kommutativgesetz**

$a \cdot (b \cdot c) = (a \cdot b) \cdot c$ **Assoziativgesetz**

Wird eine Summe mit einer Zahl multipliziert, dann kann man auch jeden Summanden mit der Zahl multiplizieren und anschließend die Produktwerte addieren. Ebenso kann man auch bei einer Differenz verfahren (**Distributivgesetz**). So kann man Rechenvorteile nutzen.

$21 \cdot (-38) + 79 \cdot (-38) = (21 + 79) \cdot (-38)$
$= 100 \cdot (-38) = -3800$

Beim Berechnen des Termwerts rechnet man schrittweise von links nach rechts und beachtet folgende Vereinbarungen:
- Klammern zuerst, beginne mit der innersten
- Potenzen vor Punktrechnung
- Punktrechnung vor Strichrechnung

Die zuletzt durchgeführte Rechenoperation bestimmt die **Termart**.

$[(15 - 13) - 3 \cdot (-4)] \cdot 2^3 - 17$
$= [2 - 3 \cdot (-4)] \cdot 2^3 - 17$
$= [2 - 3 \cdot (-4)] \cdot 8 - 17$
$= [2 - (-12)] \cdot 8 - 17$
$= 14 \cdot 8 - 17 = 112 - 17 = 95$
Der Term ist eine Differenz.

In Termen können Platzhalter für **unbekannte Zahlen (Variablen)** stehen.
Verbindet man zwei **wertgleiche** Terme durch ein Gleichheitszeichen, erhält man eine **Gleichung**.
Einfache Gleichungen können durch Probieren oder die Umkehrrechnung gelöst werden.

Bestimme a: $a - 4 = 19$
Umkehraufgabe: $a = 19 + 4 = 23$
Die gesuchte Zahl ist 23.

$x \cdot 4 = (-24)$ löst man durch die Umkehrrechnung $x = (-24) : 4 = -6$.
$(-48) : x = 6$ löst man durch die Umkehrrechnung $x \cdot 6 = (-48)$ und damit $x = (-48) : 6 = -8$.

Aufgaben, in denen man mathematische Fragen aus dem Alltag beantwortet, nennt man **Textaufgaben**.
Beim Lösen geht man folgendermaßen vor:

1. Text mehrmals sorgfältig lesen
2. genau überlegen, was gegeben ist und was gesucht wird
3. wichtige Informationen notieren, oft hilft auch eine Skizze weiter
4. Schritt für Schritt rechnen und darauf achten, dass es übersichtlich bleibt
5. überlegen, ob das Ergebnis sinnvoll ist
6. Antwortsatz formulieren

Ein Aquarium kostet jeden Monat Geld. An Stromkosten fallen am Tag etwa 0,25 € an, für Futter und Putzmittel etwa nochmals 0,50 €.
Ermittle die monatlichen Kosten.

Lösung:
Ein Monat hat etwa 30 Tage.
Kosten pro Tag: 25 ct + 50 ct = 75 ct
Kosten pro Monat: 75 ct · 30 = 2250 ct = 22,50 €
Antwort: Die Kosten betragen im Monat 22,50 €.

Raum und Form

Das Koordinatensystem besteht aus zwei zueinander senkrechten Achsen (x-Achse, y-Achse), die sich im Ursprung schneiden. Durch die Angabe der Koordinaten wird die Lage eines Punktes festgelegt.

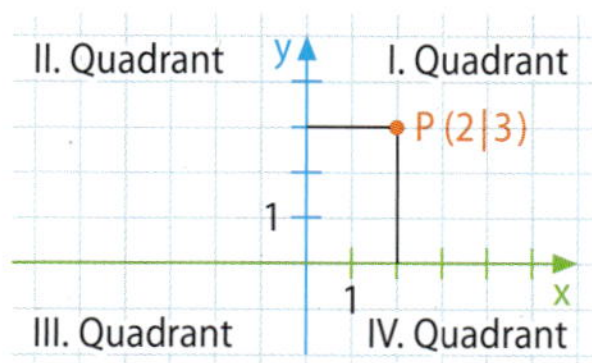

Man unterscheidet Geraden, Strecken und Halbgeraden:

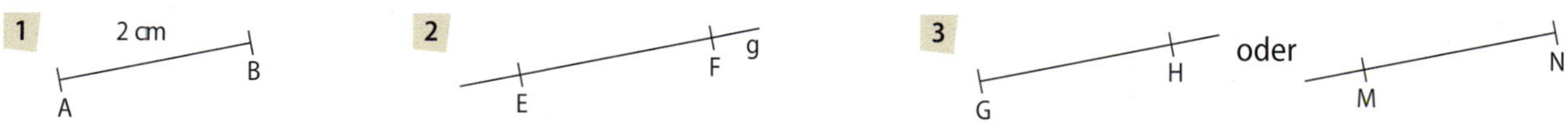

1. **Strecke $\overline{AB}$:** Anfangs- und Endpunkt   Länge der Strecke $\overline{AB}$: $|\overline{AB}| = 2$ cm
2. **Gerade:** kein Anfangspunkt, kein Endpunkt
3. **Halbgerade/Strahl:** Anfangspunkt, aber kein Endpunkt

Senkrechte Geraden schneiden sich im **rechten Winkel**.
Parallele Geraden haben ein gemeinsames **Lot**.
Zwei Geraden können aufeinander liegen, parallel zueinander sein oder sich schneiden.

senkrecht

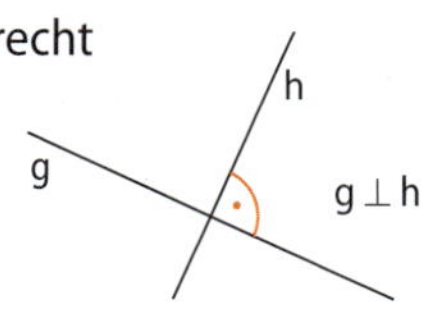

parallel

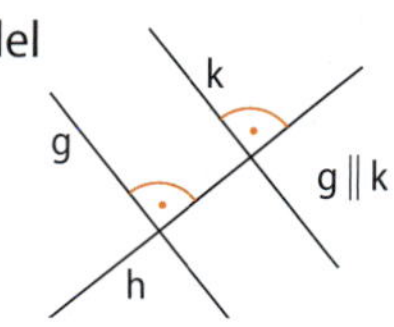

Der Abstand eines Punktes P von einer Geraden g ist die kürzeste Entfernung von P zu g.

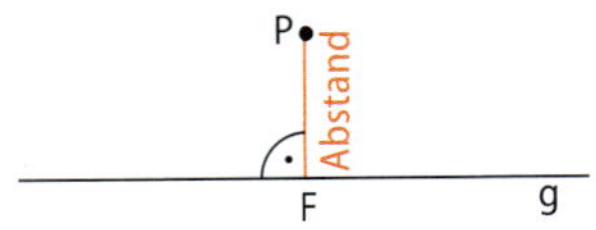

Es gibt folgende besondere Vierecke:

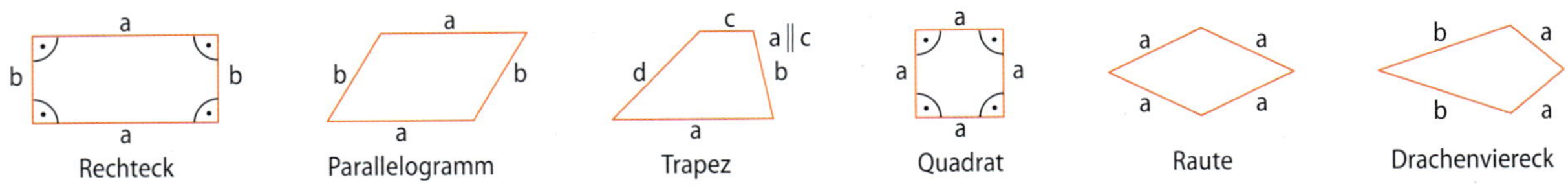

Eine Figur ist **achsensymmetrisch**, wenn man sie so falten kann, dass ihre beiden Teile deckungsgleich sind; die Faltkante heißt dann **Symmetrieachse**.

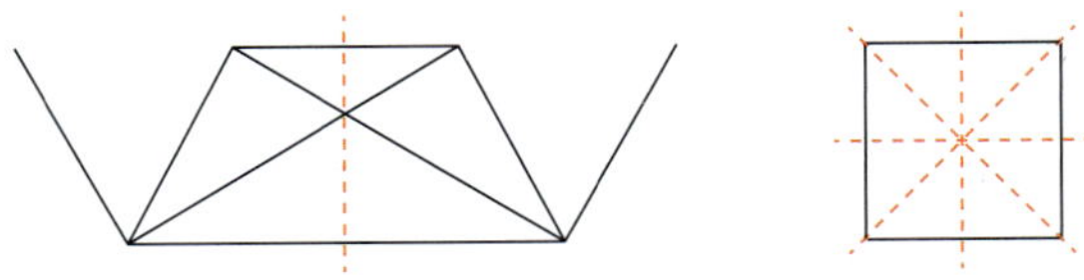

Ein **Winkel** wird von zwei Halbgeraden (Schenkel) begrenzt, die einen gemeinsamen Anfangspunkt haben, den Scheitelpunkt S.

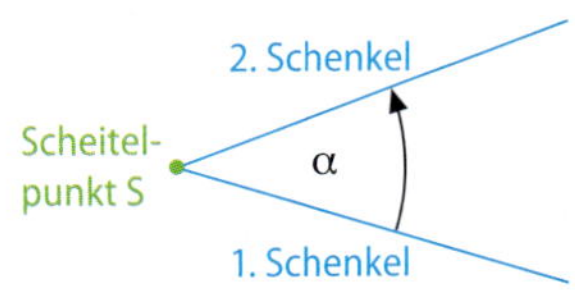

Die Kreislinie k besteht aus allen Punkten P, die gleich weit vom Mittelpunkt M entfernt sind. Schreibweise: $k(M;\ r = |\overline{MP}|)$

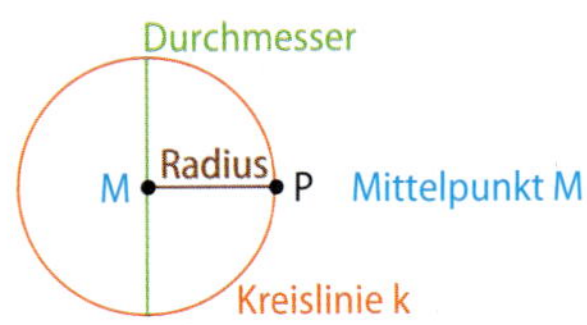

Eine Gerade, die einen Kreis in einem Punkt berührt, heißt Tangente.

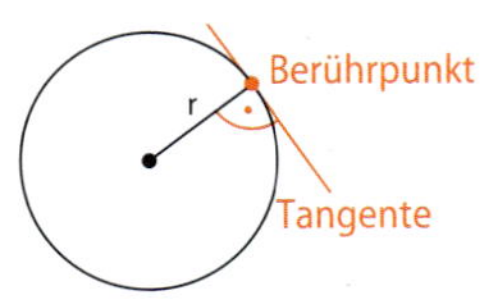

Ein **Netz** eines Quaders oder eines Würfels erhält man, wenn man den Körper entlang seiner Kanten so aufschneidet, dass alle Teile zusammenhängen und man alle Flächen flach ausbreiten kann.

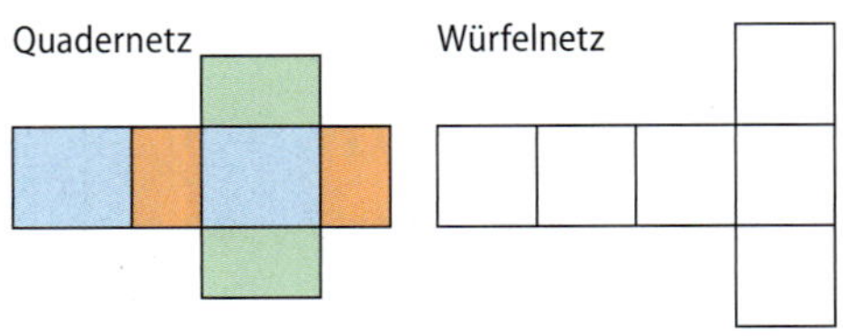

Ein **Quader** besteht aus sechs rechteckigen Begrenzungsflächen. Dabei sind gegenüberliegende Flächen paarweise gleich.
Ein **Würfel** ist ein Quader, dessen sechs Flächen lauter gleich große Quadrate sind.

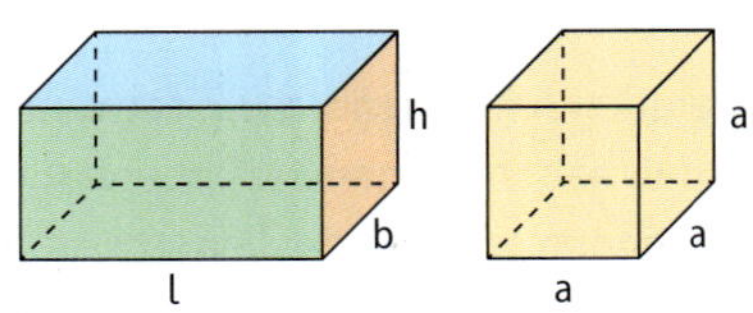

Größen und Messen

Längen, Massen, Zeitspannen, Geldbeträge usw. sind **Größen**. Größenangaben bestehen aus einer **Maßzahl** und einer **Maßeinheit**.

Maßzahl → 3 m ← Maßeinheit

Für Größen gibt es folgende Maßeinheiten:
Länge: km, m, dm, cm, mm
Masse: t, kg, g, mg
Zeitspanne (Zeitdauer): d, h, min, s
Geldbetrag: €, ct

1 km = 1000 m 1 m = 10 dm
1 dm = 10 cm 1 cm = 10 mm
1 t = 1000 kg 1 kg = 1000 g 1 g = 1000 mg
1 d = 24 h 1 h = 60 min 1 min = 60 s
1 € = 100 ct

Für die Umrechnung von Einheiten kann man die **Umrechnungsfaktoren** oder eine **Einheitentafel** verwenden.

3 g 50 mg = 3 · **1000** mg + 50 mg = 3050 mg

	km		m		dm	cm	
5 km 20 m	5	0	2	0	0		50 200 dm

Größen gleicher Art werden **addiert** (**subtrahiert**), indem man die Maßzahlen addiert (subtrahiert).
Größen werden mit einer Zahl **multipliziert** (durch eine Zahl **dividiert**), indem man die Maßzahl mit der Zahl multipliziert (durch die Zahl dividiert) und dem Ergebnis die Einheit der Größe gibt.

Bei der Division zweier Größen mit der gleichen Einheit ist das Ergebnis eine Zahl.

1 m 13 cm + 3 cm 4 mm = 1130 mm + 34 mm
= 1164 mm = 1 m 16 cm 4 mm

	1	0	,	3	2	€
−		3	,	0	4	€
		7	,	2	8	€

3,45 € · 4 = 345 ct · 4 = 1380 ct = 13 € 80 ct
1 kg 24 g : 8 = 1024 g : 8 = 128 g
350 kg : 50 kg = 7

Bei Rechnung mit Größen wendet man oft den **Dreisatz** an:
Gehört zum Doppelten, Dreifachen, … einer Größe das Doppelte, Dreifache, … einer anderen Größe, so kann man in **drei Schritten** vom Vielfachen der einen Größe auf das Vielfache der anderen Größe schließen.

5 Hefte kosten 2,50 €. Wie viel kosten 8 solche Hefte?

	5 Hefte	≙	2,50 €	= 250 ct
: 5	1 Heft	≙	250 ct : 5	= 50 ct	: 5
· 8	8 Hefte	≙	8 · 50 ct	= 400 ct	· 8

Ein **Maßstab** gibt an, wievielmal größer oder kleiner eine Länge in Wirklichkeit ist im Vergleich zu der Länge auf dem Bild.

1 : 10 000 **4 : 1**
Die Länge ist in Wirklichkeit
10 000-mal größer **viermal kleiner**

Der **Umfang U** einer Figur ist die Randlinie der Figur. Die Länge U dieser Randlinie nennt man **Umfangslänge** der Figur.

Rechteck mit Seitenlängen l, b:
$U_R = 2 \cdot l + 2 \cdot b = 2 \cdot (l + b)$

Quadrat mit Seitenlänge a:
$U_Q = 4 \cdot a$

Flächen, die man mit denselben kleineren Flächenstücken auslegen kann, besitzen den gleichen **Flächeninhalt**.

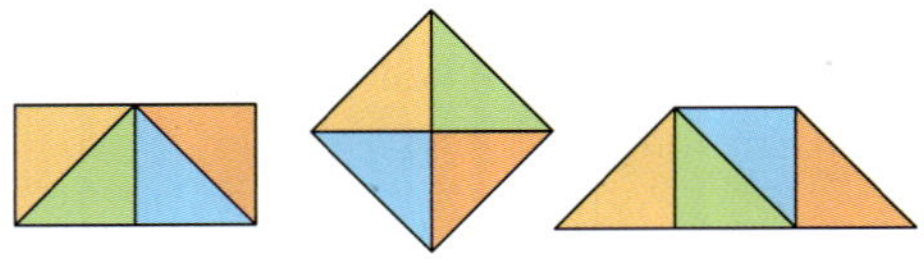

Zum Messen von Flächeninhalten legt man die Fläche mit **Einheitsquadraten** aus, deren Seitenlängen jeweils 1 mm, 1 cm, 1 dm, 1 m, 10 m, 100 m oder 1 km betragen.

Seitenlänge	Flächeninhalt	In Worten
1 mm	1 mm^2	ein Quadratmillimeter
1 cm	1 cm^2	ein Quadratzentimeter
1 dm	1 dm^2	ein Quadratdezimeter
1 m	1 m^2	ein Quadratmeter
10 m	1 a	ein Ar
100 m	1 ha	ein Hektar
1 km	1 km^2	ein Quadratkilometer

Die **Umwandlungszahl** zwischen benachbarten Flächeneinheiten ist 100.

$\ldots \underset{\cdot 100}{\overset{:100}{\rightleftarrows}} 1\,a \underset{\cdot 100}{\overset{:100}{\rightleftarrows}} 1\,m^2 \underset{\cdot 100}{\overset{:100}{\rightleftarrows}} 1\,dm^2 \underset{\cdot 100}{\overset{:100}{\rightleftarrows}} \ldots$

Für den **Flächeninhalt** A eines **Rechtecks** mit der Länge l und der Breite b gilt: $\mathbf{A = l \cdot b}$.

Für den Flächeninhalt A eines **Quadrats** mit der Seitenlänge a gilt: $\mathbf{A = a \cdot a = a^2}$.

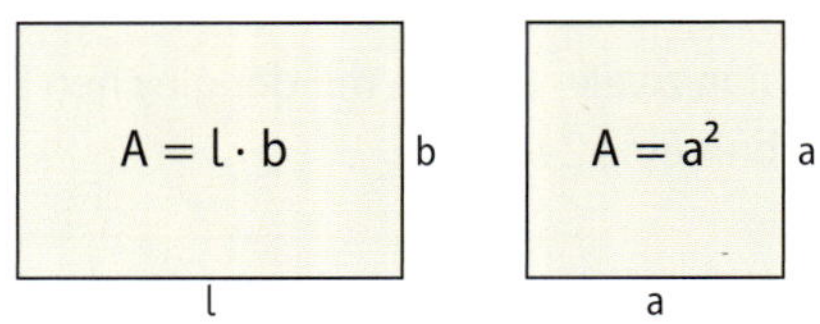

Viele geometrische Figuren lassen sich **zu Rechtecken ergänzen** oder **in Rechtecke zerlegen**. Mit dieser Strategie kann man dann den Flächeninhalt dieser Figuren ermitteln.

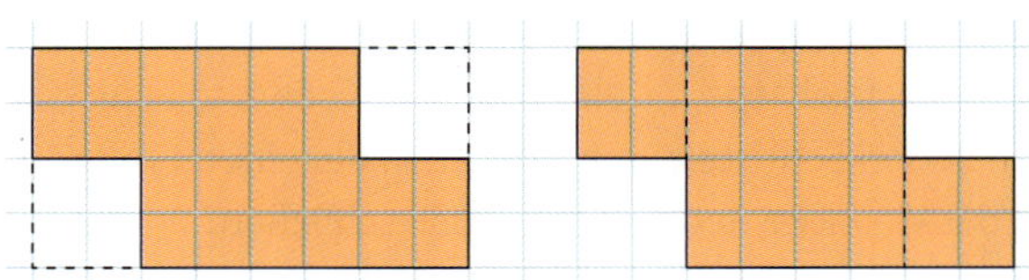

Alle Flächen, die einen Quader oder einen Würfel begrenzen, bilden zusammen die **Oberfläche** dieses Körpers. Der Flächeninhalt des Netzes ist somit der **Oberflächeninhalt** des Quaders oder des Würfels.

Quader mit Kantenlängen l, b und h:
$\mathbf{A = 2 \cdot l \cdot b + 2 \cdot b \cdot h + 2 \cdot l \cdot h}$

Würfel mit Kantenlänge a:
$\mathbf{A = 6 \cdot a \cdot a = 6 \cdot a^2}$

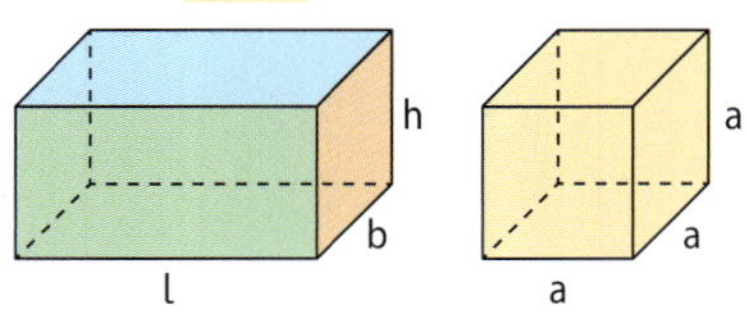

Um den **Rauminhalt** eines Körpers zu bestimmen, kann man den Körper mit Einheitswürfeln auslegen. Der Rauminhalt eines hohlen Körpers wird oft in Liter (ℓ) oder in Milliliter (mℓ) angegeben.

$1\,\ell = 1000\,m\ell$; $\frac{1}{2}\,\ell = 500\,m\ell$; $\frac{1}{4}\,\ell = 250\,m\ell$

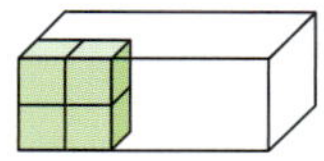

In den Quader passen … Einheitswürfel.

1 ℓ Milch

$\frac{1}{2}$ ℓ Wasser

$\frac{1}{4}$ ℓ Saft

Daten und Zufall

Sachsituationen kann man in **Diagrammen** und Schaubildern darstellen. Du kennst bereits das Bilddiagramm, das Säulendiagramm und das Balkendiagramm.

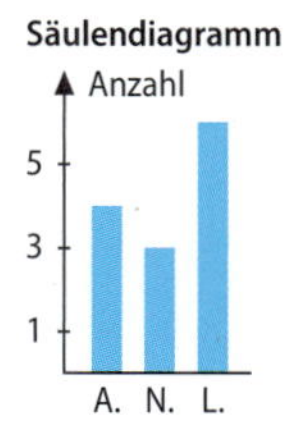

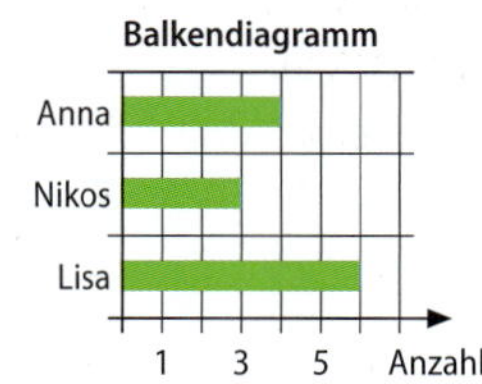

Um Informationen zu erhalten und zu beurteilen, erheben wir **Daten**.
Bei Daten können verschiedene Werte interessant sein, zum Beispiel ein größter Wert oder ein kleinster Wert oder auch ein durchschnittlicher Wert.

Einsätze der Feuerwehr Pfullendorf im letzten Jahr

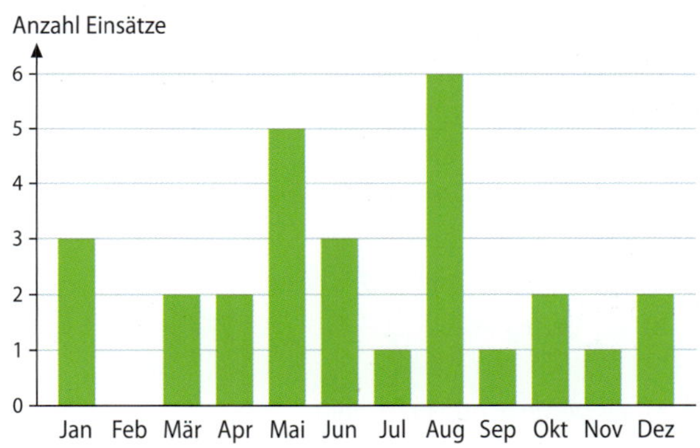

Man erkennt: Die meisten Einsätze (6) gab es im August, die wenigsten (0) im Februar.

Oft werden Situationen vom **Zufall** beeinflusst. So kann man z. B. beim Werfen eines Würfels das Ergebnis nicht vorhersagen. Wenn der Würfel nicht gezinkt ist, wirft man die Augenzahlen 1; 2; 3; 4; 5 und 6 mit der gleichen **Wahrscheinlichkeit**.

Kai zieht mit verbundenen Augen eine Kugel aus einem Säckchen.

Es ist **sicher**, dass Kai eine farbige Kugel zieht und **unmöglich**, dass Kai eine weiße Kugel zieht. Es ist **möglich** eine rote, blaue oder gelbe Kugel zu ziehen.
Es ist **wahrscheinlich** eine rote Kugel zu ziehen, dagegen ist es **unwahrscheinlich** eine gelbe Kugel zu ziehen.

Startklar! – Seiten 8 bis 10

1 a) Die kleinstmögliche sechsstellige Zahl lautet 120 547. Man streicht die Ziffern 3, 8, 9 und 6.
b) Die größtmögliche fünfstellige Zahl lautet 96 547. Man streicht die Ziffern 3, 1, 8, 2 und 0.
c) $120\,547 + 96\,547 = 217\,094$

2 a) Mögliche Lösungen:
$64 = 2 \cdot 2 \cdot 16$ oder $64 = 4 \cdot 2 \cdot 8$
b) $42 = 2 \cdot 3 \cdot 7$

3 $140 = 2 \cdot 2 \cdot 5 \cdot 7$
$252 = 3 \cdot 5 \cdot 5 \cdot 7$

4 a) $V_3 = \{3; 6; 9; 12; \ldots\}$ und $V_5 = \{5; 10; 15; 20; \ldots\}$
kleinstes gemeinsames Element: 15
b) $V_4 = \{4; 8; 12; 16; \ldots\}$ und $V_6 = \{6; 12; 18; 24; \ldots\}$
kleinstes gemeinsames Element: 12
c) $V_{12} = \{12; 24; 36; 48; \ldots\}$ und
$V_{18} = \{18; 36; 54; 72; \ldots\}$
kleinstes gemeinsames Element: 36
d) $V_7 = \{7; 14; 21; 28; \ldots\}$ und
$V_{28} = \{28; 56; 84; 112; \ldots\}$
kleinstes gemeinsames Element: 28

5 a) Die gesuchte Zahl ist 2.
b) Die gesuchte Zahl ist -15.

6 a) Es wurde richtig gerechnet.
b) Es wurde richtig gerechnet.
c) Das Ergebnis ist falsch: $17 \cdot 17 = 289$.
d) Das Ergebnis ist falsch: $-35 - 4 = -39$.
e) Es wurde richtig gerechnet.
f) Das Ergebnis ist falsch: $5^3 = 5 \cdot 5 \cdot 5 = 125$.
g) Es wurde richtig gerechnet.
h) Das Ergebnis ist falsch: $-2^4 = -2 \cdot 2 \cdot 2 \cdot 2 = -16$.

7 a) -4004 b) 8008 c) 0

8 a) Die Aussage ist falsch. Der Wert des Produkts vervierfacht sich, wenn man beide Faktoren verdoppelt.
b) Die Aussage ist falsch.
Gegenbeispiel: $3^2 = 9$, aber $2^3 = 8$.
c) Die Aussage ist richtig. Man dividiert durch eine doppelt so große Zahl bei gleich bleibendem Dividenden, weshalb der Wert des Quotienten dann nur noch halb so groß ist.
d) Die Aussage ist richtig.
Beispiel: $-100 + 101 = 1$.
e) Die Aussage ist falsch.
Gegenbeispiel: $1 - (-2) = 1$.

9 Sophie kann 24 ($3 \cdot 4 \cdot 2 = 24$) verschiedene Menüs zusammenstellen. Baumdiagramm:

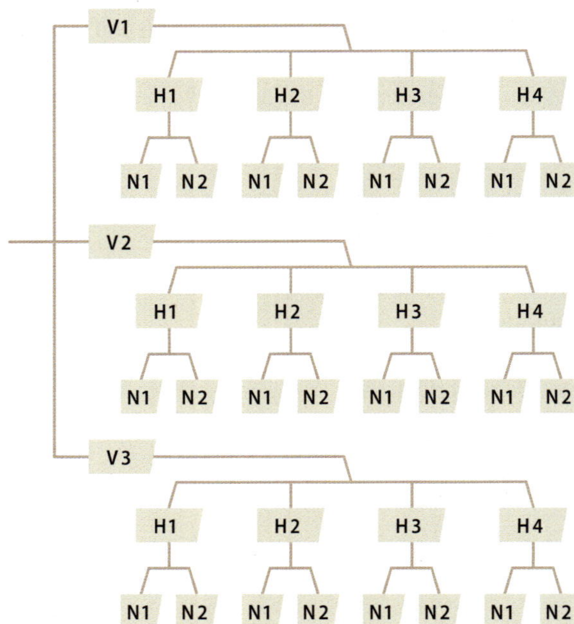

10 a) Der Term ist eine Summe. Der Wert der Summe lautet -32. $[1024 : (-128) - 2^3] + 432 : (-27)$
$= [-8 - 8] + (-16) = -16 - 16 = -32$
b) Der Term ist eine Differenz.
Der Minuend ist ein Quotient, dessen Dividend eine Summe ist und dessen Divisor 3 lautet. Die Summe besitzt die drei Summanden 100, 101 und 102. Der Subtrahend ist ein Quotient mit dem Divisor 3 und der Dividend ist eine Summe, die aus den Summanden 999, 998 und 997 besteht.
c) Der Term ist ein Produkt.
$[(33\,670 + 19\,000) : 229] \cdot (993 - 1181)$
$\approx [(33\,670 + 19\,000) : 230] \cdot (990 - 1180)$
$= [52\,670 : 230] \cdot (-190) = 229 \cdot (-190) = -43\,510$
Runden kann z. B. für eine Überschlagsrechnung sinnvoll sein.

d) Der Term ist ein Quotient.

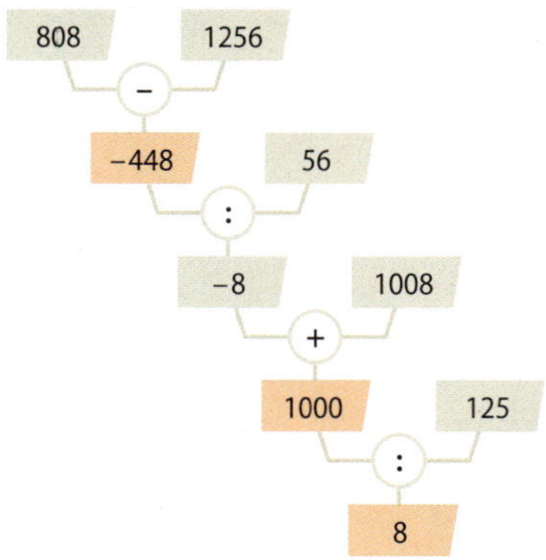

11

Der Punkt	liegt
B	im I. Quadranten
E	auf der (negativen) x-Achse
A	im IV. Quadranten
T	im II. Quadranten
R	auf der (positiven) y-Achse
I	im IV. Quadranten
X	im III. Quadranten

12 **a)**

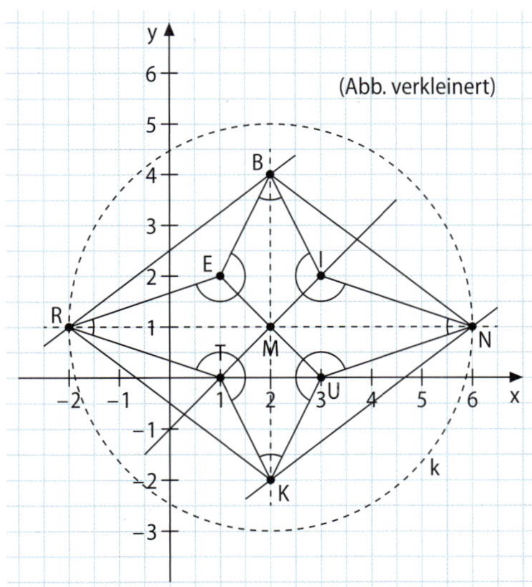

b) Zwei der vier spitzen Innenwinkel messen je etwa 37°, zwei je etwa 53°; jeder der vier überstumpfen Innenwinkel misst 225°.

c) Vermutung: TI halbiert |EU| senkrecht.

d) Der Kreis k verläuft auch durch den Punkt R.

e) Die Parallele zu RB verläuft auch durch N.

f) Das Viereck KNBR ist eine Raute.

13 **a)** 180° gestreckter Winkel
b) 120° stumpfer Winkel
c) 270° überstumpfer Winkel
d) 72° spitzer Winkel
e) 90° rechter Winkel

14 Die beiden Kreise schneiden sich nicht, denn die Summe ihrer Radien (3 cm + 5 cm = 8 cm) ist kleiner als der Abstand ihrer Mittelpunkte (10 cm). Zwei Kreise schneiden sich genau dann, wenn der Abstand ihrer Mittelpunkte kleiner ist als die Summe ihrer Radien.

15 **a)** 0,35 € **b)** 105 cm **c)** 503 kg
d) 2,75 h **e)** 260 000 m^2

16 **a)** Wahre Länge jeder der Grundstücksseiten:
5000 · 2 cm = 10 000 cm = 100 m
Flächeninhalt des Grundstücks: 10 000 m^2 = 1 ha
Flächeninhalt des Baugrunds: 2500 m^2
Jeder Erbe erhält (2500 · 240 €) : 4 = 150 000 €.

b) Zeichnung (verkleinert):

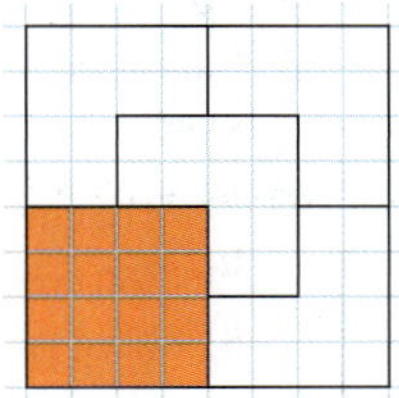

17 Das Ladegewicht eines Lkw beträgt
7500 kg − 3100 kg = 4400 kg.
Das zu transportierende Gesamtgewicht beträgt
132 · 200 kg = 26 400 kg.
Die Anzahl der benötigten Fahrten beträgt
26 400 kg : 4400 kg = 6. Es müssen 6 Lkw fahren.

18 **a)** 4300 dm^2 **b)** 23,79 m^2 **c)** 528 200 a
d) 104,7 cm **e)** 0,042 km^2 **f)** 0,000006582 m^2
g) 9020 m **h)** 8,3071 dm^2

19 **a)** Die Seite l des Rechtecks hat die Länge
l = 24 m : 2 − 5 m = 7 m.
Der Flächeninhalt beträgt A = 5 m · 7 m = 35 m^2.
Zeichnung im selbst gewählten Maßstab: individuelle Lösungen.

b) Die Seitenlänge des Rechtecks hat die Länge
s = 13 cm.
Der Umfang beträgt U = 4 · 13 cm = 52 cm.

20

Figur	1	2	3	4
Flächeninhalt	8 cm²	8 cm²	24 cm²	8 cm²

21 $5\text{ cm} + 1\text{ cm} + 5\text{ cm} + 5\text{ cm} + 6\text{ cm} + x + x = 26\text{ cm}$

$22\text{ cm} + 2x = 26\text{ cm}$

$2x = 4\text{ cm}$

$x = 2\text{ cm}$

22 Die zu streichende Fläche besitzt den Flächeninhalt $A = 12{,}32\text{ m}^2$.

$A = 580\text{ cm} \cdot 240\text{ cm} - 2 \cdot 100\text{ cm} \cdot 80\text{ cm}$
$= 139\,200\text{ cm}^2 - 16\,000\text{ cm}^2 = 123\,200\text{ cm}^2$
$= 12{,}32\text{ m}^2$.

Lucas und sein Vater benötigen 3 Eimer Farbe und müssen dafür 25,50 € (3 · 8,50 € = 25,50 €) bezahlen. Die 25 € reichen nicht aus.

23 **a)** Quader
b) Vierseitige Pyramide
c) Kegel
d) Zylinder

24 $O = 2 \cdot (12\text{ cm} \cdot 5\text{ cm} + 12\text{ cm} \cdot 7\text{cm} + 5\text{ cm} \cdot 7\text{ cm})$
$= 2 \cdot (60\text{ cm}^2 + 84\text{ cm}^2 + 35\text{ cm}^2)$
$= 2 \cdot (179\text{ cm}^2) = 358\text{ cm}^2$

Verkleinerte Darstellung des Netzes:

25 **a)** $O = 2 \cdot (3\text{ cm} \cdot 6\text{ cm} + 3\text{ cm} \cdot 8\text{ cm} + 8\text{ cm} \cdot 6\text{cm} + 2\text{ cm} \cdot 3\text{ cm} + 3\text{ cm} \cdot 3\text{ cm} + 4\text{ cm} \cdot 3\text{ cm} + 2\text{ cm} \cdot 3\text{ cm}) - 2 \cdot (2\text{ cm} \cdot 3\text{ cm} + 4\text{ cm} \cdot 2\text{ cm}) = 218\text{ cm}^2$

b) $O = 2 \cdot (3\text{ cm} \cdot 3\text{ cm} + 3\text{ cm} \cdot 2\text{ cm}) + 3\text{ cm} \cdot 2\text{ cm} + 2 \cdot (7\text{ cm} \cdot 4\text{ cm} + 4\text{ cm} \cdot 2\text{ cm}) + 4\text{ cm} \cdot 2\text{ cm} + 3\text{ cm} \cdot 2\text{ cm} + 2 \cdot (3\text{ cm} \cdot 2\text{ cm} + 3\text{ cm} \cdot 4\text{ cm}) + 4\text{ cm} \cdot 2\text{ cm} = 166\text{ cm}^2$

Am Ziel! – Seiten 40 und 41

1 **a)** $\frac{1}{4}$ **b)** $\frac{1}{12}$ **c)** $\frac{15}{25}$ **d)** $\frac{4}{12}$ **e)** $\frac{3}{9}$ **f)** $\frac{4}{10}$

$\frac{1}{12} < \frac{1}{4} < \frac{4}{12} = \frac{3}{9} < \frac{4}{10} = \frac{2}{5} < \frac{3}{5}$

2 **a)**

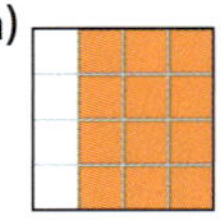

$\frac{1}{4}$

b)

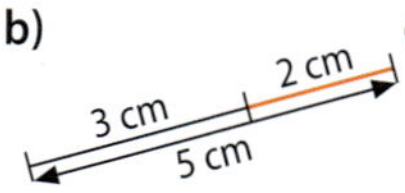

$\frac{3}{5}$

c)

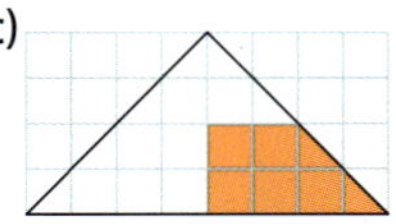

$\frac{5}{8}$

3 **a)** $(800\text{ g} : 4) \cdot 3 = 200\text{ g} \cdot 3 = 600\text{ g}$
b) $(30\text{ min} : 5) \cdot 2 = 6\text{ min} \cdot 2 = 12\text{ min}$
c) $(81\text{ m} : 9) \cdot 4 = 9\text{ m} \cdot 4 = 36\text{ m}$
d) $(136\text{ t} : 8) \cdot 7 = 17\text{ t} \cdot 7 = 119\text{ t}$
e) $(700\text{ g} : 100) \cdot 32 = 7\text{ g} \cdot 32 = 224\text{ g}$
f) $(9\text{ kg} : 25) \cdot 6 = (9000\text{ g} : 25) \cdot 6 = 360\text{ g} \cdot 6 = 2160\text{ g} = 2{,}16\text{ kg}$

Vorgehen: Dividiere das Ganze durch den Nenner des Anteils und multipliziere das Ergebnis mit dessen Zähler.

4 **a)** $4\text{ kg} \cdot 3 = 12\text{ kg}$
b) $(75\text{ g} : 3) \cdot 4 = 25\text{ g} \cdot 4 = 100\text{ g}$
c) $(85\text{ m} : 5) \cdot 7 = 17\text{ m} \cdot 7 = 119\text{ m}$

Vorgehen: Ermittle einen Teil und berechne hieraus das Ganze.

5 **a)** $1\frac{1}{4}$; $2\frac{1}{3}$; $4\frac{1}{2}$; $1\frac{7}{8}$; 2; $2\frac{9}{10}$; $2\frac{2}{7}$; $7\frac{4}{5}$; $4\frac{23}{25}$; 3

$1\frac{1}{4} < 1\frac{7}{8} < 2 < 2\frac{2}{7} < 2\frac{1}{3} < 2\frac{9}{10} < 3 < 4\frac{1}{2} < 4\frac{23}{25} < 7\frac{4}{5}$

b) $\frac{7}{2}$; $\frac{14}{3}$; $\frac{11}{4}$; $\frac{38}{7}$; $\frac{19}{6}$; $\frac{47}{8}$; $\frac{107}{10}$; $\frac{203}{100}$; $\frac{2}{1}$

$2 < 2\frac{3}{100} < 2\frac{3}{4} < 3\frac{1}{6} < 3\frac{1}{2} < 4\frac{2}{3} < 5\frac{3}{7} < 5\frac{7}{8} < 10\frac{7}{10}$

6 **a)** erweitert mit 4 **b)** gekürzt mit 4
c) erweitert mit 4 **d)** gekürzt mit 2

7 a) $\frac{10}{14} = \frac{2 \cdot 5}{2 \cdot 7} = \frac{5}{7}$ b) $\frac{25}{35} = \frac{5 \cdot 5}{5 \cdot 7} = \frac{5}{7}$

c) $\frac{40}{88} = \frac{5 \cdot 8}{8 \cdot 11} = \frac{5}{11}$ d) $\frac{100}{120} = \frac{2 \cdot 2 \cdot 5 \cdot 5}{2 \cdot 2 \cdot 2 \cdot 3 \cdot 5} = \frac{5}{6}$

e) $\frac{24}{36} = \frac{2 \cdot 2 \cdot 2 \cdot 3}{2 \cdot 2 \cdot 3 \cdot 3} = \frac{2}{3}$ f) $\frac{45}{90} = \frac{3 \cdot 3 \cdot 5}{2 \cdot 3 \cdot 3 \cdot 5} = \frac{1}{2}$

8 a) $15\,\% = \frac{15}{100} = \frac{3}{20}$

$35\,\% = \frac{35}{100} = \frac{7}{20}$

$40\,\% = \frac{40}{100} = \frac{2}{5}$

b) $8\,\% = \frac{8}{100} = \frac{2}{25}$

$32\,\% = \frac{32}{100} = \frac{8}{25}$

$60\,\% = \frac{60}{100} = \frac{3}{5}$

$78\,\% = \frac{78}{100} = \frac{39}{50}$

9 a) $\frac{1}{2} = \frac{50}{100} = 50\,\%$

$\frac{3}{5} = \frac{60}{100} = 60\,\%$

$\frac{9}{10} = \frac{90}{100} = 90\,\%$

$\frac{3}{4} = \frac{75}{100} = 75\,\%$

b) $\frac{3}{10} = \frac{30}{100} = 30\,\%$

$\frac{14}{40} = \frac{7}{20} = \frac{35}{100} = 35\,\%$

$\frac{18}{600} = \frac{3}{100} = 3\,\%$

$\frac{140}{700} = \frac{20}{100} = 20\,\%$

10

Art der Stromerzeugung	Anteil	Mittelpunktswinkel
Windkraft	$\frac{1}{3}$	120°
Photovoltaik	$\frac{2}{9}$	80°
Wasserkraft	$\frac{1}{9}$	40°
Biomasse	$\frac{1}{3}$	120°

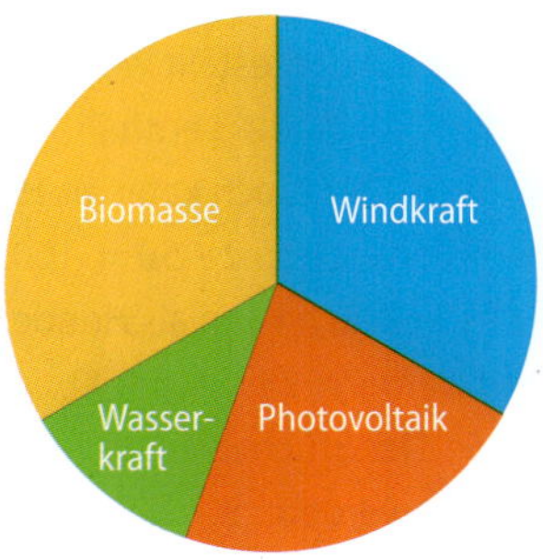

11

Tätigkeit	Schätzung des Anteils
Essen	≈ 6 %
Lernen	≈ 28 %
Schlafen	≈ 33 %
Sport	≈ 8 %
Übriges	25 %

Man misst die Mittelpunktswinkel der Kreissektoren und berechnet deren Anteil am Vollkreis. Die Brüche werden dann in Prozentschreibweise umgewandelt.

Aufgaben für Lernpartner

A Die Aussage ist falsch.

Beispiele für Viertel:

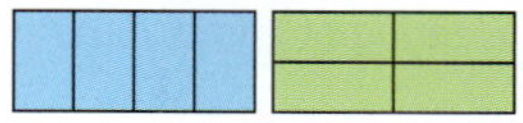

Beispiele für Achtel:

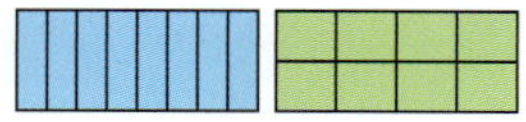

B Die Aussage ist richtig. Den Stammbruch markiert man, indem man eines der gleich großen Teile einfärbt.

C Die Aussage ist falsch. Scheinbrüche müssen ausgeschlossen werden.

D Die Aussage ist richtig. Jede gemischte Zahl besteht aus einer natürlichen Zahl und einem echten Bruch. Wandelt man die natürliche Zahl in einen Scheinbruch um und addiert diesen zum echten Bruch, so erhält man einen unechten Bruch.

E Die Aussage ist falsch. Es gilt $4\frac{11}{12} = \frac{59}{12}$.

F Die Aussage ist falsch. $\frac{1}{1}$ ist ein unechter Bruch. Er hat den Wert 1.

G Die Aussage ist falsch. Der Anteil der Mädchen beträgt $\frac{2}{3}$.

H Die Aussage ist falsch. Das Ganze sind $(250\,\text{mℓ} : 5) \cdot 8 = 50\,\text{mℓ} \cdot 8 = 400\,\text{mℓ}$.

I Die Aussage ist falsch. Stammbrüche können z. B. nicht gekürzt werden.

J Die Aussage ist richtig. Man kann entweder verschiedene Darstellungsweisen (Bruch-, Dezimal- oder Prozentschreibweise wählen) oder einen Bruch erweitern bzw. kürzen und erhält so eine wertgleiche Darstellung eines Anteils.

K Die Aussage ist richtig. Die Aussage entspricht der Merkregel des Kapitels 1.5.

L Die Aussage ist falsch. Ein Gegenbeispiel ist der Bruch $\frac{1}{3}$.

M Die Aussage ist falsch. Bei gleichem Nenner ist derjenige Bruch größer, der den größeren Zähler besitzt.

N Die Aussage ist richtig. $\frac{3}{4} = \frac{9}{12} < \frac{11}{12} = \frac{275}{300} < \frac{288}{300}$.

O Die Aussage ist richtig. Im Kreisdiagramme werden Anteile durch Kreissektoren dargestellt. Der Mittelpunktswinkel dieser Kreissektoren ergibt sich als Teil des Vollwinkels 360°, der somit das Ganze repräsentiert.

P Die Aussage ist falsch. $\frac{3}{5}$ entsprechen im Kreisdiagramm einem Kreissektor mit Mittelpunktswinkel 216°.

Q Die Aussage ist richtig. Prozent gibt immer den Anteil von Hundert an.

R Die Aussage ist falsch.
Gegenbeispiele: $\frac{2}{5} < \frac{1}{2} < \frac{3}{5} < \frac{7}{10} < \frac{4}{5}$

S Die Aussage ist richtig. $30\,\% = \frac{3}{10} \cdot \frac{3}{10}$ von 360° sind $(360° : 10) \cdot 3 = 36° \cdot 3 = 108°$.

Startklar! – Seite 42

1

Figur	a)	b)	c)	d)	e)
Bruchteil gefärbt	$\frac{1}{2}$	$\frac{3}{8}$	$\frac{5}{16}$	$\frac{10}{24} = \frac{5}{12}$	$\frac{1}{6}$
Bruchteil nicht gefärbt	$\frac{1}{2}$	$\frac{5}{8}$	$\frac{11}{16}$	$\frac{14}{24} = \frac{7}{12}$	$\frac{5}{6}$

2 a) $\frac{15}{5} = 3$; $\frac{21}{7} = 3$ b) $\frac{46}{9} = 5\frac{1}{9}$; $\frac{13}{10} = 1\frac{3}{10}$
c) $\frac{1}{11} = \frac{6}{66}$; $\frac{1}{4} = \frac{6}{24}$
d) $\frac{3}{4} + \frac{1}{4} = 1$; $\frac{1}{11} + \frac{10}{11} = 1$; $\frac{2}{5} + \frac{3}{5} = 1$; $\frac{1}{4} + \frac{3}{4} = 1$

3 a) mit 5 erweitert b) mit 4 gekürzt
c) mit 6 erweitert d) mit 4 und mit 18 gekürzt
e) mit 16 erweitert f) mit 45 gekürzt

4 a) Australien und Europa, Antarktis, Afrika, Amerika, Asien $7\,\% < 10\,\% < 20\,\% < 26\,\% < 30\,\%$
b) $20\,\% = \frac{20}{100} = \frac{1}{5}$ $30\,\% = \frac{30}{100} = \frac{3}{10}$
$26\,\% = \frac{26}{100} = \frac{13}{50}$ $7\,\% = \frac{7}{100}$
$10\,\% = \frac{10}{100} = \frac{1}{10}$

5 a) Lena hat $\left(\frac{32}{40} =\right) \frac{4}{5}$ der Punkte erreicht. Klara hat $\left(\frac{40}{50} =\right) \frac{4}{5}$ der Punkte erreicht. Lena und Klara haben gleich gut abgeschnitten.
b) Sie haben jeweils $\left(\frac{4}{5} = \frac{80}{100} =\right)$ 80 % der möglichen Punkte erreicht.

6 a) 4698 m b) 403 000 m^2 c) 0,500 kg = 0,5 kg
d) 225 min e) 20,345 t

7 Jungen 1,32 m < 1,35 m < 1,37 m < 1,42 m < 1,46 m < 1,51 m
Mädchen 1,25 m < 1,38 m < 1,43 m < 1,44 m < 1,54 m < 1,61 m

Am Ziel! – Seiten 60 und 61

1 a) 45,06 < 54,98, da die Zehnerstelle des zweiten Dezimalbruchs größer ist als die Zehnerstelle des ersten Dezimalbruchs.
b) 0,037 < 0,131, da die Einerstellen beider Dezimalbrüche gleich sind, die Zehntelstelle des zweiten Dezimalbruchs aber größer ist als die des ersten.
c) 0,0999 < 0,1003, da die Einerstellen beider Dezimalbrüche gleich sind, die Zehntelstelle des ersten Dezimalbruchs aber größer ist als die des ersten.
d) 268,97 < 269,1, da die Hunderter und Zehnerstelle beider Dezimalbrüche gleich sind, aber die Einerstelle des ersten Dezimalbruchs größer ist als die des zweiten.

2 a) $\frac{56}{700} = \frac{2}{25}$; $\frac{50}{600} = \frac{1}{12}$; $\frac{9}{150} = \frac{3}{50}$; $\frac{37}{148} = \frac{1}{4}$; $\frac{4}{500} = \frac{1}{125}$
b), c) $25 = 5^2$ Der Bruch kann als Hundertstelbruch dargestellt werden: $4 \cdot 25 = 100$.
$12 = 2^2 \cdot 3$ Der Bruch kann nicht als endlicher Dezimalbruch dargestellt werden, da die Zerlegung den Primfaktor 3 enthält.
$50 = 2 \cdot 5^2$ Der Bruch kann als Hundertstelbruch dargestellt werden: $2 \cdot 50 = 100$.
$4 = 2^2$ Der Bruch kann als Hundertstelbruch dargestellt werden: $25 \cdot 4 = 100$.
$125 = 5^3$ Der Bruch kann als Tausendstelbruch dargestellt werden: $8 \cdot 125 = 1000$.

3 $\frac{3}{25} = \frac{12}{100} = 0{,}12 = 12\,\%$
$\frac{7}{5} = \frac{140}{100} = 1{,}4 = 140\,\%$
$\frac{24}{32} = \frac{3}{4} = \frac{75}{100} = 0{,}75 = 75\,\%$
$\frac{6}{40} = \frac{3}{20} = \frac{15}{100} = 0{,}15 = 15\,\%$
$\frac{343}{350} = \frac{49}{50} = \frac{98}{100} = 0{,}98$

4 a) 3582 m b) 43 dm c) 40 g
d) 108 h e) 240 a d) 2070 kg

5 $2{,}381 \approx 2{,}4\ (2{,}38)$ $3{,}678 \approx 3{,}7\ (3{,}68)$
$2{,}904 \approx 2{,}9\ (2{,}90)$ $138{,}4509 \approx 138{,}5\ (138{,}45)$
$10{,}002 \approx 10{,}0\ (10{,}00)$ $97{,}614 \approx 97{,}6\ (97{,}61)$
$66{,}281 \approx 66{,}3\ (66{,}28)$ $13{,}999 \approx 14{,}0\ (14{,}00)$

6 **a)** $0{,}01 = \frac{1}{100}$

$0{,}2 = \frac{2}{10} = \frac{1}{5}$

$0{,}5 = \frac{5}{10} = \frac{1}{2}$

$0{,}05 = \frac{5}{100} = \frac{1}{20}$

b) $0{,}200 = \frac{200}{1000} = \frac{2}{10} = \frac{1}{5}$

$0{,}125 = \frac{125}{1000} = \frac{1}{8}$

$0{,}375 = \frac{375}{1000} = \frac{3}{8}$

$0{,}\overline{3} = \frac{1}{3}$

c) $1{,}\overline{1} = \frac{10}{9} = 1\frac{1}{9}$

$1{,}\overline{6} = 1\frac{6}{9} = 1\frac{2}{3}$

$2{,}5 = \frac{25}{10} = \frac{5}{2}$

$1{,}375 = \frac{1375}{1000} = 1\frac{375}{1000} = 1\frac{3}{8}$

7 $\frac{36}{5} = 7\frac{1}{5} = 7{,}2$ $7{,}0 = \frac{28}{4}$ $\frac{1}{20} = 0{,}05$

$\frac{24}{200} = \frac{3}{25} = 0{,}12$ $\frac{2}{5} = 40\,\%$ $\frac{2}{25} = 8\,\%$

$\frac{9}{25} = 0{,}36$

8 Leonie ist schneller gelaufen, denn 3,4 min entsprechen 3 min 24 s.

9 **a)** $\frac{5}{6} = 0{,}8\overline{3}$ periodische Darstellung

b) $\frac{7}{9} = 0{,}\overline{7}$ periodische Darstellung

c) $\frac{13}{65} = 0{,}2$ endliche Darstellung

d) $\frac{9}{8} = 1{,}125$ endliche Darstellung

e) $\frac{22}{45} = 0{,}4\overline{8}$ periodische Darstellung

10 z. B. 0,98981; 0,98982; 0,98983; 0,98984; 0,98985

11 Gegenbeispiel: Der Punkt $\frac{1}{2}$ repräsentiert die Brüche
$\frac{1}{2} = \frac{2}{4} = \frac{3}{6} = \frac{4}{8} = \ldots$

12 **a)** $0{,}0456 > 0{,}0399$ **d)** $0{,}459 < 0{,}549$
b) $0{,}92 > 0{,}29$ **e)** $1{,}101 > 1{,}\overline{011}$
c) $0{,}444 < 0{,}\overline{4}$ **f)** $2{,}2020 > 2{,}02020$

13 $0{,}404$ (K) $< 0{,}\overline{429}$ (E) $< 0{,}4\overline{3}$ (H) $< 0{,}4\overline{3}$ (R) $< 0{,}\overline{43}$ (B) $< 0{,}4375$ (R) $< 0{,}44$ (U) $< 0{,}\overline{4}$ (C) $< 0{,}45$ (H)
Kehrbruch

14

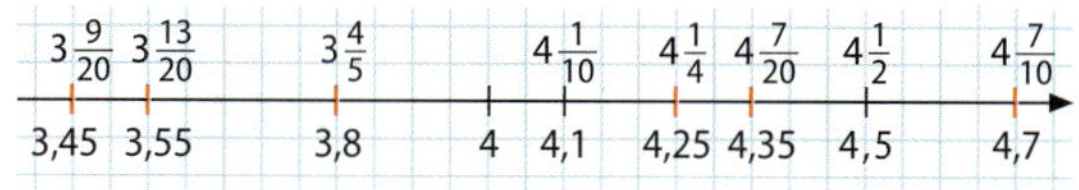

Aufgaben für Lernpartner

A Die Aussage ist falsch. Natürliche Zahlen lassen sich als Scheinbrüche darstellen oder als Dezimalbrüche, welche die Ziffer Null als Nachkommastellen besitzen.

B Die Aussage ist falsch. Rechts vom Komma stehen die Zehntel, dann Hundertstel, …

C Die Aussage ist richtig. Jeder Bruch, dessen Nenner eine Zehnerstufenzahl ist, hat eine endliche Dezimaldarstellung.

D Die Aussage ist richtig. Lautet die Aufgabe z. B. „Runde den Dezimalbruch 0,403 auf Hundertstel." ist die Antwort 0,40. Würde man 0,4 schreiben, so hat man die Aufgabenstellung nicht beachtet, da der Dezimalbruch auf Zehntel gerundet wurde.

E Die Aussage ist falsch. Beispielsweise besitzt der Bruch $\frac{18}{12} = \frac{3}{2} = 1{,}5$ eine endliche Dezimaldarstellung. Richtig wäre die Aussage nur, wenn der Bruch bereits in Grundform vorliegen würde.

F Die Aussage ist richtig.
Es gilt $\frac{48}{40} = \frac{6}{5} = \frac{120}{100} = 1{,}2 = 120\,\%$.

G Die Aussage ist richtig. Man verschiebt hierzu das Komma um zwei Stellen nach rechts.

H Die Aussage ist richtig. Es gilt $0{,}05 = \frac{5}{100} = \frac{1}{20} = \frac{2}{40}$.

I Die Aussage ist falsch. Es gilt $\frac{13}{50} = \frac{26}{100} = 0{,}26$.

J Die Aussage ist richtig. Es gilt $\frac{126}{360} = \frac{7}{20} = \frac{35}{100} = 0{,}35$.

K Die Aussage ist richtig. Da der Bruch in Grundform ist, kann er nicht weiter gekürzt werden, d. h. es ergeben sich Vielfache von $\frac{1}{3} = 0{,}\overline{3}$.

L Die Aussage ist falsch. Gegenbeispiel: $\frac{1}{6} = 0{,}1\overline{6}$

M Die Aussage ist richtig. Es gilt $\frac{4}{9} = 0{,}\overline{4}$.

N Die Aussage ist richtig. Es gilt $\frac{5}{6} = 0{,}8\overline{3}$.

O Die Aussage ist falsch. Gegenbeispiel: $0{,}001 < 0{,}1$

P Die Aussage ist richtig. Dezimalbrüche werden stellenweise verglichen.

Q Die Aussage ist falsch. 0,70 und 0,7 sind gleichwertige Dezimalbrüche.

R Die Aussage ist falsch. Dezimalbrüche sind umso größer, je weiter rechts sie auf der Zahlengerade stehen.

S Die Aussage ist falsch. So z. B. liegt auch 0,41 zwischen 0,4 und 0,5.

T Die Aussage ist falsch. Man kann immer noch eine weitere Dezimalstelle hinzufügen, z. B.
$\ldots < 0{,}001 < 0{,}01 < 0{,}1$.

Startklar! – Seite 62

1 a) **1** $60 \cdot 4 = 240$
2 $60 \cdot 40 = 2400$
3 $60 : 4 = 15$
4 $(60 + 4) : 4 - 4 = 64 : 4 - 4 = 16 - 4 = 12$
5 $4 - 60 : 3 = 4 - 20 = -16$

b) **1** $16 + 96 + 34 = 16 + 130 = 146$
2 $152 - 238 + 248 = 152 + 10 = 162$
3 $101 \cdot 34 = 3400 + 34 = 3434$
4 $15 \cdot 27 + 35 \cdot 27 = (15 + 35) \cdot 27$
$= 50 \cdot 27 = 1350$

2 a) $A_{orange} = \frac{18}{100} = \frac{9}{50}$; $A_{blau} = \frac{30}{100} = \frac{3}{10}$;
$A_{grün} = \frac{27}{100}$; $A_{ungefärbt} = \frac{25}{100} = \frac{1}{4}$

b) $A_{orange} = \frac{55}{100} = \frac{11}{20}$; $A_{blau} = \frac{20}{100} = \frac{1}{5}$;
$A_{grün} = \frac{3}{100}$; $A_{ungefärbt} = \frac{22}{100} = \frac{11}{50}$

c) $A_{orange} = \frac{24}{100} = \frac{6}{25}$; $A_{blau} = \frac{36}{100} = \frac{9}{25}$;
$A_{grün} = \frac{8}{25}$; $A_{ungefärbt} = \frac{2}{25}$

d) $A_{orange} = \frac{8}{100} = \frac{2}{25}$; $A_{blau} = \frac{11}{100}$; $A_{grün} = \frac{10}{100} = \frac{1}{10}$;
$A_{ungefärbt} = \frac{100 - 8 - 25 - 10}{100} = \frac{57}{100}$

3 a) $\frac{1}{3}$ von 750 mg = 250 mg = 0,25 g
b) 30 % von 1 m^2 = 30 % von 100 dm^2 = 30 dm^2
c) $\frac{2}{5}$ von 3 € = $\frac{2}{5}$ von 300 ct = 120 ct
d) $\frac{5}{7}$ von 9,1 kg = $\frac{5}{7}$ von 9100 g = 6500 g
e) 17 % von 1 dm = 17 % von 100 mm = 17 mm
= 1,7 cm
f) 75 % von 2 h = 75 % von 120 min = 90 min

4 a) **1** $\frac{5}{8} \overset{8}{=} \frac{40}{64}$ **2** $\frac{3}{7} \overset{9}{=} \frac{27}{63}$
3 $1\frac{3}{5} = \frac{8}{5} \overset{6}{=} \frac{48}{30}$ **4** $2\frac{7}{9} = \frac{25}{9} \overset{4}{=} \frac{100}{36}$
Die Brüche werden jeweils mit der angegebenen Zahl erweitert.

b) **1** $60 = 2^2 \cdot 3 \cdot 5$ $\frac{108}{60} \underset{12}{=} \frac{9}{5}$
2 $153 = 32 \cdot 17$ $\frac{102}{153} \underset{51}{=} \frac{2}{3}$
3 $105 = 3 \cdot 5 \cdot 7$ $\frac{51}{105} \underset{3}{=} \frac{17}{35}$
4 $462 = 2 \cdot 3 \cdot 7 \cdot 11$ $\frac{132}{462} \underset{66}{=} \frac{2}{7}$

5 0,35 km = 350 m; $3\frac{1}{3}$ m = $3{,}\overline{3}$ m;
3300 mm = 3,3 m; 32,5 dm = 3,25 m;
$\frac{3}{1000}$ km = 3 m; $300\frac{1}{2}$ cm = 3,005 m;
$\frac{3}{1000}$ km < $300\frac{1}{2}$ cm < 3,05 m < 32,5 dm
< 3300 mm < $3\frac{1}{3}$ m < 0,35 km

6 a) **1** $6{,}25 = 6\frac{1}{4} = \frac{25}{4}$ endlicher Dezimalbruch
2 $6{,}\overline{25}$ periodischer Dezimalbruch
3 $0{,}3 = \frac{3}{10}$ endlicher Dezimalbruch
4 $1{,}0\overline{3}$ periodischer Dezimalbruch
5 $2{,}1212 = 2\frac{1212}{10000} = 2\frac{303}{2500}$ endlicher Dezimalbruch

b) **1** $\frac{3}{4} = 0{,}75$ **2** $\frac{4}{25} = 0{,}16$ **3** $\frac{2}{3} = 1{,}\overline{6}$
4 $\frac{1}{6} = 0{,}1\overline{6}$ **5** $\frac{7}{200} = 0{,}035$

Am Ziel! – Seiten 100 und 101

1 Beispiel: $\frac{3}{4}$ und $\frac{1}{6}$
Der Hauptnenner ist das kleinste gemeinsame Vielfache der beiden Nenner.
Hier: kgV (4; 6) = 12
Um die beiden Brüche zu addieren oder zu subtrahieren, erweitert man sie auf den Hauptnenner und addiert bzw. subtrahiert die beiden gleichnamigen Brüche.
Beispiel: $\frac{3}{4} + \frac{1}{6} = \frac{9}{12} + \frac{2}{12} = \frac{11}{12}$

2 a) $\frac{5}{8} + \frac{5}{6} = \frac{15}{24} + \frac{20}{24} = \frac{35}{34}$
b) $18\frac{2}{3} - 10\frac{3}{4} = 8\frac{8}{12} - \frac{9}{12} = 7\frac{11}{12}$
c) $9\frac{7}{12} + 14\frac{11}{20} = 23\frac{35}{60} + \frac{33}{60} = 24\frac{8}{60} = 24\frac{2}{15}$

3 a) **1** 10,83 € **2** 10,02 kg **3** 43,9 m
b) **1** 46 m **2** 138,1 s **3** 9,8 ℓ
c) **1** 0 **2** 399,72 m^2 **3** 13,25 cm

4

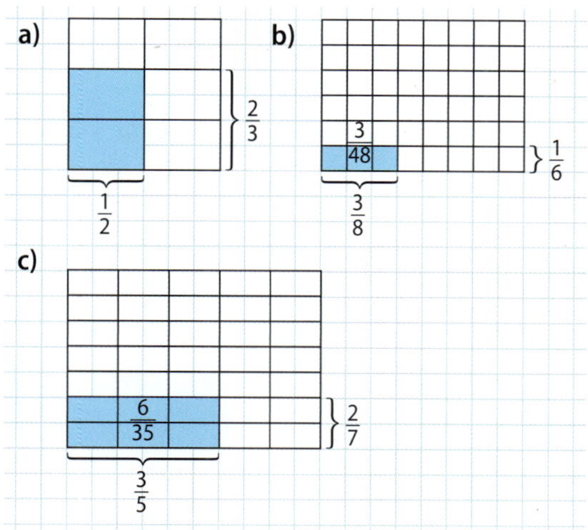

5 a) $\frac{8}{3} = 2\frac{2}{3}$ b) $\frac{23}{24}$ c) $\frac{27}{20} = 1\frac{7}{20}$
$\frac{3}{4}$ $\frac{10}{7} = 1\frac{3}{7}$ $\frac{1}{5}$
$\frac{28}{5} = 5\frac{3}{5}$ $\frac{7}{3} = 2\frac{1}{3}$ 13

6 a) Von den Kreuzkarten sind $\frac{3}{8}$ Bildkarten. Von allen Karten sind $\frac{1}{4} \cdot \frac{3}{8} = \frac{3}{32}$ Bildkarten mit Kreuz.
b) Wenn der Anteil bei jeder „Farbe" (Kreuz, Pik, Herz, Karo) $\frac{3}{8}$ ist, dann sind also auch insgesamt $\frac{3}{8}$ aller Karten Bildkarten. Von 32 Karten sind somit $32 \cdot \frac{3}{8} = 12$ Bildkarten und 20 Karten haben keine Bilder.

7 In Nigeria leben $\frac{1}{5} \cdot \frac{2}{11} = \frac{2}{55}$ aller Menschen (etwa 3,6 %).

8 Alina erhält 23 Bänder (34,5 m). Das Reststück ist 0,5 m lang.

9 a) 3,4 b) 1,7 c) 3,02
11,1 0,005 235,8
1006,8 0,0017 9,0384
100 0,00045 0,343
d) 2,7 e) 4,0625 f) 0,054
0,27 8,1 0,09
0,0027 10 629,36 77,48
2,7 0 600

10 a) $x \cdot 1\frac{3}{4} = 0{,}2 + 5\frac{2}{5}$; $x \cdot \frac{7}{4} = \frac{28}{5}$; $x = \frac{28}{5} : \frac{7}{4}$
$= \frac{28}{5} \cdot \frac{4}{7} = \frac{16}{5} = 3\frac{1}{5}$
b) $x - 3 = \frac{17}{21} + 1\frac{1}{7} \cdot 0{,}\overline{3}$; $x - 3 = \frac{17}{21} + \frac{8}{7} \cdot \frac{1}{3}$;
$x - 3 = \frac{25}{21}$; $x = \frac{25}{21} + 3 = \frac{88}{21}$
c) $(3{,}05 + 0{,}35) : x = 70{,}1 - 27{,}6$; $3{,}4 : x = 42{,}5$;
$x = 3{,}4 : 42{,}5 = 0{,}08$

11 a) $\frac{21}{25}$ b) 0,04096 c) 50 d) 10

12 a) $A = 1\frac{2}{3}\,m \cdot 1\frac{2}{3}\,m = 2\frac{7}{9}\,m^2$
$U = 4 \cdot 1\frac{2}{3}\,m = 6\frac{2}{3}\,m$
b) $A = 5 \cdot \left(\frac{3}{4}\,m \cdot \frac{3}{4}\,m\right) = 2\frac{13}{16}\,m^2$
$U = 12 \cdot \frac{3}{4}\,m = 9\,m$
c) $A = 1{,}8\,m \cdot 1{,}0\,m + 0{,}3\,m \cdot 1{,}0\,m = 2{,}1\,m^2$
$U = 2{,}4\,m + 2 \cdot 1{,}2\,m + 1{,}8\,m = 6{,}6\,m$

Aufgaben für Lernpartner

A Johannes hat nicht Recht, denn bei der Addition und Subtraktion werden nur bei gleichem Nenner die Zähler zwar zusammengezählt, der gemeinsame Nenner bleibt jedoch erhalten. Ebenso muss man bei der Division erst den Kehrbruch vom Divisor bilden.

B Die Aussage ist falsch, denn man muss Komma unter Komma setzen. Ansonsten verrechnet man unter Umständen verschiedene Stellenwerte miteinander (z. B. Hunderter der ersten Zahl mit Zehnteln der zweiten Zahl).

C Die Aussage ist im Allgemeinen falsch. Es gibt zwar viele Situationen, in denen man bei „von" auch mit „mal" rechnen kann (z. B. die Hälfte von einer $\frac{3}{4}$ Stunde ist $\frac{1}{2} \cdot \frac{3}{4} = \frac{3}{8}$ Stunde). Wenn man z. B. aus einem Korb mit Äpfeln 2 von 20 Äpfeln nimmt, dann hat man nicht $2 \cdot 20 = 40$ Äpfel genommen, sondern insgesamt nur 2 Äpfel.

D Die Aussage ist falsch. Um durch einen Bruch zu dividieren muss man mit dem Kehrbruch des Divisors multiplizieren.

E Die Aussage ist falsch. Die Zahl 0 besitzt keinen Kehrbruch.

F Die Aussage ist so falsch. Vielmehr gilt: Ist der Divisor größer als 1, so wie es bei den natürlichen Zahlen der Fall war oder bei entsprechenden Brüchen, dann ist die Aussage richtig. Ist der Divisor aber kleiner als 1, dann ist das Ergebnis größer als der Dividend.
Beispiel: $4 : \frac{3}{4} = 4 \cdot \frac{4}{3} = 5\frac{1}{3}$ $\quad 5\frac{1}{3} > 4$

G Die Aussage ist richtig. $0{,}25 \cdot 100 = 250 : 10 = 25$

H Die Aussage ist falsch. Gegenbeispiel: $\left(\frac{1}{2}\right)^2 = \frac{1}{4} < \frac{1}{2}$

I Die Aussage ist richtig. $132{,}2 \cdot 0{,}45 = 59{,}49$

J Die Aussage ist richtig in Bezug auf die Möglichkeit, dass es durch eine Kommaverschiebung geht. Die Art der Kommaverschiebung ist jedoch anders: Bei der Multiplikation erfolgt sie „gegensinnig", bei der Division „gleichsinnig".

K Die Aussage ist falsch in der Hinsicht, dass man es machen muss. Bei der Addition ist das verpflichtend, bei der Multiplikation können dagegen direkt die Nenner miteinander verrechnet werden.

L Die Aussage ist falsch. Gegenbeispiel: $\frac{1}{4}$ und $\frac{5}{6}$.
Hauptnenner: 12; aber $4 \cdot 6 = 24$

M Die Aussage ist richtig. Dies beruht auf den Rechenregeln für größere Terme.

N Die Aussage ist richtig. Beispiel: $3^{-2} = \frac{1}{3^2}$

Startklar! – Seite 102

1 Tafel: Quadratmeter
Wiese: Hektar
Speicherkarte: Quadratzentimeter
Spiralblock und Toast: Quadratdezimeter

2 **a)** $243\,mm^2 = 2{,}43\,cm^2$
$1045\,a = 104\,500\,m^2$
$365\,302\,m^2 = 36{,}5302\,km^2$

b) $1{,}45\,cm^2 = 0{,}0145\,dm^2$
$0{,}308\,dm^2 = 30{,}8\,cm^2$
$4{,}1\,a = 410\,m^2$

c) $318{,}09\,cm^2 = 0{,}031809\,m^2$
$4023{,}11\,a = 40\,231\,100\,dm^2$
$392{,}1\,mm^2 = 0{,}03921\,dm^2$

3 **1** $A = 2\,cm \cdot 2\,cm = 4\,cm^2$
$U = 4 \cdot 2\,cm = 8\,cm$

2 $A = 2\,cm \cdot 3\,cm + 1\,cm \cdot 1\,cm = 7\,cm^2$
$U = 3\,cm + 2 \cdot 2\,cm + 5 \cdot 1\,cm = 12\,cm$

3 $A = 3\,cm \cdot 3\,cm - 2\,cm^2 = 9\,cm^2 - 2\,cm^2 = 7\,cm^2$
$U = 4 \cdot 3\,cm + 2 \cdot 2\,cm + 2 \cdot 1\,cm = 12\,cm$
$+ 4\,cm + 2\,cm = 18\,cm$

4 $A = 2{,}5\,cm \cdot 2{,}5\,cm - 1\,cm \cdot 2\,cm - 0{,}5\,cm$
$\cdot 1{,}5\,cm - 0{,}5\,cm \cdot 1\,cm - 0{,}5\,cm \cdot 0{,}5\,cm$
$= 2{,}75\,cm^2$
$U = 3\,cm + 2{,}5\,cm + 11 \cdot 0{,}5\,cm = 11\,cm$

4 mögliche Lösungen:

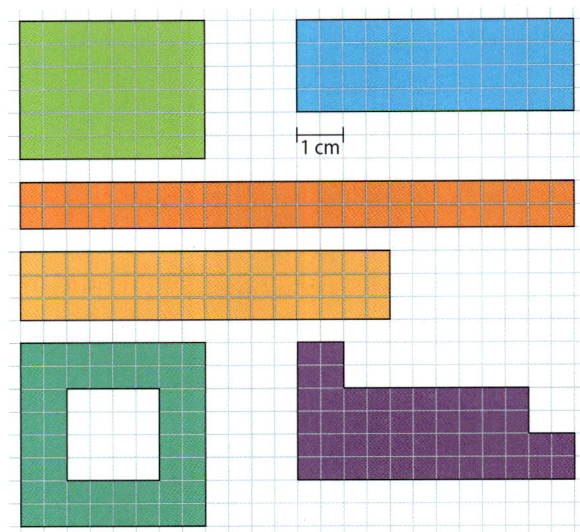

5 $A_{grün} = 2 \cdot (1\,cm \cdot 2\,cm + 1\,cm \cdot 2\,cm + 2\,cm$
$\cdot 2\,cm) = 2 \cdot 8\,cm^2 = 16\,cm^2$
$A_{blau} = 2 \cdot (3\,cm \cdot 3\,cm - 1{,}5\,cm \cdot 1{,}5\,cm + 1{,}5\,cm$
$\cdot 2\,cm + 3\,cm \cdot 2\,cm) = 2 \cdot (9\,cm^2 - 2{,}25\,cm^2$
$+ 3\,cm^2 + 6\,cm^2) = 2 \cdot 15{,}75\,cm^2 = 31{,}5\,cm^2$
$A_{rot} = 2 \cdot (2\,cm \cdot 2{,}5\,cm - 1\,cm^2 + 1\,cm \cdot 2{,}5\,cm$
$+ 2\,cm \cdot 1\,cm) + 4\,cm^2 = 2 \cdot (5\,cm^2 - 1\,cm^2$
$+ 2{,}5\,cm^2 + 2\,cm^2) + 4\,cm^2 = 21\,cm^2$

6 Vor der Zerlegung:
$A_{Würfel} = 6 \cdot 4\,cm \cdot 4\,cm$
$= 6 \cdot 16\,cm^2 = 96\,cm^2$
Nach der Zerlegung:
$A_{8\,Würfelchen} = 8 \cdot 6 \cdot 2\,cm \cdot 2\,cm$
$= 48 \cdot 4\,cm^2 = 192\,cm^2 = 2 \cdot A_{Würfel}$
Der Oberflächeninhalt verdoppelt sich durch die Zerlegung.

Am Ziel! – Seiten 122 und 123

1 a) Die sechs getönten deckungsgleichen rechtwinkligen Dreiecke der rechten Figur lassen sich zu drei Karo-Quadraten zusammensetzen.

b) Die beiden Quadrate haben die gleiche Seitenlänge. Vom linken Quadrat sind zwei halbe Karo-Quadrate abgeschnitten, aus dem rechten ist ein ganzes Karo-Quadrat herausgeschnitten. Die getönten Restflächen sind also inhaltsgleich.

2

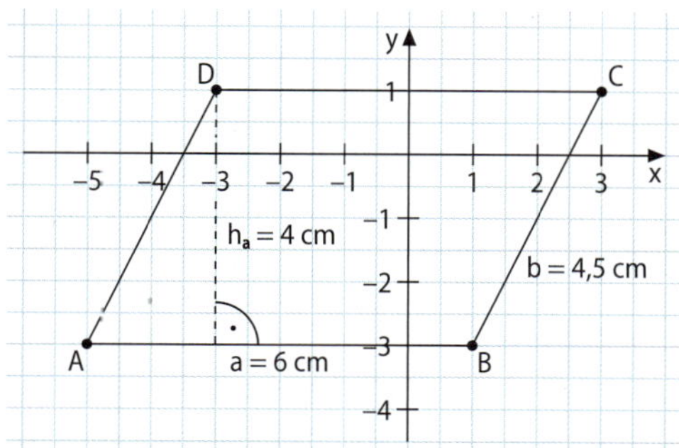

$U = 2 \cdot a + 2 \cdot b$

$U = 2 \cdot 6\,cm + 2 \cdot 4{,}5\,cm = 21\,cm$

$A = a \cdot ha$

$A = 6\,cm \cdot 4\,cm = 24\,cm^2$

3 $A = \frac{1}{2} \cdot g \cdot h$

Bei der Berechnung muss man auf gleiche Einheiten achten.

	a)	b)	c)
Grundseite g	40 mm	3,8 cm	1,3 cm
Höhe h	12 cm	4,1 cm	17 mm
Flächeninhalt A	24 cm²	7,79 cm²	110,5 mm²

4 Mögliche Lösungen:

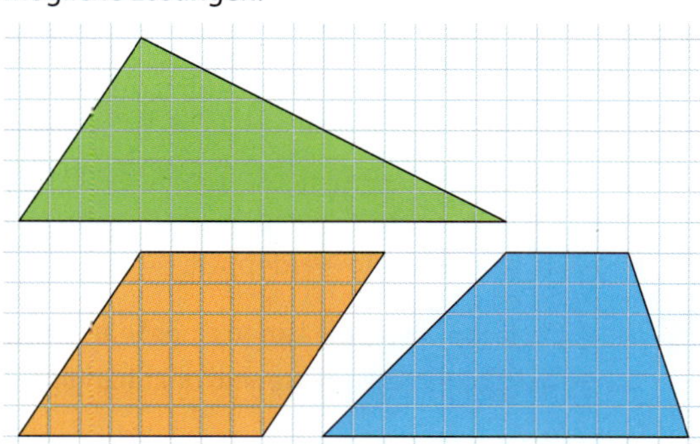

Für den Flächeninhalt eines Dreiecks gilt
$A_{Dreieck} = \frac{1}{2} \cdot g \cdot h$. Also ergibt sich z. B. mit $g = 8\,cm$ und $h = 3\,cm$ der Flächeninhalt $12\,cm^2$.
Für den Flächeninhalt eines Parallelogramms gilt
$A_{Parallelogramm} = g \cdot h$. Also ergibt sich z. B. mit $g = 4\,cm$ und $h = 3\,cm$ der Flächeninhalt $12\,cm^2$.
Für den Flächeninhalt eines Trapezes gilt
$A_{Trapez} = \frac{a \cdot c}{2} \cdot h$. Also ergibt sich z. B. mit $a = 2\,cm$, $c = 6\,cm$ und $h = 3\,cm$ der Flächeninhalt $12\,cm^2$.

5 Zu Yasemins Rechnung passt die Zeichnung **1** , zu Yannicks Rechnung die Zeichnung **2** .
Yasemin hat den Flächeninhalt des Dreiecks als halben Flächeninhalt des Rechtecks mit $g = 6\,cm$ und $h = 2\,cm$ berechnet.
Yannick hat das Dreieck in ein flächengleiches Rechteck mit halber Höhe verwandelt und den Flächeninhalt dieses Rechtecks berechnet.

6 **1** $A = g \cdot h$

$A = 1{,}5\,cm \cdot 7{,}3\,cm = 10{,}95\,cm^2$

Der Umfang kann aus den Angaben nicht berechnet werden, weil die Länge der anderen Seite des Parallelogramms fehlt.

2 $A = a^2$

$A = 32\,m \cdot 32\,m = 1024\,m^2$

$u = 4 \cdot a \qquad u = 4 \cdot 32\,m = 128\,m$

3 $A = \frac{a + c}{2} \cdot h$

$A = \frac{38\,dm + 20\,dm}{2} \cdot 10{,}7\,dm = 310{,}3\,dm^2$

$u = a + b + c + d$; hier: $b = d$

$u = 38\,dm + 14\,dm + 20\,dm + 14\,dm = 86\,dm$

4 $A = \frac{a + c}{2} \cdot h$

$A = \frac{8{,}4\,dm + 11{,}2\,dm}{2} \cdot 5{,}5\,dm = 53{,}9\,dm^2$

Der Umfang kann nicht berechnet werden, weil die Angaben der beiden anderen Seitenlängen fehlen.

5 $A = g \cdot h$

$A = 2\,cm \cdot 2{,}5\,cm = 5\,cm^2$

Beachte, dass die Höhe zu einer bekannten Seite des Parallelogramms gewählt werden muss.
Der Umfang kann aus den Angaben nicht berechnet werden, weil die Länge der anderen Seite des Parallelogramms fehlt.

7 Es sind verschiedene Zerlegungen (oder auch Ergänzungen) möglich. Lösungsmöglichkeit:

a) Zerlegung in Trapez (A_1) und Dreieck (A_2):

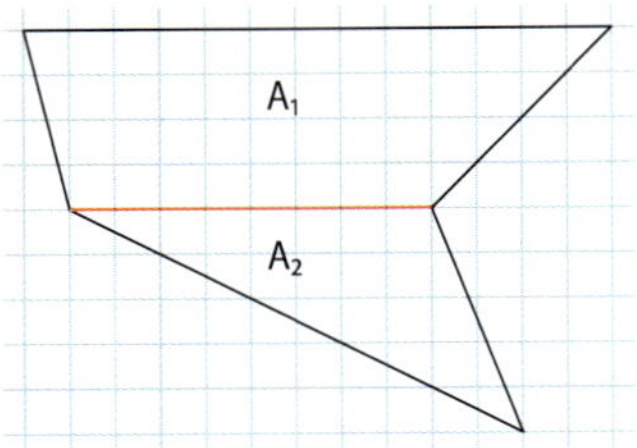

$A = A_1 + A_2$

$A_1 = \frac{4\text{ cm} + 6{,}5\text{ cm}}{2} \cdot 2\text{ cm} = 10{,}5\text{ cm}^2$

$A_2 = \frac{1}{2} \cdot 4\text{ cm} \cdot 2{,}5\text{ cm} = 5\text{ cm}^2$

$A = 15{,}5\text{ cm}^2$

b) Zerlegung in Dreiecke (A_1, A_3) und Trapez (A_2):

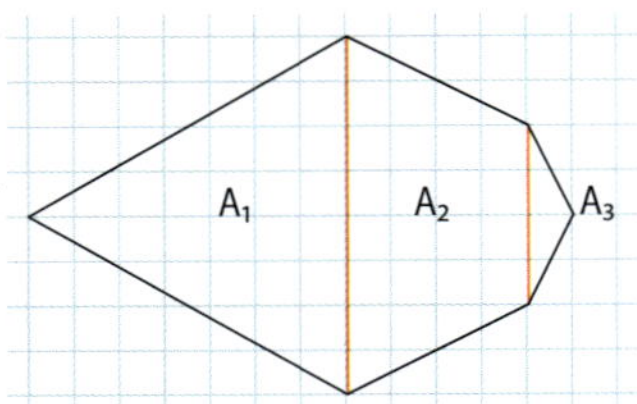

$A = A_1 + A_2 + A_3$

$A_1 = \frac{1}{2} \cdot 4\text{ cm} \cdot 3{,}5\text{ cm} = 7\text{ cm}^2$

$A_2 = \frac{4\text{ cm} + 2\text{ cm}}{2} \cdot 2\text{ cm} = 6\text{ cm}^2$

$A_3 = \frac{1}{2} \cdot 2\text{ cm} \cdot \frac{1}{2}\text{ cm} = \frac{1}{2}\text{ cm}^2$

$A = 13{,}5\text{ cm}^2$

8 $A_{Pyramide} = 4 \cdot A_{Dreieck} + A_{Quadrat}$

$A_{Quadrat} = 4{,}3\text{ cm} \cdot 4{,}3\text{ cm} = 18{,}49\text{ cm}^2$

$A_{Dreieck} = (A_{Pyramide} - A_{Quadrat}) : 4$
$= (55{,}47\text{ cm}^2 - 18{,}49\text{ cm}^2) : 4 = 9{,}245\text{ cm}^2$

$A_{Dreieck} = \frac{1}{2} \cdot g \cdot h = \frac{1}{2} \cdot 4{,}3\text{ cm} \cdot h = 2{,}15\text{ cm} \cdot h$
$= 9{,}245\text{ cm}^2$

$h = 9{,}245\text{ cm}^2 : 2{,}15\text{ cm} = 4{,}3\text{ cm}$

Die Höhe einer Seitenfläche beträgt 4,3 cm.

9 $A_{Zelt} = 5 \cdot A_{Dreieck} = 5 \cdot \frac{1}{2} \cdot 65\text{ cm} \cdot 150\text{ cm}$
$= 9750\text{ cm}^2 = 97{,}5\text{ dm}^2$

Das Tuch muss ungefähr mindestens 1 m^2 groß sein.

Aufgaben für Lernpartner

A Die Aussage ist falsch. Gegenbeispiel: Beide Rechtecke lassen sich in paarweise deckungsgleiche Figuren zerlegen, nämlich in jeweils 4 Kästchen. $U_I = 5\text{ cm}$, aber $U_{II} = 4\text{ cm}$

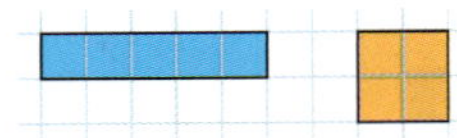

B Die Aussage ist richtig. Wenn einerseits die entstehenden Figuren denselben Flächeninhalt und andererseits die Paare hinzugefügter Figuren denselben Flächeninhalt haben, so müssen die Ausgangsfiguren auch denselben Flächeninhalt haben.

C Die Aussage ist richtig. Da bei einem Quadrat die gegenüberliegenden Seiten parallel sind, ist jedes Quadrat auch ein Parallelogramm. Daher ist die Flächenformel für Parallelogramme auch auf Quadrate anwendbar.

D Die Aussage ist falsch. Verdoppelt man die Höhe $h_{neu} = 2 \cdot h_{alt}$ und die zugehörige Seitenlänge $g_{neu} = 2 \cdot g_{alt}$ eines Parallelogramms, so ergibt sich für den Flächeninhalt:

$A_{neu} = g_{neu} \cdot h_{neu} = 2 \cdot g_{alt} \cdot 2 \cdot h_{alt} = 4 \cdot g_{alt} \cdot h_{alt} = 4 \cdot A_{alt}$

Der Flächeninhalt vervierfacht sich in diesem Fall.

E Die Aussage ist falsch. Als Gegenbeispiele können z. B. die gezeichneten Parallelogramme dienen.

$U_I = 2 \cdot (1\text{ cm} + 1{,}41\text{ cm}) = 4{,}82\text{ cm}$

$U_{II} = 2 \cdot (1\text{ cm} + 3{,}82\text{ cm}) = 9{,}64\text{ cm} = 2 \cdot U_I$

Die Flächeninhalt beider Parallelogramme sind gleich, da die Grundseitenlängen und die Höhen gleich sind.

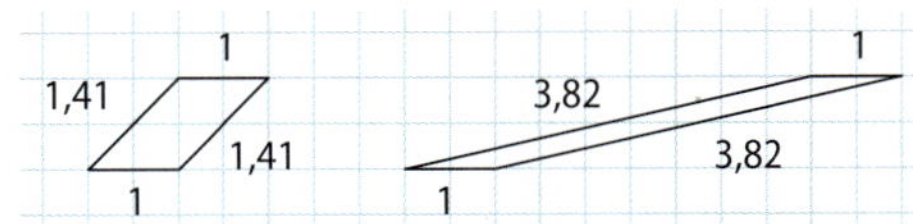

F Die Aussage ist richtig.

Höhe: $h_{neu} = \frac{1}{2} \cdot h_{alt}$

Grundseite: $g_{neu} = 2 \cdot g_{alt}$

Flächeninhalt: $A_{neu} = \frac{1}{2} \cdot g_{neu} \cdot h_{neu}$
$= \frac{1}{2} \cdot 2 \cdot g_{alt} \cdot \frac{1}{2} \cdot h_{alt} = \frac{1}{2} \cdot g_{alt} \cdot h_{alt} = A_{alt}$

Der Wert des Produkts und damit der Flächeninhalt ändert sich nicht, wenn man den einen Faktor halbiert und den anderen Faktor verdoppelt.

G Die Aussage ist falsch. Die Länge einer Seite und die Länge der zugehörigen Höhe sind unabhängig voneinander.

H Die Aussage ist falsch. Den Flächeninhalt eines Trapezes erhält man als Produkt aus der Höhe und dem Mittelwert der Längen der beiden parallelen Seiten.

I Die Aussage ist richtig. Da jedes Parallelogramm ein Trapez ist, lässt sich der Flächeninhalt eines Parallelogramms auch mithilfe der Formel für Trapeze bestimmen.

J Die Aussage ist richtig. Man verbinde eine Ecke des Vielecks mit allen anderen, die nicht direkt anliegen. Damit unterteilt man das Vieleck in Dreiecke.

K Versteht man unter „zerlegen" das Zerschneiden eines Vielecks und zwar so, dass die Schnitte jeweils durch genau zwei Eckpunkte des Vielecks laufen, dann gilt: Ein Fünfeck beispielsweise lässt sich nicht in Vierecke zerlegen, da in der Zerlegung in ein Viereck ein Dreieck übrig bleibt. Damit wäre die Aussage falsch.
Lässt man auch solche Schnitte zu, die nur genau einen Eckpunkt enthalten, dann kann man beispielsweise ein Fünfeck auch in zwei Vierecke zerlegen.

L Die Aussage ist richtig. Die Anzahl der Ecken des Prismas ist das Doppelte der Eckenzahl der Grund- bzw. Deckfläche. Da diese Flächen kongruent sind, haben sie dieselbe Eckenzahl. Damit ist aber die Eckenzahl des Prismas gerade.

M Die Aussage ist falsch. Da sich der Inhalt der Grund- und Deckfläche durch die Verdoppelung der Höhe nicht verändert, verdoppelt sich der Oberflächeninhalt nicht.

N Die Aussage ist richtig. Die Grund- bzw. Deckfläche kann man in Dreiecke zerlegen. Damit erhält man eine Zerlegung des Prismas in Prismen mit dreieckiger Grundfläche.

Startklar! – Seite 124

1 a) Das Vieleck besteht aus 18 gleichen Rechtecken mit den Seitenlängen 1,0 cm und 0,5 cm. Die Gesamtfläche ist also $A = 18 \cdot (1{,}0\text{ cm} \cdot 0{,}5\text{ cm}) = 9\text{ cm}^2$.

b) Lösungsmöglichkeit: Das Vieleck wird durch zwei senkrechte Schnitte in drei Teilrechtecke zerlegt:
$A = 2\text{ cm} \cdot 1\text{ cm} + 2\text{ cm} \cdot 3\text{ cm} + 1\text{ cm} \cdot 1\text{ cm}$
$= 2\text{ cm}^2 + 6\text{ cm}^2 + 1\text{ cm}^2 = 9\text{ cm}^2$.

c) $A = 5\text{ cm} \cdot 3\text{ cm} - 2\text{ cm} \cdot 2\text{ cm} - 1\text{ cm} \cdot 2\text{ cm}$
$= 15\text{ cm}^2 - 4\text{ cm}^2 - 2\text{ cm}^2 = 9\text{ cm}^2$

2

a) 370 cm	b) 6 dm	c) 0,032 km
d) 62,5 m	e) 6,54 m	f) 240 cm
g) 0,20 dm^2	h) 1800 m^2	i) 21 000 cm^2
j) 2,40 km^2	k) 475 dm^2	l) 2a

3 a) 720,5 m^2 Beispiel: Berechnung der unbebauten Fläche nach Bebauung eines Grundstücks, das durch Zusammenlegen zweier kleinerer Grundstücke entstanden ist.

b) 840 cm^2 Beispiel: Flächenberechnung eines Rechtecks

c) 128 cm^2 Beispiel: Berechnung einer Fläche, die aus acht Quadraten der Kantenlänge 4 cm besteht

d) 1400 m^2 Beispiel: Teilen eines Grundstücks in drei gleich große Teile

e) 21 Beispiel: Zerlegen eines Grundstücks in gleich große Teile der Fläche 200 m^2

f) 141,75 cm^2 Beispiel: Teilen eines DIN-A4-Blatts in vier gleich große Teile und Einfärben von 90 % der Fläche eines dieser Teile

4 a) $O = 2 \cdot (9\text{ cm} \cdot 6\text{ cm} + 9\text{ cm} \cdot 19\text{ cm} + 6\text{ cm} \cdot 19\text{ cm})$
$= 2 \cdot (54\text{ cm}^2 + 171\text{ cm}^2 + 114\text{ cm}^2) = 678\text{ cm}^2$

b) Der Folienverbrauch entspricht der Oberfläche des jeweiligen Sechserpäckchens.
$O_1 = 2358\text{ cm}^2$; $O_2 = 2016\text{ cm}^2$; $O_3 = 2130\text{ cm}^2$; $O_4 = 2928\text{ cm}^2$

c) 5,49 € : 6 = 91,5 ct ≈ 92 ct

5 Der Körper in a) besteht aus 18 Würfeln, der in b) aus 14 Würfeln und der in c) aus 12 Würfeln. Somit hat der Körper in a) den größten Rauminhalt.

6 Individuelle Lösungen.

Am Ziel! – Seiten 144 und 145

1 a) **1** 32 Würfelchen; Volumen 32 cm^3
2 18 Würfelchen; Volumen 18 cm^3
3 27 Würfelchen; Volumen 27 cm^3

b) Prisma 3 lässt sich zu einem Würfel mit der Kantenlänge 3 cm umbauen.

c) 1 Höhe 2 cm oder 4 cm
Grund- und Deckflächen sind Rechtecke.
2 Höhe 2 cm
3 Höhe 1 cm
Die Grund- und Deckflächen bei 2 und 3 sind in beiden Fällen Vielecke, die aus Rechtecken zusammengesetzt sind.

2 a) $2{,}6\ dm^3 = 2\,600\,000\ mm^3$
b) 0,015 hℓ = 15 dℓ
c) $0{,}5\ m^3 = 500\,000\ cm^3$
d) $0{,}0506\ m^3 = 50\,600\ cm^3$
e) 0,034 hℓ = 34 dℓ
f) $3\ cm^3$ (keine kleinere Einheit)

3 a) $4\ m^3 < 4150\ dm^3$
$50\ dm^3 = 50$ ℓ
750 mℓ = 0,75 ℓ

b) $1250\ cm^3 < 12{,}5\ dm^3$
$0{,}5\ cm^3 <$ 500 mℓ
$55\,000\ m^3 =$ 550 000 hℓ

4 a) 955,89 ℓ
b) $11\frac{5}{18}$
c) $648\ cm^3$
d) $54{,}88\ mm^3$
e) $10\,118{,}39175\ m^3$
$13\,230\ dm^3$
f) $17\,748{,}2\ cm^3$

5 a) $V = 288\ cm^3$; $O = 264\ cm^2$
b) $V = 192\ cm^3$; $O = 280\ cm^2$
c) $V = 320\ cm^3$; $O = 352\ cm^2$

6 a) $V = 14501{,}5\ m^3$
b) gesamte Oberfläche der Seitenwände und der Decke: $2974{,}5\ m^2$
Oberfläche der Fenster und Türen:
$2974{,}5\ m^2 : 6 = 495{,}75\ m^2$
Fläche, die gestrichen wird:
$2974{,}5\ m^2 - 495{,}75\ m^2 = 2478{,}75\ m^2$

7 a) $V = 4\ m \cdot 4\ m \cdot 4\ m - 2\ m \cdot 2\ m \cdot 4\ m = 48\ m^3$
b) $V = 4\ m \cdot 4\ m \cdot 4\ m - (2\ m \cdot 2\ m \cdot 4\ m) : 2 = 56\ m^3$

8 a) Das maximale Müllvolumen ergibt sich, wenn alle geleerten Tonnen vollständig gefüllt sind:
$V = 489 \cdot 120$ ℓ $+ 189 \cdot 80$ ℓ $= 70\,200$ ℓ $= 70{,}2\ m^3$
b) $70{,}2\ m^3 : 22{,}5\ m^3 = 3{,}12$. Der Müllwagen muss insgesamt viermal geleert werden, so dass sich drei Zwischenleerungen ergeben.

Aufgaben für Lernpartner

A Die Aussage ist falsch. Ein Würfel hat lauter gleich lange Kanten und ist auch ein Quader.

B Die Aussage ist richtig. Das Netz eines Würfels besteht aus sechs Quadraten, die auch Rechtecke sind.

C Die Aussage ist richtig, aber nur dann nutzbar, wenn sich der Körper in gleich große Teilkörper mit bekanntem Volumen zerlegen lässt.

D Die Aussage ist richtig.

E Die Aussage ist richtig.

F Die Aussage ist richtig. Bei Bedarf muss der Messbecher mehrfach gefüllt werden.

G Die Aussage ist nur für Umwandlungen innerhalb der Einheiten $mm^3 - cm^3 - dm^3 - m^3$ richtig, nicht aber z. B. für die Umwandlung zwischen den Einheiten hℓ und m^3.

H Die Aussage ist richtig. Analog zu den Längeneinheiten dm und cm gibt es auch die Einheiten dℓ und cℓ.

I Die Aussage ist nur richtig, falls die Maßzahl der Größe in der Einheit m^3 eine natürliche Zahl ist. Ist die Maßzahl ein Dezimalbruch, so verändert das Anhängen von Nullen rechts vom Komma den Wert der Maßzahl nicht.

J Die Aussage ist richtig, da $1\ m^3 = 10$ hℓ ist.

K Die Aussage ist nur dann richtig, wenn alle Kantenlängen so in ein und dieselbe, kleinere Maßeinheit umgewandelt werden können, dass alle Maßzahlen dabei natürliche Zahlen sind.

L Die Aussage ist richtig, da jeder Würfel ein Quader ist.

M Die Aussage ist falsch. Zwar verachtfacht sich der Rauminhalt, die Oberfläche vervierfacht sich jedoch nur.

N Die Aussage ist falsch. Die Bezeichnungen der Kanten als „Länge“, „Breite“ und „Höhe“ hängt davon ab, aus welcher Richtung der Quader betrachtet wird.

Startklar! – Seite 146

1 a) $28 > -45$ b) $4{,}39 > 4{,}3899$
c) $\frac{3}{8} < \frac{5}{12}$ d) $1{,}76 < \frac{9}{4}$
e) $-33 > -49$ f) $-12{,}34 < -10{,}91$
g) $\frac{25}{16} > 1\frac{1}{4}$ h) $-2\frac{7}{12} < -2{,}37$

2 a) 5,0; 5,1; 5,2 7,10; 7,11; 7,12; 7,13
b) 0,082; 0,182; 0,282; 0,382; 0,482
7,162; 7,262; 7,362; …; 7,962
c) 0,618; 0,718; 0,818; 0,918
0,050; 0,051; …; 0,059; 0,150; 0,151; …; 0,659
(beim ersten Klecks die Ziffern 0 bis 6, beim 2. Klecks jeweils die Ziffern 0 bis 9)

3 Individuelle Schätzungen.
$34 - 49 = -15$ $3 \cdot (-4) = -12$
$28 : (-7) = -4$ $-11 \cdot (-9) = 99$

$1{,}466 + 2{,}94 = 4{,}406$ $-56 + 17 = -39$
$(-25) \cdot 12 = -300$ $(-81) : (-9) = 9$
$-(-60) : (-12) = -5$ $14{,}34 - 14{,}034 = 0{,}306$
$\frac{1}{4} + \frac{5}{6} = \frac{13}{12}$ $1\frac{2}{3} - \frac{7}{9} = \frac{8}{9}$
$\frac{5}{6} \cdot \frac{12}{25} = \frac{2}{5}$ $\frac{18}{7} : \frac{9}{28} = 8$
$1\frac{1}{3} \cdot \frac{15}{16} = \frac{5}{4}$ $1{,}2 \cdot 0{,}12 = 0{,}144$
$1{,}75 - \frac{5}{8} = 1{,}125$ $1\frac{1}{26} \cdot 3{,}25 = 3{,}375$
$94{,}2 : 7{,}85 = 12$ $2\frac{3}{7} : 2\frac{1}{7} = \frac{17}{15}$

4 a) $3{,}45 \cdot 1{,}4 + 6{,}55 \cdot 1{,}4 - 13{,}5$
$= (3{,}45 + 6{,}55) \cdot 1{,}4 - 13{,}5 = 14 - 13{,}5 = 0{,}5$
b) $160{,}97 : 97 + 227{,}03 : 97$
$= (160{,}97 + 227{,}03) : 97 = 388 : 97 = 4$
c) $18{,}28 \cdot 0{,}56 - 8{,}28 \cdot 0{,}56 - 8{,}28 : 2$
$= (18{,}28 - 8{,}28) \cdot 0{,}56 - 4{,}14 = 5{,}6 - 4{,}14 = 1{,}46$
d) $\frac{4}{9} \cdot \frac{7}{13} - \frac{1}{3} \cdot \frac{1}{13} + \frac{1}{18} \cdot \frac{2}{13} = \left(\frac{28}{9} - \frac{1}{3} + \frac{2}{18}\right) \cdot \frac{1}{13}$
$= \frac{26}{9} \cdot \frac{1}{13} = \frac{2}{9}$
Die Begründung des Rechenvorteils ergibt sich aus dem Rechenweg.

5 a)
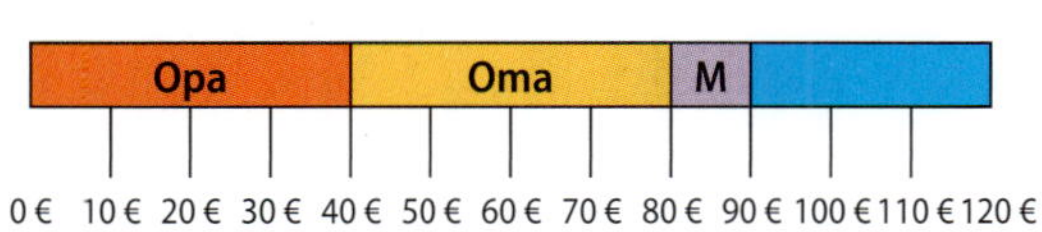

b) 40 € von Opa, dann fehlen noch:
120 € − 40 € = 80 €
Davon die Hälfte, also 80 € : 2 = 40 € von Oma, dann fehlen noch: 80 € − 40 € = 40 €
Davon ein Viertel, also 40 € : 4 = 10 €, von Mutter, dann fehlen noch: 40 € − 10 € = 30 €

6 1 lila + blau $\frac{1}{2}\,\text{cm} \cdot \frac{7}{8}\,\text{cm} + \frac{1}{2}\,\text{cm} \cdot 2{,}5\,\text{cm}$
2 orange + gelb $\left(\frac{7}{8}\,\text{cm} + 2{,}5\,\text{cm}\right) \cdot 1{,}4\,\text{cm}$
3 gesamte Fläche $\frac{1}{2}\,\text{cm} \cdot \frac{7}{8}\,\text{cm} + \frac{1}{2}\,\text{cm} \cdot 2{,}5\,\text{cm}$
$+ 1{,}4\,\text{cm} \cdot \frac{7}{8}\,\text{cm} + 1{,}4\,\text{cm} \cdot 2{,}5\,\text{cm}$
4 gelb $1{,}4\,\text{cm} \cdot 2{,}5\,\text{cm}$

Am Ziel! – Seiten 174 und 175

1 a) A: −3 B: −2 C: −0,5 D: 0 E: 1,5
b) A: −1,25 B: −0,5 C: −0,25 D: 0 E: 0,75
F: 1,25

2
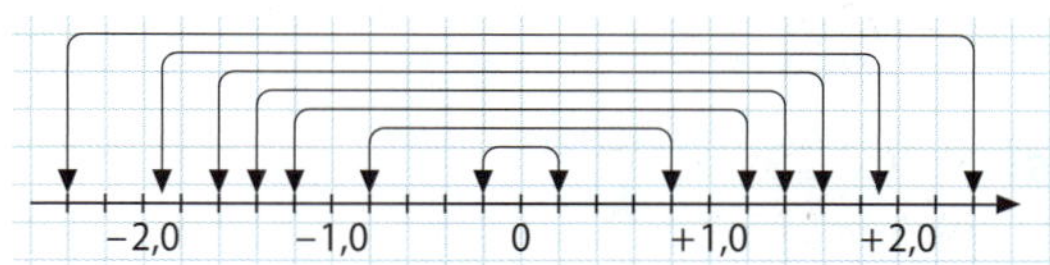

3 a) $0{,}235 > -0{,}235$ $-0{,}235 < \frac{47}{200}$
b) $\frac{5}{15} < 0{,}\overline{3}$ $-0{,}\overline{5} > -\frac{4}{7}$

4

x	$-\frac{2}{5}$	0,88	$1\frac{7}{9}$	$-\frac{9}{2}$
y	$-\frac{1}{3}$	−1,105	5,375	$-1\frac{2}{3}$
x + y	$-\frac{11}{15}$	−0,225	$\frac{515}{72}$	$-\frac{37}{6}$
x · y	$\frac{2}{15}$	−0,9724	$\frac{86}{9}$	7,5
x : y	$\frac{6}{5}$	−0,79638009049774	$\frac{128}{387}$	$\frac{27}{10}$
1,5 · (x − y)	$-\frac{1}{10}$	2,9775	$-\frac{259}{48}$	$-\frac{17}{4}$

5 Individuelle Lösungen, z. B.
a) $(6 + 3) : 3 - 1 \cdot 2$ b) $3 \cdot 3 - \frac{35}{3} + 3$
c) $(3 - 3) : 3 + (3 - 3) \cdot 3$ d) $(1 - 2) \cdot 3 + 4 : 8$
e) $\frac{1}{2} \cdot \left(-\frac{1}{2}\right) - \frac{1}{2} : \frac{1}{3} + \frac{3}{4}$

6 a) −1,8 b) $4\frac{1}{3}$ c) −6 d) −0,024
e) 17,4 f) 1 g) $\frac{22}{39}$ g) 1,4

7 a) $\left(1 - \frac{1}{3}\right) \cdot \frac{1}{4} = \frac{1}{6}$

b) Individuelle Lösungen, z. B.:
Peter gibt zunächst ein Drittel seines Taschengeldes aus, danach ein Drittel des Rests. Welchen Bruchteil seines Taschengeldes hat er dann noch übrig?

8 a) 1. Faltung: 2,5 m × 4 m Dicke 0,05 mm
2. Faltung: 2,5 m × 2 m Dicke: 0,1 mm
3. Faltung: 1,25 m × 2 m Dicke: 0,2 mm
4. Faltung: 1,25 m × 1 m Dicke: 0,4 mm

b) 5. Faltung: Dicke: 0,8 mm
6. Faltung: Dicke: 1,6 mm
7. Faltung: Dicke: 3,2 mm
8. Faltung: Dicke: 6,4 mm
9. Faltung: Dicke: 12,8 mm = 1,28 cm
10. Faltung: Dicke: 2,56 cm < 10 cm
Sonja hat nicht Recht.
11. Faltung: Dicke: 5,12 cm
12. Faltung: Dicke: 10,24 cm > 10 cm
Also sind 12 Faltungen nötig.

c) Individuelle Schätzungen.

d) Jede Höhe ist möglich, allerdings lässt sich der Stapel irgendwann nicht mehr falten.

Aufgaben für Lernpartner

A Richtig. Dies entspricht der Vereinbarung, wie Zahlen auf der Zahlengeraden angeordnet werden sollen.

B Richtig. Die ganzen Zahlen sind eine Teilmenge der rationalen Zahlen.

C Falsch. Gegenbeispiel: $\frac{1}{2}$ ist eine rationale Zahl, aber keine ganze Zahl.

D Falsch. Gegenbeispiel: $-3 < 2$, aber der Betrag von -3 (3) ist größer als der Betrag von 2 (2).

E Falsch. Sind die Vorzeichen der beiden Faktoren verschieden, so muss das Ergebnis ein Minuszeichen enthalten.

F Richtig. Die beiden Minuszeichen (Gegenzahl, Subtraktion) ergeben zusammen plus.

G Falsch. Gegenbeispiel: $(-2)^3 = -8 < 0$

H Falsch. Der Kehrbruch einer Zahl hat dasselbe Vorzeichen wie die Zahl selbst. Damit ist das Produkt positiv.

I Falsch.
Gegenbeispiel: $(-1) \cdot (-1) \cdot (-1) \cdot (-1) = 1 > 0$

J Falsch. Gegenbeispiel: $2^3 = 8 \neq 9 = 3^2$

K Richtig. Die beiden Zahlen müssen verschiedene Vorzeichen haben.

L Richtig. Beispiel: $\frac{1}{2} : \frac{2}{3} = 3$

M Falsch. Gegenbeispiel: $\left(\frac{1}{2}\right)^{-2} = 4$

N Richtig. Das Wort „von" im Text wird durch ein Malzeichen ersetzt, z. B.: „Ein Drittel von einem Viertel von 24" wird zu $\frac{1}{3} \cdot \left(\frac{1}{4} \cdot 24\right) = \left(\frac{1}{3} \cdot \frac{1}{4}\right) \cdot 24$ (Assoziativgesetz)

O Richtig. Beispiel: $\frac{3}{2} \cdot 1 = \frac{3}{2} > 1$

P Richtig, denn $\left(\frac{1}{b}\right)^{-n} = \frac{1}{b^{-n}} = \frac{1}{\frac{1}{b^n}} = b^n$.

Q Richtig. Eine Division kann durch die Multiplikation des Kehrbruchs ersetzt werden.

„Startklar!" – Seite 176

1 a) $\frac{1}{100} = 1\,\%$; $\frac{4}{50} = \frac{2}{100} = 2\,\%$; $\frac{3}{20} = \frac{15}{100} = 15\,\%$

b) $\frac{3}{15} = \frac{1}{5} = 20\,\%$; $\frac{9}{30} = \frac{3}{10} = 30\,\%$; $\frac{9}{9} = 1 = 100\,\%$

c) $\frac{3}{4} = 75\,\%$; $\frac{3}{6} = \frac{1}{2} = 50\,\%$; $\frac{1}{8} = 0{,}125 = 12{,}5\,\%$

d) $\frac{1}{4} = 25\,\%$; $\frac{4}{25} = \frac{16}{100} = 16\,\%$; $\frac{25}{20} = \frac{125}{100} = 125\,\%$

e) $\frac{7}{35} = \frac{1}{5} = 20\,\%$; $\frac{36}{48} = \frac{3}{4} = 75\,\%$; $\frac{32}{128} = \frac{1}{4} = 25\,\%$

2 a) $20\,\% = \frac{20}{100} = 0{,}2 = \frac{1}{5}$; $50\,\% = \frac{50}{100} = 0{,}5 = \frac{1}{2}$;
$60\,\% = \frac{60}{100} = 0{,}6 = \frac{3}{5}$; $100\,\% = \frac{100}{100} = 1 = \frac{1}{1}$

b) $1\,\% = \frac{1}{100} = 0{,}01$; $33\,\% = \frac{33}{100} = 0{,}33$;
$75\,\% = \frac{75}{100} = 0{,}75 = \frac{3}{4}$; $200\,\% = \frac{200}{100} = 2 = \frac{2}{1}$

c) $28\,\% = \frac{28}{100} = 0{,}28 = \frac{7}{20}$; $8\,\% = \frac{8}{100} = 0{,}08 = \frac{2}{25}$;
$85\,\% = \frac{85}{100} = 0{,}85 = \frac{17}{20}$; $150\,\% = \frac{150}{100} = 1{,}5 = \frac{3}{2}$

d) $5\,\% = \frac{5}{100} = 0{,}05 = \frac{1}{20}$; $15\,\% = \frac{15}{100} = 0{,}15 = \frac{3}{20}$;
$25\,\% = \frac{25}{100} = 0{,}25 = \frac{1}{4}$; $325\,\% = \frac{325}{100} = 3{,}25 = \frac{13}{4}$

3 a) je 25 %　b) $\frac{1}{4} = 25\,\%$

c) $\frac{3}{24} = \frac{1}{8} = 0{,}125 = 12{,}5\,\%$

4 a) Fußball: $0{,}45 \cdot 80 = 36$;
Leichtathletik: $0{,}15 \cdot 80 = 12$;
kein Sport: $(80 - 36 - 12) : 2 = 11$

b) $25\,\% \mathrel{\widehat{=}} 12$　$100\,\% \mathrel{\widehat{=}} 48$

5 a) $a = 16 : 12 = 1{,}\overline{3}$

b) $b = 4{,}5 : 2{,}5 = 1{,}8$;

c) $c = 324 : (-18) = -18$;

d) $d = 2\frac{3}{4} : \frac{5}{8} = \frac{11}{4} \cdot \frac{5}{8} = \frac{44}{10} = 4{,}4$

e) $e = \frac{12}{13} : 1{,}2 = \frac{12}{13} : \frac{12}{10} = \frac{12}{13} \cdot \frac{10}{12} = \frac{10}{13}$

6 a) $\frac{1}{5} - \frac{2}{16} + 0{,}5 = 0{,}2 - 0{,}125 + 0{,}5 = 0{,}575$

b) $\frac{1}{4} \cdot 0{,}5 - \frac{1}{4} = \frac{1}{8} - \frac{1}{4} = -\frac{1}{8}$　Differenz

c) $\frac{4}{5} - 0{,}8 - \frac{8}{1} = 0{,}8 - 0{,}8 - 8 = -8$　Differenz

d) $\frac{1}{4} : \left(0{,}5 - \frac{7}{6}\right) = \frac{1}{4} : \left(\frac{1}{2} - \frac{7}{6}\right) = \frac{1}{4} : \left(-\frac{4}{6}\right) = \frac{1}{4} : \left(-\frac{2}{3}\right)$
$= \frac{1}{2} \cdot \left(-\frac{3}{2}\right) = -\frac{3}{8}$　Quotient

7 a) Fette: 25 %; Zucker: 25 %; Salz: 50 %

b) Fette: $33{,}\overline{3}\,\%$; Zucker: $33{,}\overline{3}\,\%$; Salz: $33{,}\overline{3}\,\%$

c) Fette: 44 %; Zucker: 28 %; Salz: 28 %

8 Schüleranzahl 6b: 25

Note	Bruchteil	Prozent	Note	Bruchteil	Prozent
1	$\frac{3}{25}$	12 %	4	$\frac{5}{25}$	20 %
2	$\frac{5}{25}$	20 %	5	$\frac{4}{25}$	16 %
3	$\frac{6}{25}$	24 %	6	$\frac{2}{25}$	8 %

Notendurchschnitt: Klasse 6b hat den besseren Durchschnitt. Beide Klassen haben 25 Schüler und die Anzahl der Noten 3, 4, 5, 6 ist gleich. Aber Klasse 6b hat eine 1 mehr und eine 2 weniger.

„Am Ziel" – Seiten 200 und 201

1 a) Gegeben: Grundwert 32 Kinder;
Prozentwert 12 Mädchen;
Gesucht: Prozentsatz; Mögliche Frage: Ermittle, wie viel Prozent der Kinder Mädchen sind.

b) Gegeben: Grundwert 20 €; Prozentsatz 10 %
Gesucht: Prozentwert; Mögliche Frage: Ermittle, um viel Euro Luisas Taschengeld erhöht wurde.

c) Gegeben: Prozentwert 240 €; Prozentsatz 16 %
Gesucht: Grundwert; Mögliche Frage: Ermittle den ursprünglichen Preis der Spülmaschine.

2 a) $p = \frac{1300}{1625} = \frac{4}{5} = 80\,\%$

b) $p = \frac{24}{40} = \frac{3}{5} = 60\,\%$

c) $p = \frac{135}{225} = \frac{3}{5} = 60\,\%$

3 Beim Vergrößern ändert sich der Prozentsatz nicht;
$p = 30\,\%$

4 a) $P = 0{,}055 \cdot 40\text{ kg} = 2{,}2\text{ kg}$

b) $P = 0{,}001 \cdot 7\text{ h}\ell = 0{,}007\text{ h}\ell = 0{,}7\ \ell$

c) $P = 1{,}2 \cdot 3{,}50\text{ €} = 4{,}2\text{ €}$

d) $P = 2{,}5 \cdot 2{,}5\text{ kg} = 6{,}25\text{ kg}$

5 a) $Z = 0{,}072 \cdot 8000\text{ €} = 576\text{ €}$

b) $Z = 0{,}162 \cdot 8000\text{ €} = 1296$ € p. a.; also 324 € für 3 Monate

6 $d = \frac{81\text{ €} + 79\text{ €} + 91\text{ €} + 76\text{ €} + 83\text{ €}}{5} = 82\text{ €}$

7 Beispiele:

a) $\frac{10 + 14}{2} = 12$

b) $\frac{10 + 12 + 14}{3} = 12$

c) $\frac{8 + 10 + 12 + 14 + 16}{5} = 12$

8 a) 12 %　72 dm³
1 %　6 dm³
100 %　600 dm³

b) 140 %　196 kg
10 %　14 kg
100 %　140 kg

c) 40 %　106 Fahrzeuge
10 %　26,5 Fahrzeuge
100 %　265 Fahrzeuge

9 a) Mögliche Schätzung mit gerundeten Werten: etwa 70 % von 520 kg, das sind etwa 360 kg.

b) 516 kg − (0,68 · 516 kg) = 165,12 kg ≈ 0,165 t
2017 hatte Deutschland ca. 82,5 Millionen Einwohner.
82 500 000 · 0,165 t = 13 612 500 t
2017 fielen in Deutschland knapp 14 Mio. t nicht verwertbarer Hausmüll an.

10 a)

Augenzahl	1	2	3
relative Häufigkeit	$\frac{5}{40} = 0{,}125$	$\frac{8}{40} = 0{,}2$	$\frac{9}{40} = 0{,}225$

Augenzahl	4	5	6
relative Häufigkeit	$\frac{3}{40} = 0{,}075$	$\frac{7}{40} = 0{,}175$	$\frac{8}{40} = 0{,}2$

b) $\frac{8 + 3 + 8}{40} = \frac{19}{40} = 0{,}475$

c) $\frac{8 + 9 + 7}{40} = \frac{24}{40} = 0{,}6$

11 a) Die Besucheranzahl hat sich von 2000 am ersten Tag auf 3000 am 16. Tag um 1000 Besucher, also um 50 %, erhöht.

b) Individuelle Beurteilungen, z. B.:
- Das Diagramm erweckt den Eindruck einer stetigen Zunahme der Besucheranzahl.
  Da jedoch nicht alle Tage des betrachteten Zeitraums aufgeführt sind, weiß man nicht, welche Besucheranzahlen es an den nicht dargestellten Tagen gegeben hat.
- Die y-Achse beginnt bei 1000, dadurch erscheinen die Zunahmen der Besucheranzahlen größer als sie in Wirklichkeit sind. Bei einer korrekten Darstellung müsste die y-Achse mit 0 beginnen.

Insgesamt soll durch das Diagramm offenbar der Eindruck einer deutlichen und andauernden Zunahme der Besucheranzahlen erweckt werden.

Aufgaben für Lernpartner

A Richtig. Anteile lassen sich als Bruch, als Dezimalbruch und in Prozent schreiben.

B Falsch. Die Anteile sind nur anders dargestellt, der Zahlenwert stimmt aber überein.

C Falsch. Der Prozentsatz gibt den Anteil am Ganzen in Prozent an.

D Richtig. 100 % sind das Ganze. also der Grundwert.

E Falsch. Gegenbeispiel: Bei einem Prozentsatz über 100 % hat der Prozentwert einen größeren Zahlenwert als der Grundwert.

F Falsch. Rabatte sind Preisnachlässe.

G Richtig.

H Falsch. 0,05 · 50 ha = 2,5 ha = 250 a.

I Richtig.

J Falsch. 20 % ≙ 20 €; 10 % ≙ 10 €; 100 % ≙ 100 €.

K Falsch. Ein Streifendiagramm kann jede beliebige Länge haben, diese entspricht 100 %.

L Richtig. Wenn z. B. die y-Achse eines Säulendiagramms nicht bei null beginnt, erscheinen die Unterschiede der Säulenhöhen größer, als sie in Wirklichkeit sind.

M Falsch. „10 Jahre" ist die Ausprägung des Merkmals „Alter".

N Richtig. Das arithmetische Mittel ist die Summe der natürlichen Zahlen dividiert durch ihre Anzahl.
Eine Summe aus natürlichen Zahlen ist immer eine natürliche Zahl, und auch eine Anzahl natürlicher Zahlen ist eine natürliche Zahl. Das arithmetische Mittel mehrerer natürlicher Zahlen ist somit ein Quotient zweier natürlicher Zahlen, also eine rationale Zahl.

O Falsch. Wenn die absolute Häufigkeit 0 ist, dann ist auch die relative Häufigkeit 0.

P Falsch. Gegenbeispiel:
Datenreihe 2; 3; 4
arithmetisches Mittel: $\frac{2 + 3 + 4}{3} = 3$
Datenreihe 2; 3; 3; 4
arithmetisches Mittel: $\frac{2 + 3 + 3 + 4}{4} = 3$

$\mathbb{N}$	Menge der natürlichen Zahlen
$\mathbb{Z}$	Menge der ganzen Zahlen
$\mathbb{Q}$	Menge der rationalen Zahlen
$=$	gleich
$\approx$	ungefähr gleich
$>$	größer als
$<$	kleiner als
$\hat{=}$	entspricht
$+$	plus
$-$	minus
$\cdot$	mal, multipliziert mit
$:$	geteilt durch, dividiert durch
a^n	Potenz: „a hoch n“
$\frac{a}{b}$	Bruch mit Zähler a und Nenner b
%	Prozent
P, A, …	Punkte
$P(x \mid y)$	Punkt P mit den Koordinaten x und y
g, h, …	Geraden, Halbgeraden (Strahlen)
$\overline{AB}$	Strecke mit den Endpunkten A und B
$\lvert\overline{AB}\rvert$	Länge der Strecke $\overline{AB}$
[AB	Halbgerade mit Anfangspunkt A
AB]	Halbgerade mit Endpunkt B
AB	Gerade AB
d	Durchmesser des Kreises
r	Radius des Kreises
$\cdot$	Umfangslänge
A	Flächeninhalt
A_O	Oberflächeninhalt
V	Volumen
$\perp$	senkrecht auf
$\parallel$	parallel zu
M	arithmetisches Mittel

akg-images, Berlin – S. 153; Alamy Stock Photo / Luis Louro – S. 14; - / Panther Media GmbH, grum_l – S. 198; dpa Infografik – S. 4, 63; - / ATP – S. 45; - / Blickwinkel / McPhoto – S. 183; - / dpa-Bildfunk, NASA Goddard Space Flight Center – S. 4, 125; - / David Ebener – S. 21; - / Gladys Chai von der Laage – S. 46; - / IBL Schweden / Jorma Valkonen / IBL Bildbyra – S. 168; - / Markus Scholz – S. 126; - / Armin Weigel – S. 137; - / Westend61, Wolfgang Weinhäupl – S. 138; - / Zentralbild, Martin Schutt – S. 89; Stefan Ernst, Köditz – S. 128; Fotolia – S. 94, 133; - / arbalest – S. 75; - / ArTo – S. 135; - / dephoto – S. 120; - / Philippe Devanne – S. 4, 103; - / © Eisenhans – S. 5, 177; - / Elena Elisseeva – S. 82; - / flashpics – S. 3, 43; - / Sonne Fleckl – S. 3, 11; - / FrankU – S. 131; - / gna60 – S. 131; - / Rich Johnson – S. 131; - / Andreas Klein – S. 134; - / KopoPhoto – Cover; - / Ivan Kruk – S. 131; - / Ruslan Kudrin – S. 93; - / Kuzina1964 – S. 93; - / Nejron Photo – S. 70; - / Zbigniew Nowak – S. 64; - / Daniel Oberberger – S. 38; - / q-snap – S. 44; - / rdwze – S. 211; - / Ann a Reich – S. 93; - / Ludmilla Smite – S. 95; - / Stockphoto-graf – S. 211; - / zhu difeng – S. 187; iStockphoto / AndreyPS – S. 135; - / DLMcK – S. 4, 63; - / mediaphotos – S. 178; - / mgkaya – S. 135; - / skynesher – S. 51; - / Thepalmer – S. 64; Phaeno gGmbH, Machine and Conrete von Arthur Ganson / Foto: Heiner Müller-Elsner, Wolfsburg – S. 169; Ulrike Schätz, München – S. 127, 129; Shutterstock / Laborant – S. 169; - / Daniela Pelazza – S. 135; - / Preto Perola – S. 89; - / Ritu Manoj Jethani – S. 109; - / Popova Valeriya – S. 64; Thinkstock / Hemera, Alexandru Dobrea – S. 102; - / Hemera, Artem Povarov – S. 89; - / Hemera / James Steidl – S. 169; - / iStockphoto, Alessandro2802 – S. 86; - / iStockphoto / a-poselenov – S. 169; - / iStockphoto, Boarding1Now – S. 139; - / iStockphoto, Canadapanda – S. 102; - / iStockphoto, dianazh – S. 88, 89; - / iStockphoto, dvarg – S. 45; - / iStockphoto, erierika – S. 23; - / iStockphoto / fsev – S. 156; - / iStockphoto, glück – S. 126; - / iStockphoto / JanJBrand – S. 148; - / iStockphoto, © jehsomwsang – S. 122; - / iStockphoto, joshuaraineyphotography – S. 22; - / iStockphoto / Evgeny Karandaev – S. 211; - / iStockphoto, ksevgi – S. 89; - / iStockphoto, mihtiander – S. 55; - / iStockphoto / miklyxa13 – S. 148; - / iStockphoto / MileA – S. 184; - / iStockphoto, Nerthuz – S. 130; - / iStockphoto, © NERYX – S. 24; - / iStockphoto, oksix – S. 80; - / iStockphoto / ozandogan – S. 169; - / iStockphoto, pedrosala – S. 17; - / iStockphoto, rgbdigital – S. 102; - / iStockphoto, RobertSchneider – S. 74; - / iStockphoto, scanrail – S. 102; - / iStockphoto, Marcio Silva – S. 197; - / iStockphoto / STILLFX – S. 169; - / iStockphoto, SureshMenon – S. 102; - / iStockphoto / Svtist – S. 183; - / iStockphoto, talipcubukcu – S. 127; - / iStockphoto, ValentijnTempels – S. 142; - / iStockphoto, vichie81 – S. 117, - / iStockphoto, violetkaipa – S. 12; - / iStockphoto / VladisChern – S. 149; - / iStockphoto / Volgariver – S. 198; - / iStockphoto, Waldemarus – S. 109; - / Photos.com / Jupiterimages – S. 5, 147; - / Stockbyte, Comstock – S. 116; VG Bild-Kunst, Bonn 2018 – S. 21; Wildner + Designer GmbH, Fürth – S. 73 (4); www.bmw-archiv.de – S. 131; www.wikimedia.org – S. 91, 120, 158; www.wikimedia.org / Avij, CC BY-SA-0 – S. 202; www.wikimedia.org / MykReeve – S. 75.